KB123407

김정은 체제의 북한 전쟁전략

선군시대 북한 군사전략

김정은 체제의 북한 전쟁전략 - 선군시대 북한 군사전략 -

개정 증보판 1쇄 발행 2019년 1월 17일

지은이 ㅣ 박용환
펴낸이 ㅣ 윤관백
펴낸곳 ㅣ🅺도서출판선인

등록 ㅣ 제5-77호(1998.11.4)
주소 ㅣ 서울시 마포구 마포대로 4다길 4 곳마루 B/D 1층
전화 ㅣ 02)718－6252/6257
팩스 ㅣ 02)718－6253
E-mail ㅣ sunin72@chol.com

정가 40,000원
ISBN 979-11-6068-233-5 93390

· 잘못된 책은 바꿔 드립니다.

개정 증보판

김정은 체제의 북한 전쟁전략

선군시대 북한 군사전략

박 용 환

 도서출판 선인

이 책이 처음 출간되던 2012년 북한의 상황은 한치 앞을 내다볼 수 없는 안개 속과 같았다. 내부적으로는 극심한 식량난과 경제난에 시달리고 있었고, 외부적으로는 핵개발과 인권문제로 국제사회의 압박과 제재가 가중되고 있었다. 여기에 북한의 절대 권력자였던 김정일의 갑작스런 사망은 충격 그 자체였다.

북한은 김정일이 사망하자 그의 3남인 정은을 후계자로 내세웠다. 김정은이 후계자로 등장하자 우리를 포함한 국제사회는 국정경험 부재와 나이어린 김정은이 과연 북한을 어떻게 통치해 나갈지에 많은 걱정과 우려의 시선을 보냈다. 하지만 후계자 김정은은 우리의 걱정과 우려와는 반대로 과감한 통치술을 전개하면서 조기에 권력 장악에 성공하고 지금은 북한에 절대 권력자로 자리매김한 것으로 보인다.

김정은은 권력 승계 후 국제사회의 반대와 제재에도 불구하고 4번의 핵실험과 수십 회의 탄도미사일 시험 발사를 통해 그 능력을 과시하였다. 또 재래식 전력도 그 기능을 크게 향상시켰고, 부대 편성도 현대전과 한반도 지형에 적합한 작전을 구사하기 위한 구조로 개편한 것으로 알려지고 있다. 지금 북한의 군사력은 그 어느 때보다도 강력한 군사력을 보유한 것으로 평가받고 있다. 이러한 북한 군사력의 변화는 곧 북한의 전쟁전략이 변화되었음을 의미하는 것이라 할 수 있다.

우리는 이와 같이 북한의 군사적 위협이 상존하고 있음에도 불구하고 여기에 대한 대비는 과거 재래식전력에 기초한 대응방법에 극한하고 있어 일부에서는 안보불안을 제기하는 사람도 있다. 특히 북한이 개발한 핵과 미사일 등 대량살상무기는 남북한 군사력 비교시 절대적 무기체계로 분류되고 있어 우리가 중점적으로 관리해야 될 군사적 영역임에도 불구하고 우리는 이를 정치적 영역으로 치부하여 그 해결책을 외부에 의존하는 등 소홀히 다루어져 온 경향이 있다.

북한은 2018년 들어 풍계리 핵실험장을 폭파하고 동창리 미사일 발사대를 해체하는가 하면, 3번의 남북정상회담과 1번의 북미정상회담 등을 통해 한반도의 안보불안을 해소하기 위한 가시적인 모습을 보여주면서 또다시 국제사회의 이목을 집중시키고 있다.

이러한 상황에서 북한과 군사적으로 대치하고 있는 우리로서는 앞으로 다가올 통일을 대비하면서 동시에 북한의 군사위협에 대비하고 있지 않으면 안 된다. 따라서 이에 대한 대비책은 대단히 중요하다 할 수 있다.

그럼에도 우리 국민들의 마음속에는 언제부터인지는 모르겠으나 북한의 군사위협에 대한 경계심보다는 '북한은 언젠가는 붕괴될 수밖에 없을 것이다', '우리의 안보는 미국이 지켜줄 것이다'라는 낭만적인 생각들이 더 많이 지배하고 있는 것 같다.

이 책은 한반도에서 북한이 또다시 전쟁을 도발한다면 그 모습은 어떻게 전개될 것이며, 우리는 여기에 어떻게 대비해야 하는가에 중점을 두었다.

지금까지 북한 군사 분야에 관한 연구는 관련 학자들을 중심으로 많은 연구가 이루어져 왔으나 대부분 정치적 관점에서 접근하였지 군사적 관점에서 접근한 연구는 상대적으로 많지 않다. 따라서 이 책은 정치적 측면보다는 군사적 측면에서 다루었다는 점에서 기존 연구자들과는 차별화를 기하고자 하였다.

이 책은 필자의 박사학위 논문인 '북한 선군군사전략에 관한 연구'를 바탕으로 하였으며, 여기에 그동안 발표한 각종 논문, 논단, 그리고 기고문 등의 자료들이 이 책의 집필 과정에서 상당부분 발췌되어 수록되었음을 밝혀 둔다.

대부분 군사 분야에 대한 연구는 그 나라의 안보와 직결되는 사안으로 자료수집 접근이 어려워 이에 대해 연구를 한다는 것은 많은 한계와 제한이 따를 수밖에 없다. 따라서 내용면에서 부족한 점이 많이 있을 것으로 생각된다. 그럼에도 이 책을 접하게 되는 독자들이 한반도에 제2의 6·25전쟁이 발발한다면 북한의 전쟁수행 방법은 무엇이고, 우리는 여기에 어떻게 대처해야 하는가를 함께 생각해 보고 대비하는 기회가 되었으면 한다.

이 책의 증보판이 나오기까지 많은 분들의 도움이 있었다. 동국대 고유환 교수님을 비롯한 동북회 회원 여러분, 북한연구학회 회원 여러분, 그리고 자료 활용에 도움을 주신 북한 분야의 많은 학자와 전문가 여러분들께 감사드린다. 또한 심리치료사로서 필자를 뒤에서 묵묵히 응원해 준 아내 문인자, 공학박사인 아들 두복, 소프트웨어 개발자인 예쁜 딸 온유에게도 감사의 말을 전한다.

이 외에도 이 책이 나올 수 있도록 도움을 아끼지 않으신 많은 분들과 이 책이 출간될 수 있도록 도와주신 선인출판사 여러분께도 깊은 감사를 드린다.

남성대 연구실에서
2019년 1월
박용환

▮목 차▮

▋표목차 ▋

▎그림목차 ▎

약어

AWACS : Airborne Warning and Control System (공중조기경보통제기)

BWC : Biological Weapons Convention (생물무기금지협약)

CCW : Convention on Conventional Weapons (특정재래식무기금지협약)

CD : Conference on Disarmament (제네바군축회의)

CFC : Combined Forces Command (연합사)

CRS : Congressional Research Service (미국의회조사국)

C4ISR : Command, Control, Communications, Computers, Intelligence, Surveillance, and
　　　　Reconnaissance (지휘, 통제, 통신, 컴퓨터, 정보 및 감시, 정찰)

CTBT : Comprehensive Nuclear Test Ban Treaty (포괄적 핵확산금지조약)

CVID : Complete, Verifiable, Irreversible, Dismantlement (완전하고, 검증가능하며, 불가역적
　　　　인, 핵폐기)

CWC : Chemical Weapons Convention (화학무기금지협약)

DMZ : Demilitarized Zone (비무장지대)

EBO : Effects-Based Operations (효과기반작전)

GPS : Global Positioning System (지구위치표정체계)

HCOC : Hgue Code of Conduct against Ballistic Missile Proliferation (탄도미사일 확산방지를
　　　　위한 헤이그 행동규약)

HEU : High Enriched Uranium (고농축우라늄)

IAEA : International Atomic Energy Agency (국제원자력기구)

ICBM : Intercontinental Range Ballistic Missile (대륙간 탄도미사일)

IRBM : Intermediate Range Ballistic Missile (중거리 탄도미사일)

ISIS : Institute for Science and International Security (과학국제 안보연구소)

JDAM : Joint Direct Attact Munition (합동직접공격탄)

KAMD : Korea Air and Missile Defense (한국형 미사일방어체제)

MRBM : Midium Range Ballistic Missile (준중거리 탄도미사일)

NCW : Network Centric Warfare (네트워크중심전)

NLL : Northen Limit Line (북방한계선)

NPR : Nuclear Posture Review (핵태세검토보고서)

NPT : Nuclear Non-Proliferation Treaty (핵확산금지조약)

NSG : Nuclear Suppliers Group (핵공급국그룹)

MD : Missile Defence (미사일방어체제)

MTCR : Missile Technology Control Regime (미사일기술통제체제)

OMG : Operational Maneuver Group (작전기동단)

PSI : Proliferation Security Initiative (대량살상무기 확산 방지구상)

QDR : Quadrennial Defence Review (국방태세보고서)

SRBM : Short Range Ballistic Missile (단거리 탄도미사일)

THAAD : Terminal High Altitude Area Defense missile (고고도 미사일방어체계)

UAV : Unmanned Aerial Vehicle (무인항공기)

UNRCA : UN Register of Conventional Arms (유엔 재래식무기등록제도)

USSR : Union of Soviet Socialist Republics (소비에트 사회주의 연방공화국)

WMD : Weapons of Mass Destruction (대량살상무기)

제1장 들어가며

제1절 연구의 목적

북한은 1980년대 후반 동구권 사회주의국가의 몰락과 함께 1990년대 중반에 몰아닥친 식량난, 김일성의 사망, 북핵문제 등으로 위기를 맞는 듯하였다. 그렇지만 북한은 국제사회의 우려에도 불구하고 김정일로 이어지는 후계체제하에서 3년여간의 '고난의 행군기'[1]를 마치고 어려운 경제난 속에서도 장거리 미사일 시험 발사와 핵실험을 강행하는 등 군사력 부문에 역량을 집중시켜 왔다.

북한은 고난의 행군기 시절 과거 김일성이 만주에서 항일활동을 하면서 사용했던 '붉은기 사상'[2] 운동을 전개하면서 위기를 극복하고자 하였

· · · · · · · · · · · · · · ·

[1] 1990년대 중·후반 북한이 국제적 고립과 자연재해로 최악의 식량난을 겪으면서 수백만 명의 아사자가 발생하는 등 경제적으로 극도의 어려움을 겪는 시기에 제시된 구호를 말한다. 원래 '고난의 행군'이란 말은 1938년 말~1939년 김일성이 이끄는 항일빨치산이 만주에서 혹한과 굶주림을 겪으며 일본군의 토벌작전을 피해 100여 일간 행군한 데서 유래되었다.

[2] 붉은기 사상은 1920~1930년대 김일성이 중국에서 항일 빨치산 시기에 불리워졌다는 '적기가'에서 유래된 것으로 '항일빨치산의 정신'을 지칭하는 것이다. 따라서 '붉

다. 김일성 사후 북한에 '붉은기 사상' 운동이 새롭게 제시된 것은 당시의 난관을 개혁·개방 등 체제개혁을 통해서 극복하기보다는 사회주의를 고수하는 사상전과 조속한 경제재건을 위한 속도전의 추진, 즉 '혁명적 군인정신'을 통해서 극복하겠다는 북한 지도부의 의지표명으로 해석된다. 또 북한은 사회주의국가의 붕괴와 김일성 사망에 따른 체제위기의 심화 등 시련과 도전을 극복하기 위해 준 전시적 위기관리 체제인 '군사국가'를 제도화하고 '강성대국' 건설을 표방하면서 '선군정치'를 김정일 시대 기본 정치방식으로 규정하였다.

김일성 사후 우리 사회에서는 북한의 생존 여부를 둘러싸고 두 가지 상반된 주장이 나왔다. 즉 핵무장을 통한 강력한 군사력을 바탕으로 북한 체제가 쉽게 붕괴되지는 않을 것이라고 보는 '북한 존속론'과, 북한이 핵문제로 인해 국제사회와의 마찰로 더 이상 버티지 못하고 스스로 곧 붕괴될 것이라고 보는 '북한 붕괴론'의 시각이다.

하지만 북한은 김일성이 사망한지 25년이 지난 지금 김정일에서 김정은으로 이어지는 김씨 일가의 3대 세습을 거치면서 자신들의 체제를 유지해 나가고 있다.

아무튼 북한 체제가 앞으로 어떠한 결과를 가져오든 지금 현 상황에서 북한은 우리와 군사적으로 상호대치하고 있을 뿐 아니라 우리의 안보에 '직접적이고 심각한 위협'[3]을 주고 있는 것만은 분명하다.

. . . .

은기 사상'이란 항일투쟁 시기 김일성에게 혁명동지들이 보여주었던 '자력갱생·견고분투 정신', '수령결사옹위정신', '혁명적 낙관주의 정신' 등을 주요 내용으로 하고 있다.

[3] 『2008 국방백서』, 서울: 대한민국 국방부, 2008, 36쪽. 우리 군의 '주적(主敵)'에 대한 용어는 1994년 제8차 실무 남북접촉에서 북한 측 박영수 대표가 이른바 '서울 불바다' 발언을 하면서 1995년부터 국방백서에서 처음으로 북한을 '주적'으로 명기해 사용했다. 이러한 주적에 대한 용어는 2000년까지 사용되어 오다 2000년 6월 김대중 전 대통령의 남북정상회담 이후 국방백서가 발간 중지(2001~2003년)되면서 '주적'

북한은 어려운 식량난과 경제난 속에서도 1998년 8월 31일 장거리 미사일인 '대포동 1호' 시험 발사와 2006년 10월 9일 1차 핵실험을 시작으로 지금까지 수십 회의 탄도미사일 시험 발사와 6차례의 핵실험을 강행하면서 한반도에 군사적 긴장을 고조시켜 왔다. 이는 북한 정권이 인민들의 먹고사는 문제보다 대량살상무기인 핵과 미사일개발 등 자신들의 체제유지 수단에 역량을 집중하고 있음을 보여주는 것이라 할 수 있다.

한편, 대남관계에 있어서는 1999년부터 2009년 사이 일어난 세 번의 서해교전, 2010년 '천안함 사태'와 '연평도 포격도발 사건', 2014년 북한 무인항공기 사건과 경기도 연천지역 고사총 도발 사건, 2015년 8월 휴전선 남측 지역 지뢰 매설 사건 등 대남군사도발을 통해 한반도에 군사적 긴장상태를 고조시켰다.

북한의 이러한 군사행동과 도발은 우리를 비롯한 주변 국가들에게 안보불안을 안겨주었을 뿐만 아니라 동북아시아 국가들에게 군비경쟁을 부추기는 주요 요인으로 작용하고 있다.

우리는 그동안 북한의 이 같은 군사행동, 특히 대량살상무기인 핵개발에 대해서는 국민이나 정부당국자들조차 우리의 직접적인 군사위협으로 인식하기보다는 미국과의 '협상용'이라든가 '방어용'일 것이라고 간주해 외교적 차원으로만 대응하는 등 소극적 태도를 보여 왔다. 또 일부

. . . .

용어도 사용하지 않았다. 2004년부터는 국방백서가 다시 발간되면서 북한을 '직접적인 군사위협'이라고 표현하였고, 2006년에는 '심각한 위협'이라고 표현했다. 그리고 이명박 정부 출범 이후에는 북한이 지난 2006년 미사일 발사와 핵실험을 실시하는 등 우리의 안보환경이 급변했고, 북한의 재래식 전력이 여전히 위협이 되고 있는 상황을 고려하여 다소 강한 어조인 '심각한'이란 표현을 부가하여 '직접적이고 심각한 위협'으로 사용하였다. 그러다 2010년 서해상에서의 '천안함 사태'와 '연평도 포격도발 사건' 등을 계기로 2010년 국방백서에는 '무력도발을 수행하는 북한 정권과 북한군은 우리의 적'으로 표현함으로써 주적 개념을 정의하고 있다. 2018년 국방백서에서는 '북한은 우리 적'이라는 표현을 삭제했다.

에서는 북한의 핵개발에 대해 통일이 되면 우리 것이 되지 않느냐 하는 우려 섞인 주장을 하는 국민도 있었다.

김정일은 1998년 9월 자신의 정권 출범과 함께 '선군정치'라는 새로운 정치적 슬로건을 내걸고 '강성대국' 건설을 주창하면서 18년 동안 북한을 강권 통치하였다.

김정일이 제시한 '선군정치'는 "군사선행의 원칙에서 혁명과 건설에 나서는 모든 문제를 풀어 나가며 군대를 혁명의 기둥으로 내세워 사회주의 위업 전반을 밀고 나가는 정치방식을 말한다"[4]고 북한은 정의하고 있다. 즉 자신의 직책인 '국방위원장'에 부여된 권한을 가지고 북한 내에서 가장 조직적이고 효율적 가치가 높은 군대조직을 사회전반에 내세워 경제난·사회통제·대외 안보위기에 대처하고 북한식 사회주의 체제를 유지해 나가겠다는 김정일식 정치방식을 말하는 것이다.

이와 같이 김정일이 주창한 선군정치는 한마디로 군을 자신의 정치적 기반으로 삼아 북한을 통치해 나가겠다는 것이다. 하지만 김정일은 체계적인 군사교육이나 직접적인 군 생활을 통해 군사적 경험을 쌓은 것은 없다. 단지 아버지 김일성의 절대적인 비호하에 1980년 6차 당대회를 통해 공식적인 후계자로 지명된 이후 1991년 '최고사령관', 1992년 '원수' 칭호, 1993년 '국방위원장'에 임명되는 등 북한 군부의 핵심적인 직책을 맡으면서 군의 조직적 특성과 군부에 대한 영향력을 키웠다.

'선군군사전략'은 김일성 사후 북한의 불안정한 정치상황하에서 김정일의 '선군정치'가 북한 내부에 안정적으로 정착하고 북한이 외부위협에 대응하기 위한 김정일식 군사력 운용 방법이라고 그 용어를 정의할 수 있다.

지금 남북한은 정치·경제·군사·사회 등 모든 면에 있어 너무나 많

· · · · · · · · · · · · · ·

4) 김철우, 『김정일 장군의 선군정치』, 평양: 평양출판사, 2000, 27쪽.

은 변화와 차이를 보이고 있다. 남한은 자유민주주의 제도하에서 고도의 경제성장을 거듭하면서 세계 10위권의 경제대국으로서 위치를 잡고 있는 반면, 북한은 사회주의 체제하에서 어려운 경제난과 핵문제로 인해 체제 유지에 최대 위기를 맞고 있다. 하지만 북한 당국은 이를 해결하기 위한 내부적 대안을 찾지 못한 상태에서 미국과 우리 정부를 상대로 그 해결방안을 모색하고 있는 것으로 보인다.

북한이 지금과 같은 위기상황이 지속되어 자신들의 체제유지에 위협을 느낀다면 북한은 이를 극복하기 위한 방법으로 한반도에서 군사행동을 일으킬 수 있는 가능성은 얼마든지 가지고 있다고 할 수 있다.5)

북한 김영춘 인민무력부장은 2010년 12월 23일 조선중앙통신을 통해 "우리 혁명무력은 임의의 시각에 핵 억제력에 기초한 우리식의 성전(聖戰)을 개시할 만단의 준비를 갖추고 있다"고 발언한 바 있다. 또 김정은 정권 들어서는 2013년 3월 정전협정 파괴 선언과 함께 남북한 불가침 합의를 전면 폐지한다고 발표하고 바로 이어 최고사령부의 '제1호 전투태세' 돌입과 '전시상황'을 선포하는 등 6·25전쟁 이후 한반도에 최고의 군사적 위기상황을 조성하였다. 이는 북한이 남한을 상대로 언제라도 군사행동을 감행할 수 있음을 의미하는 것이라 할 수 있다.

우리는 북한과 같은 민족이면서 이미 전쟁을 치렀던 뼈아픈 역사를 가지고 있다. 따라서 한반도에서 또다시 전쟁의 역사가 되풀이되지 않기 위해서는 북한이 무력도발을 하지 못하도록 하는 억제적 수단을 갖추고 있거나, 또는 무력도발을 일으켰을 때 이에 대응할 수 있는 강력한

---

5) 매경이코노미가 전국 성인 남녀 500명을 대상으로 실시한 2017년(2017.8.16~8.17) 한반도 안보의식 설문조사에 의하면 한반도에서 전쟁이 일어날 가능성 있다고 응답한 사람은 전체 13.4%였고, 최근 한반도 정세를 둘러싼 안보정세가 불안하다고 느끼는 사람은 40%에 달하였다.

대응수단을 사전에 갖추고 있지 않으면 안 된다. 즉 언제 도발할지 모를 북한의 무력도발에 맞대응할 수 있는 군사적 대비책을 사전에 갖추고 있어야 한다는 것이다.

북한이 한반도에서 또다시 군사도발을 감행한다면 어떠한 전쟁수행 전략을 사용할 것인가에 대해 대부분의 국민은 우려와 궁금증을 가지고 있을 것이다. 이 책은 이러한 물음에 답을 하는 데 그 목적이 있다. 따라서 이 책은 1994년 김일성 사망 이후 김정일과 김정은으로 이어지는 3대 세습 정권하에서 북한의 군사전략이 어떻게 변화되었는가를 알아보려 한다. 특히 북한이 그동안 국제사회의 반대에도 불구하고 강행한 핵개발 이후 전략변화에 그 초점을 두었다.

북한이 핵무기를 보유한 상태에서 군사도발을 일으킨다면 전쟁수행 전략은 무엇인가에 대해 다음과 같은 구체적인 물음이 제기될 수 있을 것이다.

첫째, 최근 세계 각지에서 발생하고 있는 현대전의 양상은 어떠한 모습이고, 여기에서 사용된 전략은 무엇인가 하는 것이다. 세계는 과학기술의 발달과 함께 무기체계도 날로 변화되고 있다. 따라서 전쟁양상 역시 많은 변화를 가져오고 있다. 그렇다면 최근 현대전의 양상은 어떻게 변화되고 있고, 이러한 변화는 북한에 어떠한 영향을 주었는가에 대해 궁금증을 가질 수 있다.

둘째, 현대전의 양상을 고려해 볼 때 북한이 핵무기를 바탕으로 취할 수 있는 군사행동은 무엇인가 하는 것이다. 북한은 김정일·김정은 정권 출범 이후 여섯 번의 핵실험과 수십 회의 미사일 시험 발사, 서해교전, 천안함 사태, 연평도 포격도발 등 군사적 무력시위와 도발을 자행하였다. 그렇다면 이와 같은 군사행동은 북한의 군사전략과 어떠한 연관성을 가지고 있고, 차후 전쟁도발 시 어떻게 사용할 것인가에 대해 궁금증을 가질 수 있다.

셋째, 북한은 앞으로 자신들의 체제유지를 위해 어떠한 군사행동을 보일 것인가 하는 것이다. 북한은 지금 경제난과 식량난, 북핵문제, 인권문제 등 심각한 위기상황을 맞고 있다. 이러한 상황에서 북한이 자신들의 체제를 유지하기 위해 한반도에서 군사행동을 보인다면 그 양상은 어떠한 모습일까에 대해 궁금증을 가질 수 있다. 특히 김정일의 갑작스런 사망 이후 정권을 승계한 김정은이 자신의 정권유지를 위해 군을 어떻게 활용할 것인가에 대해 관심이 집중되고 있다.

넷째, 북한 군사도발에 대응하기 위한 우리의 대응책은 무엇인가 하는 것이다. 한반도에서 또다시 전쟁이 발생한다면 많은 인명피해는 물론 그동안 우리가 애써 이뤄놓은 모든 것이 물거품이 될 수 있다. 따라서 북한의 군사도발에 대비하기 위한 대응책은 대한민국 국민이라면 누구나 궁금증을 가지고 있을 것이다.

이 책은 이상에서 제기된 물음에 답하기 위해 다음과 같은 부분에 중점을 두었다.

첫째, 최근 대표적인 현대전이라 할 수 있는 걸프전, 아프간전, 이라크전의 전개 양상에 대해 알아보고 여기서 사용된 전략은 무엇인지 살펴보았다.

둘째, 북한의 기존전략인 김일성 시대의 군사전략에 대해 알아보았다. 김일성이 6 · 25전쟁 당시 사용했던 전략과 그러한 전략이 나오게 된 배경에 대해 알아보았다. 그리고 6 · 25전쟁 이후 일어난 국지전은 북한 군사전략에 어떠한 영향을 주었는지에 대해서도 살펴보았다.

셋째, 김정일 · 김정은의 선군정치하에서 군사정책과 군사전략에 대해 알아보았다. 김정일 · 김정은 정권에서 개발한 핵은 지금 국제사회의 최대 관심사가 되었고, 군사적으로 직접 대치하고 있는 우리에게는 직접적인 안보위협으로 작용하고 있다. 그렇다면 북한이 핵을 보유한 상태에서 군사도발을 감행한다면 사용전략은 무엇이고, 그리고 기존전략과의 차이점은 무엇인가에 대해 알아보았다.

넷째, 북한의 선군정치와 함께 등장한 선군군사전략에 대해 평가해 보았다. 그동안 김정일·김정은 정권에서 취했던 군사행동이 북한 체제와 남북관계, 북한의 대외관계에 어떠한 영향을 주었고, 또 김정은은 이를 앞으로 어떻게 이용할 것인지에 대해 알아보았다. 그리고 여기에 대응하기 위한 우리의 대응책은 무엇인지를 제시해 봄으로써 한반도에서 안보불안을 해소하고자 하였다.

제2절 선행 연구의 검토

북한은 군사주의를 최상의 덕목으로 하는 병영국가체제로서 모든 의사결정시 군사우선주의에 입각해 국가정책이 설정되고 추진된다. 이 과정에서 군부는 절대적인 권한을 가지고 의사결정에 참여하게 된다. 이러한 현상은 김정일의 '선군정치' 등장 이후 더욱 두드러지게 나타나고 있다. 따라서 남북관계에 있어 북한의 의도를 정확히 파악하고 여기에 대처하기 위해서는 북한의 군사정책에 대해 이해하는 것은 대단히 중요하다 할 수 있다. 하지만 이러한 부문에 대한 연구는 연구의 특수성으로 인해 군 또는 군 관련기관을 제외하고 나면 민간 부문에서의 연구는 거의 이루어지지 않고 있다.

반면 1998년 9월 8일 북한에 김정일 정권이 정식 출범하면서 그가 주창했던 '선군정치'는 우리를 포함하여 국제사회에 관심사가 되면서 이 부문에 대한 연구는 활발히 이루어져 왔다. 그러나 이러한 연구들 역시 김정일의 정치적 측면에만 집중시켜 연구가 이루어졌지 군사적인 측면에 있어서는 상대적으로 소홀히 다루어져 왔다. 특히 김정일·김정은 정권에서 실시한 여섯 번의 핵실험(2006~2017년)은 국제사회의 최대 관심사로 주목받고 있지만 이 부문 역시 군사적 관점보다는 정치적 관점에 시선이 집중되어 왔다.

이와 같이 북한 군사 부문에 관한 연구는 북한을 연구하는 타 분야에 비해 상대적으로 미진하게 다루어져 왔다. 이렇게 연구가 미진할 수밖에 없었던 이유에 대해서는 다음과 같은 사항을 제시해 볼 수 있다.

첫째, 군사자료는 그 나라의 안보와 직결되는 부문으로 자료를 공개하지 않는 것이 불문율로 되어 있어 자료획득이 어렵다. 다시 말해 군사전략은 그 나라가 전쟁에서 어떻게 싸울 것인가 하는 전쟁수행 복안을 다루고 있어 이러한 계획이 상대에게 노출된다는 것은 곧 전쟁에서 치명적인 결과를 초래할 수 있기 때문이다. 따라서 대부분의 나라들은 국가안보와 직결되는 군사 관련 내용을 비밀로 관리하고 공개하지 않는 것을 원칙으로 하고 있다.

둘째, 북한의 폐쇄성이다. 북한은 자신들의 체제유지를 위해 외부와의 접촉을 철저히 차단하고 있는 폐쇄주의 나라이다. 따라서 북한을 방문할 수 있는 사람은 사회주의국가나 또는 자본주의국가라 하더라도 특수한 목적을 가지고 방문하는 사람 외에는 출입을 통제하고 있다. 또 출입이 허가된 자라 하더라도 안내원을 동반시켜 그 이동이나 방문지역을 엄격히 통제하고 있어 행동이 자유롭지 않다. 이 중에서도 군부대나 군 관련기관은 그 통제가 더욱 심해 북한 주민이라 하더라도 함부로 출입할 수 없어 군사 관련 자료를 수집한다는 것은 사실상 어렵다. 북한은 군사자료의 유출을 막기 위해 군에서 사용하는 군사교범이나 개인 학습 노트까지도 비밀에 포함시켜 관리하는 등 외부로의 유출을 철저히 통제하고 있다.

셋째, 자료접근의 제한성이다. 북한 군사자료는 군 또는 군 관련기관에서 특수하게 취급하고 있다. 또 우리가 가지고 있는 자료라 하더라도 대부분 비밀로 분류하여 관리되기 때문에 일반인들은 접하기가 어렵다. 따라서 아무리 학문적 연구라 하더라도 일반인이 북한 군사자료를 접근한다는 것은 현실적으로 어려움이 많다.

넷째, 군사 분야에 대한 연구 자체가 일반인에게는 관심이 적다. 군사 분야는 일반인들이 일상생활에서 쉽게 접할 수 없을 뿐 아니라 특수 분야로 생각하고 있기 때문에 연구에 대한 관심도 또한 소홀할 수밖에 없다.

다섯째, 정부의 정책 추진 방향이다. 우리 정부는 지난 김대중·노무현 정부의 '대북화해정책' 추진으로 두 번의 남북 정상회담과 민·관·군의 다방면에 걸친 교류와 협력을 통해 남북관계가 우호적이었다. 따라서 북한에 자극적인 연구를 한다는 것 자체가 상당한 부담으로 느꼈다. 즉 대북 화해와 협력정책을 추진하는 데 있어 북한에 자극적인 연구결과가 공개될 경우 남북관계에 찬물을 끼얹는 것으로 생각하고 있었기 때문에 대부분의 연구가 대북화해 측면에 치중해 있었다는 것이다.

이러한 분위기 속에서도 북한의 연이은 미사일 시험 발사와 핵실험, 3번의 서해교전 등을 거치면서 우리의 대북정책에 대해 반성의 목소리와 함께 정부 대응방안에 대한 질타도 있었다. 하지만 이명박 정부 출범 이전까지는 큰 틀에서의 변화는 없었다. 결국 대북화해정책은 남북 간 교류와 협력의 폭을 심화시키고 협력의 범위는 넓혔지만 북한의 군사 위협을 감소시키지는 못했다는 지적을 받아 왔다. 이런 가운데 2010년 서해에서 발생한 '천안함 사태'와 '연평도 포격도발 사건', 2014년 연천지역 고사포 도발 사건, 2015년 DMZ 목함지뢰 사건 등은 그동안 대북정책에 대한 질타와 함께 국민들에게 안보불안을 심어주는 결정적인 역할을 하였다.

한 국가의 군사전략이란 그 나라의 안보와 직결되는 사안으로 명문화되어 밖으로 노출되는 경우는 거의 없다. 특히 북한은 우리와 전쟁을 치렀고 지금까지 서로가 군사적으로 대치하고 있는 상황에서는 더더욱 그러하다.

이와 같은 어려운 여건하에서도 북한 군사부문에 관한 연구는 관련기관과 학자를 중심으로 지속적으로 이어오고 있다. 기존 연구자들의 연구 주제를 중심으로 살펴보면 다음과 같다.

함형필은 '김정일 체제의 핵전략 딜레마[6]'를 통해 북한이 어떠한 과정으로 핵을 개발했는지, 현재 우라늄 농축을 포함한 북한의 핵능력은 얼마나 되는지, 향후 북한이 구사할 핵전략의 윤곽은 무엇인지, 그리고 북한이 직면하고 있는 근본적인 핵전략 측면에서 딜레마는 무엇인지 등을 설명하였다. 여기서 연구자는 과거 핵을 개발했던 국가들의 전략은 핵을 통해 전쟁을 억제하려는 '핵 억제전략'에 초점이 맞추어져 있다고 설명하였다. 이와 더불어 급변하는 대외환경 속에서 전략적으로 열세한 북한은 핵 선제사용과 대량보복, 대도시의 표적화 등을 핵심개념으로 하는 공세적 핵전략을 수립할 가능성이 높다고 주장하였다. 하지만 핵을 기존전략과 어떻게 연계하여 사용할지는 포함하지 않았다.

황성칠은 '북한의 한국전 전략[7]'을 통해 북한의 6·25전쟁수행전략을 중심으로 서술하면서 클라우제비츠의 삼위일체 요소(정부·국민·군대)에 마찰이론을 접목하여 6·25전쟁을 전쟁 준비로부터 전쟁 실시, 전쟁 종결에 이르기까지 세부 마찰요소를 분석하여 제시하였다. 여기서 연구

· · · · · · · · · · · · · · ·

6) 함형필,『김정일 체제의 핵전략 딜레마』, 서울: 한국국방연구원, 2009.
7) 황성칠,『북한의 한국전 전략』, 서울: 북코리아, 2008.

자는 6·25전쟁은 북한의 도발로 시작되었으며 전쟁 진행과정에서 전쟁 수행전략은 '결전주의적 포위섬멸전'과 '결전회피적 소모전략'을 사용하였으나 그들이 전쟁의 목표로 내걸었던 조국해방이라는 목표는 달성하지 못한 체 종결된 실패전쟁이라고 주장하였다. 하지만 연구자가 제시하고 있는 내용은 6·25전쟁을 바탕으로 한 김일성 시대의 군사전략만을 분석한 것으로 김일성 사망 이후 북한의 군사전략 변화에 대해서는 포함하지 않았다.

손무현은 '김정일 시대 선군군사전략에 관한 연구[8]'를 통해 선군군사전략은 김정일의 선군정치를 구현하기 위해 기존의 속도전, 기습전, 배합전, 속전속결전략을 유지하면서 경제적 어려움과 동맹 체제 완화로 인한 외부지원의 한계를 극복하기 위해 대량살상무기(핵무기, 화생무기, 미사일)를 이용한 비대칭억지전략을 추가한 것이라고 주장하였다. 여기서 연구자는 선군군사전략을 기존전략에 비대칭전략을 추가한 것이라고 주장하고 있으나 북한이 개발한 비대칭전력인 핵과 미사일을 기존전략과 어떻게 연계하여 사용할 것인지, 그리고 기존전략을 현대전에 어떻게 적용할 것인지에 대해서는 포함하지 않았다.

김병욱은 '북한의 민방위무력중심 지역방위체계 연구[9]'를 통해 탈냉전기에 들어 북한의 민간인 전시동원체계와 지역자체방위체계에 대해 설명하였다. 연구자는 여기서 1990년대 지역자체방위체계로 전환된 이후 북한은 민방위무력중심 지역방위체계 운영의 양적 강화를 시도하였으며, 2003년 민방위사령부의 신설은 민방위무력중심 지역방위체계 운영에서 질적 강화를 위한 준비사업이라고 설명하고 있다. 또 2010년 9월

· · · · · · · · · · · · · ·
8) 손무현, 「김정일 시대 선군군사전략에 관한 연구」, 동국대학교 석사학위논문, 2006.
9) 김병욱, 「북한의 민방위무력중심 지역방위체계 연구」, 동국대학교 박사학위논문, 2011.

당대표자회의 이후 북한은 '노농적위대'를 정규군 운영체계와 유사한 '노농적위군'으로 개편했으며, 건설동원조직인 '건설돌격대'를 준 군사 조직화하였다고 설명하고 있다. 이러한 조치들은 북한이 지역방위체계를 강화하기 위한 것에서 나왔다고 주장하였다. 하지만 북한의 지역방위 측면만 고려함으로써 대남군사도발 측면에서의 군사력 운용부문은 포함하지 않았다.

이민룡은 '김정일 체제의 북한군대 해부'[10]를 통해 김정일 정권 등장 이후 북한군대의 지휘체계와 역할, 군부의 정치적 위상 등을 소개하였다. 여기서 연구자는 군사전략부문에 대해 기존 전략을 중심으로 소개하면서 북한의 군사전략 결정요인은 김일성의 중국지역에서 빨치산 활동과 6·25전쟁의 교훈, 미국의 군사전략, 한반도의 통일전략, 공산주의 전쟁원리에 있다고 주장하였다. 하지만 김일성 사망 이후 북한의 군사전략이나 군사력 건설방향에 대해서는 포함하지 않았다.

이영민은 '군사전략'[11]을 통해 북한의 군사전략 형성은 중국과 소련의 군사사상 영향을 많이 받았으며, 따라서 김일성의 전쟁관 역시 공산주의 사상에 기반을 둔 전쟁관이라고 주장하였다. 즉, 마르크스-레닌주의 전쟁관과 모택동의 전쟁관을 본받은 것이 김일성의 전쟁관이며, 김일성은 이를 기초로 북한의 군사전략인 총력전 전략, 선제기습공격전략, 정규전과 비정규전의 배합전략, 속전속결전략이 나오게 되었다고 주장하였다. 연구자의 이러한 주장 역시 핵무기 개발 이전의 상황을 중심으로 연구한 것으로 현재 상황에서는 맞지 않는 측면이 있다.

최선만은 '북한의 비대칭군사전략 연구'[12]를 통해 비대칭군사전략이

---

10) 이민룡, 『김정일 체제의 북한군대 해부』, 서울: 황금알, 2004.
11) 이영민, 『군사전략』, 서울: 송산출판사, 1991.
12) 최선만, 「북한의 비대칭군사전략 연구」, 경기대학교 박사학위논문, 2006.

란 "목표, 군사적 수단, 군사력 운용개념 면에서 통상적인 것이 아닌 새
로운 방법으로 적의 강점을 무력화시키거나 취약점을 파고들어 승리를
달성하려는 지략적 전쟁수행 방식을 말한다"고 그 용어를 정립하고, 최
근 국지전 사례를 통해 비대칭군사전략 적용사례에 대해 제시하였다.
또 북한이 비대칭전력인 대량살상무기를 개발하게 된 배경과 북한이 비
대칭전력을 군사적으로 어떻게 사용할 것인가 하는 부문에 대해 '목표
의 비대칭', '수단의 비대칭', '방법의 비대칭' 측면에서 분석 제시하였다.
여기서 연구자는 비대칭전략을 기존전략과 어떻게 연계하여 사용할 것
인지에 대해서는 포함하지 않았다.

　이와 더불어 김정일의 선군정치에 관한 연구들이 있다. 서옥식은 '김
정일 체제의 지배이데올로기 연구'[13]를 통해 선군정치의 개념과 등장
배경, 그리고 선군정치의 기능과 역할을 정치·경제·사회적 측면으로
구분하여 자세히 설명하였다. 여기서 연구자는 선군정치의 논리체계가
'군사선행원칙', '선군후로 원칙', '선군통일체론', '선군원리론', '총대철학'
의 체계로 구성되어 있다고 제시하였다. 또 김정일의 선군정치하에서
군의 서열이 상승하고 중요정책 의사결정과정에서 그 권한이 더욱 커지
는 등 북한의 군사화 경향이 더 강화되었다고 주장하였다. 하지만 선군
정치가 북한의 군사정책에 미친 영향에 대해서는 포함하지 않았다.

　서유석은 '북한 선군담론에 관한 연구'[14]를 통해 '선군' 용어에 대한
기원과 등장 배경, 그리고 선군시대의 목표와 정책적 실천과제에 대
해 설명하였다. 여기서 연구자는 1990년대 들어 이루어진 북한의 군
사적 행위는 대체적으로 미국과의 관계 개선 목표에 초점이 맞추어졌

13) 서옥식, 「김정일 체제하에 지배이데올로기 연구」, 경기대학교 박사학위논문, 2005.
14) 서유석, 「북한 선군담론에 관한 연구」, 동국대학교 박사학위논문, 2008.

고, 북핵문제 역시 북미 직접대화를 위한 퍼포먼스로 발발시켰다고
주장하였다. 하지만 연구자는 김정일의 선군정치를 미국과의 관계에
초점을 맞춰 분석함으로써 대남관계에 미치는 영향에 대해서는 간과
하였다.

　방정배는 '북한 선군정치하의 당·군 관계'[15]를 통해 선군정치의 논리
구조와 기능을 김정일 정권 장악의 수단에 맞추어 설명하였다. 그리고
선군정치하에서도 당·군 관계는 수평적 관계가 아니라 당이 군을 선도
하는 당의 영도원칙은 불변하다고 주장하였다. 그럼에도 김정일이 군을
우선 시하는 것은 군을 정치화시켜 자신의 정치적 수단으로 활용하기
위한 것이라고 설명하였다. 여기서도 연구자는 군을 정치적으로 어떻게
활용할 것인가에 집중했지 군사적으로 어떻게 사용할 것인지, 특히 대
남관계에 어떠한 영향을 미칠 것인지에 대해서는 간과하였다.

　이외에도 북한의 군사전략과 선군정치에 관한 연구는 많이 이루어지
고 있으나 대부분이 정치적 측면만을 가지고 접근했지 군사적 측면을
가지고 접근한 연구는 상대적으로 많지 않다.[16]

● ● ● ● ● ● ● ● ● ● ● ● ●

15) 방정배, 「북한 선군정치하의 당·군 관계」, 영남대학교 박사학위논문, 2004.
16) 권양주, 『북한군사의 이해』, 한국국방연구원, 2010 ; 김점곤, 『한국전쟁과 노동당
    전략』, 박영사, 1973 ; 홍성표, 「북한군의 전쟁수행능력과 우리의 대응전략: 북한의
    핵전략 가능성과 우리의 대비책 2004」, 『북한』 342호, 북한연구소, 2000 ; 박갑수,
    「북한의 군사전략과 군사력」, 『통일로』 통권 190호, 안보문제연구원, 2004 ; 김영
    호, 『한국전쟁의 기원과 전개과정』, 두레, 1998 ; 정성장, 「김정일의 선군정치: 논리
    와 정책적 함의」, 『현대북한 연구』 제4권 2호, 경남대 북한대학원, 2001 ; 오일환,
    「김정일 시대 북한의 군사화 경향에 관한 연구」, 『국제정치논총』 제41집 3호, 한국
    국제정치학회, 2001 ; 김갑식, 「김정일의 선군정치: 당·군 관계의 변화와 지속」,
    『현대북한 연구』 제4권 3호, 경남대 북한대학원, 2001 ; 정영태, 「북한 강성대국론
    의 군사적 의미: 김정일의 군사정책을 중심으로」, 『통일연구총론』 제7권 2호, 통일
    연구원, 1998 ; 이정철, 「북핵의 진실 게임과 사즉생의 선군정치」, 『북한연구의 성
    찰』, 한울아카데미, 2005 ; 진희관, 「북한에서 선군의 등장과 선군사상이 갖는 함의
    에 관한 연구」, 『국제정치논총』 제48집 1호, 한국국제정치학회, 2008 등이 있으나
    북한의 핵개발 이후 군사전략에 관한 연구는 없다.

이상에서 살펴본 바와 같이 북한 군사전략에 관한 연구는 대부분 6·25전쟁을 기초로 냉전기에 사용했던 군사전략을 중심으로 연구가 이루어져 왔다. 또 대부분이 군사적 관점보다는 정치적 관점에 치중한 논리를 전개해 왔다. 따라서 기존의 연구는 다음과 같은 부문에 대해 간과하고 있다.

첫째, 북한의 군사전략을 연구하는 데 있어 순수한 군사적 측면만을 고려한 연구가 부족하다. 기존의 북한 군사 분야에 대한 연구는 대부분 6·25전쟁을 바탕으로 전쟁발발 원인과 책임소재 등 주로 정치적 측면 위주로 분석되었지, 실제 전쟁 진행 동안 전투현장에서 사용했던 군사전략이나 전술부문에 대해서는 심도 있게 다루지 못하였다.

둘째, 현대전의 양상을 반영하지 못하고 있다. 지금까지 연구된 북한의 군사전략은 선제기습전략, 속전속결전략, 배합전략 등 1950년 6·25전쟁을 바탕으로 한 연구에 치중되어 왔다. 하지만 현대전은 무기체계의 발달과 전쟁수행기법의 발전으로 첨단과학화전투가 진행되고 있다. 그런데 이러한 부문에 대해서는 간과하고 있다.

셋째, 북한의 핵무기 보유와 연계한 군사전략에 대한 연구가 없다. 현재 우리의 군사작전은 북한이 핵을 보유하기 이전인 재래식 전력에 중점을 두고 그 대응개념이 설정되어 있다. 하지만 지금 국제사회에서는 북한이 그동안 여섯 번의 핵실험을 통해 이미 핵무기를 보유하고 있을 것이라는 것을 기정사실화하고 있다. 따라서 우리도 북한이 핵무기를 군사적으로 어떻게 사용할 것인가에 대한 시나리오를 가지고 있어야 함에도 불구하고 여기에 대한 준비는 미흡한 것으로 보인다. 핵은 군사적으로 사용 시 전쟁에서 절대적인 전력으로 작용하기 때문에 이에 대한 대비는 대단히 중요하다 할 수 있다.

넷째, 북한의 핵전략에 대한 우리의 대비책을 제시하지 못하고 있다.

북한이 핵무기를 보유한 상태에서 군사위협과 도발을 감행한다면 우리는 여기에 어떠한 군사적 대안을 가지고 접근할 것인가에 대한 대비책 마련은 시급한 문제라 할 수 있다.

따라서 이 책은 상기의 문제점을 충족시키는 데 그 목적을 두고 연구를 전개하였다.

제3절 연구 범위와 방법

1. 연구 범위와 구성

남북한은 같은 민족이면서 분단되어 '6·25전쟁'이라는 비극적인 전쟁을 치렀고 지금도 휴전선을 마주보며 자본주의와 사회주의 체제로 나뉘어 군사적으로 대치하고 있다. 이러한 안보현실 속에서 북한의 군사전략에 대해 연구한다는 것은 많은 한계와 제한사항이 따를 수밖에 없다.

또 한 나라의 군사전략을 연구하기 위해서는 그 나라의 국방정책으로부터 전쟁터에서 직접 적용되는 군사전술에 이르기까지 전체적으로 다루어야 하나 이런 부문까지 포함할 경우 그 연구의 폭이 너무 방대함으로 인해 그 범위를 한정할 수밖에 없다.

따라서 이 책은 연구 목적에 맞게 순수한 군사전략 부문으로 한정하면서, 북한의 '선군군사전략'은 주로 김정일·김정은 시대를 중심으로 하여 그 범위를 다음과 같이 제한하였다.

군사전략의 이론부문에서는 역대 군사 전략가들이 정립해 놓은 군사전략 이론에 대해 알아보고, 사례분석을 통해서는 최근 국지전인 걸프전, 아프간전, 이라크전 등 3개의 전쟁을 중심으로 그 전개양상과 적용

전략을 알아보았다.

김일성 시대 북한 군사전략에 대해서는 6·25전쟁과 기존 연구자들이 연구한 내용을 중심으로 살펴보았다. 그리고 김일성 사망 이후 김정일 정권과 함께 등장한 '선군정치'에 대해서는 그 등장 배경과 본질, 선군정치가 국방정책에 미친 영향 등에 대해 알아보았다.

이 책의 핵심부분이라 할 수 있는 '선군군사전략'은 김정일·김정은의 군사관과 북한의 무기체계, 그리고 현대전의 양상을 바탕으로 사용가능한 전략을 제시해보고, 이러한 전략을 구현하기 위한 군사력 건설 방향은 어떻게 하고 있는지에 대해 알아보았다.

'선군군사전략'에 대한 평가와 전망은 북한 내부 상황과 남북관계, 그리고 국제사회에 나타나고 있는 현상을 바탕으로 평가해보고, 앞으로 김정은 정권에서 취할 수 있는 군사행동 양상에 대해서는 북한의 위기상황을 상정하여 그 행동유형을 전망해 보았다.

마지막으로 북한 군사위협에 대한 우리의 대응방안은 정치적인 측면보다는 순수한 군사적 측면 위주로 그 대안을 모색해 보았다.

한편, 연구내용을 전개하는 데 있어 비밀 내용은 포함하지 않았다. 아직 공개되지 않은 군사비밀이나 또는 비밀이 아니라 하더라도 공개 시 군사작전에 영향을 미칠 수 있는 군사적으로 민감한 부문에 대해서는 포함하지 않았다. 이는 이 책이 일반인들도 접하게 된다는 점을 고려했을 때 국가의 비밀을 보호하고, 또 군사부문에 대한 과도한 해석으로 인해 국민 불안을 가중시키는 것을 예방하고자 하는 차원에서이다.

이 책은 앞에서 밝힌 연구 목적과 중점, 연구 범위 등을 고려하여 다음과 같이 구성하였다.

제1장은 서론부분으로 이 책의 연구 목적, 연구 범위와 방법 등에 대해 서술하였다.

제2장은 군사전략에 대한 예비적 고찰로 군사전략의 개념과 유형, 결정 요인, 최근 국지전 사례를 통해 나타난 현대전의 양상과 그 시사점에 대해 서술하였다.

제3장은 북한의 군사전략 형성과 김일성 시대 군사전략으로 그 형성 배경과 근본 원리, 그리고 김일성의 군사전략에 대해 알아보았다.

제4장은 김정일·김정은 시대의 선군정치와 국방정책으로 선군정치의 본질과 선군정치하에서 국정운영 노선, 그리고 선군정치하 군사정책에 대해 제시하였다.

제5장은 선군시대 북한 군사전략과 군사력 건설로 선군군사전략의 형성 요인과 전략 요체, 특징, 그리고 이러한 전략을 구현하기 위한 군사력 건설 방향에 대해 제시하였다.

제6장은 선군군사전략에 대한 평가와 전망으로 김정일·김정은 정권에서 그동안 취했던 군사행동이 북한 체제와 남북관계, 그리고 국제관계에 미친 영향은 무엇이고, 또 앞으로 김정은 정권에서는 이를 어떻게 사용할 것인가에 대해 전망해 보고 여기에 대한 대응책을 제시하였다.

【그림 1-1】 연구 전개 과정

제7장 결론에서는 '선군군사전략'에 관한 내용을 요약정리하고 앞으로 연구 발전시켜야 할 부문에 대해 제언하였다.

2. 연구 방법

지금까지 북한에 대한 연구는 학문적 차원보다는 정치적·이념적 이해관계에 의한 정략적 수단으로 활용해 왔다고 볼 수 있다. 즉 북한을 학문적 연구대상이기보다는 국가안보라는 명목하에 갈등과 타도의 대상으로 활용했다는 것이다.

이와 같은 북한에 대한 냉전적인 이해방식은 북한 체제의 독특함과 특수성을 강조하는 특정한 접근법(전체주의)을 주장함으로써 사회과학의 연구 분야에서 소외될 수밖에 없었다. 다시 말해 북한 연구의 일종인 '방법론적 예외주의' 내지 '이론적 고립주의' 현상을 초래할 수밖에 없었다는 것이다. 이는 초기 구미의 소련을 비롯한 공산권 연구에서처럼 북한 체제의 독특함과 특수성을 유달리 강조하면서 개별기술(idiographic) 연구나 특정한 접근법(전체주의)만을 고집한 것이다. 따라서 북한에 관한 연구 자체는 오랫동안 법칙정립적인(nomothetic) 연구를 지향하는 사회과학의 본류에서 소외될 수밖에 없었다.[17]

사회과학분야는 서로 다른 이념을 바탕으로 연구와 논쟁을 전개하고 있어 자연과학과는 달리 명확한 근거에 의한 입증이 사실상 어렵다. 즉 자연과학은 연구자가 특정 물질을 대상으로 실험과 관찰을 통해 산출된 명확한 결과물을 가지고 자신의 연구 결과를 주장하지만, 사회과학에서

---

17) 최완규, 「북한 연구방법론 논쟁에 대한 성찰적 접근」, 『북한 연구 방법론』, 서울: 한울, 2003, 10쪽.

는 이와 같은 과정을 적용하기가 어렵다는 것이다. 특히 북한은 집단주의 생활체제, 인민의 자발적인 동의 내지 순응의 기재, 1인 독재에 의한 장기집권, 개인 우상화, 친족에 의한 권력세습, 폐쇄적 국가운영 등 여타 사회주의국가에서 보기 드문 특수성을 가지고 있어 일반적인 분석방법에 의해 검증을 한다는 것은 매우 어렵다. 따라서 북한 연구에서도 기존 사회주의 연구에서 한계로 지적되어온 '방법론적 예외주의(methodological exceptionalism)'나 '이론적 고립주의(theoretical isolationalism)' 경향이 뚜렷이 나타나고 있는 것이다.[18] 그리고 이러한 한계점을 극복하기 위해 주제에 따라서 다양한 방법론이 적용되어 왔다. 이러한 이유로 인해 이 책에서도 소주제별로 연구 목적을 충족시킬 수 있는 적합한 연구방법을 사용하였다.

이 책의 연구 방법은 문헌분석과 사례분석, 비교분석, 현상분석, 쟁점지향적 접근방법을 이용하여 알아보았다. 또 군사전문가와 북한에서 직접 군생활을 체험한 북한군 출신 탈북자들(○○○ 전 인민군 대위 출신, ○○○ 전 인민군 상위 출신)과의 면담을 겸했다.

먼저 문헌분석을 통해서는 이 책의 근본적인 사항이라 할 수 있는 군사전략에 관한 개념과 유형에 대해 정리해 보았다. 그리고 사회주의국가인 구소련과 중국의 군사전략이 북한 군사전략에 미친 영향은 무엇이었는지에 대해서는 비교분석을 통해 알아보았다.

사례분석을 통해서는 김일성이 6·25전쟁 시 사용했던 전쟁수행전략을 도출해 보고, 또 최근 국지전 사례를 통해서 현대전의 전개 양상과 사용전략에 대해 알아보았다. 여기서 무엇이 전쟁의 승패에 영향을 주

18) Samuel S. Kim, "Research on Korean Communism: Promise versus Performance", *World Politics*, Vol. 32, 1980, 289쪽.

었고, 그리고 북한에 미친 영향은 무엇이었는지 알아보았다.

이 책의 핵심부분이라 할 수 있는 북한의 '선군정치'와 '선군군사전략'에 대해서는 북한 핵개발을 중심으로 한 쟁점지향적 접근방법(issue-oriented approach)[19]을 통해 알아보았다. 즉 북한이 국제사회의 반대에도 불구하고 핵을 개발할 수밖에 없었던 이유를 집중 분석해 보고, 또 핵을 보유하고 있는 국가들이 취하고 있는 전략, 그리고 북한이 핵을 기반으로 취할 수 있는 전략은 어떤 것들이 있는지에 대해 살펴보았다.

현상분석을 통해서는 김정일·김정은 정권이 그동안 취했던 군사행동이 북한 체제와 남북관계, 그리고 국제사회에 미친 영향은 무엇이었는지에 대해 알아보았다.

북한 군사문제를 연구하는 것은 앞에서도 언급했듯이 자료접근의 제한으로 인해 폭넓은 자료획득이 어렵다. 그럼에도 북한 군사 관련 자료를 획득할 수 있는 방법으로는 첫 번째는 북한 당국이 직접 공개하거나 발표되는 자료이다. 이는 북한이 자신들의 체제를 선전하고 김일성 일가를 우상화하기 위해 사용하는 것으로 그 목적에 맞게 왜곡되거나 과장된 부분이 많아 신뢰도가 매우 낮다고 볼 수 있다. 따라서 북한의 공식자료에 대해서는 전문가들의 분석 자료를 통해 그 의도를 정확히 파악하고자 하였다.

두 번째는 탈북자를 통한 자료획득이다. 북한에서 거주하다 탈북하면서 가져오는 자료인데 실물자료 획득은 어려우며 보통 탈북자와 직접 인터뷰를 통해 관련된 자료를 획득하는 것이다. 이 방법도 탈북자의 개

[19] 쟁점지향적 접근방법(issue-oriented approach)은 학문적 연구가 아닌 실용적인 사회연구의 한 방법이다. 이는 사회연구의 실용성 내지 실천성을 처음부터 의도하는 경우에 사용되며, 사회의 근본적인 쟁점들을 파헤쳐서 사회적 변혁을 가져오는 데 적합한 기여를 해야만 한다는 생각이 지배적인 경우에 실시되는 방법이다. 김경동·이온죽, 『사회조사 연구 방법』, 서울: 박영사, 1998, 14~15쪽.

인성향(이념문제, 개인 신상)에 따라 진술내용에 많은 차이가 있으므로 교차면담이나 관련 자료의 확인을 통해 그 내용을 검증하였다.

세 번째는 제3국을 통해 획득하는 방법이다. 이는 북한과 수교를 맺고 있는 나라를 통해 획득하는 방법으로 대표적인 나라는 중국과 러시아를 꼽을 수 있다. 중국과 러시아는 우리나라와 1990년대 초반 수교를 통해 군사 분야를 포함한 다방면의 교류와 협력이 이루어지고 있다. 하지만 북한 군사에 관련된 자료를 획득한다는 것은 아직까지는 어려움이 많다. 그 이유는 중국과 러시아는 북한과 같이 사회주의국가 체제를 유지하고 있고, 지리적·정치적·역사적으로 보아도 우리보다는 북한 쪽에 더 우호적이기 때문이다. 또한 두 나라는 6·25전쟁에 직·간접적으로 관련되어 있을 뿐 아니라 아직 6·25전쟁이 종결되지 않은 정전상태에 있기 때문이다. 특히 중국은 6·25전쟁에 직접 전투 병력을 지원했을 뿐만 아니라 정전체결의 직접 대상자이기 때문에 북한 군사 관련 자료를 제공해 준다는 것은 현실상 어렵다.

하지만 가급적이면 북한에서 만들어진 1차 자료를 사용하기 위해 노력하였고, 1차 자료획득이 어려운 부분은 관련기관과 학계에서 작성된 각종 논문, 군 기관과 국방 관련기관에서 발행한 자료, 신문, 인터넷 등에 게재된 2차 자료를 활용하였다. 이 중에서도 선군군사전략에 관한 부문은 김정일·김정은의 교시와 인민군에게 하달되는 『학습제강』을 중심으로 연구를 진행하였다.

제2장 군사전략에 관한 예비적 고찰

제1절 군사전략에 대한 이해

1. 군사전략의 개념

'전략(strategy)'이라는 용어는 고대 그리스에서 그 기원을 찾을 수 있다. 그리스의 용어 Strategos 또는 Strategia에서 유래된 것으로 Strategos는 아테네의 10개 부족단체에서 차출된 10개의 연대(Taxi)를 지휘한 장수의 명칭이었다.

고대 그리스 도시국가들은 '방진(phalanx)'이라는 단위부대로 구성된 군대를 보유하고 있었는데, 이 군대는 군사령관을 의미하는 'strategus' 또는 'strategos'에 의해 통솔되었다. 군사령관은 전투에서 승리하기 위해 상대의 전력과 전투대형, 그리고 지형 조건에 따라 방진의 두께와 형태, 그리고 배치를 달리했다. 군사령관은 이를 위해 필요한 지혜를 동원할 목적으로 'strategia'라는 사령관실(오늘날 지휘소 또는 지휘통제실)을 운영했다. 즉 오늘날 사용하고 있는 전략의 어원은 사령관의 지휘술, 또는 용병술이 태동하는 장소를 의미하는 'strategia'에서 비롯되었다고 볼 수 있다. 따라서 전략이라는 용어는 전장에서 병력을 운용하는 지휘관의 용병술로 한정되었을 뿐, 그 이상으로 개념이 확대되거나 발전되기는 어려웠다. 그리고 나폴레옹 전쟁 이후에는 클라우제비츠를 비롯한 많은 군사사상가들에 의해 '전략'이라는 용어가 국가전략, 대전략, 작전술, 전술 등의 용어로 세분화되기 시작했다.[1]

국가와 민족의 안전을 보장하기 위한 국방은 크게 '군사정책(Military Policy)'과 '군사전략(Military Strategy)'으로 구분한다. 일반적으로 군사정책은 군사력 운용에 관한 국가의 군사적 방책으로써 한 국가가 그들의 군사력을 어떻게 운용할 것인가 하는 문제를 종합한 군사적 구상을 말한다. 이에 비해 군사전략은 준비된 군사력을 운용하여 정해진 군사목표를 달성하는 것을 말한다.

이영민은 그의 저서 『군사전략론』에서 군사력을 건설·정비·유지·관리하며, 군사력의 기반을 배양하고 대내외적으로 군사력 운용의 환경과 조건을 조성하는 정책적 기능을 군사정책으로, 이에 비해 준비된 군사력을 운용하여 정해진 군사목표를 달성하는 것을 군사전략이라 하였다. 또 그는 군사정책과 군사전략의 차이를 다음과 같이 제시하였다. 첫째, 전략은 정책을 집행하기 위한 기술과 방편이라고 규정할 수 있으며 그런 점에서 전략은 정책을 집행하기 위한 기술이고 정책이 상위개념이라고 볼 수 있다. 둘째, 목표와 정책 및 전략이 상하관계에 있기는 하나 완전히 일직선상에 종속된 위치에 있는 것은 아니다. 즉 정책이 목표달성을 위한 행동원칙이고 전략이 정책의 구현을 위한 기술이라고 표현한다고 해서 이들이 완전히 종속관계를 이루는 것이라고 보기 어렵다는

⋅ ⋅ ⋅ ⋅ ⋅ ⋅ ⋅ ⋅ ⋅ ⋅ ⋅ ⋅ ⋅ ⋅

[1] 박창희, 『군사전략론』, 서울: 플래닛미디어, 2013, 65~67쪽.

것이다. 셋째, 정책은 행정적 사항이고 전략은 전투와 관련된 기술이다. 즉 군사와 관련된 정책은 군정사항이고 그 전략은 군령사항이라고 할 수 있는데, 군정사항에는 군사조직의 유지 및 건설(군의 편성, 병력 및 장비의 결정, 인사 등)과 군사력의 발동(전쟁과 파병 및 철병, 계엄 등) 등이 포함되며, 군령사항에는 군대의 용병과 작전수준에서의 운용에 관한 사항이 포함된다는 것이다.

우리 군사용어사전에는 국방정책의 일부로써 국가의 평화와 독립을 지키기 위하여 군사력의 유지, 조성 및 운용을 도모하는 군사에 관한 각종 정책을 군사정책으로, 그리고 국가목표를 달성하기 위하여 군사적인 수단을 효과적으로 준비하고, 계획하며, 운용하는 방책을 군사전략이라고 정의하고 있다.

<표 2-1> 군사정책과 군사전략의 차이

구 분	군사정책	군사전략

목 표	• 정책상의 목표 달성
	  - 안보정책에서 주어진
	  - 전략구상에서 선정된
		• 전략의 목표 달성
		  - 군사정책에 제시된
		  - 전략의 측면에서 선정한

차 원	• 정치적 차원
	  - 무엇을 할 것인가?(What)
	  - 방침, 지침의 성격
	  - 정치적으로 결정된 것
	  - 군사행정에 관한 것
	  - 군사력의 준비(조성)
	  - 소요에 따른 건설
		• 군사적 차원
		  - 어떻게 할 것인가?(How)
		  - 세부적인 성격
		  - 결정을 위한 것
		  - 결정된 것의 시행
		  - 용병에 관한 것
		  - 군사력의 운용(사용)
		  - 운용상 필요한 소요 요청

상대성	적을 의식하지 않은 순수 행정관리 측면일 경우도 있음	적(상대)을 의식한 책략

출처: 이영민, 『군사전략』, 21쪽.

이상의 말을 종합해 보면 군사력 운용에 관한 행정적 측면을 '군사정책' 분야로, 행위적 측면을 '군사전략' 분야로 규정하고 있다고 정리할 수 있다. 따라서 군사전략은 군사정책의 하위개념으로써 전쟁에서 목적 달성을 위해 군사력을 어떻게 사용할 것인가를 다루는 부문이라 할 수 있다.

군사전략에 관해 좀 더 구체적으로 살펴보면 클라우제비츠는 그의 명작『전쟁론』에서 전략(Strategy)이란 전쟁목적을 달성하기 위한 수단으로써 모든 전투를 운용하는 술(術)이라고 하였고, 20세기 영국의 대표적 군사전략가인 리델 하트(Leddel Hart)는 "정책의 목적을 달성하기 위하여 군사적 수단을 배치하고 사용하는 기술(art)"로, 프랑스의 앙드레 보풀은 "정책에 의해 설정된 목표를 달성하려는 방향으로 가장 효과적인 공헌을 하도록 군사력을 운용하는 기술이다"고 정의하였다. 또 영국의 마이클 하워드는 "전략은 주어진 정치적 목적을 달성하기 위해 군사력을 운용하고 사용하는 것에 관한 것"이라고 정의하였고, 미국합동참모본부에서는 "무력의 사용 또는 무력의 위협으로 국가정책의 목표를 확보하기 위한 일국의 군대를 운용하는 술(術)과 과학"[2]으로 정의하였다. 우리 군 사용어사전에는 국가목표를 달성하기 위하여 군사력을 건설하고 운용하는 술(術)과 과학이라고 그 개념을 정의하고 있다.

이상의 말을 종합해 보면 '군사전략은 국가전략의 일부로써 한 국가가 현재 및 미래의 국가안보위협에 대비하고, 일단 전쟁이 개시되면 전쟁에서 승리하기 위하여 군사적 제 수단을 어떻게 분배하고 운용할 것인가를 다루는 술(術)과 과학이라고 정리할 수 있다.

군사정책의 하위 개념인 군사전략은 【그림 2-1】과 같이 군사전략 목

---

2) JCS Pub., I: Dictionary of Military and Associated Terms, Washington: U.S. Department of Defense, 1979, 217쪽.

표, 군사전략 개념, 군사자원으로 구성되어 있다.

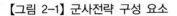

【그림 2-1】 군사전략 구성 요소

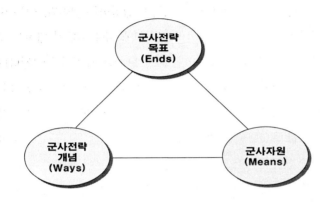

'군사전략 목표'는 군사능력 및 자원을 투입하여 달성해야 할 특정과업으로 군사 분야의 모든 과업이 완수된 이후의 최종 상태가 어떠한 모습이어야 하는가를 제시하는 것이다. 다시 말해 군사작전의 최종 목표가 확전을 방지하고 전쟁 이전의 모습으로 회복하는 것까지 인지, 아니면 상대를 완전히 격멸하고 그 지역까지 석권하여 잠재적 위협을 완전제거할 것인지를 나타내는 것이다.

'군사전략 개념'은 군사전략 목표를 달성하기 위한 군사행동 방안으로 전략적 상황의 예측결과로 채택된 군사력 운용방안을 어떻게 할 것인가를 제시하는 것이다. 다시 말해 부대를 공세적 개념으로 운용할 것인가, 아니면 방어적 개념으로 운용할 것인가를 말하는 것이다.

'군사자원'은 군사전략 목표를 달성하기 위한 수단(인적·물적·금전·부대 등)으로 국가가 사용할 수 있는 군사적 힘의 원천을 무엇으로할 것인지를 제시하는 것이다.

군사전략을 결정하는 과정은 그 나라의 체제, 지정학적 위치, 당면한 적의 위협 정도, 통수권자의 전쟁관 등을 고려하여 수립하게 되는데 통상 다음과 같은 4단계를 거치게 된다.[3] 첫째 단계는 국가안전보위 목표의 역할로 국가안보 목표를 정확히 조사하여 결정하는 것이다. 이는 현존하는 직접적인 위협은 무엇이며, 이러한 위협에 대해 어떻게 대비할 것인가에 소요를 정확히 파악하는 것이다. 둘째 단계는 '대전략(국가전략)'을 입안하는 단계로 대전략이란 국가안보 목표 달성에 필요한 수단들의 개발 및 사용을 통합 조정하는 기술과 과학으로 이 단계에서는 역할과 임무를 할당하고 이렇게 할당된 역할 및 임무들이 상호 지지 보완되도록 만들어야 한다. 또 서로 마찰이 생길 가능성이 있는 부문에 대해서는 사전 조정을 통해 문제가 발생하지 않도록 해야 한다. 셋째 단계는 군사전략을 결정하는 단계로 국가목표를 달성하기 위한 적절한 군사전략을 개발하는 것이다. 마지막 넷째 단계는 전장전략의 역할로 국가안전보위 목표를 달성하기 위해 전장에서 병력의 사용을 통제하는 단계를 거치게 된다.

'군사전략'과 '국가전략'의 관계를 살펴보면 국가전략은 세계에 대한 그 국가의 관점, 능력 및 목표를 판단하고, 그 목표를 달성하기 위하여 그 나라가 가지고 있는 정치·경제·심리 및 군사적 자원 등 모든 힘의 자원을 사용하고자 하는 전략·전술을 다룬다. 이에 비해, 군사전략은 국가의 안전보장을 위해 군사적 제 수단을 통합 운영하는 부분만을 다룬다. 따라서 군사전략과 국가전략은 상관관계가 있으나 동의어는 아니다.

군사전략은 주로 군사전문가들의 분야이지만, 국가전략은 대체로 정치가들의 영역에 속한다고 볼 수 있다. 또 국가전략이란 총체적으로 그 국가의 국력 요소, 국가유산 및 의지, 그리고 주요한 국가이익을 검토하

---

3) 이종학, 『군사전략론』, 서울: 박영사, 1987, 342~347쪽.

는 것으로 국가목표 달성을 위한 정치적 수단으로 정부에 의해 수행되
지만, 군사전략은 정치적 목표 달성을 위해 군의 최고사령부에 의해 수
행된다. 따라서 군사전략은 국가전략을 수행하기 위한 하나의 수단으로
국가전략의 통제를 받는 상하관계라 할 수 있다.

　군사전략을 수립하는 데 있어 지켜야 할 원칙으로는 연계성, 미래성,
현실성을 기초로 수립되어야 한다.[4] '연계성'은 최상위 목표인 국가목표
로부터 군사전략, 전술수단에 이르기까지 상호 직접적인 연계성을 유지
하고 있어야 하고, '미래성'은 무기체계의 발달과 전쟁양상의 변화 등을
고려한 미래전의 위험과 불확실성을 대비하여 전략을 수립해야 한다.
그리고 '현실성'은 최종 결정과정에 있어서 추상적이고 환상적인 사안보
다는 현실에 나타난 상황을 상정하고 여기에서 일어날 수 있는 현상을
바탕으로 결심해야 한다.

　이와 같은 과정을 걸쳐 수립된 전략은 새로운 위협이 식별되거나 주
변국의 변화 등 전략적 상황변화에 따라 수정될 수 있다. 다시 말해 안
보에 새로운 국면이 제기될 때마다 이에 대응할 수 있는 새로운 전략을
수립하게 된다는 것이다.

　군사전략은 통상 군사정책이 수립된 다음 군사정책의 하위개념으로
수립되는 것이 통념인데 북한은 군사화국가, 병영국가를 국가 체제의
기본 틀로 하고 있어 군사전략이 먼저 수립된 다음 국가 기본전략과 군
사정책이 작성되는 일반적인 국가와는 상이한 개념으로 수행되고 있다.

　군사정책을 수행하기 위한 군사술 체계는 【그림 2-2】와 같이 군사전
략, 작전술, 전술로 구분한다.

- - - - - - - - - - - - - - - -

4) 이종학, 『군사전략론』, 350~354쪽.

【그림 2-2】 군사술 체계

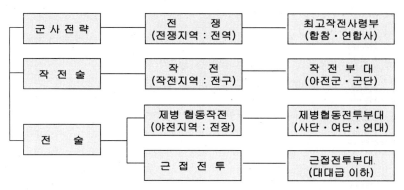

출처: 이영민, 『군사전략』, 25쪽.

'군사전략'은 군사목표 달성을 위해 전·평시를 막론하고 군사력을 건설·유지하고, 전쟁을 준비하고, 군사적 제 수단을 통합하여 적용하는 단계로 군의 최고사령부급인 합참이나 연합사 차원에서 다루게 된다.

'작전술'은 군사전략 목표를 달성하기 위하여 일련의 작전을 계획하고 실시하며 전술적 수단들을 결합 또는 연계하는 것으로써 야전군 및 군단급 제대에서 수행된다.

'전술'은 작전술 수준에서 설정된 목표를 달성하기 위해 가용한 전투력을 통합하여 전투를 통해 실질적으로 적을 격멸하고 군사목표를 확보하는 것으로써 사단급 이하 제대에서 수행된다.

다시 말해 '군사전략'이 국가 전체에 대한 전쟁수행의 기본개념을 도출하면 '작전술'은 이것을 구체적으로 장소, 시간, 상황에 맞게 가용전투력을 기동, 배비시킴으로써 결정적 승리를 보장할 수 있도록 하는 것이며, '전술'은 적과 직접 교전을 통해 실질적인 군사목표를 확보하는 것이다. 군사전략은 전쟁승리를, 작전술은 작전승리를, 전술은 전투승리를 목적으로 이루어지는 일련의 과정이라 할 수 있다.

<표 2-2> 군사전략 · 작전술 · 전술의 관계

구분	군사전략	작전술	전술
목적	전쟁승리	작전승리	전투승리
주안	전쟁지도(전투운용)	전투력의 기동과 배비	전투력의 발휘
성격	전국적 범위의 연합 및 합동작전	대규모 작전	전투
제대	합참 및 연합사	야전군 및 군단	사단 이하
지역	전쟁지역	작전지역 (Theater)	사단 이하 (Battlefield)
영향 정도	전략요소		전투요소

출처: 이영민, 『군사전략』, 25쪽.

〈표 2-2〉에서 보는 바와 같이 군사전략 분야로 갈수록 전쟁승리를 위한 전략적 요소는 높아지는 반면 전술적 요소는 낮아지고, 전술 분야로 갈수록 전투승리를 위한 전투적 요소가 높아지는 반면 전략적 요소는 낮아지게 된다. 다시 말해 군사전략은 계획적 측면에, 전술은 행위적 측면에 집중하게 된다는 것이다.

2. 군사전략의 유형

군사전략의 유형은 그 나라의 정치적 목적과 군사력 규모 등을 고려하여 결정하게 되는데 다음과 같이 5가지 유형[5]으로 나뉘어 통용되고 있다.

첫째, '억제전략'이다. 이는 한 국가가 침략을 하려고 할 경우 그 침략

[5] 『군사전략』, 대전: 육군대학, 2002, 286~289쪽.

에 의해서 얻을 수 있는 이익 이상의 견디기 힘든 손해를 받게 될 것임을 그 나라에 인식시켜 침략을 미연에 방지하기 위해서, 또는 전쟁 발발 시에 그 전쟁의 규모 및 치열도가 확대될 위험성을 인식시켜 전쟁을 억제토록 하기 위해서 사용하는 전략이다. 즉 잠재적 침략국의 한정적 침략에 의한 특정 전략목적의 달성을 거부하는 능력을 보유함으로써 그들에게 침략을 기도하지 않도록 하는 전략개념이다. 이러한 억제전략의 종류로는 침략에 수반되는 비용과 위험이 침략함으로써 얻을 수 있는 이익보다 훨씬 크게 됨으로써 침략을 포기케 하는 '거부적 억제전략'과 잠재적 침략국에 대하여 그들이 만일 침략행동을 시작한다면 견딜 수 없을 정도의 제재를 가할 것이라는 위협에 의해서 그들에게 공포심을 일으키게 함으로써 침략을 자제시키는 '제재적 억제전략', 그리고 국가적 차원에서 군사적 수단뿐만 아니라 이용 가능한 모든 비군사적 수단까지 동원할 능력이 있음을 적에게 인식시켜 적이 침략하지 못하도록 하는 '총합적 억제전략' 등이 있다.

둘째, '공세적 방위전략'이다. 이는 공세적 작전으로 전략목표를 추구함을 기초로 하되 상대방의 선제공격을 전제로 전략적 수세를 취하다가 즉시 공세로 이전하는 수세 및 공세전략을 말한다. 이러한 공세적 방위전략의 대표적인 사례는 1973년 제4차 10월 '중동전쟁'으로 이집트의 선제공격에 대항하여 이스라엘이 공세적 집중공격을 실시함으로써 전쟁을 승리로 이끈 사례이다. 우리나라의 군사전략도 이러한 공세적 방위전략을 기본개념으로 하고 있다고 볼 수 있다.

셋째, '응징보복전략'이다. 이는 분명히 군사적 도발이라고 판단되는 적의 도발행위 또는 공격에 대한 징벌적 대응조치로 보복력을 행사하는 전략이다. 적대적 관계를 유지하고 있는 나라일수록 상대의 군사적 도발행위에 대해 철저한 응징보복을 실시함으로써 자신들의 군사적 대응능력을 보여주고 재발을 방지하고자 한다. 북한이 대량살상무기를 개발한 것은 대남우위의 전력을 보유하기 위한 것이라고 할 수도 있지만, 한편으로는 강대국의 위협과 공격에 대해 응징적 보복능력을 보여주기 위한 것이라 할 수도 있다.

넷째, '신축대응전략'이다. 이는 국지분쟁 시 침략국의 도발수단과 규모에 따라 상응한 대응방법으로 격퇴 또는 원상을 회복하는 전략이다. 이러한 신축대응의 전략주안은 상대의 전략적 기습을 거부하고 신속대응전력을 운용하며 확전을 방지하는데 주안을 두고 실시된다.

다섯째, '거부적 적극 방위전략'이다. 이는 동맹에 의해 국경선 또는 자국 주변이 전장화 되었을 경우 아군 측의 파괴 및 인명손실을 최소화하면서 적의 의지 변경을 강요하는 전략이다. 이러한 거부적 적극 방위전략의 주안은 전략적 기습 거부를 통해 전쟁의 억제에 비중을 두어야하고, 또한 영토권 밖의 전쟁수행을 중시해야 한다.

이상과 같이 기존의 군사전략은 상대의 위협과 공격에 대비한 방어를 기본으로 한 전략을 수립함으로써 국제사회로부터 침략전쟁을 선호한다는 국가적 이미지를 주지 않으면서, 반면에 외부의 침략에 대해서는 강력한 대응개념을 보여줌으로써 자국의 안보는 물론 전쟁발생 시 그 책임에 대해 자신들의 명분을 찾고자 하고 있다.

여기에 추가하여 고려해 볼 수 있는 전략유형으로는 '공세적 공격전략'이 있다. 이는 자신들의 영토 확장 또는 정치적 목적을 달성하기 위해 상대의 영토에 대해 먼저 공격하는 전략을 말한다. 이러한 공세적 공격전략은 자신들의 군사력이 공격하고자 하는 상대보다 월등히 우위를 점하고 있을 때 사용 가능한 전략이다. 그러나 침략전쟁의 성격을 가지고 있어 표면적으로 잘 나타내지 않는 전략이다. 공세적 공격전략은 주로 공산권 국가들이 취하는 전략으로 북한도 이러한 유형의 전략이라 할 수 있다.

군사전략의 유형을 선택하는데 있어 중요한 요소로 작용하는 것은
【그림 2-3】에서 보는 바와 같이 그 나라가 가지고 있는 군사력과 경제
력 규모에 의해 영향을 받게 된다.

【그림 2-3】 군사전략 유형 선택

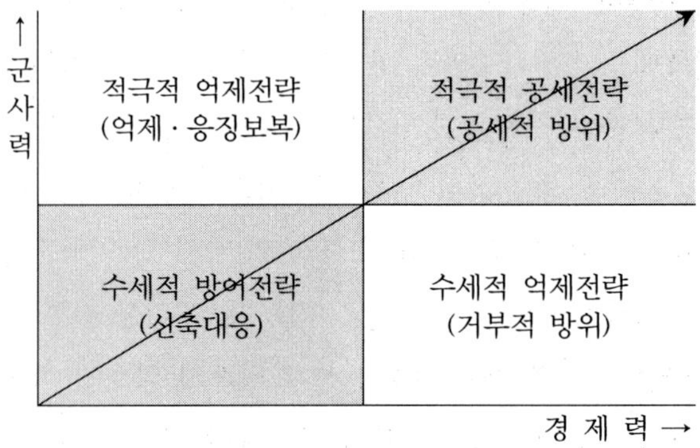

군사력과 경제력이 강한 나라일수록 자주국방의 능력을 갖출 수 있어
외부위협에 대해 적극적으로 대처하는 공세적 전략유형을 선택하게 되
는 반면, 군사력과 경제력이 약한 나라일수록 자주국방의 능력이 떨어
짐으로 인해 수세적 전략유형을 선택하게 된다.

3. 군사전략의 결정 요인

가. 대내적 요인

일반적으로 군사전략을 수립하는 데 영향을 미치는 요인으로는 크게
대내적 요인과 대외적 요인이 있다. 먼저 대내적 요인으로는 그 나라의

체제와 정치상황, 국방정책, 통치자의 전쟁관, 대결구도의 크기, 무기체계의 수준, 경제상황 등을 들 수 있다.

첫째, 그 나라의 체제와 정치상황이다. 이는 그 나라가 가지고 있는 정치이념을 말하는 것으로써 자유민주주의 노선을 채택하고 있는 나라인가, 아니면 사회주의 노선을 채택하고 있는 나라인가에 따라 전략의 형태가 결정된다는 것이다. 자유민주주의 노선을 취하는 나라는 침략전쟁을 부인하고 평화를 추구하기 때문에 대체로 방어적 개념의 전략을 선택한다. 하지만 사회주의 노선을 취하는 나라는 그들의 체제 확산을 위해 공세적 개념의 전략을 선택하게 된다. 또 집권당의 정치적 목표가 국가안보 우선인가, 아니면 경제성장 우선인가에 따라서 영향을 받을 수 있다. 즉 정치적 목표를 국가안보에 우선하는 정책을 전개하는 나라는 강력한 국방력 건설과 함께 적극적 공세전략을 선택하지만, 정치적 목표가 경제성장에 우선을 두는 정책을 전개하는 나라는 상대적으로 국방 관련 부문에 관심이 소홀해짐에 따라 수세적 방어전략을 선택하게 된다는 것이다. 그리고 집권당이 보수성향의 정권인가, 아니면 진보성향의 정권인가에 따라서도 전략의 차이가 있을 수 있다. 즉 보수적 성향의 정권일수록 국내정치의 안정화를 위해 수세적 방어전략을 선택하게 되고, 진보적 성향의 정권일수록 새로운 변화를 위한 적극적 공세전략을 선택하게 된다는 것이다.

둘째, 그 나라의 국방정책이다. 자주국방을 추구하는 나라일수록 공세적 전략노선을 채택하게 되고, 동맹적 국방정책을 추진하는 나라일수록 방어개념의 수세적 전략을 선택하게 된다. 전자는 미국과 같이 군사력이 강한 나라들이 취하는 전략이며, 후자는 군사력이 약한 약소국가들이 대체적으로 취하는 전략이다.

셋째, 통치자의 전쟁관이다. 이는 통치자의 전쟁수행 복안을 말하는 것으로 통치자의 개인 성격, 군사지식과 군사적 경험, 정치적 이데올로기 등에 의해 영향을 받게 된다. 즉 성격이 강하고 군사지식과 경험이 풍부하며 정치적 야욕이 강한 통치자일수록 공세적인 전략을 선택하게 되고, 성격이 온순하고 군사지식과 경험이 미약하며 정치적 안정을 추구하는 통치자일수록 방어개념의 수세적 전략을 선택하게 된다는 것이다. 북한은 김일성이 중국과 구소련에서 빨치산 활동을 통해 얻은 군사적 경험, 모택동과 스탈린으로부터 받은 정치적 이데올로기, 그리고 6·25전쟁의 영향 등을 받아 공세적 전략을 취해 왔다.

넷째, 대결구도의 크기이다. 이는 자신들에게 직접적인 위협을 주는 세력을 말하는 것으로 군사전략을 수립하는 데 있어 절대적인 영향을 주는 요소라 할 수 있다. 자신들에게 대두되는 위협의 세력이 많을수록, 또 상대의 군사력이 강할수록 이에 적극적으로 대응할 수 있는 공세적 전략을 수립하게 되고, 반면에 자신들에게 대두되는 위협의 세력이 적을수록, 상대의 군사력이 약할수록 최소한의 방어를 위한 수세적 방어전략을 취하게 된다. 우리나라와 같이 북한과 직접적인 전쟁을 치렀고 지금까지도 정전상태로 대치하고 있는 상황에서 위협에 대한 노출 정도는 대단히 높다 할 수 있다. 따라서 북한의 군사도발은 언제라도 발생가능하기 때문에 이에 대응할 수 있는 억제적 차원의 보다 적극적이고 강력한 전략을 선택하는 것이 필요하다.

다섯째, 무기체계의 수준이다. 이는 그 나라가 가지고 있는 무기체계의 정도를 말한다. 과학기술의 수준이 높은 나라일수록 최첨단의 무기체계를 갖출 수 있어 공세적인 전략을 취하게 되고, 과학기술의 수준이 낮은 나라일수록 무기체계 수준이 뒤처짐으로 인해 수세적 개념의 전략을 취하게 된다. 현대전쟁을 '과학화 전쟁'이라고도 표현하는데, 이는 과학기술의 발전으로 전쟁수행 기법이 첨단화되어 가고 있기 때문이다. 따라서 무기체계 경쟁에서 뒤처진다는 것은 전쟁에서 승리할 수 있는 확률이 그만큼 희박하다는 것을 의미한다고 볼 수 있다. 미국이 각종 국지전쟁에서 승리할 수 있었던 요인은 바로 최첨단의 새로운 무기를 개발하여 사용하고 있기 때문이라 할 수 있다.

여섯째, 경제상황이다. 이는 군사력을 유지할 수 있는 국방예산지원 능력을 말한다. 경제력이 강한 국가일수록 적극적인 국방예산지원을 통해 강력한 군사력을 보유할 수 있어 공세적 전략을 선택하지만, 경제력이 약한 국가는 국방예산지원 능력이 떨어짐으로 인해 방어개념의 수세적 전략을 취하게 된다. 한편 경제력이 강한 국가는 전체 예산에서 국방비가 차지하는 비율이 낮아 경제활동에 대한 부담을 적게 느끼지만, 경제력이 약한 국가에서 과도한 국방비를 투입하는 것은 상대적으로 타 분야에 대한 예산투입에 제한을 주어 경제활동에 좋지 않은 영향을 미치게 된다. 북한은 총 GDP(국민총생산)에서 국방비가 차지하는 비율이 약 30%(남한 3%) 정도로 대단히 높은 비중을 차지하고 있다. 이와 같은 막중한 군사비는 상대적으로 경제 분야에 대한 투자를 제한하고 경제활동을 위축시킴으로써 북한 경제에 악영향을 미치고 있는 것으로 나타나고 있다.

일곱째, 그 나라의 역사성이다. 전쟁을 직접 경험한 나라일수록 상대의 침공에 대비한 공세적 전략을 취하게 되고, 전쟁을 직접 경험하지 않은 나라일수록 방어개념의 수세적 전략을 취하게 된다.

이외에도 대내적 요인으로 작용할 수 있는 요소로는 군사력을 운용할 수 있는 그 나라의 인구 규모, 국민들의 안보관 등에 따라 영향을 받을 수 있다.

나. 대외적 요인

군사전략을 수립하는 데 있어 대외적 요인으로 작용할 수 있는 것은 전쟁의 양상, 동맹국의 영향, 지정학적 위치, 국제정치 상황 등을 들 수 있다.

첫째, 전쟁의 양상이다. 세계의 전쟁은 과거 기병과 재래식 무기에 의존한 원시전쟁으로부터 시작하여 현대전쟁은 최첨단의 무기가 투입되는 공상과학화 전쟁으로 변화되어 가고 있다. 또 현대전은 과거와 같이 지리적 요소에 제한을 받지 않고 지리적 공간을 넘어 세계 어느 지역에서든 전쟁을 치를 수 있는 공간적 개념을 초월하여 전쟁이 이루어지고 있다. 이와 같이 전쟁의 양상이 변화될 수 있었던 요인으로는 무엇보다도 과학기술과 무기체계의 발전 결과라고 할 수 있다. 따라서 군사전략역시 변화되어 가는 전쟁양상을 고려하여 여기에 부합된 새로운 전략을 구사함으로써 전쟁에서 승리를 얻고자 한다.

둘째, 동맹국의 영향이다. 현대 국가들의 안보전략을 보면 자기 스스로 강력한 국방력을 구축하고 외부의 침략에 대비하는 자주국방을 하는 나라도 있지만, 대부분의 국가들은 국가 간의 동맹을 통해 부족한 국방력을 보완하고 외부로부터의 위협에 대비하는 전략을 취하고 있다. 다시 말해 자국을 중심으로 주변국들과 군사적 동맹관계를 맺음으로써 상대가 자신들에게 침략전쟁을 하지 못하도록 억제하고, 동시에 외부의 침략이 있을 때는 동맹을 통해 강력히 대응함으로써 자신들의 안보를 지킨다는 것이다. 따라서 외부 위협의 노출 정도가 높은 국가일수록 자신의 우방국과 강력한 군사동맹을 통해 국방력을 강화하고 외부 위협에 적극 대비하는 공세적 전략을 취하게 되지만, 동맹관계가 약한 나라는 외부 위협에 적극적으로 대처할 지원세력이 적어 수세적 전략을 취하게 된다.

셋째, 지정학적 위치이다. 이는 자신들의 국가가 지리적으로 어떠한 곳에 위치하고 있는가에 따라 전략의 유형이 결정되는 것을 말한다. 즉 내륙에 위치하고 있는 국가인가, 해양과 맞대고 있는 반도 국가인가, 아니면 사면이 해양으로 둘러싸인 독자적인 섬으로 되어 있는 국가인가에 따라 전략의 형태가 결정된다는 것이다. 또 자국을 중심으로 주변 국가들과의 관계가 우호적인가, 아니면 적대적인가에 따라 전략의 형태가 결정된다. 따라서 지정학적 위치가 자신들에게 유리할수록 방어적 개념의 전략을, 지정학적 위치가 자신들에게 불리할수록 공세적 개념의 전략을 취하게 된다. 이스라엘이 3, 4차 중동전에서 지정학적으로 불리한 장소에 위치하고 있었음에도 불구하고 승리할 수 있었던 것은 이스라엘이 아랍권 국가의 침공에 대비하여 선제기습이라는 적극적인 공세전략을 사용했기 때문으로 분석하고 있다.

넷째, 국제정치 상황이다. 이는 당시 국제사회의 정치적 분위기를 말하는 것으로써 국제정치가 냉전기일수록 상대의 위협에 대비하고 자신들의 정치적 목적을 달성하기 위해 공세적 전략을 취하게 되고, 탈냉전기로 접어들수록 위협의 정도가 약화됨에 따라 수세적 전략을 취하게 된다. 또 자신들이 취할 수 있는 전략의 결과가 국제사회로부터 자신에게 미칠 영향 정도에 따라 그 강도가 결정되기도 한다. 즉, 사용함으로써 자신들이 얻는 이익과 치러야 할 비용을 계산한다는 것이다. 미국이 6·25전쟁이나 월남전에서 핵을 사용할 수 있었음에도 불구하고 핵을 사용하지 않았던 것은 당시 국제정치상황이 핵을 사용했을 때 치러야 할 비용이 너무 막대하였기 때문에 결국 사용하지 않았던 것으로 분석하고 있다.

이상에서 살펴본 바와 같이 군사전략을 결정할 때는 그 나라가 안고 있는 대외적·대내적 요인들을 고려하여 선정함으로써 자신들의 안보는 물론 정치적·군사적 목적을 달성하고자 한다.

제2절 군사전략의 사례분석과 시사점

1. 현대전의 사례분석

가. 걸프전쟁

걸프전쟁은 이라크 대통령 사담 후세인이 불안한 국내정치를 무마하고 자신의 통치기반을 강화하기 위해 쿠웨이트를 침공하자 이에 맞서 미국을 중심으로 30여 개 나라가 다국적군을 구성하여 쿠웨이트를 지원함으로써 벌어진 전쟁이다.[6]

이라크와 쿠웨이트의 전쟁기간은 1990년 8월 2일부터 1991년 2월 28일까지 실시되었으나 다국적군이 본격적으로 투입된 일명 '사막의 폭풍작전(Operation Desert Storm)'은 1991년 1월 17일부터 2월 28일까지 43일간에 걸쳐 실시되었다. 43일간의 작전 중 39일은 제공권을 장악하고 전쟁 지속능력을 약화하는 데 목표를 두고 진행하였고, 마지막 4일은 지상군의 공격으로 막을 내렸다.

미군을 중심으로 한 다국적군은 과거 지상력 위주의 작전에서 공군력 위주의 작전으로 전환하여 이라크군의 방공망을 초토화시켰다. 당시 폭격기들은 1일 2,000~3,000회 출격하여 무려 8만 8천 톤의 폭탄을 투하함

---

[6] 걸프전쟁은 이라크 대통령인 사담 후세인이 1990년 쿠웨이트와 사우디 등 OPEC 국가들에게 원유 값을 인상할 것을 제안하였으나 쿠웨이트가 들어주지 않자 쿠웨이트는 과거 이라크의 영토였다며 이라크가 쿠웨이트를 공격하면서 전쟁이 시작되었다. 하지만 그 내막은 1980년에 이라크가 이란을 상대로 벌였던 8년 전쟁으로 인한 외채 1,000억 달러와 전후복구와 군사력 유지를 위한 막대한 재원의 필요성, 그리고 불안한 국내정세를 무마하고 후세인의 통치기반을 강화하기 위한 이유 등으로 쿠웨이트를 침공했던 것이다.

으로써 공군작전의 중요성을 실감케 하였다.

작전개념은 지상군의 희생을 최소화하면서 적 중심을 파괴하여 쿠웨이트 내 이라크 공화국수비대를 격멸하고 쿠웨이트를 해방시키는 것으로 다음과 같이 4단계로 실시되었다.

〈표 2-3〉 걸프전 작전단계

단계	작전내용	공격목표
제1단계 ('91.1.17~1.18)	전쟁지휘부 무력화 (전략공군 작전)	전쟁지휘체제, 정보체제 및 공업시설
제2단계 ('91.1.19~1.27)	방공망 파괴 및 제공권 장악 (공군작전)	비행장, 조기경보 레이더, 방공체제
제3단계 ('91.1.28~2.23)	쿠웨이트 고립 및 지상전력 소모(공군작전)	바그다드~쿠웨이트 병참선, 지상군 전투력
제4단계 ('91.2.24~2.28)	지상군 격멸 (지상군 작전)	쿠웨이트 내의 이라크 지상군

제1단계 작전은 이라크의 전쟁지휘부를 무력화시키는 것으로 전략공군을 이용하여 전쟁지휘본부와 정보시설 및 주요 공업시설을 집중 공격하는 것이었다.

제2단계 작전은 제공권을 장악하여 이라크의 비행장과 조기경보 레이더 등 방공체제를 마비시켜 다국적군의 항공전력 운용을 보장하는 것이었다.

제3단계 작전은 공군전력을 이용하여 쿠웨이트를 고립시킴으로써 이라크군의 병참선을 차단하고 쿠웨이트 내 이라크군의 지상전력을 소모시키는 것이었다.

제4단계 작전은 지상군을 투입하여 쿠웨이트 내에서 이라크의 지상

군을 완전히 격멸시킴으로써 쿠웨이트를 이라크로부터 회복시키는 것
이었다.

걸프전은 대부분 공중화력을 이용한 이라크군의 주요시설에 대한 집
중타격의 소모전과 쿠웨이트 내 이라크군을 제거하기 위한 지상작전이
병합된 '공지전투(Air Land Battle)'7) 방식으로 전쟁이 진행되었다.

미국은 압도적인 공중전력을 기반으로 개전 초부터 전략적 마비와 공
중우세를 달성하기 위해 이라크 지휘부, C4I체계, 대공방어시설, 주요
비행장 및 기반시설에 대해 동시적으로 공격작전을 수행하였다.

걸프전은 단기간에 신속한 기동작전을 전개함으로써 다국적군은 공
격 개시 4일 만에 이라크군을 포위섬멸하고 결정적인 승리를 확보할 수
있었다.

전쟁피해를 보면 이라크군은 전사자 10만 명, 부상자 30만 명, 전차
3,700대, 전투기 130대가 파괴된데 비해, 다국적군은 전사자 225명, 부상자
1,297명, 전차 8대, 항공기 39대로 다국적군이 상대적으로 피해가 적었다.

이와 같이 다국적군이 피해가 적었던 이유는 정확한 정보수집과 네트
워크를 이용한 실시간 통합된 전투력을 운용하여 상대의 전투력을 사전
에 무력화시킬 수 있었기 때문이었다.

걸프전쟁은 최신 전투장비가 투입된 현대전쟁의 기본적인 방향을 제
시해준 전쟁으로 그 특징은 공군의 핵심목표에 대한 정밀타격을 중심으
로 한 '효과기반작전(EBO: Effects-Based Operations)'8)에 있었다.

• • • • • • • • • • • • •

7) 공지전투는 재래전에 핵, 화학, 전자전 등의 가용 전투력을 최대로 통합, 제대별 종
심공격으로 전장을 확대하여 적 선두 및 후속제대를 동시에 타격함으로써 조기에
주도권을 장악하여 승전의 가능성을 증대시키는 공세적 기동전을 말한다.
8) '효과기반작전'은 군사작전을 수행함에 있어 특정한 표적을 직접 공격하여 파괴하는
것이 아니라 그 표적을 공격하여 달성하고자 하는 효과에 초점을 두고 다른 표적을
선정하여 공격함으로써 동일한 효과를 거둔다는 작전개념을 말한다. 예를 들면, 적

다국적군은 이러한 효과기반작전으로 정확한 타격목표를 분석하고 정밀타격을 실시함으로써 민간인뿐만 아니라 군인들의 희생도 최소화하는 인명중시전략으로 긍정적인 여론조성에 영향을 주었다. 또 공군전력에 의해 이라크군을 대부분 무력화시키고 지상군을 투입함으로써 이라크군에 비해 다국적군의 인명피해를 크게 줄일 수 있었다. 공격진행방향도 과거의 선형전선방식이 아닌 적의 종심지역, 또는 적의 가장 핵심적인 표적부터 공격을 하고 그 이후에 전선지역에 대한 공격을 실시함으로써 전 전선의 동시전장화를 통해 전쟁을 빨리 종결지을 수 있었다.

이와 같이 걸프전쟁은 과거의 재래식 방법에 의한 전쟁방식에서 벗어나 정보전시대의 전쟁으로 전쟁양상을 변화시키는 전환점이 되었다는 데 큰 의의가 있다.

북한은 걸프전을 '만전쟁(灣戰爭)'이라고 명칭하면서 세계전쟁의 역사상 1개 나라를 대상으로 33개의 나라가 동원된 '만전쟁'은 가장 오랜 기간 최대 규모의 공중타격을 진행한 전쟁이었으며 현대적인 최신장비들의 능력을 시험한 전쟁이라고 평가하였다.

북한은 걸프전쟁에 대한 이라크의 패인요인을 다음과 같이 분석하였다.

만전쟁은 무엇보다도 온 나라를 요새화하면 적들이 그 어떤 대규모적인

· · · · · · · · · · · · ·

의 전력공급을 차단하기 위하여 발전소를 표적으로 선정하여 공군기로 폭격하고자 할 경우, 적 공군기가 방해하게 되면 공중전만 계속되고 발전소는 파괴하지 못할 수 있다. 이때 발전소 대신에 변전소를 파괴하거나 송전선을 절단함으로써 전력공급의 차단이라는 동일한 효과를 거두면 된다는 것이다. 적 저항의지의 박탈이 전쟁의 목적이라면 이를 위하여 반드시 적의 전체 군사력을 격멸해야 하는 것이 아니고 적의 전쟁지도체제 등 가장 핵심적인 요소만 파괴시킴으로써 적 저항의지의 박탈이라는 동일한 효과를 달성하면 된다는 개념이다. 이러한 효과기반작전을 사용함으로써 군대는 소모전을 회피할 수 있고 표적 선정에 있어서 융통성을 강화할 수 있다. 또 공격수단의 운용폭도 증대시키고 각 군 간의 합동작전을 더욱 촉진시킬 수 있다. 박휘락, 『전쟁, 전략, 군사입문』, 서울: 법문사, 2005, 162~163쪽.

공중타격에도 견디어 낼 수 있다는 것을 보여주었다. ⋯(중략)⋯ 만전쟁의
교훈은 다음으로 소부대를 리용하여 적의 뒤통수를 타격하는 것과 같은 적
극적인 행동이 없이는 작전전투에서 성과를 이룩할 수 없다는 것을 보여주
었다. 이라크군은 자살특공대요 뭐요 하면서 큰소리를 쳤지만 전쟁기간 동
안 소부대를 거의 리용하지 않았다. ⋯(중략)⋯ 만약 이라크군이 소부대로
사우디아라비아에 전개된 24개의 적 비행장 가운데 그의 50%만 타격하였어
도 미제 침략군 비행기들이 마음놓고 활동하지 못하였을 것이다. ⋯(중략)⋯
이라크군은 전쟁기간 또한 화학무기를 쓰겠다고 선포하면서 1제대 련합부
대장들이 화학탄을 사용할 권한을 주고 부대들에서는 화학탄창고까지 만들
어 놓았다. 이에 속아 넘어간 미제 침략군은 이라크가 지난 시기 화학탄을
사용했던 적이 있으므로 반화학 대책을 세우는데 특별한 주의를 돌렸다. 그
러나 이라크군은 만전쟁기간 단 한발의 화학탄도 쓰지 않았으며 전연부대
들이 건설한 화학탄창고도 모두 가짜였다.9)

북한은 걸프전에서 이라크군이 패배한 결정적인 요인을 이라크군이
연합군의 비행대를 사전에 소탕하지 못한 데 있다고 분석하였다. 반면
에 갱도진지 등 요새화된 진지는 적의 공격으로부터 피해를 줄일 수 있
었고 허위시설물 구축 등을 통한 기만작전은 적의 전투력을 다른 방향
으로 전환하게 하는 데 큰 효과가 있었다고 평가하였다.

김일성은 걸프전 종료 후 인민군 각급 지휘관에게 "'만전쟁'은 무엇보
다도 온 나라를 요새화하면 적들의 그 어떤 대규모적인 공중타격에도
견디어 낼 수 있다는 것을 보여주었다"면서 "인민군대에서는 '만전쟁'을
강 건너 불 보듯 하지 말고 미국 놈들의 전법을 연구하고 갱도공사에 모
든 힘을 집중하여야 한다"고 강조하면서 이에 대한 대비책을 다음과 같

9) 「만전쟁의 경험과 교훈에 기초하여 부대의 싸움준비에서 취하여야 할 대책」, 『인
민군』, 1991년 5월호, 평양: 조선인민군사출판사, 1991.

이 지시하였다.

　갱도는 해당 부대의 인원, 무기뿐만 아니라 전투기술기재도 100% 은폐시
킬 수 있도록 설비하여야 한다. …(중략)… 지휘성원들은 어떤 작전전투 형
태이건 불리한 정황이 조성되건 유리한 정황이 조성되건 반드시 대부대와
소부대의 배합작전을 실현하는 것을 철칙으로 삼아야 한다. …(중략)… 우
리나라의 자연 지리적 조건으로부터 적들이 해안으로 상륙할 수 있는 가능
성이 많으며 미제 침략군이 매해 벌리고 있는 팀스피리트 합동군사연습에
서도 특공대훈련을 많이 하고 있다. 이런 사정은 작전전투 때 해군부대와
공군부대에서 그리고 적의 작전전략적 종심에서의 소부대전도 적극적으로
벌릴 것을 요구하고 있다. …(중략)… 지휘성원들은 이와 같은 경험과 교훈
에 기초하여 모든 작전전투에서 적을 속여 넘기기 위한 기만전술을 능숙히
적용할 수 있게 준비하여야 한다.10)

　북한은 이와 같은 김일성의 지시에 따라 전시에 사용할 갱도를 대대
적으로 보강하였다. 이 시기 북한은 공장, 기업소 후보지에 있는 갱도뿐
만 아니라 민간인 대피호를 비롯한 모든 갱도의 입구에 방탄벽을 쌓기
위한 공사가 진행되었고 공사에 필요한 노력은 공장, 기업소 종업원 동
원과 사회적 노동력을 통해 보충했다.
　걸프전이 북한 군사정책에 미친 영향으로는 적의 공중공격 및 정밀유
도무기 등 첨단무기에 의한 현대전의 위력을 실감하고 전략무기 개발에
박차를 가하도록 하였다. 또 철저한 전쟁준비를 위해 진지를 갱도화 하
는 등 전 국토의 요새화와 소부대 훈련을 강화하였고, 배합전 수행을 위
해 특수전부대를 집중 증가시켰다. 그리고 미국이 공격 시에는 지구전
을 전개함으로써 국제사회에 반전여론을 조성하는 작전을 구상하는 등

10) 위의 글.

의 대책을 마련하기도 하였다.

북한은 1992년 "만전쟁 경험에 대하여"라는 대비책을 작성하여 전 군
에 하달하고 이를 관철시키기 위해 인민무력부에서는 사단급까지, 사단
에서는 대대 및 중대급까지 실태 점검과 교육을 하는 등 그 대비책 마련
에 집중하였다.

나. 아프간전쟁

아프간전쟁은 미국이 '9 · 11테러'[11] 이후 국제테러 조직의 주범인 오
사마 빈 라덴(Osama Bin Laden)과 그의 후원세력인 탈레반(Taleban)을
체포하고 테러리스트들을 제거하기 위해 실시된 전쟁이다.

미국 부시 대통령은 9 · 11테러 이후 그 배후세력이 오사마 빈 라덴으
로 밝혀지자 아프간 탈레반 정부에 대해 빈 라덴의 신병 인도와 알카에
다의 조직을 제거할 것을 요구하였다. 그러나 탈레반 정부가 이를 거부
하고 결사항전을 발표하자 2001년 10월 7일 미 · 영 합동군을 편성하여
대대적인 아프간 공습을 감행하면서 전쟁이 시작되었다.

아프간은 지형의 75%가 산악지대로 형성되어 있어 정규군의 기동작
전은 제한되는 반면, 게릴라전에 의한 유격전은 유리하도록 되어 있었
다. 기상은 건조하고 일교차가 심하여 항공작전에는 유리하나 보병의
산악지역 작전활동에는 많은 제한을 받는 지형적 특징을 가지고 있는
나라이다. 따라서 탈레반군은 이러한 지형적 특성과 구소련과의 전쟁경

---

11) 9 · 11테러는 2001년 9월 11일 알카에다(오사마 빈 라덴 지도)에 의한 미국 항공기
    납치테러로 미국 뉴욕의 110층짜리 세계무역센터(WTC) 쌍둥이 빌딩이 무너지고,
    워싱턴 D.C.의 국방부 펜타곤이 공격받은 사건을 말한다. 이 사건으로 인한 피해
    는 4대의 항공기에 탑승했던 승객 266명을 포함하여 3,500여 명이 사망 또는 실종
    된 것으로 집계되었다.

험, 그리고 오랜 내전경험을 통해 체득한 게릴라전 등으로 장기전 수행 능력이 탁월하다고 판단하고 전쟁을 장기전으로 몰고 가는 전략을 세웠다. 다시 말해 장기전으로 갈 경우 국제사회의 반전 여론 형성으로 인해 전세가 자신들에게 유리하게 작용할 수 있을 것이라고 계산한 것이다.

미국의 아프간전쟁에서 전략목표는 탈레반 정권을 축출하고, '빈 라덴과 알카에다 조직' 등 테러세력을 제거하는 것이었다. 이를 위한 작전 개념으로는 첨단정밀무기를 사용하여 민간인의 희생을 최소화하고 북부동맹군을 최대한 지원하여 지상작전을 전개하는 것으로 다음과 같이 4단계로 실시되었다.

〈표 2-4〉 아프간전 작전단계

단계	작전내용	주요내용
제1단계 ('01.9.14~10.6)	여건조성 작전 (군사협력 및 군사력 전개)	대테러전 수행을 위한 국제협력 요청, 부대전개 협조, 특수부대(CIA) 전개
제2단계 ('01.10.7~11.25)	초기 작전 (항공작전 및 특수부대 작전)	공중폭격위주 항공작전, 북부동맹군 지상작전 지원
제3단계 ('01.11.26~12.22)	결정적 작전 (항공작전 및 지상작전)	탈레반 지휘부 및 빈 라덴 체포, 특수부대 및 지상군 투입
제4단계 ('01.12.23~)	안정화 작전 (잔당제거 및 민사작전)	특수부대 및 소규모 지상군 작전, 아프간 과도정부 지원

제1단계 작전은 여건조성단계로 대테러전을 수행하기 위한 국제협력 요청과 부대를 작전지역에 전개시키는 것이었다.

제2단계 작전은 초기작전 단계로 항공전력 및 특수전부대를 투입하여 공중폭격위주의 항공작전과 북부동맹군의 지상작전을 지원하는 것이었다.

제3단계 작전은 결정적 작전으로 항공 및 지상작전을 통해 탈레반 저항 기지를 탈환하고 지휘부와 빈 라덴을 체포함으로써 적의 중심을 파괴하는 것이었다.

제4단계 작전은 안정화작전으로 특수전부대와 지상군을 투입하여 알카에다 잔당을 소탕하고 아프간에 과도정부를 지원하는 것이었다.

전쟁이 진행되는 동안 탈레반은 자신들의 지형적 특성을 이용하여 토라보라에 약 200개, 동부 아프간 지역에 약 10,000개나 존재하는 동굴을 활용하여 갱도전을 전개하였다. 이에 비해 다국적군은 B-52 폭격기 등의 항공전력과 소규모 지상군 부대를 결합하고 알카에다의 은신처를 발견하여 이를 정밀 타격하는 산악작전을 전개하였다.

이러한 다국적군의 공중전력에 의한 집중공격으로 알카에다 요원은 보급품과 중장비를 포기하고 부대를 분산시켰다. 또 동굴 및 산악지형에 의존하여 소규모 방해전술을 구사하였으나 지역 군벌로부터 지원을 받지 못해 활동에 제한을 받게 되었다. 탈레반과 빈 라덴의 테러조직들은 오로지 자살적 신앙심과 반미정신으로 뭉쳐 저항했지만 미국의 첨단장비와 네트워크에 의한 전쟁에는 속수무책이었다.

이와 같이 미국은 탈레반의 전력을 사전에 분석하고 그들의 취약점(네트워크, 외부지원, 북부동맹)을 잘 활용함으로써 최소의 희생과 최소의 비용으로 전쟁에서 승리할 수 있었다.

아프간전에서는 공군과 지상군의 긴밀한 협조를 통한 종심타격작전이 효과를 발휘한 것으로 분석하고 있다. 즉 미군은 탈레반군에 비해 수적으로 소수였지만 필요시에 신속한 항공지원을 받을 수 있었기 때문에 그들에게 부여된 임무를 수행할 수 있었다는 것이다. 또 미군은 아프간전에서도 네트워크중심전이 매우 효과적이었다고 평가하고 있다. 예를 들면 특수전부대가 표적을 발견하게 되면 레이저 조사기로 그 표적의 정확한 좌표를 획득하고, 이 정보를 휴대용 컴퓨터를 통하여 항공기로 보내면 비행 중인 항공기는 지구위치표정체계(GPS: Global Positioning System)에 의하여 유도되는 '합동직접공격탄(JDAM: Joint Direct Attact Munition)'에 제원을 장입한 후 공격하였는데, 20분 내에 실제적인 공격이 이루어졌다. 그리고 무인항공기에서 수집한 첩보들도 실시간에 지휘소에 전달되었는데, 미 중부사령부의 경우 플로리다의 사령부와 쿠웨이트, 우즈베키스탄의 전방지휘소가 네트워크로 연결되어 있어 정보를 효과적으로 공유할 수 있었다. 이와 같이 연합군은 산악지대인 아프간에서 탈레반과 알카에다를 추적하는 데는 네트워크중심전의 능력이 아니었으면 사실상 작전이 어려웠다는 것이다.

아프간전쟁은 원격지휘 작전방식과 거리 및 공간개념을 극복한 새로운 전쟁방식이었다. 또 아프간전쟁은 북부동맹군 지원하에 대리전을 수행함으로써 아프간 국민들의 지지를 확보하여 동맹군의 손실을 최소화할 수 있었고 조기에 안정화작전도 추진할 수 있었다.

아프간전쟁은 2001년 12월 22일까지 이슬람 근본주의 무장 세력인 알카에다와 탈레반 잔당들을 대상으로 근거지 파괴와 소탕작전을 실시하여 결정적 작전은 종결되었으나 안정화작전은 아직도 진행 중에 있다.

아프간전쟁이 북한 군사정책에 미친 영향으로는 적의 항공전력으로부터 생존성을 향상시키기 위한 대공방어능력 강화와 지구전 전개를 위한 갱도진지를 보강토록 하는 데 영향을 주었다. 또한 한반도의 지형적 특성을 고려한 배합전 수행능력을 향상시키기 위한 특수전부대 증강에도 영향을 주었다.

다. 이라크전쟁

이라크전쟁 역시 미국의 '9·11테러' 이후 대량살상무기를 가지고 미국 안보를 위협하는 세력을 없애야 한다는 명분하에 미국이 이라크를 선제공격하면서 시작되었다. 하지만 전쟁종료 후 이라크에서 대량살상무기는 발견되지 않았고, 대량살상무기 개발 은폐부분에 대해서도 미국 중앙정보국(CIA)이 2002년 10월 대량살상무기 관련 정보는 잘못되었거나 근거 없는 과장이었다고 밝혔다. 또 2004년 1월 24일에는 미 국무장관도 이라크가 대량살상무기를 보유하지 않았을 가능성이 있음을 시인함에 따라 미국의 이라크 침공은 국제사회로부터 그 명분을 잃고 말았다.

미국의 부시 행정부는 2002년 1월 30일 연두교서를 통해 이라크를 "악의 축", "무법의 정권"으로 지칭하고 대량살상무기 보유를 통해 테러집단과 연계하여 미국에 가장 큰 위협을 주는 국가로 지목하였다. 따라서 부시 대통령은 WMD(Weapons of Mass Destruction: 대량살상무기) 관련국과 테러집단의 결합을 원천 차단할 것을 선언하고 이라크에게 2003년 3월 17일 무장해제를 촉구하는 최후통첩을 보냈다. 그러나 후세인이 이를 거부하자 같은 해 3월 20일 미국의 선제공격으로 전쟁이 시작되었다.

이라크전쟁에서 미국의 전략목표는 이라크에서 후세인 정권을 제거하고 공화국수비대를 격멸함으로써 이라크를 무장 해제시키는 것이었다. 이를 위한 작전개념으로는 압도적인 군사력을 투입하여 이라크에서 전쟁을 조기에 종결하고 이라크 내 민간정부 수립을 지원하는 것으로 다음과 같이 3단계로 진행되었다.

〈표 2-5〉 이라크전 작전단계

단계	작전내용	주요내용
제1단계 (~'03.3.19)	전쟁준비 (여건조성 작전)	심리전을 통한 이라크의 항전의지 약화 및 민심이반 유도(e-mail 발송, 전단, 동맹군 전쟁준비 공개 등)
제2단계 ('03.3.20~5.1)	결정적 작전 (바그다드 공략)	후세인 제거, 대규모 공중공격과 병행, 지상군 부대 투입
제3단계 ('03.5.2~'11.12.15)	안정화 작전 (종전선언 이후)	연합군 사령부 및 부대배치, 주민지원 활동, 치안유지활동, 이라크 정부 재건

제1단계 작전은 전쟁준비 단계로 이라크군과 국민들에게 항전의지를 약화시키고 민심이반을 유도하기 위한 심리전을 전개하는 것이었다. 이를 위해 미국은 이메일을 통해 이라크군 지휘관에게 항복, 명령거부, 쿠데타를 종용하면서 정규군은 전후 복구의 주요 핵심세력으로 활용할 예정이라고 회유하였다. 그리고 전단(약 4,300만 장)과 소형 라디오를 투하하여 대민심리전을 전개하였다. 또 공군 특수전부대는 EC-130E (Command Solo)를 이용해 아랍어로 직접 회유방송을 하였다. 특히 지휘통신망에 침투하여 심리전을 수행하는 한편, 공격 간에는 이를 절단시킴으로써 중앙집중식집권화통제체계의 이라크군을 분리시키는데 결정적으로 기여하였다.

제2단계 작전은 결정적 작전으로 대규모 공중공격과 지상군 투입을 통해 이라크의 수도인 바그다드를 공략함으로써 이라크군의 항전의지를 완전 제압하고 후세인을 제거하는 것이었다.

제3단계 작전은 안정화작전으로 종전선언 이후 전후복구를 위한 주민지원활동과 치안유지활동을 실시하여 이라크 정부의 재건을 돕는 것이었다.

이라크전에서 결정적 군사작전은 '충격과 공포작전(Shock and Awe)'으로 이는 바그다드 진격작전, 바그다드 압박작전, 그리고 바그다드 및 티그리크 장악 작전으로 구분하여 진행하였다. 미군의 작전방식은 공중공격과 지상작전을 동시에 시행하여 충격효과를 배가하고 이라크군이 교전지역으로 배비하였던 도시 등 주요거점을 우회하여 바그다드로 곧바로 진격함으로써 적의 대응을 어렵게 하는 것이었다.

바그다드 장악작전은 남·서·북쪽에서 바그다드를 포위하여 압박하는 것이었다. 이를 위해 장갑차 및 탱크를 이용 핵심시설과 주요 도로를 게릴라식으로 점령하였고, 또한 저항하는 이라크군에 대해서는 이라크군의 대응을 유도하여 이를 공중전력과 합동으로 격멸함으로써 사실상 커다란 피해 없이 바그다드 시내를 점령할 수 있었다. 이 과정에서 이라크 군대는 제대로 된 전투 한번 치르지 못하고 연합군에 의해 완전 괴멸되고 말았다.

이라크전에서는 걸프전이나 아프간전에서보다 전쟁수행방식이 더욱 정교화되어 적용되었다고 볼 수 있다. 미국은 이라크의 장기전, 소모전 전략에 맞춰 장기전 연막을 치다가 번개작전으로 이라크군의 허를 찌르는가 하면, '네트워크중심전(NCW)'[12]에 의해 전장상황을 손바닥 보듯 들여다보면서 이라크군의 지휘통신체계를 마비시켰다. 또한 종심타격도 더욱 정교해지고, 공중타격에 대한 의존도도 여전하였으나 이라크전에서는 공군 위주의 종심타격과 동시에 지상군을 기동시킴으로써 마비효과를 더욱 극대화하고 기습을 달성할 수 있었으며 전쟁기간도 단축할

---

[12] 네트워크중심전(NCW: Network Centric Warfare)은 모든 부대와 무기체계를 네트워크를 통해 연결함으로써 신속하고 정확한 정보유통과 상황인식을 보장하고, 임무에 가장 적합한 전투력을 필요한 시간과 장소에 즉각적으로 집중 및 운용함으로써 군사력의 효율성을 극대화하는 개념이다.

수 있었다.

미국은 이와 같이 전쟁 초기에 압도적인 전투력의 우위 속에서 '신속결정작전' 및 '효과중심작전'을 통해 전쟁을 유리한 방면으로 이끌었으며 개전 20일 만에 수도 바그다드를 점령하고 43일 만에 전쟁종결을 선언하였다. 이는 바로 미국이 최첨단무기를 바탕으로 이라크 '수뇌부 마비전략'과 '충격과 공포전략'으로 이라크군을 조기에 궤멸시킬 수 있었기 때문이었다.

이라크전쟁은 최첨단무기를 이용한 초현대식 하이테크전쟁 상황하에서도 재래식 장비와 게릴라전 방식에 의한 비정규전 양상의 전쟁이 여전히 유효하게 사용될 수 있음을 확인시켜 준 대표적인 전쟁이라 할 수 있다. 즉 강대국과 약소국의 전쟁일수록 약소국은 직접적인 저항방식보다는 테러와 게릴라전이 결합된 다양한 저항방식을 전개함으로써 전쟁을 장기전으로 이끌어 갈 수 있으며, 이러한 장기전은 결국 국제여론을 반전시켜 약소국인 자신들에게 유리한 상황으로 전환시킬 수 있다는 것이다.

이라크전쟁은 종전선언 이후에도 안정화작전이 7년여 동안 지속되었으나 2011년 12월 15일 미국이 바그다드에서 미국 국기를 내림으로써 완전한 종결을 선언하였다.

미국은 이라크 전쟁에 연 150만여 명이 참전하여 4,500여 명이 사망하고, 3만여 명이 부상당하는 희생을 치렀고, 최소 1조 달러의 전쟁비용을 소비한 것으로 집계되었다. 이 중 인명손실은 전쟁기간보다 종전선언 이후에 더 많이 발생한 것으로 주로 폭탄테러에 의해 희생된 것으로 파악되었다.

이라크전이 북한의 군사정책에 미친 영향으로는 심리전 및 사상무장의 중요성을 다시 한 번 인식시켜 주었고, 항공타격에 대비한 대공 방어력을 강화하는 데 영향을 주었다.

2. 현대전 사례의 시사점

앞에서 살펴본 바와 같이 걸프전에서는 초기 공군전력을 집중 투입하여 상대의 주요전력을 무력화시키고 지상군을 투입하는 공지작전을, 아프간전에서는 산악지형의 특수성을 고려한 주요 거점별 정밀유도무기의 타격과 공중강습부대 운용 등 특수작전부대 운용을, 이라크전에서는 주요작전에 대한 신속한 의사결정과 효과중심작전을 전개함으로써 미군이 주도한 다국적군의 승리로 전쟁을 종결지을 수 있었다. 또 기동전을 통한 신속결정적 작전의 성과는 시스템의 통합 능력과 합동작전 능력의 효과를 잘 반영해 주고 있다.

이와 같이 최근 벌어지고 있는 국지전은 과거 기동장비 제한에 따른 장기전, 전투물자 조달의 소모전, 특정지역 차지를 위한 지상전 위주의 개념에서 탈피하여 지상·해상·공중전에 우주전과 사이버전에 의한 입체적인 전쟁으로 변화되고 있다. 특히 'C4ISR'[13] 자산의 발전은 전장공간을 더욱 광범위하게 확대시켜주었을 뿐만 아니라 전투현장을 손바닥 보듯이 훤히 보면서 지휘할 수 있도록 가시화시켜 주었다. 또 과학기술의 발달로 인한 무기체계의 변화는 목표의 파괴성과 장거리 정밀타격 능력을 획기적으로 증대시켜줌으로써 전장양상을 단기집중 정밀타격전으로 변화시키고 있다.

· · · · · · · · · · · · · ·

[13] C4ISR(Command, Control, Communications, Computers, Intelligence, Sueveillance, and Reconnaissance): 지휘, 통제, 통신, 컴퓨터, 정보 및 감시, 정찰로 C4I체계와 SR체계를 연동한 복합체계로서, 탐지수단과 이를 처리하기 위한 자동화된 네트워크를 통한 효과적인 지휘통제에 의하여 작전을 지원하는 미래의 핵심 기반체계를 말한다.

<표 2-6> 걸프전 · 아프간전 · 이라크전 특징

구분		걸프전	아프간전	이라크전
피아전력	적군	병력 33만 6천, 탱크 3,475대, 장갑차 3,080대	병력 12만 5천 (실질 전투병력 2만 5천)	병력 37만 5천, 탱크 2,200대, 장갑차 3,700대
	미군	병력 47만, 탱크 3,090대, 장갑차 4,510대	병력 1만 4천7백, 북부동맹군 1만 5천, 항공기 570대	병력 16만 8천, 탱크 · 장갑차 1,800대, 공격헬기 380대
전쟁 양상		38일 공중작전 후 100시간 지상작전, '레프트 훅' 기동작전 (기동속도 40km/h)	원거리 공중강습, 특수전 및 산악전 (공중전력 이용 정밀타격)	지상작전과 공중작전 동시실시, 중심에 대한 신속 직접기동 (기동속도 80km/h)
군사 교리		공지전투	특수작전, 거점공격, 공지전투	신속결정작전, 효과중심작전
군수 지원		헬기수송, 전방추진 지원	공중수송, 정규부대에 의한 특수부대 지원	pull형 군수지원, 군수품의 디지털화

　현대전의 특징은 C4ISR과 정밀타격전력을 결합한 군사혁신적 전력에 의한 새로운 전쟁방식의 효용성을 단적으로 보여주는 전쟁이라 할 수 있다.

　최근 국지전 사례를 통해 나타난 교훈과 시사점을 정리해 보면[14] 첫째, 전력의 통합적 운용능력과 함께 합동작전 능력의 중요성이 확인되었다. 미군은 걸프전 이후 네트워크중심의 전쟁을 구현할 수 있는 ISR 기술, 정보처리 및 통합능력, 거의 실시간 정보 분배 및 표적식별 능력을 획기적으로 발전시켜 실전에 적용하였으며, 네트워크 능력은 지상 · 해상 · 우주의 자산을 상호 시스템적으로 결합시켜 줌으로써 합동작전의 능력을 향상시켜 주었다. 특히 사이버 공간을 통한 지휘통제의 위력은 지리적 공간에서 전쟁의 승패가 결정되기 이전에 사이버 공간에서

[14] 『군사전략의 이론과 실체』, 서울: 국방대학교, 2007, 196~201쪽.

전쟁의 승패를 결정지을 수 있는 중요한 수단이 되고 있다.

둘째, 첨단무기체계를 활용한 새로운 전쟁방식의 효용성이 획기적으로 증대된 전쟁이었다. 미군은 속도·기습·정밀성·기동·기민성 등에 주안을 둔 새로운 전쟁개념에 의해 단기간에 최소의 희생으로 전승을 달성하였다. 특히 이라크전에서는 공중공격과 지상군의 동시작전을 통한 심리적·정치적 충격을 최대화하여 이라크군을 붕괴시키고 전투를 회피하도록 유도 및 강요하였고, 마지막 수단으로 고려하였던 도시전 수행 노력마저 붕괴시키고 말았다.

셋째, 공중작전의 효용성에도 불구하고 지상작전이 결정적 전승을 위한 매우 중요한 작전임을 확인시켜 주었다. 걸프전 시 공중타격은 걸프전 전과의 30%를 차지하였던 성공적인 작전이었으나 이라크 공화국수비대 등 주요전력은 참호나 장애물에 의존하면서 여전히 전투력을 상당히 유지하고 있었다. 즉 상대국들은 미군이 타격하기 어려운 방어적 수단을 강구함으로써 생존을 유지할 수 있었다는 것이다. 그러나 지상군에 의한 직접적인 작전은 적이 스스로를 노출시켜 정밀타격을 위한 취약한 표적이 될 수 있도록 강요하였다.

넷째, 재래식 방법에 의한 비대칭적 전쟁수행 방식의 효용성과 아울러 제한성이다. 걸프전에서 이라크군은 유정에 방화하여 미군의 정찰·감시를 어렵게 하고 환경오염문제와 같은 새로운 위협을 제기하는 등 미군의 효과적인 작전을 방해하고자 하였다. 아프간전에서 탈레반 및 알카에다는 산악 및 동굴을 이용하여 미군의 추적과 타격을 회피하고자 하였다. 이라크전에서 후세인은 도시전, 준군사조직, 비정규전부대 등 소위 국민군대의 순교자적 공격으로 미군에 저항할 것임을 공언하였다. 그러나 이러한 재래식 비대칭전술에 의한 대응은 첨단무기체계에 의존하는 미군의 작전 효용성에 어느 정도 영향을 줄 수는 있었으나 전반적인 전쟁 결과에는 영향을 미치지 못하였다.

다섯째, 첨단전력 및 새로운 전쟁수행방식의 효과에도 불구하고 장병의 질적 요소를 포함한 인간적 요소가 매우 중요하게 작용하였다. 미군 장병은 높은 전투의지와 사기를 유지하였을 뿐만 아니라 첨단장비 및 전술에 대한 숙련도, 융통성 있는 기획능력, 상황변화에 대한 임시적 대처능력이 매우 뛰어났다. 걸프전 시 투입된 예비군들은 자신의 정보기술능력을 바탕으로 군수지원에 필요한 네트워크 체계 등을 구성하여 효과적으로 활용하였으며, 또한 숙련된 장병들은 네트워크 구성 등 정보처리와 관련된 문제, 장비의 성능에 관련된 문제 등이 발생하였으나 현장에서 문제를 직접 해결함으로써 전체적인 작전효과를 크게 제고시켰다.

여섯째, 정보작전 · 특수전 · 대리전 등의 중요성이 부각되었다. 정보작전은 전자전, 심리전, 공보작전, 컴퓨터 네트워크작전, 작전보안 등 많은 작전형태를 포함하여 현대전에서 그 중요성이 새롭게 부각되고 있다. 미군은 후세인 정권과 탈레반 정권의 지지기반을 약화시키고 지도부를 분열시키기 위한 심리전과 공보작전 등을 적극적으로 실시하였다. 이와 함께 특수전부대는 표적 탐지 및 식별을 위한 정보활동뿐만 아니라 대민작전, 항공전력을 효과적으로 유도하여 표적을 공격하기 위한 종심작전 등 작전 범위를 확대시켜 주었다. 그리고 대리전은 지역 전투요원들을 활용하여 미 지상군의 투입을 최소화한 가운데 효과적인 전쟁을 수행할 수 있도록 하였고, 또 전쟁의 정당성을 확보하고 전후 안정화작전 등을 수행하기 위한 여건 조성에도 중요한 역할을 하였다.

일곱째, 다국적군 간 연합작전 수행이 일반화됨에 따라 상호운용성의 향상이 중요함을 입증하였다. 미군의 첨단무기체계와 이를 활용한 새로운 전쟁수행방법은 기타 동맹국들이 함께 연합작전을 수행하는 데 커다란 문제로 제기되었다. 이러한 문제는 각국이 서로 다른 독자적인 C4체계를 사용하고 있었기 때문에 보다 어려움을 가중시켰다고 볼 수 있다.

이상에서 살펴본 바와 같이 최근 현대전의 양상은 네트워크를 통한 전력의 통합운영, 감시장비의 발달로 인한 목표의 정확한 식별, 무기체계의 발달로 인한 목표에 대한 정확한 타격, 그리고 다국적군의 연합작전을 통한 신속한 작전 진행 등으로 전쟁을 조기에 종결시키고 있다. 하지만 재래식 전력에 의한 비대칭적 전쟁수행에 대한 대응책과 C4운용체계의 상이성은 효과적인 연합작전 수행을 위해 앞으로 보완 발전시켜야 할 과제로 대두되었다.

제3장 북한 군사전략 형성과 김일성 군사전략

제1절 북한 군사전략 형성

1. 북한 군사전략 형성 배경

가. 김일성의 항일활동 경험

북한 군사전략은 김일성의 군사적 경험에 기초하고 있다고 할 수 있다. 따라서 북한의 군사전략을 이해하기 위해서는 김일성이 어떠한 군사적 행보를 하였는지를 살펴보는 것이 중요한데 그 주요 행적은 〈표 3-1〉과 같다.

김일성은 1928년 중국 공산당 청년동맹에 가입하여 중국 공산당원의 일원으로 1940년 후반까지 동만주 일대에서 항일활동을 하였다. 여기서 김일성은 소왕청,[1] 노흑산도,[2] 보천보[3] 전투 등 산발적인 유격전을 치

1) '소왕청 전투'는 1933년 4월 17일과 1933년 11월 두 번에 걸쳐 중국 왕청현의 소왕청 지역에서 벌어진 전투이다. 첫 번째 전투는 일본군이 소왕청을 삼면으로 포위

르면서 모택동으로부터 침투 및 유격전, 산악 및 야간전, 적 배후에 대한 제2전선 형성, 대부대와 소부대 배합전술의 중요성을 인식하게 되었다.

〈표 3-1〉 김일성 군사 행보

기 간	주 요 행 적
1928년	중국 공산당 청년동맹 입당
1932년	중국 공산당 조선인부대 지대장
1933~1940년	중국 공산당 예하 동북항일연군 가담
1941~1945년	구소련 25군 특수부대 근무
1945년 8월 19일	구소련군 대위로 입북
1950년 6월~1953년 7월	6·25전쟁(인민군최고사령관)

이 시기 김일성이 만주 항일활동에서 실시했던 전투들은 소부대에 의한 매복, 습격의 형태로써 사실상 전술적 범주에 국한된 소규모 게릴라전에 불과했다. 그러나 북한은 김일성이 항일활동을 통해 "습격전, 유인전, 매복전, 도시진공전, 야간습격전, 조우전, 방어전, 반포위전 등 각이한 전투형식을 창조하였고, 또 적과의 싸움에서 유격대원들로 하여금 적의 량적, 기술적 우세를 사상적·전술적 우세로써 격파하고 적의 약점을 리용하여 항

. . . .

하여 3일간 집요하게 공격하였으나 김일성과 유격대원들이 완강한 방어전으로 일본군의 공격을 격퇴하였고, 두 번째 전투는 일본군의 대규모 동계토벌작전 시 김일성과 유격대원들의 습격전과 배후교란작전으로 일본군의 공세를 격파하였다 하며 독창적인 유격전술로 미화시키고 있다.

2) '노흑산도 전투'는 1935년 6월 20일 중국 동녕현의 노흑산도 부근에서 일본군을 상대하여 조선인민혁명군 주력부대로 유인매복전투를 실시하여 일본군을 격퇴한 전투로 대규모 활동의 위력을 처음으로 시위한 전투라고 미화시키고 있다.

3) '보천보 전투'는 1937년 6월 4일 혜산진 근처에 있는 인근마을로 김일성이 이끄는 90여 명 규모의 유격대가 마을을 공격하여 일본 경찰서를 습격한 사건인데 북한은 이를 혁명전쟁의 전형적인 전투로 미화시켜 놓고 있다. 전투결과 주재소에 있던 일본 경관 5명은 모두 도망하여 몸을 숨김으로써 한 사람도 피해를 입지 않았다. 다만 일본 경찰의 어린자녀 한 명만이 탄환에 맞아 피해를 입었다.

상 주도권을 튼튼히 틀어쥐고 자기 력량을 최대한으로 보존하면서 많은
적을 소멸케 한 령활한 전략전술을 창조하였다"4)고 주장하고 있다.

북한은 이러한 소규모의 전투를 대규모 전투로 확대 포장하여 이른바
혁명전쟁의 전형적인 전투로 미화시켜 놓고 있으며, 이를 오늘날 북한
군이 유격전 중시의 효시로 삼고 있다. 북한은 이렇게 창조된 전략전술
을 인민군대가 적극 계승 발전시켜야 한다고 강조하고 있다.

김일성은 만주에서 항일활동이 일본 관동군의 토벌작전에 쫓겨 궁지에
몰리게 되자 1940년 후반 소련으로 도주, 소련 적군5)에 편입하여 당시
소련군 육군차관이던 "투하체프스키"(M. N. Tukhachevsky 1893~1939년)
원수가 저술한 소련군『적군야외교령』을 통해 소련군의 정규전 사상을
습득하게 되었다. 투하체프스키의『적군야외교령』은 공격주의, 섬멸주
의, 기습, 화력중시, 기동전법, 전종심동시제압 등으로 집약되는 구소련
군 기본교리로 소련군으로서는 교리에 불과한 것이었으나 군사사상의
뿌리가 없었던 북한군 지휘부에게는 철학적 가치가 부여될 정도로 영향
력이 컸다.

김일성의 군사전략은 일제강점기 시 중국과 구소련에서 항일활동을
하면서 얻은 군사적 경험을 바탕으로 한 정규전사상과 유격전사상을 배
합한 것이 특징이라 할 수 있다. 김일성의 이러한 구소련과 중국에서의
군사적 경험은 북한군이 양적위주의 군사력 증강, 고속기동을 통한 속
도전, 선제타격을 위한 기습전, 총력전을 위한 배합전의 군사전략을 수

. . . .

4)『조선중앙연감』, 평양: 평양출판사, 1969, 183쪽.
5) 김일성이 근무했던 소련 적군은 만주에서 활동하다 소련으로 편입한 항일연군부
대와 항일연군부대에서 반란을 일으키고 도망쳐 들어온 만주군 병사, 그리고 몽고
인 등 아시아계 소수민족 출신의 소련군인 등으로 편성된 부대이다. 정식명칭은
'소련 붉은 군대 88특별저격여단'으로 1942년 8월 1일 창설하였다. 제25극동군사령
부 예하부대로 편성되어 정찰활동을 주로 수행했던 것으로 알려져 있다.

립하는 데 영향을 주었다.

　김일성은 이러한 군사적 경험을 기초로 소위 '주체전법'[6]이라는 것을 제시하면서 자신들만의 독특한 군사전략이라고 주장하였다. 북한은 '주체전법'을 김일성이 독창적으로 창조한 전법이라 하면서 이는 무장투쟁에서 사람, 군인을 기본으로 하여 해결하며 자체의 힘으로 적을 때려 부수고 자신을 보호하는 혁명적 전법이라고 주장하고 있다.

　한편, 김일성의 군사관 형성에 가장 많은 영향을 준 사람은 모택동이다. 모택동의 군사사상은 마르크스의 '계급투쟁이론'을 기초로 구소련의 군사사상과 많은 내란을 거치면서 얻은 교훈과 경험, 그리고 병학가들의 사상과 전사를 기반으로 하여 형성된 군사관이라 할 수 있다.

　이러한 군사관을 바탕으로 형성된 모택동의 군사전략으로는 다음과 같은 것들이 있다. ① '섬멸주의(殲滅主意)'이다. 모택동은 일찍이 "사람의 손가락에 상처를 입히는 것은 한 손가락을 자르는 것보다 못하며, 적을 공격하여 10개 사단을 패주시키는 것은 1개 사단을 완전 섬멸시키는 것보다 못하다"고 하면서 상대의 완전한 섬멸을 강조하였다. 이러한 섬멸주의는 구소련의 '포위섬멸전략'을 답습한 것이라 할 수 있다. ② '다변성(多辯性)'이다. 공산당은 혁명의 과정이란 직선으로 계속 상승하는 것이 아니라 때로는 굴절될 수도 있기 때문에 혁명에 적응하기 위해서는 다변성이 있어야 하며, 또한 아군의 일정한 행동질서의 변경은 적으로 하여금 갈피를 잡지 못하게 하고 혼미에 빠뜨릴 수 있다고 강조하였다. ③ '군민일원화론(軍民一元化論)'이다. 모택동은 훌륭한 자질과 재능을 구비한 민중과 배합함으로써 적을 무력화할 수 있다고 보았으며 사소한 후방보급 문제라도 반드시 주민의 협조하에 해결하도록 강조하였

. . . .
　6) 여기에는 배합전, 산악전, 야간전, 갱도전, 기동전, 기습전 등이 포함되어 있다.

다. 그리고 "물고기가 물을 떠나 살 수 없듯이 군대가 민중을 떠나서는 싸울 수 없다"고 하며 중국군을 '인민군대(人民軍隊)'라고 명명하고 인민전쟁을 강조하기도 하였다. 다시 말해 혁명전쟁은 대중의 전쟁으로 오직 대중을 동원함으로써 전쟁을 진행할 수 있고, 오직 대중에 의거함으로써 전쟁을 진행할 수 있다고 하는 인민전쟁론을 강조하고 있는 것이다.

이와 같은 모택동의 군사전략은 김일성이 유생역량소멸을 위한 포위전과 인민동원을 위한 총력전 개념의 군사전략을 수립하는 데 영향을 주었다.

나. 6·25전쟁 경험

김일성은 1945년 8월 일제강점기로부터 해방과 함께 소련에서 북한으로 들어와 정권을 쟁취한 후 자신의 정치적 입지를 강화하기 위해 조국해방이라는 명분 아래 1950년 6월 25일 '6·25전쟁'을 일으켰다. 하지만 6·25전쟁은 김일성이 남한보다 월등한 군사력을 가지고도 한반도의 지형적 특성을 고려하지 않은 소련군의 작전개념에 의해 계획되고 진행됨에 따라 자신의 의도대로 되지 않고 결국 실패한 전쟁으로 종결되었다.

김일성은 6·25전쟁을 통해 '유생역량(有生力量)소멸[7]'의 포위전, 유격전 및 정치공작사업, 전쟁물자 확보 등에 대한 문제점을 발견하고 이에 대한 대비책 마련에 몰두하게 되었다.

---

[7] 전투에 참가하는 모든 군인뿐만 아니라 민간인까지 포함하여 완전히 소멸함으로써 제기할 수 있는 한국군의 근간을 없애버리는 것을 말한다.

〈표 3-2〉 6·25전쟁 시 남북한 군사력 비교

구분	한 국	북 한
육군	• 8개 보병사단(64,697명) • 1개 독립보병연대(2,719명) • 지원 및 특과부대(27,558명) 　　* 소계 : 94,974명	• 10개 보병사단(120,000명) • 1개 전차여단(6,000명) • 1개 전차연대(2,800명) • 제766부대(2,500명) • 603모터찌크연대(3,500명) • 지원 및 특과부대(47,000명) 　* 소계 : 182,680명
해군	7,715명	4,700명
공군	1,897명	2,000명
해병	1,166명	9,000명
총계	105,752명	198,380명
비율	1 : 2	

출처: 장준익,『북한 인민군대사』, 서울: 서문당, 1991, 135쪽.

김일성은 6·25전쟁이 한창이던 1950년 12월 23일 자강도 만포 별오리에서 조선로동당 제2기 3차 전원회의(별오리회의)를 소집하고 여기서 전쟁 6개월간에 걸친 전략적 반성을 하는 기회를 가졌다.

김일성은 이 회의를 통해 다음과 같은 8가지의 전쟁 실패요인을 제시하였다.

첫째 교훈은 충분한 예비대를 보유하지 못한 것이다.

　　지난 6개월 동안의 전쟁과정에 우리에게는 엄중한 결함들이 있었다는 것도 반드시 알아야 합니다. 첫째로, 우리는 미제국주의와 같은 강대한 적과 싸우는 조건에서 자기의 예비부대를 충분히 준비하지 못하였으며 많은 곤난이 있으리라는 것을 타산하지 못하고 그것을 극복할 준비사업을 잘하지 못하였습니다.[8]

* * * * * * * * * * * * * *

8) 김일성,『김일성저작집』제6권, 평양: 조선로동당출판사, 1980, 187쪽.

북한군은 당초 총병력 19만 8,000여 명으로 남침을 시작하였으나 최초부터 각 축선에 운용할 전술예비대(사단)가 없어 전선의 종심을 유지할 수 없었다. 또 부산 교두보작전(8월 공세)에서는 병력 7만 명 가운데 개전 초기부터 전투에 참가한 실전 경험자는 3분의 1에 불과하였고 나머지 4만 6천여 명은 남한에서 강제 징집한 신병으로 군사훈련이 제대로 되지 않아 공격을 계속 진행하기에는 한계에 도달했었다. 특히 연합군의 인천상륙작전으로 반격작전이 실시될 때 징집병을 포함한 약 12만 명의 북한군이 연합군에 투항하거나 포로가 됨으로써 전력이 일시에 약화되기도 하였다. 따라서 병력이 부족한 김일성으로는 중국에 병력지원을 요청할 수밖에 없었고, 중국은 팽덕회가 이끄는 80만 의용군을 지원함으로써 북한을 자신들의 영향하에 둘 수 있었다.

김일성의 이러한 교훈은 예비전력 확보를 위한 '노농적위대'9)와 '교도대'10)의 창설과 함께 북한 주민을 전원 전투요원화시키는 '전 인민의 무

---

9) 북한은 6 · 25전쟁에 참전했던 중공군이 1958년에 철수하자 이를 대체하기 위한 수단으로 1959년 1월 4일 '노농적위대'를 창설하였다. '노농적위대'는 북한군의 준군사 부대 중 하나인 민병조직으로 우리의 향토예비군제도와 유사한 조직이다. 편성은 제대군인, 노동자, 농민, 사무원, 학생들 중에서 17세에서 60세의 남자와 17세에서 50세의 여자를 행정단위 및 직장 · 학교 단위로 군단으로부터 중대 단위까지 편성하고 당 민방위부의 강력한 지휘통제와 인민무력부 계통의 훈련 및 동원에 관한 지시를 받아 운용된다.

10) '교도대'는 군 제대자들로 구성된 민간인 군사동원조직으로 1963년 노농적위대의 병력 중 제대군인을 주축으로 하여 조직된 것으로 남한의 동원예비군과 유사한 조직이다. 편성은 남자는 17~45세, 여자는 17~30세를 대상으로 행정단위와 직장 규모에 따라 사단 및 여단으로 편성되며 후방 방위 및 예비대로 투입되어 전 · 평시 해당 지역 군단의 지휘를 받는다. 교도대는 크게 교도사단 및 여단, 대학교도대, 해상교도대로 구분한다. 편성규모는 기업소의 종업원 수와 특수성을 고려하여 중대로부터 연대규모(3급기업소는 중대규모로, 2급기업소는 대대규모로, 1급 및 특급기업소는 연대규모로 편성)까지의 교도대로 편성하고 이를 지역단위로 통합, 교도여단 및 교도사단으로 조직하여 정규군(후방군단) 예하에 두고 인민무력부 계통의 지휘를 받아 운용된다.

장화'로 발전시켰다.

둘째는 부대지휘상의 결함이다.

> 둘째로, 우리는 인민군대가 경험이 부족하며 그 간부들이 청소한 것만큼 일단 곤난에 부닥칠 때 그것을 극복할 수 있는 조직성이 미약하리라는 것을 타산하지 못하였습니다. 실지로 많은 부대의 간부들이 부대를 지휘하는데서 조직성이 미약하였고 난관을 극복하는데서 견결성이 부족하였습니다. 그들은 지휘에 능숙하지 못하고 정세를 파악하는데 미숙하였으며 부대를 통솔하는 데 많은 결함이 있었습니다.[11]

당시 북한군 지휘부는 소련군 대대장 및 중대장을 경험한 대위급과 중위급으로 30대의 대대장급 장교가 갑자기 최고사령관 휘하 총참모장, 군단장, 사단장으로 전투를 지휘하였다.

6·25전쟁 당시 북한군 주요 직위자의 연령과 경험으로는 최고사령관인 김일성 원수 38세(소련군 대위), 최고사령부 참모장 남일 중장 36세(소련군 대위), 인민군 총참모장 강건 중장 32세(소련군 대위), 정치부사령관 김일 중장 38세(소련군 대위), 제2군단장 김광협 소장 35세(소련군 중위), 제1사단장 최광 소장 32세(소련군 중위) 등으로 연령과 경험에 비해 과중한 직책부여로 임무수행에 제한이 많았다.

또 소련 군사고문단이 작성한 작전계획은 자신들의 교리에 따른 것으로 한반도의 지형과 인민군의 훈련 정도에는 적합하지 않았다. 다시 말해 소련군의 군사기술은 기본적으로 넓은 평원이 전개되는 폴란드, 우크라이나, 서유럽 등을 무대로 삼아 전술교리를 발전시켜 왔다. 따라서 부대편성 자체가 기동성을 갖춘 기갑 및 기계화부대를 중심으로 편성되

---

11) 김일성, 『김일성저작집』 제6권, 187~188쪽.

어 있다. 이러한 부대들은 적 배후에 깊숙이 진출하여 적 후방을 교란하고 주요 목표를 조기에 장악함으로써 주력부대의 기동여건을 조성해 신속히 목표를 탈취하는 '작전기동단(OMG)'[12] 운용에 맞추어 전투를 진행하도록 되어 있었다. 그러나 산악이 많고 도로망이 제한되는 한반도 지형에서는 기갑차량을 중심으로 편성한 작전기동단의 운용은 무의미했다. 또 소련식의 기갑부대 구성은 평원에서 전차들이 광범위하게 평행으로 늘어선 가운데 기갑전투를 벌이는데 유리하지만, 한반도와 같은 산악지형에서 전차부대를 운용하는 것은 지나치게 둔중하여 오히려 기동성을 떨어뜨려 기동부대의 진출을 지연시키는 한계를 가져왔다.

이와 같은 지휘관들의 젊은 연륜과 전투경험 부족, 한반도의 지형적 특성을 고려하지 않은 현실성 없는 작전계획 등은 전쟁의 주요 실패요인으로 대두되었다.

김일성은 이러한 부대지휘상의 결함을 보완하기 위해 간부들의 부대지휘 능력과 전술지식 수준향상을 위한 교육훈련을 강화해 유사시 자기 계급보다 한 단계 높은 직책을 수행할 수 있는 '전 군의 간부화'로 발전시켰다.

셋째는 부대군기 해이이다.

셋째로, 부대의 규율이 약하였습니다. 적지 않은 부대장들과 지휘관들은 상급의 명령을 관철하려고 노력하지 않았으며 그것을 제때에 실행하지 않았습니다.[13]

· · · · · · · · · · · · ·

12) 작전기동단(Operational Maneuver Group): 주로 작전술 차원의 종심공격을 실시하는 대체로 편조된 고속기동부대를 말한다. NATO군 사령관이었던 로저스 대장이 1982년 처음 사용했던 용어이다. OMG란 술어의 창출배경은 소련군이 핵전쟁을 회피한 상황하에서 강력히 편성된 NATO군의 방어진지에 대해 재래의 제파식 집중강압전법(Steam roller)을 사용하지 않고 기습과 고속격파의 전법을 강행함으로써 전술적 승리를 작전적 승리로, 그리고 나아가서는 작전적 승리를 전략적 승리로 전환시키려는 작전적 수준의 전법을 구사할 것으로 판단한 점에 연유하고 있다.

북한군은 한·미 연합군에 의한 인천상륙작전이 성공하자 혼란이 가중되고 군기위반자가 속출하였다. 김일성은 6··25전쟁이 한창이던 1950년 10월 11일 김일성 명의의 '조국의 위기에 관한 방송연설'을 통해 "인민군은 한 치의 조국 땅이라도 고수하지 않으면 안 되며, 우리의 도시와 농촌을 지키기 위해 최후의 피 한 방울까지 흘려 용감히 싸우지 않으면 안 된다"고 호소하였다. 이어 10월 14일의 명령서에서는 "전장으로부터 도주하는 모든 사람은 그들의 죄질에 따라 그 현장에서 사형, 또는 처리부대에 인계할 권한을 부여한다"고 지시하는 등 인민군의 무분별한 패주를 막기 위해 노력하였다. 하지만 위기에 몰린 북한군은 상부의 지시에 따르지 않고 오합지졸로 도주하고 말았다.

이러한 교훈은 북한군의 전투의지 고양을 위한 군내 정치교육 강화와 군의 당적 통제를 강화하기 위한 군대 내의 당 조직화, 지휘권 보장을 위한 지휘권한 강화 조치 등으로 이어졌다.

넷째는 한국군 유생역량 섬멸의 실패이다.

> 넷째로, 적들의 유생력량을 철저히 소멸하지 못하고 그저 적들의 력량을 분산시키거나 밀고만 나갔습니다. 그 결과 적들에게 다시 부대를 수습하여 반공격을 할 수 있는 가능성을 주었습니다.[14]

북한군 6사단은 7월 23일 광주에 진출한 후 즉시 순천에서 진주방향으로 전진하도록 되어 있었다. 그러나 그동안 보급지원을 제대로 받지 못해 전투물자가 부족해 7월 23일부터 7월 25일까지 목포와 여수에서 해상보급을 받아야만 했다. 이때 북한군 제6사단이 재보급을 받는 2일

---

13) 김일성, 『김일성저작집』 제6권, 188쪽.
14) 위의 책, 188쪽.

동안에 미 24사단과 25사단은 재편성을 하여 진주에서 북한군의 부산 진출을 저지시킴으로써 부산권을 방호할 수 있었다. 또 연합군의 인천 상륙작전으로 북한군이 수세에 몰려 철수 시 한국군의 잔존병력이 후방 퇴로를 차단함으로써 많은 피해를 입었다. 이와 같은 교훈은 북한이 한 국군 유생역량 제거를 위한 섬멸전 개념으로 발전시켰다.

다섯째는 전술의 유연성 결여이다.

> 다섯째로, 우리 군대는 우세한 공군과 해군, 륙군을 가진 적들을 반대하 여 전투를 능란하게 진행할 줄 몰랐습니다. 우리 군대는 여러가지 정황에 따라 다양한 전술로써 싸우는데 익숙하지 못하였습니다. 특히 적들의 공습 이 심한 조건에서 산악전과 야간전투를 능숙하게 진행하여야 하겠으나 그 렇게 하지 못하였습니다.[15]

북한군은 6 · 25전쟁 도발시 세계 최강의 미군과 싸우게 될 줄은 예상 하지 못한 채 전쟁을 시작했다. 미국이 한국전쟁에 참여하지 않을 것이 라고 판단하게 된 배경에는 1949년 12월 30일 당시 투루먼 미국 대통령 이 승인한 국가안보정책 보고서에 "한국을 미국의 극동 방어선 외곽에 둔다"라는 이른바 '애치슨라인' 때문이다. 당시 미국은 극동방어선 대상 을 일본에서 필리핀까지로 하고 한반도와 대만을 제외한다는 '애치슨라 인'은 1950년 1월 12일 딘 애치슨 국무장관이 워싱턴 내셔널 프레스 클 럽 연설에서 공개적으로 밝혔다. 따라서 소련의 스탈린은 이를 근거로 한반도에서 전쟁을 일으켜도 미국이 개입하지 않을 것이라고 확신하고 1950년 4월 모스크바를 방문한 김일성에게 남침계획을 승인했던 것이 다. 하지만 미국의 한국전 참여로 북한은 많은 피해를 입게 되었고, 특

---

15) 위의 책, 188쪽.

히 우세한 공군력에 의한 공중폭격은 보급두절과 전투력 집중을 불가능하게 만들었을 뿐만 아니라 북한군으로 하여금 전의를 상실하게 하는 공포의 대상이 되었다. 이와 같은 교훈은 북한이 해·공군력 증강과 함께 산악전, 야간전의 중요성을 강조하는 개념으로 발전시켰다.

여섯째는 유격전 시 제2전선과의 연계 부족이다.

> 여섯째로, 적후방에서의 유격대활동이 매우 미약하였습니다. 우리는 인민군대의 진격이 시작되면 남반부의 지하당조직들이 각지에서 폭동을 일으키고 유격투쟁을 전개하여 인민군대의 진격을 방조하게 될 것을 기대하였습니다. 그러나 남반부에서 당사업이 잘되지 못하였고 또 미제와 리승만 역도에 의하여 수많은 당원들이 투옥학살되었던 관계로 이러한 투쟁은 거의 전개되지 못하였습니다. 우리가 적후방에서 유격전을 전개하는 것은 우리의 공군이 약한 조건에서 제2전선을 형성하여 적의 기동성을 마비시키고 적을 분산격멸하며 적의 참모부를 습격하며 적의 퇴로를 차단함으로써 적들에게 공포와 혼란을 조성하기 위한 것입니다. 당중앙위원회 정치위원회는 유격대활동의 이와 같은 중요성을 절실히 인정하고 당중앙위원회 위원들을 지휘자로 하는 유격대들을 조직하여 적후에 파견하였습니다. 그런데 유격대의 일부 지휘자들은 적후방에 가서 잘 투쟁하지 않았습니다.[16]

북한은 6·25전쟁 개전에 앞서 박헌영 당시 외상은 "만일 인민군이 남하하면 남쪽에 있는 20만 남로당원이 일어나 인민군의 작전을 지원하여 남반부를 해방시킬 것이다"라고 호언장담하면서 김일성에게 6·25전쟁을 부추겼다. 또 김일성 자신도 6월 26일 '전 조선민족에게 호소하는 방송연설'을 통하여 "공화국 남반부의 남녀 빨치산은 한국군의 후방에서 한국군을 소탕하고, 한국군의 작전계획이 수포로 돌아가게 하며, 한국군의

---

16) 김일성, 『김일성저작집』 제6권, 188~189쪽.

참모부를 습격하는 동시에, 철도·도로·교량·전신선 및 전화선 등을 파괴하라"라는 명령을 하달하는 등 제2전선 형성을 통한 한국군 후방을 교란하고자 하였다. 그러나 남한에서 이와 같은 남로당의 지원이나 민중봉기는 일어나지 않았고 결국 제2전선 형성은 실패하고 말았다.

김일성은 훗날 이 문제를 다음과 같이 지적하면서 박헌영을 제거하는 데 이용하였다.[17]

> 1차 반공격 시 박헌영은 우리를 속였습니다. 박헌영은 남조선에 20만 당원이 지하에 있다고 거짓말하였습니다. 남조선에 당원이 20만은 고사하고 1,000명만이라도 있어서 부산쯤에서 파업을 하였더라면 미국놈이 발을 붙이지 못하였을 수 있습니다. 미국놈이 상륙하고 진공할 때 전체 남반부인민이 미국놈을 반대하는 투쟁을 전개하였더라면 정세는 달라졌을 것입니다. 만일 그때에 남반부의 군중적 기초가 튼튼하고 혁명세력이 강하였더라면 미국놈들은 우리에게 덤벼들지도 못하였을 것입니다.[18]

이러한 교훈은 북한이 남한에 대한 정찰 및 첩보수집과 침투공작활동을 강화하는 방향으로 발전시켰다.

일곱째는 보급활동 미흡이다.

> 일곱째로, 전선에 대한 후방공급사업이 잘 조직되지 못하였습니다. 후방공급기관들에 해독분자들이 숨어들어 전선에 대한 공급사업을 방해하였습니다. 그리하여 우리의 전선부대들은 많은 경우에 후방물자를 제때에 공급

---

17) 박헌영은 1953년 8월 3일 반국가, 반혁명 간첩죄로 체포되어 사형을 선고받고, 1956년 7월 19일 사형이 집행되었다. 박헌영에게 씌워진 죄목은 간첩행위, 남한 내 민주세력 파괴 행위, 북한 정권 전복 음모 등 세 가지였다. 하지만 김일성이 박헌영을 제거한 실질적인 이유는 승리하지 못한 6·25전쟁의 책임을 박헌영에게 뒤집어 씌워 마무리하고 자신에게 위협되는 경쟁자를 없애기 위한 정치적 목적에서 제거한 것이다.

18) 김일성, 『김일성저작집』 제9권, 평양: 조선로동당출판사, 1980, 182쪽.

받지 못하였습니다.[19]

북한군은 6·25전쟁 시 식량은 기본적으로 현지에서 조달하도록 되어 있었다. 그러나 전쟁이 장기화되고 대부분 작전지역이 산악이어서 쌀을 구하기가 어려워 식량은 정량의 1/2 내지 1/3로 줄어들었고, 설상가상으로 연합군의 제공권 장악으로 인해 보급품 조달에 방해를 받는 등 북한군은 심각한 군수품 수송문제를 절실히 체험하였다. 이러한 교훈은 북한을 군수사업 제일주의 방향으로 정책을 추진토록 하였다.

여덟째는 부대 정치교육 미흡이다.

여덟째로, 군대 내 정치사업이 높은 수준에서 진행되지 못하였고 군인들을 혁명적인 애국주의사상으로 교양하는 사업이 부족하였습니다. 우리는 항일유격대원들이 적의 무기를 빼앗아 자체를 무장하기 위하여 얼마나 많은 피를 흘렸는가 하는데 대하여 군인들에게 철저한 교양을 주지 못하였습니다. 군대 내에서 비행기 없이는 적과 싸울 수 없다는 패배주의적 경향이 나타났습니다. 그러나 군대 내에서는 이러한 위험한 경향들과 강력한 투쟁을 전개하지 않았습니다.[20]

북한군은 1950년 9월 15일 연합군의 인천상륙으로 퇴로가 차단되자 무분별하게 패주하게 되었다. 김일성은 북한군이 무분별하게 패주하게 된 이유가 바로 군이 정치사상적으로 무장이 되어있지 않았기 때문이라고 분석하였다. 이는 곧 군의 정치사상교육을 전담하기 위한 군에 총정치국을 설치하고 제대별로 정치위원을 편성하여 군의 사상무장을 강화시키는 것으로 보완되었다.

* * * * * * * * * * * * * *

19) 김일성, 『김일성저작집』 제6권, 189쪽.
20) 위의 책, 189쪽.

김일성은 '별오리회의'에서 제기된 8가지 패인요인을 보석과 같이 여겨야 한다고 강조하면서 북한 군사정책에 적극 반영하도록 지시하였다.

한편, 김일성은 '별오리회의'를 통해서 8가지 패인요인 외에 그동안의 전쟁 성공요인 6가지도 함께 제시함으로써 자신의 능력을 과시하고 인민군들에게 전쟁의지를 고취시키고자 하였다.

김일성이 제시한 6가지 성공요인[21]은 ① 인민군을 제때 옳게 창설한 점, ② 인민들이 당을 중심으로 단결한 점, ③ 소련과 중국의 적극적인 원조, ④ 인민들의 영영성을 세계 인민이 찬양하고 있다는 점, ⑤ 전쟁을 통해 인민군대가 풍부한 경험을 축적했다는 점, ⑥ 적에게 고충을 줌으로써 제국주의 진영 내부 붕괴를 촉진했다는 점 등이다.

김일성의 6·25전쟁수행전략은 소련군의 정규전 전법과 중공군의 비정규전 전법을 배합한 복합적인 개념하에 수행되었다고 볼 수 있다. 또 별오리회의를 통해 나타난 패전요인들은 북한이 중국이나 구소련의 군사전략 개념에서 벗어나 독자적인 군사이론 체계와 용병사상 등 군사정책 및 군사전략을 수립하는 계기가 되기도 하였다.

다. 국지전 교훈

김일성은 6·25전쟁 이후에는 월남전, 중동전, 아프간전, 걸프전 등 국지전의 사례를 통해 자신들의 취약점을 보완하기 위해 노력하였다. 이 중에서도 '월남전'은 작전환경이 한반도와 같이 산악지형으로 형성되어 있어 북한이 군사전략을 수립하는 데 있어 미쳤던 영향은 크다고 할 수 있다.

월남전은 1960년대 결성된 남베트남민족해방전선(NLF)이 베트남의

21) 사회과학역사연구소, 『조선전사』 제26권, 평양: 과학백과사전출판사, 1981, 234~241쪽.

완전한 독립과 통일을 위해 북베트남의 지원 아래 남베트남 정부와 이들을 지원한 미국과 벌인 전쟁이다. 월남은 열대몬순 기후에 속해 고온다습하고 정글지역이 많아 정규전 수행에 많은 제한을 받는 작전환경이다. 따라서 뛰어난 기동력과 화력을 바탕으로 정규전 위주의 작전을 수행하는 미군의 전술교리에서는 적합한 작전환경이 아니었다.

미국은 이 전쟁에서 전투기 600여 대, 헬기 900여 대, 병력 70만 여명 등 월등한 전투력을 가지고도 전쟁에 패배하고 말았다. 우수한 장비와 신무기로 무장한 미군이 패배할 수밖에 없었던 이유로는 북베트남군의 소규모 게릴라전과 비정규전 작전, 특히 밀림지역에서 땅굴작전에 의한 게릴라전은 미군으로 하여금 효과적인 작전활동을 전개할 수 없도록 만들었다. 여기에 밀림지역에 대한 대규모의 융단폭격과 네이팜탄에 의한 화공작전, 고엽제 살포, 무작위 지뢰매설 등은 현지 주민들의 생활터전 상실로 인한 민간피해가 확산되면서 반미감정을 극대화시켜 작전활동에 전혀 도움이 되지 못했다. 결국 미군은 많은 장비와 물자, 병력을 투입하고도 베트남을 포기하고 철수할 수밖에 없었다.

북한은 이와 같은 월남전 교훈을 통해서 정규전과 유격전 배합의 중요성을 다시 한 번 인식하고 특수전부대 창설과 함께 사단급까지 특수전부대를 편성하는 등 비정규전 작전에 대한 역량을 강화해 나갔다.

3차(1967년 6월) 및 4차(1973년 10월) 중동전을 통해서는 이스라엘이 상대보다 열등한 전력에도 불구하고 기갑력과 항공력을 이용하여 대승을 거두는 것을 보고 기계화부대 및 공군력을 강화시켰다.

걸프전을 통해서는 적의 공중공격 및 정밀유도무기 등 첨단무기에 의한 현대전의 위력을 실감하고 전략무기 개발에 박차를 가하도록 하였다. 또 철저한 전쟁준비를 위해 진지를 갱도화 하는 등 전 국토의 요새화와 소부대 훈련을 강화하였고, 배합전 수행을 위해 특수전부대를 집중 증가시켰다.

아프간전을 통해서는 적의 항공전력으로부터 생존성 향상을 위한 대공방어능력 강화와 지구전 전개를 위한 갱도진지를 보강토록 하였고, 이라크전을 통해서는 심리전 및 사상무장의 중요성을 인식하고 인민군의 사상무장과 항공타격에 대비한 대공 방어력을 강화토록 하였다.

【그림 3-1】 북한 군사전략 형성

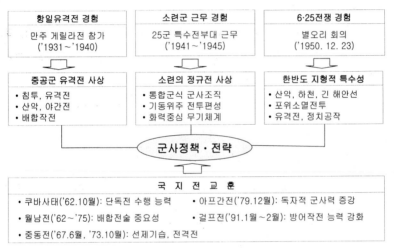

출처: 박용환,「북한 군사전략에 관한 연구」,『북한학 연구』제6권 1호, 서울: 동국대학교, 2010, 123쪽.

김일성의 군사사상은 마르크스-레닌주의의 '혁명전쟁론'을 받들고 계급투쟁, 해방전쟁이라는 명목하에 정권 탈취를 위한 '폭력무장 혁명투쟁'이라는 침략적 전쟁관이 깊이 뿌리박고 있다고 할 수 있다.

전술관 역시 학술적 체계에 기초한 것이라기보다는 김일성의 과거 군사경험(만주 항일활동, 소련 적군 활동)과 공산주의 사상에 그 뿌리를 두고 있다고 할 수 있다. 다시 말해 김일성의 군사전략(군사관)은 체계적인 교육이나 논리적 사고과정을 거치지 않고 실전적 군사경험을 통해 얻어진 지식의 복합체에 불과하다고 할 수 있다. 그러나 이들이 오랫동안 북한의 군사를 가늠하는 지표로서 역할을 해 왔고, 또한 장기간 축적된 고식화된 틀로써 북한 군사정책과 전략의 향방을 결정하는데 크게 기여했다는 점에서 중요한 의미를 지니고 있다고 할 수 있다.

2. 북한 군사전략 체계

북한은 군사전략을 군사예술(용병술)체계에 포함시켜 놓고 있다. 북한은 '군사예술'에 대해 보통 적을 타격소멸하기 위하여 발휘하는 군사적 지혜와 기교를 말한다고 설명하고 있다. 좀 더 구체적으로 놓고 보면 "전쟁(작전, 전투)에서 원쑤들을 격멸 소탕하기 위하여 군사적 목적과 임무를 설정하고 그것을 실현하기 위한 방도를 찾아내어 능숙히 적용하는 것을 말한다"[22]고 규정하고 있다.

이러한 군사예술 체계에는 군사전략, 작전예술, 전술로 구분하고 있다.

【그림 3-2】 북한 군사예술체계

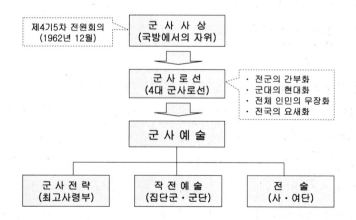

---

[22] 조선인민군, 『군사상식』, 평양: 조선인민군군사출판사, 1982, 266쪽.

가. 군사예술

북한은 '군사예술'이라고 하면 "보통 적을 타격소멸하기 위하여 발휘하는 군사적 지혜와 기표를 말하는데, 구체적으로 놓고 보면 전쟁(작전, 전투)에서 원쑤들을 격멸 소탕하기 위하여 군사적 목적과 임무를 설정하고 그것을 실현하기 위한 방도를 찾아 내여 능숙히 적용하는 것"[23]이라고 그 개념을 정의하고 있다. 따라서 군사예술은 여러 가지 정황조건에서 그에 맞는 전법을 활용하는 데서 표현된다고 주장하고 있다.

또 군사예술은 인류사회에서 전쟁이라는 현상이 생겨나면서부터 싸움에서 승리하기 위한 필수적 요소로 제기 되였으며 무장투쟁을 통하여 발전해 왔다고 하면서 그 기원을 인류사회의 시작에 두고 있다.

북한은 군사예술을 김일성이 창시하고 발전 완성했으며 주체적 군사예술은 사람, 군인대중을 중심에 놓고 전개한 백전백승의 혁명적 군사예술이라고 주장하고 있다.

나. 군사전략

'군사전략'은 "정치전략이 제기하는 중요과업을 군사적 방법으로 수행하는 것으로서 무장투쟁의 형식과 방법을 규정하고 그 수행을 조직하고 지휘하는 것"[24]이라고 설명하고 있다. 즉, 당이 설정한 정치적 목표를 군사적 수단을 이용하여 어떻게 달성할 것인가를 제시하는 것이라 할 수 있다. 따라서 군사전략은 군의 최고 상급기관인 '최고사령부'에서 담당한다.

---

23) 위의 책, 266쪽.
24) 위의 책, 266쪽.

북한은 군사전략에 대해 나라의 정치정세와 군사정세에 따라 군사전략은 다를 수 있지만 대체로 무장투쟁의 매 전략적 계단의 전략적 방침을 세우고 이 방침을 실현하기 위한 무장투쟁을 조직하고 그 승리를 위한 구체적 방도들을 규정하며 무장력을 준비하고 만단의 싸움준비를 갖추는 것이라고 주장하고 있다. 또 김일성이 중국에서 항일무장투쟁 시 일제의 식민지폭압정책이 전례 없이 강화된 환경에서도 강대한 일본제국주의 침략무력을 대상으로 여러 가지 조건들을 구체적으로 타산하고 유격전의 형식을 기본으로 하여 무장투쟁을 조직하였으며 매시기마다 그에 맞는 여러 가지 무장투쟁방법을 제시함으로써 전략적 과업들을 빛나게 수행했다고 주장하고 있다.[25]

북한이 현재 수립해 놓고 있는 군사전략에는 상황과 여건이 조성되면 현 진지에서 즉시 공격 공격할 수 있는 '선제기습전략', 미 증원전력이 한반도에 도착하기 이전에 전쟁을 종결짓는 '속전속결전략', 그리고 전방에서는 정규전 부대가 후방에서는 비정규전 부대가 전후방 동시전장화를 조성해 남한 전체를 혼란에 빠뜨리게 하는 '배합전'을 군사전략으로 수립해 놓고 있다. 여기에 대한 구체적인 내용은 3장 2절에서 알아볼 것이다.

다. 작전예술

'작전예술'이란 "무장투쟁의 한 현상인 여러 가지 작전을 조직하고 진행하는 형식과 방법을 통털어 이르는 말이다. 따라서 작전예술은 군사예술의 한 구성부분으로 군사전략이 제기하는 임무와 과업을 수행하기 위한 작전 진행형식을 규정하고 그 실현을 조직 지휘하는 것"[26]이라고

25) 위의 책, 266~267쪽.
26) 위의 책, 267쪽.

설명하고 있다. 즉, 군사전략이 제기하는 목표를 달성하기 위해 부대를 조직하고 전투를 준비하는 일련의 과정이라 할 수 있다. 이러한 작전예술은 전투를 준비하고 조직하는 집단군(군단)에서 담당한다.

북한은 과학과 기술이 발전하지 못했던 과거의 전쟁에서는 전투, 결전과 같은 군사행동이 단순하게 진행되었지만, 군사과학과 군사기술의 발전으로 하여 현대전쟁에서는 부대들이 높은 기동성을 가지고 전투행동을 연속적으로 벌릴 것을 요구하게 되었다면서, 따라서 넓은 공간에서 행동하는 여러 군종, 병종, 전문병 부대들을 통일적으로 능숙하게 지휘하여야 할 요구가 대두됨에 따라 통일적 계획 밑에 여러 작전, 전투들을 진행하여 전략적 목적을 이룩할 수 있게 하는 작전예술이 나오게 되었다고 그 배경을 설명하고 있다.

북한은 "작전예술은 적의 집단을 어떤 형식과 방법으로 타격하겠는가 하는 것을 규정하고 작전의 목적, 임무를 성과적으로 수행할 수 있는 타격집단을 편성하며 작전적 협동을 조직하고 유지하며 작전적 보장대책 등을 규정하는 것이며, 또한 작전예술은 작전체계 안에서 벌리는 전투의 형식과 방법, 그 수행절차를 규정하는데 이러한 작전예술은 작전의 조직과 진행을 통하여 나타난다"[27]고 주장하고 있다.

라. 전술

'전술'은 "부대, 구분대[28]들이 전투를 조직하고 진행하는 형식과 방법을 통틀어서 쓸 때나, 적을 소멸하기 위하여 지휘관(군인)들이 부리는

[27] 위의 책, 267~268쪽.
[28] 부대를 구성하는 전술적 조직의 한 단위로 대대(해군에서는 편대)에서 분대급까지를 의미한다.

군사적인 재간이나 주어진 정황에 맞게 묘술을 쓰는 것"[29]이라고 설명하고 있다. 따라서 전술은 전투 진행 간 부대가 적과 직접 교전을 통하여 이루어지는 전투행동으로 주어진 임무, 지형, 기상, 지휘관의 전술관에 따라 다양하게 구사할 수 있다. 전술은 적과 직접 전투임무를 수행하는 사단급 이하 제대에서 담당한다.

북한은 싸움에서 승리를 이룩하려면 모든 지휘관(군인)들이 전술을 잘 써야한다고 하면서 "김일성이 영광스러운 항일혁명전쟁 때 독창적인 전술, 기묘하고 영활한 전술을 수많이 창조하고 그를 능숙히 적용하여 싸움마다에서 빛나는 승리를 이룩했으며 조선인민혁명군 지휘관들과 대원들은 김일성이 창조한 기묘하고 령활한 전술을 널리 활용함으로써 이르는 곳마다에서 일제침략자들에게 섬멸적인 타격을 주었다"[30]고 하면서 전술에 대한 중요성을 강조하고 있다.

김일성이 창조했다고 하는 기묘하고 영활한 전술은 성동격서(聲東擊西)[31]하고 출몰무쌍(出沒無雙)[32]하여 신출귀몰하는 행동의 신속성을 말하는 것으로써 적이 우군의 행동을 알지 못하게 하는 것을 뜻한다. 이러한 전법은 김일성이 중국에서 항일활동을 하면서 모택동으로부터 전수받은 전법이라 할 수 있다.

북한군이 사용하고 있는 전술 원칙에는 주도권 장악, 중심고리에 역량 집중, 시간통제, 공격과 방어의 능숙한 배합 등이 있다.[33] 먼저 '주도권 장악'은 항시 공격적 전술로 적을 정신적으로 압도하여야 하고, 적의

---

29) 조선인민군, 『군사상식』, 268쪽.
30) 위의 책, 268~269쪽.
31) 동쪽을 칠 듯이 말하고 실제로는 서쪽을 치는 것.
32) 나타났다가 없어졌다 하는 것이 비길 데 없이 심함.
33) 정보사령부, 『집단군·사(여)단』, 대전: 국군인쇄창, 2017, 25~26쪽.

사기저하 및 전투 기도를 원활히 실현할 수 없도록 하며, 적의 약점을 적시에 포착하고 타격에서 불의성을 달성하고, 작전(전투)행동 간 명령 지휘체계를 확고히 세우는 것 등을 말한다.

'중심고리에 역량 집중'은 공격 및 방어작전 시, 또는 적후활동 간 부여된 임무수행에 결정적 영향을 미치는 중요대상물의 구역을 선택하고 그에 역량과 기재, 화력을 집중하기 위한 전술적 대책을 세우는 것을 말한다. 즉 전투력을 운용할 수 있는 중요 지점에 대해 집중타격을 가함으로써 그 기능을 무력화시키는 것을 말한다.

'시간 쟁취'는 작전(전투) 간 부여된 시간을 정확히 계산하고 시간사용을 구체적으로 계획하며, 구분대의 전투행동시간을 최대한 단축하는 한편, 적의 행동을 지연 파탄시키기 위한 적극적인 대책을 세우는 것이다.

'공격과 방어의 능숙한 배합'은 전장의 변화된 상황을 적시에 판단한 데 기초하여 결정적 승기를 놓치지 말고 방어로부터 공격으로, 공격으로부터 방어로 이전하기 위한 전술적 대책을 신속히 수립하고, 공격 시에는 적의 다양한 공세적 행동을 견제하기 위한 방어를, 방어 시에는 적의 공격 기도를 주도적으로 봉쇄하기 위한 공격행동을 능숙히 적용하는 것을 말한다.

군사전략은 일정한 혁명단계에서는 변화하지 않으나 전술은 한 전략단계에서도 정세의 변화와 지휘관의 전술관에 따라 변화하게 되며 항상 전략에 복종해야 한다는 것이 특징이다.

3. 북한 군사전략 근본 원리

북한은 조선로동당 당규약 전문에 조선로동당의 당면 목적을 '북한지역에서의 사회주의의 완전한 승리를 보장하며, 전국적 범위에서 반제·

반봉건적 민주혁명과업을 수행'하는 것이고, 최종목적은 '공산주의사회
를 건설'하는 데 있음을 명문화시켜 놓고 있다. 이를 달성하기 위한 방
법으로는 정치·군사 양면에 걸쳐 남한에 대한 '혁명'과 '해방'투쟁을 전
개해 나갈 것을 강조하고 있다.

북한은 이와 같은 자신들의 최종목표를 달성하기 위한 군사력 운용
원칙으로 '주체성의 원칙', '정치사상적 우세와 전략·전술적 우세로 적
을 격파하는 원칙', '인민대중에 의거하는 원칙'을 그 근본 원리로 삼고
있다.[34]

가. 주체성의 원칙

'주체성의 원칙'은 북한만이 가지고 있는 독특한 군사전략을 만들어야
한다는 원리를 말한다. 즉 군사전략의 창조적 적용을 말하는 것이다. 김
일성은 주체성의 원칙에 대해 다음과 같이 강조하였다.

> 우리는 우리 나라의 구체적 실정과 지난 조국해방전쟁의 경험을 충분히
> 참작한 당의 군사전략사상의 요구에 맞게 인민군대의 부족점들을 보충하고
> 약한 고리들을 보강하며 우점들을 더욱 살리는 방향에서 전법을 완성하며
> 그에 기초하여 군사과학과 군사기술을 발전시키고 인민군대의 무기와 군사
> 기술기재들을 끊임없이 개선하여나가도록 하여야 하겠습니다. …(중략)…
> 인민군 군인들의 전투훈련도 우리 나라의 실정에 맞는 전법에 정통하며 우
> 리의 군사과학과 군사기술을 충분히 소유하는 방향에서 진행하도록 하여야
> 할 것입니다.[35]

· · · · · · · · · · · · · · · · ·
34) 정보사령부, 『북한군 군사사상』, 대전: 국군인쇄창, 2007, 199~202쪽.
35) 김일성, 『김일성저작집』 제25권, 평양: 조선로동당출판사, 1983, 193~194쪽.

즉, 한반도 지형을 고려한 산악전과 야간전투, 그리고 김일성 자신이 만주에서 항일활동을 하면서 터득한 유격전의 경험을 잘 활용할 수 있는 전략·전술로 발전시켜야 한다는 것이다. 또한 북한이 보유하고 있는 재래식 무기 및 장비수준을 고려한 전략·전술을 구사함으로써 전쟁에서 승리를 달성할 수 있어야 한다고 주장하고 있다.

나. 정치사상 및 전략·전술적 우세에 의한 적 격파의 원칙

'정치사상 및 전략·전술적 우세에 의한 적 격파의 원칙'은 군을 정치사상적으로 강하게 무장시킨 상태에서 전략·전술의 우세를 통해 적을 격파해야 한다는 원칙이다. 즉 사상무장을 통한 전투에서 승리를 강조하고 있는 것이다.

이 원칙은 북한군만이 가지는 특성으로서 '전투력의 원천은 곧 정치사상적 우월성에 기인하며 이는 비할 수 없는 용감성과 대중적 영웅주의 및 자기특성을 최대한 발휘하여 불가능성을 없애준다'고 북한은 주장하고 있다. 또한 전략·전술의 우세는 전사들의 능숙한 전투기술과 민활한 전투행동을 가지게 하고, 군관의 경우는 문제해결을 과학적 방법에 기초하도록 만들며 현대군사과학과 군사기술에 정통하고 전투지휘능력을 부여해 준다고 믿고 있다.

김일성은 이 문제에 대하여 '인민군대의 전투력을 강화하기 위하여 제기되는 중요한 과제는 전사와 군관들을 정치사상적으로 확고히 무장시킨 기초위에서 나라의 특성과 실정에 상응한 전법을 완성해야 한다'고 하면서 다음과 같이 강조했다.

우리 나라는 작은 나라이며 갓 발전된 나라입니다. 내놓고 말하여 우리는 군사기술장비면에서 발전된 나라들과 경쟁을 할 수 없으며 또 그렇게 할 필요도 없습니다. 전쟁의 운명은 결코 그 어떤 현대적 무기나 군사기술에 의하여 결정되는 것이 아닙니다. 제국주의자들이 비록 군사기술적 우세를 가지고 있지마는 그 대신 우리 인민군대는 그들에 비하여 정치사상적 우월성을 가지고 있습니다. 조국과 인민의 자유와 해방을 위하여 싸우는 숭고한 사명과 혁명정신, 장병들 사이의 동지적 우애와 자각적 군사규률, 인민들과의 혈연적 련계와 같은 고상한 기풍은 어떠한 제국주의침략군대도 가질 수 없는 우리 인민군대의 특성입니다. 우리 인민군대는 바로 자기의 이와 같은 정치사상적 우월성으로 하여 기술적으로 우세한 적들과 능히 싸워 이길 수 있습니다.[36]

다시 말해 전쟁의 운명은 결코 그 어떤 현대적 무기나 군사기술에 의하여 결정되는 것이 아니라 오직 정치사상적 우세를 통해서만 군사 기술적으로 우세한 적들을 이길 수 있다는 것이다. 이를 위해 북한군은 일일 정과시간에 '정치상학' 시간을 반영해 놓고 매일 정치군관에 의해 정치사상교육을 실시하고 있다.

다. 인민대중에 의거하는 원칙

'인민대중에 의거하는 원칙'은 광범위한 인민대중의 자발적 참여로 전투를 수행해야 한다는 원칙이다. 이 원칙은 전적으로 모택동의 '인민전쟁론'에서 파생된 것으로서 모택동은 "물고기가 물을 떠나 살 수 없듯이 군대가 민중을 떠나서는 살 수 없다"고 하면서 군인과 인민의 적극적인 배합을 통한 인민전쟁론을 강조하였다.

모택동이 이와 같이 인민의 전쟁참여를 강조한 것은 혁명전쟁은 대중의 전쟁으로 오직 대중을 동원함으로써 만 전쟁을 진행할 수 있고, 오직

- - - - - - - - - - - - - -
36) 위의 책, 294쪽.

대중에 의거함으로써 만 전쟁을 진행할 수 있다고 보았기 때문이다.

김일성은 모택동의 인민전쟁론에 영향을 받아 인민대중의 전쟁참여에 대해 다음과 같이 강조하였다.

> 전쟁의 운명을 결정하는 결정적 요인은 그 어떤 무기나 군대의 수적 우세에 있는 것이 아니라 전쟁에 동원된 군인들과 인민들의 정신도덕적 준비상태에 있는 것입니다. 다시말하여 전쟁의 운명은 군인들과 인민들이 자기 위업의 정당성을 얼마나 깊이 깨닫고 전쟁에 어떻게 동원되는가 하는데 따라 결정되는 것입니다. 정치일군들은 인민군장병들에게 우리가 진행하고 있는 전쟁의 정의적 성격과 목적을 똑똑히 알려줌으로써 그들이 전쟁의 종국적 승리를 위하여 모든 것을 다 바쳐 싸우도록 하여야 하겠습니다.[37]

김일성은 인민대중과 인민군대 간에는 진정한 혁명동지애가 있기 때문에 전쟁에 대한 인민대중의 힘이 최대로 발현되어야 조직의 최고 형태를 형성할 수 있다고 하였고, 또 남한지역에 침투하여 활동하는 유격대요원들이 이 원칙에 충실할 때 지구적인 안정성이 담보되며 소규모 작전일지라도 전쟁운명을 좌우하는 대승을 거둘 수 있다고 주장하였다.

김일성의 이러한 주장은 오직 인민들의 적극적인 전쟁참여를 통해서만이 전쟁의 종국적인 승리를 이룰 수 있다고 보았기 때문이다.

김일성은 이와 같은 3가지 기본원칙을 바탕으로 북한 군사전략을 수립하게 되었는데, 그 수행 방법은 다음과 같다.[38]

첫째, 적 유생역량의 소멸이다. 이는 한국군의 유생역량을 섬멸하는 것으로 적의 영토를 탈취하여 지역을 확장하는 것이 전쟁의 중점이 아

---

37) 김일성, 『김일성저작집』 제6권, 316쪽.
38) 『북한군 군사사상』, 서울: 정보사령부, 2007, 206~209쪽.

니며 어디까지나 적의 현존전력을 전격적으로 기습하여 재기불능상태로 섬멸하는 것을 의미한다. 이러한 전략구상은 구소련과 중국의 섬멸주의 전략과 6·25전쟁의 경험에서 기인한 것으로 보인다. 김일성은 6·25전쟁 시 '적의 유생역량을 소멸하는 것이 군사승리의 제1조건임을 잊어버리고 오직 분산 도주케 함으로써 그들에게 시간적 여유를 허용했으며 다시 부대를 수습하여 반격할 기회를 주었다'고 개탄한 바 있다. 따라서 북한군은 모든 공격전투 시에 한국군의 유생역량을 소멸하기 위한 '포위소멸전투'를 기본적으로 실시하도록 하고 있다.

둘째, 한반도 전역의 동시전장화다. 이는 전후방 구분 없이 남한 전역을 동시 전장화하는 것을 말한다. 북한은 이를 위해 전선의 정규군 공격에 선행하여 다수의 특수부대요원을 남한 전역에 침투 및 전개시켜 일제히 습격과 파괴행동을 실시함으로써 남한 전역을 전장화시키고 혼란을 조성하여 전쟁을 조기에 종결하려 하고 있다.

셋째, 수도권의 조기 석권이다. 이는 '선 군사 점령, 후 정치 협상'의 원리를 내세우는 것이다. 수도란 그 나라의 국민은 물론 대외적으로 정치적·심리적 작용이 매우 강한 곳이다. 따라서 수도가 함락되었다는 것은 그 전쟁에서 승산이 없는 것으로 대부분 인식하게 된다. 북한은 남한의 수도인 서울을 조기에 탈취 또는 고립화시킴으로써 외부의 지원세력을 차단하고 전쟁의 주도권을 장악하려 하고 있다. 또 전쟁이 장기화될 시에는 수도 서울을 불모로 협상에서 유리한 지위를 확보하고자 하고 있다.

넷째, 한반도 전역 조기점령이다. 이는 전쟁을 단기속결전으로 구사하여 남한의 공세이전과 지원군의 주력이 개입하는 것을 차단하겠다는 것이다. 즉, 미 증원군이 한반도에 도착하기 이전에 전쟁을 종결시킨다는 것이다. 이는 북한이 6·25전쟁 시 낙동강까지 진격하고도 연합군의 참전으로 인해 전세가 역전되었던 경험에서 기인한 것이라 할 수 있다.

이와 같이 북한의 군사전략 수행개념은 한국군의 제기불능을 위한 유생역량섬멸과 미증원군이 한반도 도착 이전에 전쟁을 종결시키기 위한 속도전에 그 중점을 두고 있다고 할 수 있다.

4. 북한 군사전략 변천과정

가. 모방기(1945~1953년)

이 시기는 북한이 인민군 창군과 6·25전쟁을 도발하는 단계로 구소련의 군사전략을 그대로 답습하는 시기이다. 즉 소련 군사고문단의 지도 아래 북한이 소련의 군사전략을 그대로 모방하는 시기이다. 따라서 군사체계나 조직도 소련군 제도를 그대로 답습하는 시기이다. 다시 말해 1945년부터 1953년까지는 북한이 공산정권을 수립한 후 소련의 군사고문단 지원 아래 무력남침을 위한 전쟁준비와 남한에 공산화를 실행하기 위해 6·25전쟁을 감행한 시기로 북한은 독자적인 군사전략을 수립할 수 있는 능력이 없었다. 그러므로 소련의 군사전략을 그대로 모방하지 않을 수 없었다.

이러한 사실은 "모든 것은 소련을 통해 배워라"고 한 김일성의 발언에서 단적으로 나타나고 있다. 김일성은 6·25전쟁 때 고도의 기동력과 연속적인 타격으로 한국군을 격멸, 소탕하고 남조선 전역을 해방해야 한다는 전략방침을 내세웠다.

이는 김일성이 구소련군의 기갑 및 기계화 부대에 의한 과감한 전선돌파와 전과확대 작전으로 적의 조직적인 방어지역을 유린한다는 전격전의 방법을 그대로 모방한 데서 나온 전략개념이라 할 수 있다.

하지만 김일성이 모방한 소련의 전략개념은 한반도의 지형적 특성을 고려하지 않은 전략개념으로 결국 6 · 25전쟁에서 전략적 과오를 겪는 경험을 하게 되었다.

한편, 김일성은 6 · 25전쟁 당시 연합군의 참전으로 전세가 역전되어 재생할 수 없을 정도로 큰 타격을 받게 되자 중공군의 지원을 요청하게 되었다. 중공군의 6 · 25전쟁 참여는 결국 또 하나의 전략인 모택동식 군사전략을 북한군이 답습하는 개기가 되었다. 모택동의 군사전략은 인민전쟁을 바탕으로 한 유격전에 기초를 둔 것이 특징으로, 그 개념은 압도적인 우세한 병력으로 사방에서 적을 포위하여 완전섬멸을 이룩하는 것과 적의 병력 섬멸을 제일의 목표로 하되 도시나 지역 확보에 주된 목표를 두지 않는다는 유격전 이론에 입각하여 전투를 진행하는 것이었다. 그러나 연합군의 우세로 인해 모택동의 군사전략은 낙후된 것임이 입증되었지만 모택동의 인민전쟁론은 이후 북한의 군사전략 형성에 큰 영향을 주었다.

나. 형성기(1954~1969년)

이 시기는 북한이 6 · 25전쟁의 교훈을 바탕으로 소련과 중국의 영향에서 벗어나 독자적인 군사전략을 생성하는 시기이다.

1950년 6 · 25전쟁은 김일성이 소련의 지원을 받아 일으킨 전쟁이었다. 따라서 작전개념 역시 소련군 특성에 맞는 전략을 구사하게 되었다.

이러한 작전개념은 결국 실패로 돌아갔고, 따라서 김일성은 한반도 지형의 특성과 북한 군사력의 수준을 고려한 새로운 군사전략 수립의 필요성을 느끼게 되었다.

김일성이 6 · 25전쟁에 대한 전략적 과오를 시인하게 된 것은 1950년

12월 자강도 별오리에서 개최되었던 노동당 제2기 3차 확대전원회의인 소위 '별오리회의'를 통해 제시하게 되었다.(3장 1절 1항 참조) 별오리회 의를 통해 제시 된 6·25전쟁의 전략적 과오는 북한이 독자적인 군사전 략을 수립하는데 많은 영향을 미쳤다.

김일성은 6·25전쟁이 어느 정도 수습이 되자 변화되는 국제정세에 대응하기 위해 1962년 12월 10일 조선로동당 중앙위원회 제4기 5차 전원 회의를 열어 "조성된 정세와 관련하여 국방력을 더욱 강화할 데 대하여" 의 안건을 토의하였다. 여기서 김일성은 "인민의 경제발전에서 일부 제 약을 받더라도 우선 국방력을 강화하여야 한다"고 하면서 '국방에서 자 위' 노선을 천명하였다. 그리고 김일성은 국방에서의 자위원칙은 "주체 사상을 군사 분야에 구현한 것으로서 자체의 힘으로 자기나라를 보위할 데 대한 국방사업의 지도원칙이며, 자위적 국방력이 없이는 나라의 정 치적 자주성과 경제적 자립성도 보장받을 수 없으며 완전한 자주국가에 대하여도 말할 수 없다"[39]고 지적하였다.

그러면서 이를 달성하기 위한 방법으로 전 군의 간부화, 전 인민의 무 장화, 전 국토의 요새화, 장비의 현대화를 강령으로 하는 '4대 군사노 선'[40]을 내세우면서 그 세부 실천사항을 다음과 같이 제시하였다.

우리의 방위력을 불패의 것으로 강화하기 위하여서는 당의 군사로선에 따라 인민군대에서는 전군간부화와 전군현대화 방침을 계속 관철하며 인민

<hr/>

[39] 김일성, 『김일성저작선집』 제6권, 509~510쪽.
[40] '4대 군사노선'은 1978년 공산당 창건 30주년 시 이미 완성한 것으로 보고 있으며, 1992년부터는 북한 사회주의 헌법에도 정식으로 명문화해 놓고 있다. 2005년에는 김정일 지시에 의해 우선순위를 전 군의 간부화, 전 군의 현대화, 전 민의 무장화, 전국의 요새화로 조정하였다. 이는 전 민의 무장화와 전국의 요새화는 이미 목표 가 달성되었다고 보고 간부들의 부대운용 능력 향상을 위한 전 군의 간부화와 현 대화를 치룰 수 있는 장비의 현대화에 치중하기 위한 것으로 보인다.

들은 전민무장화와 전국요새화 방침을 어김없이 집행하여야 하겠습니다. 우리는 인민군대렬을 정치사상적으로, 군사기술적으로 단련하여 모든 장병들이 한등급 이상의 높은 지휘관의 임무를 담당할 수 있도록 함으로써 인민군대의 전투력을 더욱 강화하며 일단 유사시에는 지금 있는 인민군대를 핵심으로 하여 전체 인민이 다 싸울 수 있도록 하여야하겠습니다. 현대전의 요구에 맞게 인민군대를 현대적 무기와 전투기술기재로 튼튼히 무장시키며 군사과학과 군사기술을 빨리 발전시켜야 할 것입니다. 모든 군인들이 자기 무기에 정통하며 현대적 군사과학과 군사기술을 충분히 소유하도록 그들 속에서 전투훈련을 강화하여야 하겠습니다. …(중략)… 전민무장화와 전국요새화는 전체 인민의 확고부동한 정치사상적 통일과 나라의 튼튼한 자립적 경제토대에 기초한 가장 위력한 방위체계입니다. 우리는 로동자, 농민을 비롯한 전체 인민을 튼튼히 무장시켜 한 손에는 망치와 낫을 들고 다른 한 손에는 총을 들고 조국을 보위하면서 사회주의건설에서 긴장한 로력투쟁을 전개하며 일단 유사시에는 생산도 계속할 수 있고 전투도 잘할 수 있도록 하여야 하겠습니다. 이와 함께 나라의 모든 지역에 철벽같은 방위시설을 구축하여 어느때 어디로 적이 쳐들어와도 그것을 일격에 물리칠 수 있도록 전국을 군사요새로 만들어야 하겠습니다.[41]

다시 말해, 전 인민의 무장화는 전 국민에게 군사훈련을 시켜 전원 전투요원화시키는 것을, 전 국토의 요새화는 북한 전 지역을 군사적 요새지대로 만드는 것을, 전 군의 간부화는 차상급 임무를 수행할 수 있도록 간부를 정예화시키는 것을, 장비의 현대화는 인민군대를 현대적 무기와 전투기술 기재로 무장시키는 것을 말한다. 한마디로 그 누구도 범접할 수 없는 강력한 국방력을 갖추라는 것이다. 이에 따라 북한은 독자적인 전쟁수행능력을 갖추기 위한 체제에 돌입하게 되었다.

김일성이 이와 같은 4대 군사노선을 채택하게 된 배경에는 1960년대

41) 김일성, 『김일성저작집』 제21권, 평양: 조선로동당출판사, 1983, 532~533쪽.

'중·소 분쟁'[42]으로 인한 중국과 소련과의 갈등, 1961년 5월 남한에 '5·16 군사혁명'으로 인한 박정희 군사정권의 등장, 1962년 10월 '쿠바사태'[43]로 인한 소련에 대한 불신 등이 작용한 것으로 보인다.

또 다른 한편으로는 주한미군이 철수하거나 자동개입 가능성이 배제될 경우 중국과 소련의 지원 없이도 한반도에서 무력통일을 서슴지 않겠다는 전쟁준비정책이라고도 할 수 있다.

이 시기 북한은 경제계획을 무시하더라도 우선적으로 국방력을 강화해야 한다고 주장하면서 방위산업에 주안점을 둔 중공업 우선정책을 추진하였다. 이리하여 1960년대 북한의 군수사업은 소화기를 자체적으로 개발하는 한편, 박격포, 무반동총, 방사포, 로케트포 등의 생산체제를 갖추게 되었다. 이 결과 북한은 1960년대 전반기에 지상군 연대급 작전이 가능한 병기를, 후반기에는 사단급 작전이 가능한 병기를 자체 생산할 수 있는 능력을 갖추게 되었다.

다. 완성기(1970~2005년)

이 시기는 북한이 우세한 군사력을 이용하여 정치적 목적 달성을 극대화시키는 단계이다.

. . . .

[42] 중·소분쟁의 발단은 1958년부터 시작되는 중국의 제2차 5개년 계획에 적극 후원하겠다던 소련이 실천에 옮기지 않았다는 점, 중국이 타이완 해협 위기를 조성했을 때 소련은 겉으로 중국 측을 옹호하였으나 실질적으로는 전혀 관여하지 않았다는 점, 중국과 인도 사이에 국경분쟁이 일어났을 때 소련이 중립적 입장을 취한다하면서도 내용적으로는 인도를 두둔한 점 등에 대해 중국이 오랫동안 축적된 불만을 표면화함으로써 시작되었다.

[43] 쿠바사태는 1962년 10월 22일부터 11월 2일까지 소련이 핵탄도미사일을 쿠바에 배치하려는 시도를 놓고 미국과 소련이 대치하면서 핵전쟁 발발 직전까지 갔던 국제적 위기상황을 말한다. 전 세계의 긴박감 속에서 미국이 쿠바를 침공하지 않는다는 조건으로 소련이 쿠바에서 미사일을 철거시킴으로써 진정되었다.

북한은 1970년 11월 노동당 제5차 전당대회에서 60년대의 전략 추진 성과와 70년대의 대외정세 평가에 기초하여 남한혁명의 성격을 소위 '인민민주주의 혁명'으로 규정짓고 결정적 시기에 무력남침으로 남한 정부의 전복을 기도하였다. 즉, 김일성은 동 대회에서 4대 군사노선에 의한 전쟁준비 완료를 호언하고 남한 내에서 공산주의를 신봉하는 이른바 '통일 혁명당'이 창당되었다고 위장 선전하면서 남한국민이 반정부 투쟁에 참여할 것을 호소하였다. 김일성의 이러한 전략적 결정은 베트남전을 통해 얻은 교훈이라 할 수 있다.

또 이 시기에 북한은 군사력을 대대적으로 증강하게 되는데, 특히 1980년대에는 기갑 및 기계화부대와 특수전부대를 집중 증강함으로써 속도전과 배합전의 능력을 크게 향상시켰다.

이 시기에 나타난 북한 군사동향으로는 이미 병력의 전진배치를 완료한 상태여서 최소한의 병력 재배치로 선제기습의 공격을 실시함으로써 전쟁발발 초기에 작전주도권을 장악할 수 있도록 하였고, 또 외부 증원군이 한반도에 도착하기 이전에 군사작전을 종결시키려는 속도전의 전쟁수행개념이 형성되었다.

라. 강화기(2006년~현재)

이 시기는 북한이 1차 핵실험을 시작으로 군사력을 강화해 나가는 시기이다. 북한은 1990년대 중반 김일성의 사망, 자연재해로 인한 식량난, 북핵문제, 사회주의국가의 몰락 등으로 인해 총체적인 위기를 맞고 있었다.

이러한 심각한 위기상황은 북한 체제의 존망으로 이어지면서 자신들의 체제수호를 위한 강력한 군사력 건설이 요구되었다. 따라서 북한은 자신들의 체제를 고수하고 외부의 압박에 대항하기 위한 전략무기 개발에 치중하게 되었다.

북한은 지금까지 6번의 핵실험과 수십 회의 장거리 미사일을 시험 발사하면서 국제사회에 자신들의 군사력을 과시하였다. 재래식 전력도 양적 증가를 통해 한층 보강되었다. 이러한 결과 북한은 대남우위의 군사력유지는 물론 미국과의 대결에서도 협상력이 높아졌다고 자평하고 있다.

북한은 2011년 김정일이 갑자기 사망하자 그의 3남인 김정은에게 권력을 승계시켰다. 김정은 역시 권력 승계 이후 아버지 김정일의 유훈통치를 내세우며 핵무력과 경제발전 병진노선을 내세우며 핵무력에 의한 체제유지를 고수하고 있다.

이 시기 북한은 핵과 미사일 보유를 통해 국제사회의 압박에 대항하고 내부 체제결속을 다지는 등 보다 강력한 군사전략을 구사할 수 있게 되었다.

제2절 김일성 군사전략

1. 선제기습전략

'선제기습전략'은 전혀 예상치 못한, 또 예상하더라도 대응시간을 박탈할 수 있는 시기와 장소, 방법을 택하여 상대방을 공격하는 전략으로 시간의 이(利)를 극대화하여 신속·비밀·위계로 행하여지며 최소의 노력으로 최대의 효과를 거두기 위한 것이다. 김일성이 1950년 6월 25일 새벽 4시를 기해 일으켰던 6·25전쟁 역시 대표적인 선제기습전략이라 할 수 있다.

김일성은 기습에 성공하기 위해서는 평상시 완벽한 전투태세를 갖추고 있어야 하고, 또 기습은 상대의 전투력을 완전히 무력화시킬 정도로 강하게 이루어져야 한다고 강조하였다. 이는 시간과 전투력의 집중을 통해 짧은 시간에 상대를 무력화시켜야 한다는 것을 의미한다.

북한은 인민군을 확장하면서 전쟁준비가 한창이던 1949년 6월 30일 돌연히 남북한의 71개 정당 사회단체가 1949년 6월 25일부터 28일 사이 평양에 모여 '조국통일민주주의전선'이라는 조직을 결성하였다고 발표하고는, 여기서 '조국의 평화적 통일방책 선언서'를 채택하였다고 대대적으로 선전하였다.

북한이 발표한 '조국의 평화적 통일방책 선언서'에는 남북조선의 정당, 사회단체 대표들의 협의회를 열고 거기에서 선거지도위원을 구성하며 총선거를 통하여 수립되는 립법기관이 헌법을 채택하고 중앙정부를 조직하도록 할데 대한 구국대책을 제의하였다는 내용을 담고 있다.[44]

그리고 1950년 6월 7일에는 '조국전선중앙위원회'에서 또다시 '평화적 통일정책 추진에 관한 호소문'이라는 것을 발표하였는데, 이는 1949년 6월 30일에 발표한 '조국의 평화적 통일방책 선언서'와 똑같은 내용을 반복하는 것이었다. 이어서 1950년 6월 10일에는 평양방송을 통해 북한에 의해 감금되어 있던 조만식 선생과 노동당 남한 총책인 김삼용·이주하와 맞교환하자고 제의하였고, 같은 달 19일에는 북한 최고인민회의 상임위원회에서 '평화적 조국통일 추진에 관한 결정'이란 것을 채택하여 남한 국회에 제의하였다.

'평화적 조국통일 추진에 관한 결정'문은 ① 남북국회를 연합하여 단일 전 조선 입법기관으로 한다. ② 여기서 공국헌법을 새로이 만들어 정

---

44) 사회과학원 역사연구소, 『조선전사』 제24권, 평양: 과학백과사전출판사, 1981, 552쪽.

부를 수립한다. ③ 이 헌법에 따라 전 조선 입법기관을 새로이 선거한 다. ④ 남북조선의 군대를 단일한 군대로 개편한다는 내용으로 작성되 었다.[45)]

김일성은 '조국의 평화적 통일방책 선언서'(1949년 6월 30일)를 발표한 지 불과 보름만인 1949년 7월 15일 '조국보위후원회'를 구성하도록 지시 하여 온 국민이 전쟁준비에 참여하도록 독려하였다. 또 '평화적 통일정 책 추진에 관한 호소문'(1950년 6월 7일)을 제의한 3일 후에는 북한 인민 군 총참모장 강건은 비밀작전회의를 소집하여 6월 23일까지 전투개시를 할 수 있는 만반의 준비를 갖추라는 지시를 내림과 동시에 인민군 제1 군단과 제2군단을 편성하여 새로운 전쟁지휘체제를 구축하였다. 그리고 1950년 6월 19일 '평화적 조국통일 추진에 관한 결정서'를 북한 최고인민 회의에서 발표하기 하루 전날인 6월 18일 조선인민군 총사령부에서는 '정찰명령 제1호'를 전 전선의 각 사단에 하달하였다.

이 지시에 의거 각 사단은 그들의 남침축선에 대한 정찰을 실시하고 남침을 위한 세부공격계획을 작성하였고, 이어 6월 22일 14시에는 '전투 명령 1호'가 하달되어 본격적인 전쟁준비에 돌입하였다.

이와 같이 김일성은 6·25전쟁 직전 위장평화공세를 내세우면서 남한 정부를 기만하였다.

한편, 각 부대들의 전방이동은 1950년 6월 12일부터 소위 '대기동작전 훈련'이라는 명목으로 전투배치를 위한 부대이동을 시작하여 6월 23일 에는 38선을 중심으로 계획된 위치에 부대배치가 완료되었다. 각 사단 의 이동은 38선에서 멀리 떨어진 부대부터 이동하기 시작하여 단계적으 로 38선 담당 전진축선 정면으로 이동 배치되었다.

- - - - - - - - - - - - -
[45)] 『북한총람』, 공산권문제연구소, 1968, 1929쪽.

【그림 3-3】 6·25전쟁 북한군 전투명령 1호

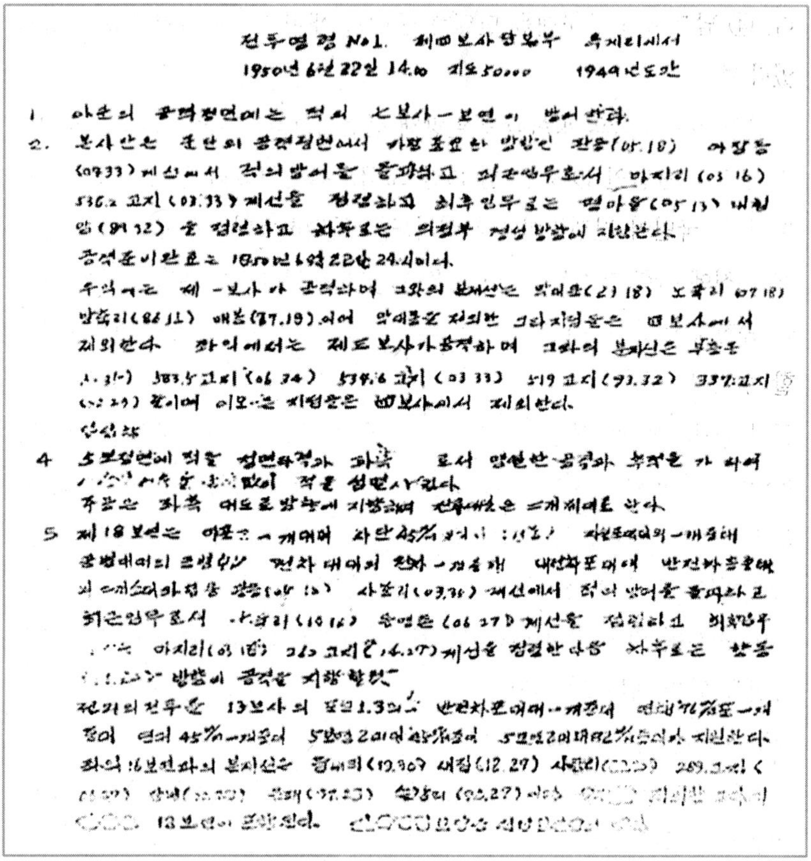

출처: 장준익, 『북한 인민군대사』, 504쪽.

부대별 배치 지역을 살펴보면 ① 6사단 예하의 제14연대와 38경비 제3여단은 6월 23일 사리원에서 웅진반도 38선 지역으로 이동하여 웅진반도 공격준비를, ② 제6사단은 6월 23일 사리원에서 개성 북방으로 이동하여 개성방면 공격 준비를, ③ 제1사단은 6월 23일 남면에서 고랑포 북방으로 이동하여 문산과 파주방면 공격 준비를, ④ 제4사단은 6월 22일 진남포에서 연천으로 이동하여 동두천방면 공격 준비를, ⑤ 제3사단은 6월 23일 평강에서 운천으로 이동하여 포천방향 공격 준비를, ⑥ 제2사단은 6월 10일 열차편으로 함흥을 출발, 6월 13일에 화천에 도착하여 춘천방면 공격 준비를, ⑦ 제12사단은 6월 18일 원산에서 열차와 도보로 이동, 6월 22일 인제에 도착하여 홍천방면 공격 준비를, ⑧ 제5사단은 6월 22일 라남에서 열차편을 이용, 양양에 도착하여 강릉방면 공격 준비를 함으로서 38선 지역에 부대배치를 완료하였다.[46)]

【그림 3-4】 6 · 25전쟁 북한군 부대이동

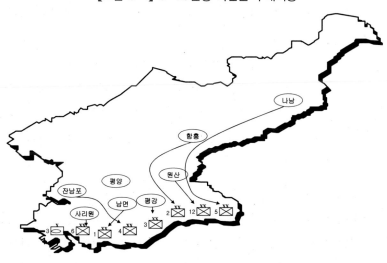

김일성은 전쟁개시를 위한 부대이동을 숨기기 위해 인민군에게 다음과 같이 지시하였다.

46) 장준익, 『북한 인민군대사』, 176~177쪽.

6월 12일부터 실시하는 대기동작전훈련에 참가하는 전부대는 6월 23일까지 계획된 위치로 부대 이동을 완료하여야 한다. 과거 우리 인민군은 사단 단위까지의 훈련을 실시해 왔으나 금번 실시하는 훈련은 우리 인민군의 전 부대가 동시에 참가하는 대기동 훈련인 만큼, 그 어느 때보다 완전성이 요구되는 훈련임을 명심하여 성공적으로 훈련이 종료되도록 최선을 다해 주길 바란다. 훈련 기간은 늦어질지도 모르나 대략 2주일 정도면 종료될 것이므로 누구에게도 누설시켜서는 안 될 것이며 가족이나 부인에게도 발설해서는 안 된다는 것을 강조한다. 그리고 철도성과 긴밀히 협조하여 부대이동에 차질이 없도록 해주기 바란다.[47]

북한은 이때 신속한 교통소통을 위해 1950년 6월 8일부터 일반 주민에 대한 '여행금지령'이 내려졌고, 철도는 군용열차만 운행하는 조치가 취해졌다.

이와 같이 북한은 사전 치밀한 계획에 의해 전쟁준비를 완료하였고, 6월 25일 새벽 4시가 되자 38선 전역에서 포병의 공격준비사격과 함께 일제히 공격을 개시하였다. 하지만 다른 한쪽에서는 위장 평화공세를 취함으로써 남한을 방심하게 만들고 기습을 달성할 수 있는 상황을 조성하였다.

김일성은 전쟁지도의 중요한 원칙으로 전장에서 주도권을 장악하기 위해서는 모든 전투는 불의의 기습을 해야 한다고 강조하였다. 즉 전쟁에서 유리한 여건을 조성하기 위해서는 선제기습을 통해 남한의 전략적 요충지인 한강 이북에 있는 한국군을 완전히 무력화시키고 그 지역을 석권할 때 주도권을 장악할 수 있으며 전쟁을 자신들이 원하는 방향으로 끌고 갈 수 있다는 것이다.

· · · · · · · · · · · · · · ·
47) 전쟁기념 사업회, 『한국전쟁사』 제1권, 서울: 행림출판, 1992, 190쪽.

김일성은 1969년 1월 6일 군당 제4기 4차 전원회의에서 '기습'에 대해 다음과 같이 지시하였다.

제일 중요한 것은 항상 만반의 준비를 갖추고 있다가 남조선 인민들이 요구할 때는 나가야 한다. 내일이라도 남조선 인민들이 원조를 원한다면 응할 수 있게 각오해야 한다. 공군은 남한 주요도시, 미사일 기지, 공장 및 항만들의 주요 목표물을 최초출격으로 무력화하도록 계획해야 한다. 우리는 전쟁발발시 탱크와 자동차가 부산까지 내려갈 수 있는 시간계획까지 수립해야 한다.[48]

다시 말해 전쟁에서 유리한 여건을 조성하기 위해서는 평상시 완벽한 전투태세를 갖추고 있다가 기회가 주어지면 선제기습을 통해 상대의 전략적 요충지를 신속히 무력화시키고 그 지역을 석권해야 하며, 또 기습은 모든 역량을 집중하여 상대의 전투력을 완전히 무력화시킬 정도로 강하게 이루어져야 한다는 것이다.

한편, 육군본부 정보국은 1949년 말 전방 상황을 파악한 결과 '내년 봄 북한이 38선에서 전면적으로 공격해올 것'이라는 종합보고서를 지휘부에 보고 하였고, 38선을 넘어 남한으로 오는 북한 주민들은 북한군이 탱크로 무장한 채 38선 인근으로 이동하고 있다고 수군거렸다. 또 공비토벌 중 생포된 포로들은 '곧 대규모 남침이 있을 것'이라는 정보를 제공했으나 육군본부는 이를 무시했다.

이와 더불어 육군본부는 6·25전쟁 직전인 6월 10일에는 사단장·연대장을 포함한 대대적인 인사가 단행되었고, 6월 13일부터는 상당수 부대가 전후방 주둔지역을 교대하여 부대 지휘관들이 작전지형은 고사하

48) 군당 제4기 4차 전원회의에서 김일성 교시, 1969년 1월 6일.

고 부하들의 신상도 제대로 파악하지 못하는 등 임무수행을 하는 데 있어 상당히 취약한 상황이었다.

상황이 이러함에도 육군본부는 1950년 4월 7일부터 발령된 비상경계 기간 동안 인민군의 특별한 돌발사태를 발견하지 못하자 장기간에 걸친 비상경계는 긴장이 해이될 우려와 장병들의 사기가 저하될 수 있다며 6월 23일 24:00시를 기하여 비상경계령을 해제하였다.

각 부대는 비상경계 해제에 따라 그동안 실시가 중지되었던 장병들의 정기휴가와 농번기휴가, 그리고 외출, 외박이 지휘관 재량에 의하여 6월 24일(토요일)부터 일제히 허가되었다. 이로 인하여 6월 24일 대부분의 부대는 총 1/3 이상의 병력이 휴가와 외박으로 비어 있었다.

그러나 춘천의 제7연대의 경우에는 38선에서 관측한 적정이나 귀순자의 진술에 따라 국부적 공세가 있을 것으로 예견하여 일부 장병을 제외하고는 모두 영내에 대기시켰고, 옹진반도의 제17연대도 적정의 이상 징후를 파악하고 휴가와 외출, 외박을 허가하지 않았다. 또 육군본부 정보국에서는 최근 전방에서 보고된 관측 및 첩보사항 등을 종합 검토한 결과 북한군이 전면 공격할 시기가 임박했다고 결론을 내리고 비상경계 령을 재 발령해 주기를 건의하였으나 참모총장은 비상경계령을 해제한 지 24시간도 채 지나지 않았다는 이유로 이를 거절했다.[49]

이러한 상황에서도 육군본부에서는 6월 24일 육군본부 장교구락부 준공기념 파티가 국방부 및 육군본부의 군 수뇌부를 비롯하여 서울 인근 주요 지휘관 및 참모와 미 고문관들이 참석한 가운데 진행되었다.

한국군 지휘부의 이와 같은 안이한 행동은 결국 북한에게 기습공격을 허용하였고, 개전 3일 만에 수도 서울이 적의 수중에 들어가는 결과를

. . . .

49) 장준익, 『북한 인민군대사』, 222~224쪽.

가져왔다.

김일성이 선제기습전략을 선택한 이유는 첫째, 북한은 전쟁수행 개념 자체가 사회주의국가의 군사전략 개념인 공세전략을 취하고 있기 때문 이다. 다시말해 소련이나 중국의 군사전략 개념이 공세전략 개념을 추구하고 있고, 바로 여기에서 군사적 경험을 쌓은 김일성으로서는 이러한 전략을 구사하는 데 어려움이 없었다는 것이다. 이러한 사실은 6 · 25전쟁 직전 김일성과 스탈린의 대화에서도 잘 나타나 있다.

김일성 : 모택동 동지는 항상 조선 전체를 해방하는 우리의 희망을 지지 하였습니다. 모택동 동지는 중국 혁명만 완성되면 우리를 돕고, 필요할 경우 병력도 지원하겠다는 말을 여러 차례 하였습니다. 하지만 우리는 자신의 힘으로 조선 통일을 이루겠습니다. 우리는 해낼 수 있다고 믿습니다.

스탈린 : 완벽한 전쟁 준비가 필수입니다. 무엇보다도 군사력의 준비 태세를 잘 갖추어야 합니다. 엘리트 공격 사단을 창설하고 추가 부대 창설을 서두르시오. 사단의 무기 보유를 늘리고 이동 전투 수단을 기계화해야 합니다. 이와 관련된 귀하의 요청을 모두 들어 주겠습니다. 그런 연후에 상세한 공격계획이 수립되어야 합니다. 기본적으로 공격은 3단계로 작성하시오.

　1) 38도선 가까이 특정 지역으로 병력 집결

　2) 북조선 당국이 평화통일에 관해 계속 새로운 제의를 내놓을 것

　3) 상대가 평화 제의를 거부한 뒤 기습 공격을 가할 것

웅진반도를 점령하겠다는 귀하의 생각에 동의합니다. 공격을 개시한 측의 의도를 위장하는 데 도움이 된다고 생각합니다. 북측의 선제공격과 남측의 대응 공격이 있은 뒤 전선을 확대할 기회가 생길 것이오. 전쟁은 기습적이고 신속해야 합니다. 남조선과 미국이 정신을 차릴 틈을 주어서는 안 됩니다. 강력한 저항과 국제적 지원이 동원될 시간을 주지 말아야 합니다.[50]

----

50) 소련공산당 중앙위원회 국제국 작성 옛 소련 문서, 러시아 대통령궁 문서 보관소, 한국전 문서 요약(1949.1~1953.8).

둘째, 한반도 지형 자체가 기습달성에 용이하기 때문이다. 한반도 지형은 산악위주로 형성되어 있고 그 폭이 협소하며 종심 또한 휴전선에서 남해안까지는 약 500km 정도로 비교적 짧은 종심을 가지고 있다. 이러한 지형적 구조는 자신들의 행동이 쉽게 노출되지 않을 뿐 아니라 기습공격이 성공시 전쟁을 조기에 종결지을 수 있기 때문이다.

셋째, 경제력이나 인구규모 면에서 북한은 남한에 비해 열세함으로 인해 장기전 시 전쟁물자 조달과 병력보충에 제한을 받기 때문이다. 따라서 기습을 이용하여 일시에 남한을 마비상태로 몰아넣어 무력화하는 것이 더 유리하다고 판단했다.

넷째, 사전 예고된 전쟁도발 시에는 우리의 사전대비로 인해 공격의 효과가 감소될 뿐만 아니라 남한이 선제타격 시 자신들의 목적 달성이 어렵다고 판단했기 때문이다.

북한은 선제기습전 수행을 위해 대부분의 군사력을 전방지역에 추진 배치시켜 놓고 있고, 부대구조 또한 기습전 수행에 유리한 기동 위주로 편성되어 있다. 특히 평양~원산 이남에 북한군 지상 전력의 약 70%가 집중 배치되어 있다는 것은 기회가 포착되면 부대의 재배치 없이 현 위치에서 곧바로 기습공격을 실시하기 위한 의도라고 볼 수 있다.

2. 배합전략

'배합전략'이란 하나의 전투에 두 가지 이상의 작전형태를 혼합하여 전투를 진행하는 것을 말한다. 배합전은 모택동의 유격전사상을 바탕으로 베트남전의 교훈과 한반도의 지형적 특성을 고려하여 김일성이 만든 소위 '주체전법'이라 할 수 있다. 이러한 배합전은 대규모의 정규전과 유격전의 배합, 또는 대부대와 소부대의 배합을 통해 상대를 도처에서 공격함으로써 전후방이 따로 없는 전쟁터를 만들어 상대를 혼란에 빠뜨리게 한다는 것이 그 핵심이다.

김일성은 중국공산당에 가입하여 항일활동을 하면서 유격대원 또는 단위대장을 하면서 유격활동을 하였기 때문에 현대적 의미의 전략이나 체계적인 군사지식을 가졌다고 볼 수는 없다. 또 규모면에 있어서도 아주 작은 전투였기 때문에 전략에 대한 독자적인 개념은 정립하지 못했을 것으로 보인다. 이렇게 볼 때 항일전 시기의 전술은 기본적으로 유격·매복전술이었으며 이러한 전술 개념은 지금의 북한군 전술 중 비정규전의 기본이 되고 있다.

김일성은 1970년 5차 당 대회를 통해 배합전의 중요성을 다음과 같이 강조하였다.

> 우리 나라는 산과 강, 하천이 많고 해안선이 긴 나라입니다. 우리 나라의 이와 같은 지형조건을 잘 리용하여 산악전과 야간전투를 잘하고 대부대작전과 소부대작전, 정규전과 유격전을 옳게 배합하면 비록 최신군사기술로 발톱까지 무장한 적이라 하더라도 얼마든지 격멸할 수 있는 것입니다.[51]

김일성의 이와 같은 지시는 자신이 직접 경험한 중국에서의 빨치산 활동과 6·25전쟁의 교훈을 통해 나온 것으로 보인다.

최현은 1972년 4월 17일 로동신문을 통해 "수령께서는 대부대작전, 소부대작전을 면밀히 결합하여 유격전쟁 경험과 현대적 군사기술을 배합하고, 유격전법과 현대전법을 결합하여 유격대의 적극적인 활동을 배합하고, 전 인민적 항쟁을 조직·전술적으로 압도할 수 있는 탁월한 방침

* * * * * * * * * * * *

51) 노동당 제5차대회에서 한 중앙위원회 사업총화 김일성 보고, 「전 인민적·전 국가적 방위체계의 수립」, 1970년 11월 2일.

들을 창조하였다"고 하였다. 또 그는 김일성이 항일무장투쟁에서 성공적으로 활동할 수 있었던 것은 "적의 약점을 이용하여 정면타격과 배후교란작전, 기습전과 매복전, 유인전과 추격전 등을 훌륭히 배합하심으로써 적을 끊임없이 불안과 공포 속에 몰아넣을 수 있었기 때문이었다"고 주장하면서 배합전의 뿌리를 김일성의 만주항일활동에서 찾고 있다.

북한은 이와 같이 배합전의 효시를 김일성이 항일활동을 통해 창조된 전법이라고 강조하면서 그 의미를 미화시키고 있다. 그러나 사실은 만주에서 빨치산 활동을 하면서 중국 모택동의 인민전쟁론의 영향을 받은 것이라 할 수 있다.

김일성이 배합전략을 선택한 이유는 첫째, 배합전은 원래 공산주의의 전형적인 전쟁수행 개념이며 김일성이 항일유격전에서 터득한 하나의 전법이기 때문이다.

둘째, 국지전 양상(베트남전)을 고려해 볼 때 정규전부대와 비정규전부대의 배합은 상호 미비점을 보완해 줄 수 있어 작전진행 속도를 훨씬 가속화시킬 수 있기 때문이다.

셋째, 한반도는 지형의 약 70%가 산악으로 형성되어 있어 유격전을 전개하기에 유리하도록 되어 있고, 또 후방지역에 특수전부대를 침투시켜 활동 시 후방 불안과 민심을 동요시켜 자신들에게 유리한 전쟁국면을 조성할 수 있기 때문이다.

배합전은 정규전부대에 의한 전선공격도 중요하지만 적 후방에서 유격전을 전개함으로써 남한 사회를 혼란에 빠뜨릴 수 있다. 또 군중폭동을 선동하는 정치공작사업을 전개함으로써 주민을 그들의 혁명대열에 몰아넣을 수 있다. 따라서 북한은 군중의 정치적 동원은 전쟁승리의 요결이라고 하면서 유격대의 활동과 전인민적 항쟁을 배합할 것을 강조하고 있다.

북한은 배합전을 수행하기 위해 세계에서 가장 많은 특수전부대를 보

유하고 있고, 또 특수전부대를 이동시킬 수 있는 다양한 이동수단도 보
유하고 있다.

북한이 구사할 수 있는 배합전의 유형으로는 정규전부대와 유격전부
대의 배합, 대부대와 소부대의 배합, 군종 간의 배합(육·해·공군), 병
종 간의 배합(병과 간), 인민무력과의 배합(군과 민간자원) 등이 있다.

3. 속전속결전략

'속전속결전략'은 전통적인 군사전략이론에서 강조되어 왔던 것으로,
우세한 병력을 집중적으로 운용하여 상대방의 주력부대를 각개 격파함
으로써 전쟁에서 짧은 시간 내에 승리를 쟁취하자는 것으로 기동력을
필요로 하는 전략이다.

김일성은 제2차 세계대전 시 독·소전에서 소련이 국부 제공권 장악
하에 기갑 및 기계화 부대에 의한 과감한 전선돌파를 통한 신속한 공격
진행으로 전과를 확대시키는 것을 보고 속도전에 대한 중요성을 실감하
게 되었다.

6·25전쟁 당시 인민군 최고사령관인 김일성은 속전속결에 대해 다음
과 같은 전략방침을 하달하였다.

> 미 제국주의자들의 대병력이 동원되기 전에 리승만 군대와 이미 우리 강
> 토에 침습한 미군을 단시일 내에 소탕하고 인민군대가 부산, 마산, 목포, 려
> 수, 남해 계선까지 진출하여 우리 조국 강토를 완전히 해방하며 인민군대를
> 전 조선땅에 기동성있게 배치함으로써 미 제국주의자들의 증원부대가 상륙
> 하지 못하도록 하는데 있다.[52]

* * * * * * * * * * * * * *

[52] 사회과학원 역사연구소, 『조선전사』 제25권, 평양: 과학백과사전출판사, 1981, 85쪽.

김일성의 이러한 전략방침은 한국군이 대규모로 동원되기 이전에 한국군을 완전히 섬멸하고 신속히 한반도를 석권함으로써 미 증원부대가 한반도에 도착하기 이전에 전쟁을 종결해야 한다는 것이다.

또 북한군 총참모장을 지낸 김철만은 1976년 『근로자』를 통해 속전속결에 대해 다음과 같이 주장하였다.

> 일단 전쟁이 시작되면 오랜 기간에 걸쳐 진행되는 것은 현대전쟁의 중요한 특성의 하나로 되고 있다. …(중략)… 현대전쟁은 장기성을 띠지만 그 수행방법, 매작전과 전투들은 속전속결을 요구한다. 현대전이 장기전이라고 하여 전쟁을 질질 끌어야 한다는 것을 의미하는 것은 아니다. 현대전쟁은 총체적으로 장기전이지만 전쟁을 수행하는 매작전과 전투들은 속전속결을 특징으로 한다. 그것은 현대전이 위력적인 타격수단들과 기동성이 빠른 기동기재들에 의하여 진행되는 것과 관련된다. 교전쌍방은 현대전쟁이 이러한 가능성을 이용하여 전쟁을 속전속결하려고 한다.[53]

다시 말해 현대전은 총체적으로 장기전을 바탕에 두고 전쟁준비를 해야 하지만 그 속에서 진행되는 전투 하나 하나는 장기전을 띠어서는 안 되며 짧은 시간에 종결짓는 전투로 진행되어야 한다는 것이다. 즉, 전쟁의 속전속결이 아니라 전투의 속전속결을 강조하고 있는 것이다.

속전속결전략에 관해 귀순자들은 다음과 같이 증언하고 있다. 1996년 5월 MIG-19기를 몰고 서해 덕적도 상공을 경유하여 수원비행장으로 귀순한 북한군 공군 출신인 이철수 상위(대위)는 북한은 24시간 안에 서울을 점령하고 7일 안에 부산까지를 석권하는 '7일 전쟁' 계획을 세워놓고 있다고 증언한 바 있다. 또 1983년 5월 북한군 제13사단 민경수색대대

53) 「현대전의 특성과 그 승리의 요인」, 『근로자』 1976년 8월호, 1976.

참모장으로 근무하다가 동부전선지역을 통해 귀순한 인민군 상위 출신
인 신중철은 북한이 '5~7일 전쟁'을 계획하고 있다고 증언한 바 있다.
이러한 증언들은 북한의 전쟁수행 방식이 속전속결에 있음을 증명하고
있는 것이라 할 수 있다.

김일성이 속전속결전략을 선택한 이유는 첫째, 김일성이 6·25전쟁에
서 이미 경험했듯이 미 증원군이 한반도에 도착하기 이전에 전쟁을 종결
하지 못한다면 자신들의 전쟁목적 달성이 어렵다고 판단했기 때문이다.

둘째, 단기간에 전쟁을 종결하지 못한다면 국제사회의 비난여론과 함
께 연합군의 군사적 제재에 봉착할 가능성이 크기 때문이다.

셋째, 장기전으로 가는 경우 국력 면에서 열세한 북한으로서는 전쟁
물자 조달에 한계가 따르는 등 전쟁수행 능력이 현저히 약화될 수 있기
때문이다.

속전속결전략은 우리나라와 같이 짧은 종심을 가지고 있는 지형적 특
성과 국지전의 양상(단기 속결전), 그리고 북한의 경제사정 등을 고려해
볼 때 북한의 핵심 전략이라 할 수 있다.

북한은 속전속결전략을 구사하기 위해 1980년대부터 기갑 및 기계화
부대를 집중 증강시켜 왔으며 부대구조 또한 속도전 수행에 유리한 기
동 위주로 편성해 놓았다.

북한은 기동화 된 기갑 및 기계화 부대가 주요 도로를 이용하여 한반
도에서 속도전을 전개한다면 수일이면 남한 전체를 석권하고 미 증원군
이 한반도에 개입하는 것을 차단할 수 있을 것이라고 판단하고 있다.

제3절 김일성 군사전략 평가

1. 공세적 전략 추구

김일성의 전쟁관은 마르크스－레닌주의 전쟁관을 그대로 신봉하면서 여기에 스탈린의 병학사상과 모택동의 군사사상을 추가한 것이 특징이라 할 수 있다. 즉 혁명전쟁론을 받들고 계급 투쟁, 해방 투쟁을 무력으로 수행하려는 전쟁관을 그대로 답습하고 있다.

김일성은 이러한 군사사상을 바탕으로 여기에 구소련과 중국에서의 군사적 경험과 6 · 25전쟁의 경험, 한반도의 지형적 특성, 남한의 적화통일, 미국에 대한 대항, 그리고 6 · 25전쟁 이후 나타난 국지전의 양상 등을 토대로 공세적 전략을 수립하게 되었다.

김일성의 군사전략은 한반도에 미 증원전력이 도착하기 이전에 전쟁을 종결하도록 하는 공세적 속도전에 중점을 두고 있다고 할 수 있다. 특히 양적으로 우세한 재래식 전력을 이용하여 남한지역을 기습 공격함으로써 전쟁의 주도권을 장악하고, 외부의 증원 병력이 한반도에 도착하기 이전에 전쟁을 종결하는 속전속결전략이 그 핵심이라 할 수 있다.

2. 현대전 수행 제한

김일성의 군사전략은 기존의 재래식 전력에만 의존한 전쟁수행 방식으로 현대전의 양상을 반영하지 못하는 한계를 가지고 있다. 최근 국지전은 과거 기동장비의 제한에 따른 장기전, 전투물자 조달의 소모전, 특정지역 차지를 위한 지상전 위주의 개념에서 탈피하여 지상 · 해상 · 공중전에 우주전과 사이버전에 의한 입체적인 전쟁으로 변화되어 가고 있다.

또 과학기술의 발달로 인한 무기체계의 변화는 목표의 파괴성과 장거리 정밀타격 능력을 획기적으로 증대시킴으로써 전장양상을 단기집중 정밀타격전으로 변화시키고 있다. 즉 과거의 전쟁방식이 상대의 지역 확보에 중점을 두고 진행되었다면, 현대전은 무기체계의 발달과 전쟁수행기법의 변화로 인해 전 전장동시전장화와 통합전투력 발휘에 중점을 둔 전투 진행 방식으로 과거와는 많은 차이를 보여주고 있다는 것이다.

김일성의 군사전략인 선제기습전략, 배합전략, 속전속결전략은 북한 만이 가지고 있는 독특한 전략이라기보다는 군대를 가기고 있는 나라라면 누구나 공통적으로 적용할 수 있는 하나의 전쟁원칙에 속할 수 있는 내용이라 할 수 있다. 즉, 김일성의 전쟁관, 정치적 이념, 한반도의 지형적 특징과 지정학적 위치, 북한의 무기체계 등을 반영하지 못한 한계를 가지고 있는 것이다. 특히 현대전의 양상과 북한의 무기체계 등을 고려해 본다면 현실성이 많이 떨어지는 전략개념이라 할 수 있다.

따라서 김정일 · 김정은은 자신들의 체제위협세력에 대항하고 자신의 정권을 유지하기 위해서는 현대전의 양상에 부합된 새로운 전략구상을 하지 않으면 안 되었다.

제4장 선군정치와 북한 국방정책

제1절 선군의 등장과 시원

1. 선군의 등장 배경

가. 국가사회주의의 붕괴

김정일이 선군정치를 주창하게 된 가장 근본적인 배경은 1980년대 후반부터 일기 시작한 국가사회주의 붕괴에 따른 체제불안에 있었다. 국가사회주의는 1917년 러시아혁명에 의해 역사상 처음 사회주의국가인 소비에트사회주의연방공화국(USSR)의 창설을 시작으로, 제2차 세계대전이 끝나자 소련의 강력한 영향력 아래 동유럽과 아시아 등에 등장하였다. 그러나 이러한 사회주의국가는 미·소 양극 체제의 전환과 국가이익의 이데올로기 중심에서 경제 중심으로 전환되면서 자본주의와의 한계를 드러내기 시작하였다. 결국 1989년 폴란드의 붕괴를 시작으로 사회주의국가의 중심이었던 소연방이 1991년 8월 공식 해체되면서 국가사

회주의가 위기를 맞이하게 되었다.[1]

1) 폴란드

폴란드는 1976년 창립된 노동자위원회로 불리는 '솔리다리노스'[2]를 탄압하면서 정치개혁이 시작되었다. 1984년에 솔리다리노스에 가까웠던 신부 포피엘루츠코(Popieluszko)가 비밀경찰에 의해 살해되고 솔리다리노스의 지도자들이 체포되자 시민들의 반정부 시위는 더욱 확산되어졌고 1988년에는 사태가 급변하기 시작했다.

1988년 8월 새로운 광범위한 파업의 물결이 전국을 휩쓸고 나라의 전반적인 위기가 대단히 강력하게 감지되자 폴란드 정부는 1989년 2월 6일 '원탁회의'를 시작으로 문제해결에 나섰다.

원탁회의 결과 폴란드 정부는 1989년 4월 5일 정치적 · 경제적 · 사회적 개혁에 서명하고 총선을 하기로 합의하였다. 총선은 1989년 6월 4일과 6월 18일 양일에 걸쳐 실시되었고, 결과는 '시민위원회'가 100개의 Senat(상원)의석 중에서 99개 의석을 차지함으로써 승리하였다.

여기에 폴란드 경제는 두 차례의 공산당 주도 개혁에도 불구하고 만신창이가 되어 있었고, 대부분의 산업은 파업으로 마비되었다. 이러한 경제 불안은 식품부족과 물가상승을 유발하였고 이로 인한 사회적 불안은 가중되었다.

결국 폴란드는 자유경쟁선거에서 공산주의자들이 의회 의석장악에

---

[1] 제2차 세계대전 후 사회주의국가로 등장한 나라는 동유럽에 동독 · 폴란드 · 체코슬로바키아 · 루마니아 · 불가리아 · 헝가리 · 알바니아 · 유고슬라비아 등 8개국, 아시아에서는 중국 · 몽골 · 베트남 · 북한 등 4개국이며, 라틴아메리카에서는 쿠바가 사회주의국가를 표명하였다. 현재 남아있는 사회주의국가로는 베트남 · 북한 · 중국 · 쿠바 등 4개국이다.
[2] 1980년 10월 24일에 창립된 폴란드 노동조합연맹.

실패하면서 사회주의 체제를 포기하고 변혁의 길을 걷기 시작했다.

2) 체코

체코에서 시민들에게 결정적 저항정신을 불러일으킨 것은 1977년 1월 창설된 '헌장 77'[3])이었다. '헌장 77'은 인권운동을 위한 최초의 자발적 시민운동단체로서 체코 정부에 여러 차례 건설적 대화를 제안하였다. 그러나 체코 정부는 처음부터 반국가적 단체로 간주하고 그 회원과 동조자들에 대해 극심한 탄압을 가하였다.

'헌장 77'은 자신들의 입장과 활동을 표현하는 잡지도 발행하였고, 사회문제들에 대해 400여 건의 성명도 발표하는 등 부당하게 박해받는 시민을 방호하기 위해 적극적인 시민운동을 전개하였다. 여기에 시민단체(부당하게 박해받은 자의 방어를 위한 위원회, 민주주의 이니셔티브, 독립적인 평화공동체, 헝가리 소수민족의 권리를 방어하기 위한 위원)의 활동이 가세하면서 급속도로 변화가 일기 시작했다.

체코의 대중저항운동은 프라하의 대학생들로부터 출발하여 1989년 11월 17일 저항세력이 하나로 결집하면서 절정에 달하게 되었다. 이날 독일점령세력에 의해 체코슬로바키아 대학들이 폐쇄되고 9명의 프라하 대학생이 처형된 지 50주년을 맞아 대학생들에 의해 거행된 기념제가 전환의 도화선이 되었다. 기념제는 즉각 체제에 대한 정치적 시위로 확대되었고, 경찰의 잔혹성은 사태를 더욱 악화시켰다.

결국 1989년 12월 10일 국무총리 칼파(Marian Calfa)하의 새로운 연정이 대통령 후시크(Gustav Husa'k)에 의해 선서되면서 대통령 후시크가

---

3) '헌장 77'은 유럽안보협력회의(KSZE) 헬싱키 회의와 관련하여 257명의 지식인들이 인권과 시민권의 보호를 요구하는 '헌장 77'이란 선언문을 발표한 데서 연유한다. 인권운동을 위한 최초의 자발적 시민운동단체로서 형성된 조직이다.

물러나고, 개혁연방의회는 하벨을 후계자로 선정함으로써 1993년 1월 1일 공산주의의 막을 내리고 독립을 선언하게 되었다.

3) 헝가리

헝가리는 1980년대 초 평화운동으로부터 생태운동에 이르기까지 일련의 새로운 사회단체들이 등장하였고, 80년대 후반에는 정치적으로 지향된 사회운동의 스펙트럼이 특징으로 나타났다.

헝가리의 민주적 변혁에는 대학생들이 하나의 중요한 역할을 수행하였다. 학생저항운동은 1988년 가을, 학생들이 정치활동에 참여하면서 만연되었다. 하지만 헝가리의 민주화를 가장 심각하게 위협했던 것은 정치적인 위협이 아닌 경제난국이었다.

당시 헝가리 정부통계에 따르면 1988년 중반 인플레이션율은 연 17%였고, 1989년 1/4분기 중 식품가격은 전년 동기 대비 13.3%, 의류는 19.4%, 서비스요금은 13.9% 상승했다.

이와 같은 심각한 경제적 위기는 헝가리사회주의노동자당으로 하여금 공산당의 권력독점 철폐와 시장관계의 일관된 정책을 추진할 것을 요구하였고, 이러한 요구는 헝가리의 민주화 과정을 엄청나게 가속화시켰다.

헝가리는 1989년 12월 17일 임시 당대회에서 스스로를 '헝가리사회주의당'이라고 칭하기로 결정하고 민주적 법국가와 사회적 시장경제를 지지함으로써 역사상 처음으로 공산당이 스스로 해체하는 과정을 겪었다.

4) 동독

동독은 1989년 9월부터 헝가리 국경 개방정책으로 인한 동독인의 대탈출 사건을 시작으로 시민저항운동이 합세하면서 본격화되기 시작했다. 헝가리를 경유한 대량탈출 사건으로 1989년 10월 1일 2만 4천5백여 명이 동독을 떠났고, 1989년 10월 4일까지 프라하의 서독대사관에 동독 시민 7천6백여 명이 몰려들었다. 그리고 바르샤바로부터도 약 8천여 명이 동독 철도의 특별열차편으로 동독지역을 지나 서독으로 들어갔다.

시민저항운동은 1989년 10월 9일에 라이프치하에서 7만 명이, 10월 16일에는 12만 명이 민주개혁을 외치며 시위하였다. 그들의 구호 "우리가 국민이다(Wir sind das Volk!)"는 전 세계에 알려졌다. 이들의 대탈출은 동독인들에게 순식간에 확산되었고 수만 명의 시민들은 사회주의의 민주적 개혁을 요구하며 시위를 계속하였다. 그러나 체제안전세력은 엄청난 수의 대중을 고려하여 공격하지 않았고, 동독 내각회의는 사태의 압력에 의해 일반적인 '여행자유' 실시를 결정하였다. 여행자유결정이 공포된 후, 수십만 명이 그날 밤에, 그리고 그 다음날에 서독이나 서베를린으로 쇄도하였다.

결국 1989년 11월 9일 28년 동안 동서독을 가로막고 있던 베를린 장벽이 무너지면서 동독은 사회주의국가 체제의 막을 내리고 서독으로의 흡수통일에 합의하였다.

동독의 몰락원인은 동독이 다른 동구국가들과는 달리 주민들이 지배체계에 대한 거부의 표시로 대량으로 국외탈출을 실시함으로써 독일혁명의 원동력이 되었기 때문이다. 그리고 지도부가 마지막까지 개혁을 거부하고 체제유지를 도모함으로써 오히려 변동에 대한 통제력을 상실하고 말았다. 또 저항세력도 다른 동구국가들에 비해 극히 늦게 형성되었고, 동독의 지식인들은 다른 동구국가들의 지식인과는 달리 정치권력과 밀접하게 결합되어 변화를 받아들이지 않았기 때문이다.

5) 소련

소련은 고르바초프가 집권한 이후 '페레스트로이카'[4]를 도입하면서 혁명적인 변화를 경험하게 되었다. 고르바초프는 처음 개혁을 경제부문으로 한정하였다. 그러나 점차 정치 분야로 확대, 공개주의와 민주화의 기치하에 정치쇄신을 시도하였고, 이 과정에서 공산당의 지도적 역할을 폐지하고 자유선거의 실시와 서방식 대통령제를 도입하고자 하였다. 즉, 고르바초프는 사회주의 체제의 잘못된 점을 고쳐 이를 개선하려는 '체제 내 개혁(within-system reform)'을 시도하고자 하였다. 그러나 개혁에 반대하는 소수세력의 저항은 완강했고, 경제는 1970년대부터 성장이 둔화되기 시작해 1990년부터는 마이너스 성장으로 돌입하게 되었다.

〈표 4-1〉 소련 생산국민소득 지표

(단위: %)

연 도	'71~'75	'76~'80	'81~'85	'86~'89	'90	'91
생산 국민소득	5.7	4.3	3.2	2.7	-4.0	-15.7

출처: 정한구, 「고르바초프의 개혁과 소련의 붕괴」, 『소련공산당의 몰락』, 서울: 평민사, 1992, 170쪽.

여기에 소련 제국의 변두리를 구성하던 민족공화국들은 독립을 주장하기 시작했다. 이를 배경으로 보수세력이 1991년 쿠테다를 시도하였으나 실패로 끝남으로써 소연방은 70여 년을 일기로 막을 내리게 되었다. 고르바초프는 1991년 8월 24일 공산당 서기장을 사임하는 동시에 당의 해체를 공식선언하였다.

• • • • • • • • • • • • • • • •

[4] '페레스트로이카'는 1987년 6월 소비에트 연방의 지도자인 미하일 고르바초프가 주창한 경제개혁 정책의 이름이자 슬로건이다. 소련은 페레스트로이카 주창 이후 대외적으로는 적극적인 공존외교가 추진되었고, 대내적으로는 경제개혁과 개방이 추진되었다.

고르바초프는 소위 '위로부터의 개혁'을 시도하였으나 시민단체의 육성을 통해 지지를 창출하고 제도화하여 나아가는 데는 실패했다. 결국 소련의 붕괴는 체제 내 분열, 즉 지배 엘리트의 내부분열로 인한 자폭에 따른 것이라 할 수 있다.

6) 중국

중국은 경제사정 악화로 모택동 사망(1976년 9월 9일) 이후 '문화혁명'을 주도한 4인방(강청, 왕홍문, 장춘교, 요문원)이 축출되고 등소평을 중심으로 하는 실용주의적 지도층이 등장하면서 정치적 변화와 결합하여 위로부터 개혁이 추진되었다. 중국도 소련과 같이 체제 내 개혁을 통해 개혁·개방의 길을 걷기 시작했다.

등소평은 1984년 10월 공산당 제12기 3중전회를 통해 도시를 중심으로 하는 전반적인 개혁 방향을 제시하였다. 이후 높은 인플레이션과 천안문 사태[5] 수습 등에 따른 조정기를 거친 후 등소평은 1992년 1월 '남방담화'[6]를 계기로 같은 해 10월 제14차 공산당대회에서 경제체제 개혁을 목표로 '사회주의 시장경제'를 표방하면서 본격적인 개혁·개방의 길로 들어섰다.

. . . .

[5] 1989년 6월 4일 미명에 민주화를 요구하며 베이징의 천안문 광장에서 연좌시위를 벌이던 학생, 노동자, 시민들에 대해 중국 정부가 계엄군을 동원하여 탱크와 장갑차로 해산시키면서 많은 사상자를 낸 사건을 말한다. 이 사건 이후 중국 지도부는 반혁명분자에 대한 숙청, 개인숭배 조장, 인민들에 대한 각종 학습 등 체제굳히기와 함께 개방정책 고수를 천명하였다.

[6] '남방담화'는 1990년 초 개혁방향과 개방의 지속 여부가 심각한 상황하에서 등소평이 1992년 1월 18일부터 2월 21일까지 남부 개방도시(무한, 심천, 주해, 상해)를 시찰하면서 시장경제 도입에 대한 확고한 의지를 밝힌 것으로 중국의 개혁·개방 정책을 활성화시키는 계기가 되었다. 이때 등소평은 "개혁·개방 없이는 죽음에 이르며 그 길을 걷지 않는 자는 사퇴해야 한다"고 말할 정도로 개혁·개방에 대한 강한 의지를 표명했다.

7) 국가사회주의의 붕괴 원인

동구의 변혁과정에서 결정적인 내적요인은 경제적 곤란, 사회적 동원, 그리고 이데올로기 내지 정치체계와 현실과 정치문화 사이의 간극이었다. 이 원인들이 변혁과정을 일으켰고, 이 변혁과정은 부분적으로는 '위로부터의 개혁' 요소에 의해 가속화되었다.

국가사회주의는 다양한 사회적·경제적·문화적 이해들의 조직화된 다원주의를 알지 못했다. 이러한 반다원주의는 경제적·정치적·정신적 영역에서 공히 '시민사회'의 힘을 마비시키는 효과를 가져옴으로써 사회주의 자체를 파괴시키는 작용을 하였다.

국가사회주의가 붕괴될 수밖에 없었던 구조적 원인을 살펴보면[7] 첫째, 경제질서는 중앙계획으로부터 일탈한 자발적인 경제활동을 일체 허락하지 않았다. 사람들은 중앙주의적 계획경제로부터 희소자원의 이성적 분배를 기대하였고, 발전목표를 위해 그것을 적절하게 집중적으로 이용할 것을 기대하였다. 그러나 일체의 경제적 자유와 자발성의 제한은 무엇보다도 '조직화된 무책임'을 사회주의 계획경제의 본질적 특징으로 형성함으로써 그 반대의 결과, 즉 낭비와 일반적인 무책임성, 그리고 수익성에 대한 경멸을 가져왔다.

둘째, 당·국가의 획일적 정치체계는 이렇게 구조화된 사회·경제적 체계를 자발적 혹은 조직적인 도발로부터 보호하는 사명을 가졌다. 그리하여 정치체계는 복고세력의 등장 방지를 목표로 하였을 뿐만 아니라, 사회의 자율적인 자기조직의 요구를 일체 저지함으로써 시민사회의 조직능력을 마비시켰다. 여기에 국가사회주의적 관료제가 보여준 권력체계의 과잉안전이 커다란 역할을 하였다.

· · · · · · · · · · · · · ·

[7] 전태국, 『국가사회주의 몰락』, 서울: 한울아카데미, 1998, 84쪽.

셋째, 국가사회주의의 반다원주의는 국민의 정신적 요구를 억압하였다. 일체의 정보는 당에 의해 독점되었다. 정보를 통제 없이 생산하거나 검열 없이 유포하는 것이 금지되었고, 당은 지배를 안정화하는 시각에서 어떤 정보가 공표되어도 좋은가, 그리고 어떤 정보에 접근이 허용되는가를 결정하였다. 그리하여 시민들은 세계로부터 단절될 수밖에 없었고, 당의 이데올로기적 지도 요구는 전체사회를 정신적으로 속박하였다. 이처럼 반다원주의적 획일주의를 특징으로 가졌던 국가사회주의에서 1989년에 일어난 동구혁명은 무엇보다도 이러한 반다원주의적 획일적 체계를 타파하고 다원주의적 자유민주주의를 건설 혹은 재건하고자 일어난 국민적 봉기였다고 볼 수 있다. 즉 중앙집권식의 계획경제는 시장의 원리를 무시함으로써 경제가 발전할 수 없었으며, 국민에 대한 억압과 탄압은 자유를 갈망하는 인간의 근본 욕구를 빼앗아 감으로써 국민들에게서 더는 호응 받을 수 없었다.

북한은 사회주의국가들이 붕괴하게 된 가장 큰 이유를 혁명적 무장력인 군이 '비사상화', '비정치화'를 추구하면서 당의 영도를 거부하고 군대를 당으로부터 완전히 떼어 냄으로써 무기력한 무장집단으로 전락되었기 때문이라고 주장하였다. 또 소련의 붕괴는 고르바초프의 '군사정치기관에 관한 총칙을 비준함에 관하여'라는 정령이 소련군대를 무너뜨렸기 때문이라고 주장하면서 다음과 같이 강하게 비판하였다.

> 쏘련군대 총정치국은 대통령행정직속기구로 되어 군대 내 당조직은 정치사업을 지도하지 않고 한갓 군인들의 문화오락이나 조직하고 시사보도나 알려주는 허수아비로 전락되었다. 공산당이 군대와 분리하게 되자 혁명의 원쑤들은 더욱 머리를 쳐들고 당에 정면으로 도전해 나섰으며 당이 자기의 군사적 지반을 잃고 무력해짐에 따라 사회주의 정치사상진지는 극도로 약화되었고 종당에는 당도 사회주의 정권도 사회주의 제도도 모두 붕괴되고 말았다.[8]

결국 구소련을 비롯한 동구공산국가들의 체제가 붕괴되고, 중국이 개혁·개방의 길을 걷는 사실을 목도한 김정일로서는 사회·정치적으로 심각한 위기의식을 느낄 수밖에 없었다.

북한은 사회주의 체제 붕괴의 여파와 개방의 물결이 자신들에게 밀려오는 것을 막기 위해 시대적 상황을 신랄하게 비판하면서 '우리식대로 살아가자',9) '우리식 사회주의'를 외치면서 자신들의 우월성과 몰락한 사회주의국가와의 차별성을 강조하였다.

김정일은 '사회주의는 인류력사에서 존재한 모든 착취 사회와는 근본적으로 다른 새사회로서 계급적 원쑤들과의 치열한 투쟁을 벌리며 전인미답의 길을 헤쳐나가는 것인 만큼 전진도상에서 일시적인 우여곡절은 겪을 수 있으나 인류가 사회주의 길을 따라 나아가는 것은 그 어떤 힘으로도 막을 수 없는 력사발전의 법칙'이라고 주장하면서 사회주의 체제를 고수하고자 하였다. 또 북한식 사회주의 체제를 유지 발전시켜 나가는 것은 '우리 당과 인민이 시대와 역사 앞에 지닌 숭고한 의무'라고 지적하면서 북한 주민들의 사상적 해이 방지를 위한 내부 단속을 강화하였다.

이 시기 북한에서는 "사회주의는 지키면 승리요, 버리면 죽음이다"라는 정치적 구호가 등장할 정도로 심각한 위기의식을 느끼고 있었다. '우리식 사회주의'는 이러한 위기 속에서 인민들의 동요를 미연에 방지하고 사회주의 체제를 고수하기 위해 내놓은 조치라 할 수 있다. 즉 우리식 사회주의는 시대적 상황을 반영한 위기극복과 명분을 구축하기 위한

8) 리철, 『위대한 령도자 김일성동지께서 밝히신 선군혁명령도에 관한 독창적 사상』, 평양: 사회과학출판사, 2002, 11쪽.
9) 『근로자』 1990년 제1호, 7쪽. 북한이 주체사상에 기초한 '우리식대로', '우리식대로 살아가자' 등의 용어를 본격적으로 사용하기 시작한 것은 소련과 동유럽 사회주의가 시장경제로 본격적인 전환을 시작한 1989년 말부터이다.

통치이념의 각론이라고 할 수 있다.

나. 북핵 · 경제위기 극복

북한 경제는 1970년대 중반까지만 하더라도 대량동원에 의한 생산방식으로 고속성장을 이루는, 유례를 찾기 어려울 정도의 성장을 거듭해왔다. 그러다 1970년대 후반 이후부터 체제와 발전전략의 모순으로 비효율성과 낭비가 누적되어 더 이상의 성장속도를 늘리지 못하고 점차 그 한계를 드러내기 시작했다. 여기에 1980년대 소련과 동구권 사회주의국가의 경제가 심각한 위기에 봉착하면서 본격적인 침체의 길로 들어서기 시작했다.

북한 경제성장의 퇴보 원인에는 사회주의 경제시스템의 구조적인 문제점도 있지만, 1989년 7월 1일에 개최한 평양축전에 북한이 과도한 돈을(46억 달러) 쏟아 부은 영향도 큰 것으로 전문가들은 분석하고 있다.

〈표 4-2〉 북한 경제성장률(1965~1995년)

연 도	1965	1970	1975	1980	1985	1990	1991	1992	1993	1994	1995
경제성장률	8.5	10.2	5.4	3.8	2.7	-3.7	-5.2	-7.6	-4.3	-1.7	-4.5
무역증가율	2.6	7.2	-14.3	23.2	11.6	-13.1	-38.1	-0.8	3.5	-0.9	-2.4

출처: 한국은행, 『북한 경제성장률 추정결과』 발표자료.

북한 경제가 더 이상 성장할 수 없었던 제도적 요인으로는 북한 경제가 저생산성이라는 내재적 모순을 가지고 있는 상태에서 물자부족이 심화되어 생산의 정상적 가동이 어렵게 되었고, 이것이 다시 물자부족을 심화시키는 '부족의 악순환 함정'에 빠져 들었기 때문이다. 이는 곧

생산 및 예산수입의 급격한 하락으로 이어지면서 계획경제 체제의 본
질적 요소인 계획메커니즘 자체의 작동을 어렵게 만들었다. 이에 따라
식량, 자재 등의 공식적 배급 및 분배 체제가 파탄 상태에 이르러 경제
가 전반적으로 마비상태에 빠지게 된 것이다.

그리고 1980년대 후반부터 일기 시작한 사회주의국가의 해체는 북한
제품의 시장상실과 원료 및 연료 공급지 상실로 이어지면서 북한 경제
를 더욱 침체의 길로 몰아넣었다. 특히 소련의 경제정책의 변화는 북한
경제에 큰 타격을 안겨주었다. 1990년 7월 소련 공산당서기장이었던 고
르바초프는 '형제적 사회주의라는 이름하에 대규모 원조를 제공하던 시
대는 끝났다'라며, 향후 교역에서는 국제가격에 따라 경화로 거래한다
는 포고령을 발표했다. 북한과 소련과의 무역은 대부분 물물교역 형식
으로 이루어져왔기 때문에 소련의 갑작스런 경화결제 요구는 북한 무
역의 단절을 가져왔다. 이에 따라 1990년 22억 달러에 달하던 북한 무
역액이 1991년에는 3.6억 달러로 거의 10분의 1 규모로 위축되었고, 이
후 지속적으로 감소하기 시작했다.

여기에 자본과 기술력 부족, 생산시설의 노후화, 북핵문제로 인한 국
제사회의 제재까지 겹치면서 북한경제는 걷잡을 수 없이 급락하기 시작
하였다. 특히 북핵문제로 인한 국제사회의 제재는 북한의 대외경제활동
을 차단함으로써 북한 경제에 악영향을 미쳤다. 결국 북한경제는 1990년
부터 마이너스 성장으로 돌입하게 되었다.

북한은 이처럼 공식경제가 붕괴되고 공급부족으로 배급을 줄 수 없는
상황에 처하게 되자 이를 극복하기 위해 다양한 경제정책을 추진하였
다.

〈표 4-3〉 1990년대 북한 경제 관련 조치

시 기	내 용	비 고
1993년	농업·경공업 무역제일주의로 정책 전환	기존의 중공업 중심에서 전환
1994년	나진·선봉 자유무역지대 개설, 외국 투자법 정비	적극적 해외투자 도입 정책으로 전환
1996년 1월	농업부문 분조관리제 개혁 시범실시	목표량 초과생산 잉여농산물 자유처분 허용
1998년 9월	독립채산, 원가제 명문화 헌법 개정	가격, 수익성 등 생산조직의 채산성 관련 규정 명시

북한은 1993년 기존의 중공업 중심에서 농업·경공업 무역제일주의로 정책 전환을 하였으나 농업기반시설 부족과 원자재 공급부족으로 실패하였다. 이어 1994년 나진·선봉 자유무역지대 개설과 외국 투자법 정비를 통해 적극적인 해외자본 유치를 시도했으나 '모기장식 개방'으로 실패하고 말았다.

1996년에는 농업부문 분조관리제 개혁 시범을 통해 목표량 초과생산 잉여농산물에 대해 자유처분을 허용하였으나 이 역시 생산량 목표미달로 실패하였다.

1998년 9월에는 경제분야에 대한 헌법 조항을 수정하여 생산수단 소유의 주체를 국가와 협동단체에서 사회단체를 추가하여 생산조직의 채산성을 향상시키고자 하였으나 원자재 공급부족으로 실패하였다.

이러한 경제정책의 실패는 공장가동률 하락으로 이어지면서 중앙계획경제체제가 더 이상의 영향력을 행사할 수 없도록 만들었다. 여기에 극심한 식량난은 배급제 마비로 이어지면서 인민들의 '사회적 이완(social disintegration)' 현상으로 표출되었다.

배급제 및 국영상점의 마비가 북한사회에 미친 영향으로는 첫째, 식

량 확보를 위한 이동의 자유가 묵인되기 시작하면서 주민통제가 어렵게
되었다.

둘째, 농민들이 직장 일보다는 식량 확보를 위한 개인 경제활동을 중
시하게 됨에 따라 공기업의 가동을 어렵게 만들었다.

셋째, 정부의 물자보급 능력이 떨어짐에 따라 물물교환이 주민들의
물품조달의 중요 수단으로 등장하게 되었다.

넷째, 농민시장의 활성화로 주민들 간에 암거래가 급증하게 되었다.
특히 암거래는 농민시장의 주요부분이 되었고, 시장 이외의 장소에서도
식품소매 등의 행위가 일반화됨에 따라 정부가 시장통제 능력을 상실하
게 되었다.

다섯째, 위법행위가 일반화되면서 중국과의 국경지대에서는 밀수가 증
가되고 부정유출과 지위를 이용한 뇌물수수 등 부패행위가 증가하였다.

이와 같이 계획경제의 실패와 배급제의 마비는 곧바로 개인부업이나
농민시장으로 확대되었고, 농민시장이 암시장화되면서 농민시장은 암
거래의 온상이 되었다. 또한 쌀 등 주식 이외 대부분의 소비재를 국영상
점에서 국정가격으로 판매하여왔으나 중공업 우선 정책으로 인한 경공
업의 부진으로 국영상점에 대한 상품공급은 늘 부족현상을 보여 왔다.
특히 심각한 식량난은 유랑인구의 급격한 증가를 초래하여 당의 사회에
대한 통제력을 크게 약화시키게 되었고, 이는 상대적으로 군의 사회통
제 역할을 강화시키는 결과를 가져오게 되었다.

이러한 상황에서도 북한경제가 지탱될 수 있었던 이유는 인도적 차
원을 고려한 남한 및 국제사회의 대북 지원, 북한 정부의 묵인하에 이
루어진 '농민시장'과 '암시장' 등 비정상적 경제활동이 있었기 때문으로
보인다.

북한은 과거에도 어려운 경제난을 해결하기 위해 군을 선봉자로 활용

했다. 특히 곡물생산 증대를 위한 농업기반시설 확충사업이나 생필품을 비롯한 인민들의 생활수준 향상을 위한 공업생산 기반공사에 군의 건설 인력을 투입하는 등 경제난 해소에 이용하였다.

북한이 1990년대 중반 이후 군을 주도적으로 참여시킨 주요 건설공사 로는 평양-남포 간 고속도로공사, 안변청년발전소 및 임남댐 건설공사, 4·25여관 건설공사, 개천-태성호 간 수로공사 등을 들 수 있다. 이외 에도 토지정리 사업과 외화벌이 사업에도 대규모 병력이 동원되었다.

북한은 1999년 6월 16일 로동신문 논설을 통해 "오늘 사회주의 강성대 국 건설에서 중요한 것은 우리 경제를 추켜세우고 가까운 앞날에 우리 나라를 경제강국의 지위에 올려 세우는 것이며, 이 거창한 과업은 선군 정치를 통해서만 실현할 수 있다"고 하면서 경제활동에서 군이 선도적 역할을 수행해 줄 것을 강조하였다. 이는 군을 경제사업의 모델로 삼아 경제위기를 극복하고 이른바 강성대국 건설의 주력군으로 활용하겠다 는 것이다.

2. 선군의 시원과 용어 사용

가. '선군'의 시원

북한은 2001년 12월 15일자 로동신문 정론을 통해 선군정치의 시작은 1995년 1월 1일 김정일이 '다박솔중대'[10]를 현지 지도한 것이 "이 땅우에 선군정치의 첫 포성이 울린 력사의 날"이라고 주장했다. 그러다 2005년

---

10) 북한은 보안상의 이유로 김정일이 방문한 다박솔초소의 위치에 대해 언급하지 않고 있다. 하지만 '다박솔초소'는 황남 사리원 주둔 214부대 소속 포병중대로 확인되고 있다.

부터는 선군정치의 시작을 김정일이 류경수 '제105땅크사단'[11]을 방문한 1960년 8월 25일로 주장하며 그 의미를 다음과 같이 부여했다.

　　1960년 8월 25일 조선인민군 근위 류경수 105땅크사단을 찾으시고 모든 군인들을 조국해방전쟁시기 용감히 싸운 근위땅크병들처럼 위대한 수령님께 끝없이 충실한 근위병들로 키워야 한다는 귀중한 가르침을 주신 것은 장군님께서 선군혁명영도를 시작하신 역사가 얼마나 오랜가를 잘 말해주고 있다. 이때부터 헤아려보아도 위대한 장군님의 선군혁명영도사는 장장 40여 년을 헤아린다.[12]

　그러면서 1995년 1월 1일 김정일이 다박솔초소를 방문한 것은 "우리 당이 선군혁명령도를 하여오는 력사적 과정에 나라에 조성된 엄혹한 정세에 대처하여 인민군대의 위력을 더욱 강화하기 위해 시찰한 하나의 장소이자, 보다 '높은 단계'[13]의 선군정치를 실현하기 위한 것이었지 결코 선군정치의 발원지로는 될 수 없다"고 주장했다.

　북한은 2004년 6월 16일자 로동신문 편집국 논설을 통해 주체사상에

- - - - - - - - - - - - -

11) '105땅크사단'은 1947년 말 소련군이 넘겨준 전차 10여 대를 가지고 인민군 '제105전차대대'를 창설한 것이 모체가 되었다. 1948년 12월 3일에는 소련으로부터 추가적인 전차(T-34, 60대)를 지원받아 '제105전차연대'로 증편하였고, 1949년 5월 16일에는 또다시 소련군으로부터 전차를 지원받아 인민군 '제105전차여단'으로 증편하였다. 그리고 1950년 6·25전쟁 시에는 서울을 가장 먼저 진격한 부대로 김일성에게 칭송을 받으며 '제105땅크사단'으로 증편하게 되었다. 6·25전쟁 이후에는 820전차군단으로 명칭을 사용하다가 2009년부터 다시 '105땅크사단'으로 명칭을 개칭하였다.

12) 「우리 당 선군정치의 빛나는 력사에 대하여」, 『학습제강』(병사, 사관, 군관, 장령용), 평양: 조선인민군출판사, 2005, 17~18쪽.

13) 북한은 선군정치의 시기를 두 단계로 구분하고 있다. 첫 단계는 1960년 말부터 1990년대 전반기까지로 1969년 1월에 진행된 제4기 제4차전원회의 확대회의를 통해 군벌관료주의자들을 숙청시킨 소위 '군부강경파' 사건과 미국의 푸에블로호 나포 사건, EC-121 미국 정찰기 격추 사건을 근거로 하고 있다. 둘째 단계는 1990년대 후반기부터 현재까지로 1995년 다박솔초소를 방문한 것을 그 근거로 하고 있다.

의한 선군사상, 선군사상에 의한 김정일의 선군정치가 제시 완성된 것이라고 그 이론을 정식화하였다. 즉 김정일 시대는 '선군시대'이며, 그 시대의 영도는 '선군영도'이고, 김정일 시대의 정치는 '선군정치'라는 것이다. 그러다 2005년 1월 1일 신년공동사설에 "위대한 수령 김일성 동지는 선군사상의 창시자이고 우리 당 선군정치의 기초를 마련하신 불세출의 령장이시다"고 주장하면서 그 시기를 김일성 시대로 소급하였다.

또 2006년부터는 선군정치의 태동을 김일성의 만주항일운동으로 소급 적용하면서 다음과 같이 주장했다.

> 1932년 4월 25일 우리 인민의 첫 혁명적 무장력인 반일인민유격대를 창건하시고 그에 의거하여 항일무장투쟁을 조직 전개해 나가심으로써 수령님의 영광스런 선군혁명령도가 시작되었고 '고난의 행군'시기에 우리의 정치가 선군정치라는 것을 내외에 선포하였다고 하여 선군정치가 그때부터 시작되었다고 보는 것은 원리적으로 보나 력사적 과정으로 보나 타당하지 않다.[14]

이는 김일성이 1932년 만주에서 반일유격대를 창설한 날이 바로 선군혁명영도가 시작된 날이라고 주장하고 있는 것이다.

김정은 정권 등장 이후에는 북한은 선군정치의 시원을 김일성이 그의 아버지 김형직으로부터 물려받은 두 자루의 권총과 'ㅌ·ㄷ'의 강령이 선포된 1926년이라고 주장하고 있다.[15] 즉 김일성이 1926년 10월 17일 만주 화전현에서 조국의 독립운동을 위하여 '타도제국주의동맹(ㅌ·ㄷ)'을 조직한 날이 바로 선군정치가 태동한 날이라는 것이다.

북한이 이와 같이 선군정치의 시작점을 김일성 시대로 소급적용하는

---

14) 「우리 당 선군정치의 빛나는 력사에 대하여」, 8~14쪽.
15) 『선군혁명사상에 대하여』, 평양: 사회과학출판사, 2013, 16쪽.

것은 김정일·김정은이 김일성의 주체사상에서 벗어나 새롭게 사상을 제시할 경우 북한 주민들로부터 정권의 정통성과 정당성을 얻는 것이 어렵다고 판단했기 때문이다. 다시 말해 북한 주민에게 주체사상으로 신념화되어 있는 김일성의 사상을 부정할 경우 김정일·김정은이 자신의 정치적 입지는 물론 북한 주민들에게 사상적 혼란을 안겨 줄 수 있기 때문이다.

나. '선군'의 용어 사용

'선군정치'는 1994년 김일성 사망 이후 1998년 김정일 정권의 공식 등장과 함께 북한에서 새롭게 제시된 정치이데올로기적 용어이다.

북한에서 '선군'이란 용어가 공식적으로 처음 등장한 시점은 1997년이다. 북한 조선중앙방송은 1997년 10월 7일 정론을 통해 김정일이 '경제에 아무리 부담이 크더라도 선군후로(先軍後勞)하라'고 지시했다고 보도함으로써 '선군'이란 용어를 처음으로 사용했다.

이후 문헌에 '선군정치'가 등장한 것은 1997년 12월 12일 로동신문 정론에 '우리 장군님의 그 실력 중의 특출한 실력은 선군정치의 실력이다'고 함으로써 공식 사용하였다. 이어 1999년 6월 16일 로동신문과 근로자 공동논설을 통해 선군정치는 "군사선행의 원칙에서 혁명과 건설에서 나서는 모든 문제를 해결하고 군대를 혁명의 기둥으로 내세워 사회주의 위업전반을 밀고 나가는 령도방식이다"고 그 개념을 정의하면서 선군정치의 논리를 전개하기 시작했다.

하지만 북한에서는 1995년 '붉은기사상'[16] 운동을 전개하고 있던 시점

---

16) '붉은기사상'은 '적기가'에서 유래된 것으로 '적기가'는 김일성이 항일무장투쟁을 하던 1926년 스스로 작사해 군대에 보급했던 혁명가요이다. 가사는 어떠한 역경과

으로 '선군정치'라는 용어는 생겨나지도 않았고 북한 주민들도 선군정치
에 대한 뜻을 깨닫지 못하고 있었다.

북한은 김일성의 대 국상을 치른 다음 해인 1995년 1월 1일 설날 아침
김정일이 비장한 각오로 조선인민군 214부대 '다박솔초소'를 찾은 것은
군대를 믿고 군대에 의거하여 험로를 헤치며 미래를 열어 나가려는 그
의 정치적 결심과 의도가 담긴 역사적 행보로서, 이날이야말로 사회주
의 역사상 최초로 선군정치의 포성이 울린 날이라고 주장하였다. 또 북
한은 김일성 사후 '5천년 민족사에 가장 비통한 날'이었던 새해 첫날에
김정일이 군부대를 찾았다면서 다박솔초소 방문에 큰 의미를 부여하였
다. 김일성 사후 나라가 어디로 나아가야 할지 고민하던 시점에서 새해
첫날 김정일이 군부대를 찾음으로써 '군 중시의 길'로 방향을 잡았다는
것이다.

또 북한에 '선군사상'이란 용어가 처음 등장한 것은 2001년 4월 9일 로
동신문에 「장군님 계시어 우리의 자주권과 존엄을 누구도 건드리지 못
한다」(위대한 장군님께서 국방위원회위원장으로 추대되신 8돐에 즈음
하여 불패의 선군사상의 기치에 따라 승리자들의 대답)라는 기사에 처
음 등장하였다.

이상과 같은 내용을 종합해 볼 때 북한에서 '선군'이란 용어가 처음
등장한 시점은 김정일 정권이 정식 출범한 1998년 이후부터이며, 이는
김정일이 자신의 정권안정을 위해 북한 주민들에게 새롭게 제시한 정치

. . . .

시련 속에서도 혁명의 붉은 깃발을 사수한다는 내용으로 특히 김일성이 만주에서
일본 토벌대에게 쫓기면서 도망가는 부하들을 향해 부름으로써 부하들을 회유시
키기도 하였다. 김정일은 1995년부터 "적들이 바라는 것은 우리의 사상이 희어지는
것이나, 우리는 붉다"며 사회주의 붕괴의 소용돌이 속에서도 이를 지키는 보루로
서 자신을 부각시키면서, 사회주의 순결성·체제보루를 상징하는 '붉은기사상'을
내놓았다. 붉은기사상은 1995년 8월 28일자 로동신문에 「붉은 기를 높이 들고 나가
자」라는 논설이 실린 이후부터 북한의 각종 언론보도에 등장했다.

이데올로기적 용어라 할 수 있다.

북한의 국가운영체계가 군사화국가, 병영국가체제를 지향하고 있다는 점을 고려해 볼 때 군을 중심으로 한 통치체제는 이미 김일성 시대부터 적용해 오던 통치 체제라 할 수 있다. 단지 그 의미를 '선군'이라는 용어로 다시 재생시킨 것은 북한이 1990년대 중반 1차 북핵 위기와 김일성의 사망, 자연재해로 인한 식량난 등 이른바 '고난의 행군'기를 거치면서 그 위기를 극복하기 위해 새롭게 포장한 정치적 용어에 불과하다 할 수 있다.

제2절 선군사상과 선군혁명령도

1. 선군정치의 사상적 기초

가. 군대는 당·국가·인민

북한은 선군정치를 주창하면서 "군을 혁명의 주력군, 기둥으로 내세우고 군에 의거하여 혁명을 전진시키는 정치방식은 력사에 아직 있어본 적이 없는 독특한 정치방식이다"[17]고 그 의미를 강조하였다. 다시 말해 선군정치는 인민군대를 핵심으로 하여 혁명의 주체를 튼튼히 꾸리고 인민군대를 혁명의 기둥으로 내세워 북한식 사회주의를 건설해 나가는 김정일만이 가지고 있는 독특한 정치방식이라는 것이다.

그리고 2003년 3월 21일 로동신문에 "선군사상은 군사를 모든 것에 앞

----

17) 김철우, 『김정일 장군의 선군정치』, 37쪽.

세울 데 대한 군사선행의 사상이며 군대를 혁명의 기둥, 주력군으로 내
세우고 그에 의거할 데 대한 선군후로의 로선과 전략전술이다"라고 정
의했다.

'선군정치'는 그 사상적 기초를 군대이자, 당·국가·인민이라는 정치
철학과 모든 권력은 총구로부터 나온다는 '총대철학'에 기초하고 있다.

먼저 군대이자, 당·국가·인민이라는 정치철학에서의 선군정치는 혁
명의 주체, 력사의 자주적인 주체가 다름 아닌 수령, 당, 대중의 통일체
라는 원리에 바탕하여 "군대이자 곧 당이고, 국가이며, 인민이라는 정치
철학을 그 이데올로기적 기초로 삼는다"[18]고 그 논리를 주장하고 있다.
이는 곧 '사람이 모든 것의 주인이며 모든 것을 결정한다'는 주체사상의
원리에서 비롯된 정치철학에 기초하고 있다고 주장하고 있다.

주체사회주의에서 혁명의 자주적 주체는 수령-당-대중의 통일체로
되어 있기 때문에 여기서 말하는 군대이자 곧 당이고, 국가이며, 인민이
라는 정치철학은 그 자주적 주체의 이데올로기적 기초(사상적 기초)가
된다는 것이다.

또 '군대이자 당'이라는 것은 서열상으로는 군보다 당이 위에 있음으
로써 군을 영도하는 입장이며 서로 분리할 수 없는 당·군 관계를 의미
하는 것이며, '군대이자 국가'라는 것은 총대에서 정권이 나오고 정권은
총대에 의해서 유지된다는 사상에서 비롯된 것이라고 그 개념을 정립
하고 있다.

그리고 '군대이자 인민(민중)'이라는 것은 주체사회주의하에서의 군대
와 민중은 그들의 요구와 이해관계, 지향하는 방향과 투쟁목적이 서로
일치하는 통일체로 되어 있기 때문에 서로 분리해서 생각할 수 없으며

18) 위의 책, 48쪽.

하나의 공동체적 운명으로 보아야 한다고 그 논리를 전개하고 있다.

이와 같이 선군정치는 '군력이자 국력이고 군대의 운명이자 국가정권의 운명이라는 뗄래야 뗄 수 없는 상호관계에 기초하고 있는 정치방식이다'고 주장하고 있다. 즉, '군대이자 곧 당이고, 국가이며, 인민'이라는 정치철학은 충성심과 복종심이 강한 군대를 혁명의 최선두에 내세워 군·당·국가·인민이 일심동체가 될 수 있도록 '인전대(引傳帶)'[19] 역할을 확실히 수행해 줌으로써 혁명의 주체를 강화하고 사회주의 위업을 힘 있게 밀고 나갈 수 있게 한다는 것이다.

나. 총대철학

선군사상의 두 번째 사상적 기초는 '총대철학'이다. 총대철학의 원리는 모든 권력의 힘은 총구로부터 나오며 총을 통해서만 정권을 유지할 수 있다는 논리이다.

김정일은 1995년 6월 인민군 지휘성원들에게 실시한 연설에서 '총대정신'에 대해 다음과 같이 주장하였다.

> 우리의 총은 계급의 무기, 혁명의 무기, 정의의 무기입니다. 우리의 총에는 항일혁명선렬의 고귀한 피와 넋이 스며 있으며 사회주의의 운명이 달려 있습니다. 총이 없으면 적과의 싸움에서 승리할 수 없고 나라와 민족, 인간의 존엄과 영예를 지켜 낼 수 없습니다. 나는 언제나 총과 숨결을 같이 하고 있습니다. 이 세상 모든 것이 다 변하여도 총만은 자기 주인을 배반하지 않습니다. 총은 혁명가의 영원한 길동무이며 동지라고 말할 수 있습니다.[20]

. . . .

19) 인전대(引傳帶)는 동력을 전달하는 벨트라는 뜻으로, 당과 대중의 유기적인 연계를 보장하고 광범위한 대중을 조직적으로 동원하는 역할을 하는 사회·정치적 조직을 이르는 말이다.

20) 1995년 6월 김정일의 인민군지휘성원들에 실시한 연설문.

북한은 총대정신을 총의 특성을 이용하여 다음과 같이 주장하고 있다.[21] ① 총은 '불변성'으로 언제라도 주인이 겨누는 목표를 향해 곧바로 탄환을 날리는 성격을 가지고 있으며, ② 한번 총구를 떠난 탄환은 다시 돌아와 주인을 맞히는 법이 없고, ③ 자기의 생존을 위해서는 타협과 양보를 모르며, ④ 한번 사용하게 되면 단호하고 무자비하다는 것이다. 또 '총대야말로 나라와 민족, 혁명의 운명을 담보하는 보검이고 승리의 열쇠가 된다'고 하면서 사회주의 체제 수호를 위해서는 오직 총대정신만이 그 유일한 방법임을 강조하고 있다.

선군정치는 군사를 중시하는 정치방식이기 때문에 이러한 총대철학의 사상적 기초는 너무도 당연한 논리라 할 수 있다.

북한은 "총대 없는 정권은 탄생할 수도, 존재할 수도 없고, 또한 총대에 의해 창출된 사회주의정권은 오직 총대에 의해서만 그 존재가치를 갖게 된다"[22]고 하면서, 소련을 비롯한 동구사회주의국가들이 몰락한 것은 바로 군대가 이러한 역할의 중요성을 잊고 있었기 때문에 비롯되었다고 주장하고 있다. 따라서 군대가 가장 혁명적인 군대로 될 때 민중의 마음속에 사회주의 신념이 깊이 뿌리 내리고 사회의 모든 활동영역에서 사회주의 원칙이 견지되며 나아가 사회주의 체제가 안정되고 수호된다는 것이다.

북한은 '군대이자 당이고 국가이며 인민'이라는 것이 선군정치의 성격과 사명을 규제하는 사상적 기초라면, '총대철학'은 선군정치의 필연성과 당위성, 선군정치의 영원한 생명력을 특징짓는 사상적 바탕이라고 주장하고 있다.

* * * * * * * * * * * * * *
21) 김철우, 『김정일 장군의 선군정치』, 57~63쪽.
22) 위의 책, 51~53쪽.

한편, 북한은 '선군정치'가 '주체사상'에 뿌리를 두고 그 연계선상에 있다고 주장하지만 북한의 통치이데올로기인 주체사상과는 다음과 같은 면에서 선군정치와 차이점을 보이고 있다.

첫째, 주체사상에서는 자주성을 사회적 인간의 생명, 나라와 민족의 생명으로 내세우고 혁명과 건설에서 나오는 모든 문제를 자주적으로 풀어나갈 것을 요구하고 있으나, 선군정치에서는 자주성을 옹호하기 위한 실현수단을 강력한 무기인 총대를 중심으로 인민대중의 자주위업을 완성할 것을 밝히고 있다.

둘째, 주체사상에서는 강력한 혁명의 주체를 인민대중으로 이를 중심으로 주체를 강화하고 그 역할을 높여 혁명과 건설에서 나오는 모든 문제를 풀어나갈 것을 요구하고 있으나, 선군정치에서는 군대를 핵심으로, 본보기로 하여 혁명의 주체를 튼튼히 꾸려 모든 문제를 풀어나갈 것을 요구하고 있다.

셋째, 주체사상은 사람의 활동에서 사상의식이 결정적 역할을 한다고 보고 사상을 기본으로 틀어쥐고 나갈 데 대한 '주체사상론'을 밝히고 있으나, 선군정치는 혁명군대가 지닌 혁명적 군인정신을 온 사회에 일반화하여 혁명과 건설을 밀고 나갈 것을 요구하는 '총대사상론'을 강조하고 있다는 점에서 상호 차이점을 보이고 있다.

북한은 선군정치를 통해 혁명의 주력군을 '인민대중'이 아닌 '인민군대'로 바꾸었고, 혁명의 주체도 수령을 뇌수로 하는 당과 대중의 '사회정치적 생명체'에서 혁명의 수뇌부를 중심으로 당, 군대, 대중의 '선군단결체'로 변화시켰다. 이는 선군정치가 주체사상과는 다르다는 점을 단적으로 보여주고 있는 부분이라 할 수 있다.

하지만 북한이 이를 인정할 경우 '주체사상'과 '선군정치' 간에 중대한 이론적 모순이 발생할 수 있다. 다시 말해 근로인민대중을 혁명의 주력군으로 인정하지 않는다는 것은 사회주의 기본원리를 부정하는 결과로 이어지게 되고, 그렇게 되면 '사회주의 강성대국'을 국가목표로 표방한 북한이 선군정치를 통치이데올로기로 설정하는 논리상의 문제가 발생할 수 있기 때문이다.

혁명의 주력군 변화는 사회주의 혁명노선에서 가장 중요한 원칙이자 주체사상의 본질적 요소를 변화시키는 것으로서 북한이 사회주의국가 체제를 포기하지 않는 한 그 이론적 모순을 인정하기란 어려울 것으로 보인다. 또 선군정치가 사회주의 혁명건설을 위한 지도적 지침이고 사회주의건설을 힘 있게 다그쳐 나가는 독특한 사회주의 정치방식이라고 제시하고 있지만 그 이론적 체계는 아직 미흡한 실정이다.

김일성의 주체사상이 그의 후계자인 김정일에 의해 이론적 체계화 작업을 걸쳐 심화·발전되었듯이[23] 선군정치 역시 김정일의 후계자인 김정은에 의해 앞으로 그 이론적 체계를 정립해 나갈 것으로 보인다.

2. 선군혁명영도

가. 군사선행의 원칙

'군사선행의 원칙'은 혁명과 건설을 밀고 나가는 데 있어 군사를 다른 모든 사업에 확고히 앞세우며 거기에 최대의 힘을 넣는 원칙을 말한다.[24] 이는 곧 정치·경제·사회·군사 등 국가의 모든 정책을 수립

---

[23] 김정일은 1980년 6차 당대회를 통해 공식후계자로 지정된 이후 1982년 『주체사상에 대하여』를 통해 주체사상 내용을 일목요연하게 정리함으로써 그 이론적 체계를 마련하였다.

[24] 백과사전출판사, 『광명백과사전』, 평양: 백과사전출판사, 2009, 186쪽.

하거나 추진하는 데 있어 군사적 입장을 최우선적으로 반영하고 의사
결정 시에도 군부의 의견에 중심을 두고 결정함으로써 혁명의 주력군
으로서 역할을 다할 수 있게 한다는 것이다. 한마디로 국정운영의 모
든 부문에 있어 군을 최우선적으로 고려한 의사결정을 해야 한다는
것이다.

하지만 북한은 이 부문에 대해 "국가기구 자체를 군사 체계화한 것이
아니라 국가기구 체제에서 군사를 우선시하고 군사 분야의 지위와 역할
을 최대한 높이도록 권능을 규제한 정치체제"[25]라고 주장하면서 군사국
가화에 대해 반박논리를 내세우고 있다.

북한에서 군사선행의 원칙은 김일성 시대부터 이미 추진해 왔던 국가
운영방식이라 할 수 있다. 김일성은 6·25전쟁 직후 전쟁수습과정에서
어려운 경제시설을 복구하는 것보다 전쟁 물자를 만들기 위한 중공업우
선정책을 취하였다. 또 1962년 12월에 열린 노동당 중앙위원회 제4기
5차 전원회의에서는 '조성된 정세와 관련하여 국방력을 더욱 강화할 데
대하여'라는 보고를 통해 '인민경제의 발전에서 일부 제약을 받더라도
우선 국방력을 강화하여야 한다'고 주장한 바 있다. 이는 북한이 김일성
시대 때부터 이미 군사우선정책에 입각해 국정운영 방식을 취하고 있었
음을 보여주는 부분이라 할 수 있다.

김정일 역시 '경제건설보다 중요한 것은 군대를 강하게 만드는 것이
며 총대가 강하면 강대한 나라가 될 수 있다'고 주장했다. 다시 말해 인
민군대가 강한 무장력을 갖추고 주체혁명의 기둥으로서 역할을 다할 수
있을 때 강한 나라가 될 수 있다는 것이다.

북한은 이전까지는 사회주의정치에서 마르크스-레닌주의의 혁명론

· · · · · · · · · · · ·
25) 김철우, 『김정일 장군의 선군정치』, 24쪽.

에 의해 언제나 노동자계급과 농민의 역할 없이는 프롤레타리아혁명에
서 승리를 바랄 수 없다고 보고 항상 노동자, 농민을 혁명의 주력군으로
내세웠다. 하지만 지난 사회주의 혁명과 사회주의건설에서의 역사적 경
험을 비추어 볼 때 군대의 우선적인 강화와 역할 없이는 사회주의 혁명
과 건설에서 어떤 성공도 바랄 수 없다는 것을 인식하게 되었다.

또 북한은 마르크스가 19세기 중반 서방 자본주의 사회계급 관계를
분석하면서 노동자계급을 혁명의 영도계급, 주력군으로 규정하였지만
현대는 자본주의가 발전함에 따라 독점자본주의 지배가 강화되고 이른
바 반동적 부르주아사상과 문화가 더욱 발달함으로써 이것이 노동자들
의 계급적 각성과 의식화, 혁명화를 억제하는 강한 독소로 작용하기 때
문에 오늘의 노동자계급에는 마르크스의 이론이 현실적으로 맞지 않는
다고 주장하고 있다.

북한은 이러한 주장에 근거하여 인민들이 자본주의 사상에 물들지 않
고 사회주의의 역사적 사명을 다하기 위해서는 군의 역할이 그 어느 때
보다 중요하다고 보았다. 따라서 사회주의 혁명에서 성공하기 위해서는
노동자, 농민보다는 군을 우선시하는 정책을 전개할 수밖에 없다는 논
리를 전개하고 있다.

북한은 구소련과 동구권 사회주의국가들이 붕괴되게 된 가장 큰 원인
을 "혁명과 건설에서 군대가 차지하는 지위와 역할을 옳게 보지 못하였
고, 특히 군대를 혁명의 중요한 정치적 력량으로 보지 못한 데 있다"[26]
고 보았다. 다시 말해 군이 사회주의 체제유지를 위해 혁명적 과업의 선
두에서 그 역할을 다 해줘야 하는데 국가가 군을 뒷전에 미루어놓고 그
러한 여건을 보장해 주지 않았기 때문에 군이 그 본분을 잃고 사기가 저

----

[26] 김인옥,『김정일장군 선군정치리론』, 평양: 평양출판사, 2003, 161쪽.

하되어 결국 국가가 위기 때 목숨을 걸고 그 역할을 수행하지 못했다는 것이다. 또 '에스빠냐 혁명'[27]도 심각한 계급투쟁과정에서 정부가 노동자, 농민만을 앞세우고 군대를 중시하지 않았기 때문에 정권이 붕괴되었다고 주장하고 있다. 따라서 김정일은 사회주의 체제를 수호하기 위해서는 그 무엇보다도 강력한 무장력을 발휘할 수 있는 군을 활용하는 것이 가장 효과적이라고 보았다.

북한이 '군사선행 원칙'에 입각해 실천하였다고 볼 수 있는 대표적인 사례는 2006년 '남북 철도연결사업'에서 찾아볼 수 있다. 남북은 2006년 5월 13일 '제12차 철도 도로연결 실무접촉'을 통해 경의선과 동해선의 열차시험운행 일자를 2006년 5월 25일에 실시하는 것으로 합의하였다. 그러나 북한은 시험운행일 전날인 5월 24일 일방적으로 행사 취소를 통보하고 행사장에 나타나지 않았다. 그 이유는 '열차시험운행을 위한 군사적 보장조치가 이루어지지 않았다'는 북한 군부의 반대 의견에 김정일이 손을 들어 주었기 때문이다. 따라서 행사는 남북이 다시 일정을 재협의하는 과정을 걸쳐 2007년 5월 17일에서야 경의선과 동해선 '남북철도연결구간 열차시험운행' 행사를 실시하게 되었다. 이 사건은 김정일이 대표적으로 취한 군사선행원칙에 의한 행동이라 할 수 있다.

나. 선군후로의 원칙

'선군후로의 원칙'은 혁명과 건설에서 혁명군대를 주력군으로 내세우

---

27) 1935년부터 1939년까지 4년여에 걸쳐 실시된 에스빠냐 혁명은 많은 국제공산당의 지원까지 받았음에도 75만 명의 사상자를 내고 결국 붕괴되고 말았다. 김정일은 그 주요 원인을 자체의 혁명역량이 잘 준비되어 있지 못한데 있었으며, 특히 정규군이 뒤늦게 조직되고 통일적인 군 지휘체계가 서지 못하는 등 군대가 항전을 주도하지 못한데 있었다고 분석하면서 군대의 중요성을 강조하였다.

는 원칙을 말한다.[28] 이는 선(先)군대, 후(後)노동계급, 즉, 사회주의 위업수행에서 군대를 노동계급보다 앞에 내세워 군대에 정치의 주도적 역량, 혁명의 주력군으로서 지위와 역할을 부여하는 혁명노선을 말한다.

사회주의국가의 정치방식은 선로정치방식(先勞政治方式)으로 노동자계급의 당이 먼저 건설되고 그에 기초하여 군 건설이 이루어지는 선당후군(先黨後軍)의 건설 방식을 원칙으로 하고 있다.

마르크스―레닌주의가 선택한 사회주의 정치 방식도 다름 아닌 노동자계급을 영도계급으로 내세우고 노동자계급이 농민과 동맹을 강화하는 방법으로 혁명과 건설을 추진하는 선로정치의 혁명영도 방식이었다. 따라서 마르크스―레닌주의는 노동자계급을 주력군으로 내세운 반면, 군대는 단순히 반혁명을 제압하는 역할과 조국보위 임무를 담당하는 무장집단으로만 간주하였다. 즉 군대는 계급 또는 민족의 테두리 안에서 독자적인 정치세력으로가 아니라 국토방위 또는 계급적 독재실현의 폭력수단으로만 인정하고 사회주의 체제수호의 방패로써는 활용하지 않았다는 것이다.

하지만 북한은 이와는 달리 주체혁명노선에 입각하여 군을 먼저 창설하고 당이 후에 창건되는 '선군후당(先軍後黨)'의 노선을 취하였다고 하면서 여기에 대해 다음과 같이 주장하였다.

선행한 로동계급의 혁명투쟁에서는 정치적 령도기관으로서의 당을 먼저 조직하고 그 다음에 군대를 건설하는 선당후군의 방식이 유일한 공식으로, 어길수 없는 원칙으로 인정되여왔다. 그러나 우리 혁명에서는 위대한 수령님의 선군사상이 빛나게 구현됨으로써 먼저 혁명군대를 조직하고 그에 의거하여 조국을 광복하고 당도 국가도 창건하는 선군혁명의 새로운 령도방

* * * * * * * * * *
28) 백과사전출판사, 『광명백과사전』, 189쪽.

식이 창조되었다.[29]

북한은 조선인민군의 태동을 안도유격대 창설일인 1932년 4월 25일로 보고 있고,[30] 조선로동당은 1945년 10월 10일 평양에서 열린 '조선공산당 서북5도 책임자 및 열성자대회'에서 결성된 '조선공산당 북조선분국'을 근거로 이날을 조선로동당 창건일로 기념하고 있다. 이를 놓고 북한에서는 "당이나 정권건설에 앞서 군대를 먼저 창건하고 그에 기초하여 당, 정권건설을 이루어 낸 것은 맑스, 엥겔스, 레닌, 쓰딸린의 혁명투쟁사와 명백히 구별되는 김일성 주석의 군 중시의 혁명투쟁사이다"[31]고 주장하고 있다. 다시 말해 김일성이 당이 창당되기 이전에 군의 중요성을 인식하고 인민군을 먼저 창설하는 '선군후당'의 정책을 택한 것은 김일성만의 독창적인 혁명건설 방법이라는 것이다.

그러나 김일성이 정부수립 이전에 인민군 창설(1948년 2월 8일)을 서두르게 된 진짜 이유[32]는 첫째, 한반도 공산화를 위한 무장력이 필요했다. 김일성은 제2차 미·소 공동위원회가 결렬되자, 한국문제를 유엔 한국임시위원단에 의해 남북 동시 선거를 실시하자는 유엔의 결의를 북한으로서는 도저히 받아들일 수 없는 제안으로 해석했다. 왜냐하면 남한의 절반 밖에 안 되는 인구로 유엔 감시하에 공명선거를 실시한다면 공산

• • • • • • • • • • • • •

29) 「우리 당 선군정치의 빛나는 력사에 대하여」, 『학습제강』(병사, 사관, 군관, 장령용), 평양: 조선인민군출판사, 2005, 6쪽.

30) 조선인민군이 공식 창설한 일자는 1948년 2월 8일이다. 하지만 북한은 1978년부터 인민군 창설 기념일을 4월 25일로 변경하였다. 그 이유는 인민군의 뿌리가 김일성의 만주항일운동에서 시작되었다고 보고, 따라서 김일성이 최초 무장부대인 안도유격대가 창설된 1932년 4월 25일을 인민군 창건일로 적용하는 것이 맞는다는 것이다. 이러한 인민군 창건일은 김정은 정권 등장 이후인 2018년부터는 다시 실제 창건일인 2월 8일로 변경하여 행사를 실시하고 있다.

31) 김철우, 『김정일 장군의 선군정치』, 22쪽.

32) 장준익, 앞의 책, 77~79쪽

당의 승리는 불가능하다고 판단했기 때문이다. 김일성은 이 이유 때문에 유엔한국임시위원단의 입북을 거절해 버린 것이다. 또 당시 유엔에서 북한에 선거가 불가능할 경우 남한 단독선거가 실시될 전망이 보이자 김일성은 남한에 단독정부가 수립되기 이전에 인민군을 창설하여 그 위용을 과시함으로써 남한에 있는 공산당원의 사기를 높이고, 남한의 중도 또는 반이승만 정치인을 북한으로 초치 회유하는 데 유리한 정치적 목적을 달성하기 위해 인민군의 창설을 서두른 것이다.

둘째, 대남 우위의 군사력이 필요했다. 미·소 공동위원회 소련 측 수석대표인 스티코프 대장이 주장한 바와 같이 1948년 초부터 미·소 양군이 철군을 시작하여 한국문제를 남북 당사국 간에 맡기는 형국이 될 때, 결국 남북한 무력대결이 될 것인 바, 이때 남한을 압도할 수 있는 충분한 현대적 군대로 건설하기 위해서는 시간적으로 촉박했다는 것이다. 북한은 계획대로 1948년 말까지 소련군이 철수할 경우 1947년 말 현재로서는 1년 밖에 남지 않았는데, 이 기간 중 충분한 군사력 건설을 하려면 먼저 정식 인민군 창군을 서둘러야 했다는 것이다.

셋째, 스탈린의 대한반도 정책목표인 '전 조선반도를 민주화의 기지'로 만들기 위한 수단이 필요했다. 북한은 1945년 12월 17일 조선공산당 북조선분국 중앙 제3차 확대집행위원회를 개최하였는데, 여기서 김일성은 '민주기지'노선이라는 스탈린의 대한반도 정책을 대변하였다. 김일성은 소련의 대한반도 정책인 민주기지 노선을 실천하기 위해서는 남한이 강력한 군대를 보유하기 이전에 북한이 먼저 강력한 군대를 보유하고 있어야 북한을 기지로 하여 남한을 무력통일을 할 수 있다고 보았던 것이다.

이와 같이 북한이 정부수립 이전에 인민군 창군을 서두른 이유는 유엔의 결의대로 남북한이 동시 선거를 실시할 경우 상대적으로 인구가

적은 북한으로서는 선거에 불리하다고 판단했기 때문에 인민군을 창설함으로써 그 위용을 과시함은 물론 남한지역 내 공산당원들의 사기를 진작시키고 중도정치인들을 회유하여 한반도를 공산화시키기 위해서였던 것이다.

북한은 1998년 7월 26일에 실시된 제10기 최고인민회의에서 헌법 개정을 통해 국방위원회가 최고인민위원회 다음 순위에 놓이게 함으로써 국방위원회의 법적 지위와 권한을 한층 강화시켰다. 북한은 이와 같은 국가기구체계 변경에 대해 '경애하는 최고사령관동지께서는 선군원칙을 구현한 강력한 국가기구체계를 확립하도록 하시여 선군정치를 하나의 체계화된 사회주의정치방식으로 완성시키시였다'고 주장하였다.

김정일이 이와 같이 헌법 개정을 통해 군의 위상을 높인 이후 군 엘리트들의 권력서열은 더욱 상승했다. 정권 창건 50돌 기념 열병식(1998년 9월 9일)에는 조명록, 김영춘, 김일철, 이을설이 7~10위로 상승하였고, 조명록(인민무력부장)은 1999년 4월 최고인민회의 제10기 2차회의 시에는 김정일, 김영남에 이어 서열 3위로 급부상하였다. 그리고 최고인민회의 대의원 선거에서는 군부의 인물을 제9기보다 2배 많은 100여 명으로 증가시켰다. 이는 과거 전통적으로 군 고위급의 당 서열을 노동당 핵심 인사들 뒤로 배치시키는 전통을 깨고 당 서열보다 앞에 포진시킴으로써 김정일의 통치수단이 무력에 기반하고 있음을 알 수 있다. 그리고 군부 핵심 실세의 당 서열도 김일성 시대에 비해 많이 상승시켰다.

북한의 이러한 조치들은 선군후로의 원칙에 입각해 이루어진 작업이라 할 수 있다. 또 김정일의 군부대 방문도 정권 등장 초기인 1995년부터 1999년까지 전체 공식행사 중 50% 이상을 차지함으로써 김정일이 군을 중시하고 있음을 가시적으로 보여주었다.

〈표 4-4〉 김정일 집권 초기 군부대 현지 지도

연 도	계	1995	1996	1997	1998	1999
총 행사 수	171	11	32	29	49	50
군 관련 행사	95	7	17	18	28	25
비 율(%)	55.6	63.6	53.1	62.1	57.2	50.0

김정일은 집권 초기 수시로 인민군에게 "오직 인민군대만이 우리 혁명의 제일생명선을 지켜선 우리 사회의 가장 혁명적이고 전투적이며 가장 위력한 혁명집단으로서 사회주의 위업을 떠밀고 나갈 수 있는 혁명의 기둥, 주력군이 될 수 있다"[33]고 강조하였다. 이는 김정은이 자신들의 체제유지를 위해 인민군대가 혁명의 주력군으로서 그 핵심적 역할을 수행해 줄 것을 주문한 것이다.

'선군후로 원칙'은 혁명역량 편성에서 강력한 무장력을 지닌 군대를 노동자계급보다 앞에 놓음으로써 군이 정치는 물론 혁명의 주력군으로서 선도적 역할을 담당하게 한다는 것이다.

김일성은 주체사상을 통치이념으로 제시하면서 '주체사상은 사람중심의 철학사상이며, 사람이 모든 것의 주인이며 모든 것을 결정한다'는 철학적 원리를 바탕으로 인민들의 마음을 사로잡았다. 하지만 김정일은 선군정치를 통치이념으로 제시하면서 혁명의 주력군을 인민대중에서 군대로 바꾸어 버리고, 혁명의 주체도 당과 대중에서 당, 군대, 대중으로 바꾸어버렸다. 또 김정일은 "인민군대가 그 정치사상적 준비와 혁명성에서 핵심 부대이며, 인민군대는 세상에서 가장 규률 있고 전투적인 혁명력량이며, 당과 수령의 명령 지시 관철에서 인민군대가 발휘하고 있는 절대성, 무조건성의 정신과 높은 창조력, 실천력은 그 무엇과도 비길

[33] 「우리 당 선군정치의 빛나는 력사에 대하여」, 25쪽.

수 없는 위력을 가지고 있다"[34]고 하면서 군대를 혁명의 중심에 두었다.

이는 김정일이 인민군대는 그 능력이나 충성심, 복종심이 매우 강해 어떠한 임무를 부여하더라도 완벽하게 수행할 수 있고, 또한 사회주의 위업수행과정에서 나타나는 복잡하고 어려운 문제도 성공적으로 잘 풀어갈 수 있기 때문에 사회주의 혁명의 주체로서 활용하겠다는 것이다.

'군사선행의 원칙'과 '선군후로의 원칙'은 군을 선군정치의 중심에 두고 운영한다는 면에서 큰 차이는 없다. 하지만 개념상으로 구분해 본다면 군사선행의 원칙은 의사결정과정에서 군부에 무게중심을 두고 정책을 추진한다는 것이며, 선군후로의 원칙은 법적 지위와 권한을 결정하는 데 있어 군을 다른 기구보다 앞에 둔다는 것으로서 국가기구 서열상의 부분이라 할 수 있다.

하지만 북한은 당과 군대가 서열상 누가 선차냐 할 때 당이 앞자리에 놓이며, 따라서 군대는 그 위상에서 명실공히 당·군으로 자리매김 된다고 하면서 군이 당의 아래 위치하고 있음을 분명히 하고 있다.

3. 선군정치 3대 혁명역량

'선군정치 3대 혁명역량'은 북한에 김정은 정권 등장 이후 새롭게 제시된 구호로서 그 구성은 '혁명적 당', '혁명무력', '일심단결'의 3요소이다. 김정은이 이와 같은 '선군정치 3대 혁명역량'을 들고 나온 배경으로는 다음과 같은 이유를 제시해 볼 수 있다.

첫째, 김정일의 '3대 혁명소조운동'[35]을 답습한 것이다. 김정일은 1970년

• • • • • • • • • • • •
34) 김철우, 『김정일 장군의 선군정치』, 41~42쪽.
35) 3대 혁명소조는 1973년 2월 10일 발기된 조직으로 1970년대 6개년 경제 개발 부진을 극복하기 위한 수단으로 만들었다. 여기에는 사상혁명소조·기술혁명소조·문

대 북한이 추진한 '6개년 경제발전계획'이 부진을 보이자 이를 극복하기 위한 방법으로 '3대 혁명소조운동'을 전개하였다. 3대혁명 소조운동은 기대 이상으로 그 성과를 보이면서 김정일이 김일성의 후계자로 내정받는 데 결정적 기여를 하였다. 따라서 김정은 역시 아직 자신의 정치적 기반이 확고하지 못한 상태에서는 자신의 능력을 보여줄 수 있는 새로운 구호제창이 필요했던 것이다. 북한은 2014년 3월 20일 로동신문을 통해 "과학과 기술의 시대에 선군사상으로 무장하고 현대 과학기술을 소유한 청년지식인으로 자라난 3대 혁명소조원들은 마땅히 새 세기 산업혁명 수행에 앞장서야 한다"고 하면서 3대 혁명소조운동원들의 역할을 강조했다. 이는 김정은이 '선군정치 3대 혁명역량과 '3대 혁명소조운동'을 상호 연계시켜 경제활동에 이용하고자 하는 의도로 보인다.

둘째, 정권안정 수단으로 필요했다. 김정은은 권력승계 이후 대외적으로는 북핵문제로 인한 국제사회의 압박이 지속되고 있었고, 대내적으로는 경제난과 식량난으로 인해 북한체제에 대한 주민들의 불만이 확산되고 있었다. 따라서 김정은은 국제사회의 압박에 대항하고 주민들의 불만을 잠재우기 위한 새로운 구호제창이 필요했던 것이다. 또 한편으로는 김정일이 김일성 사망 이후 새로운 정치적 구호를 제창하면서 자신의 정권을 공고화시켰듯이 김정은 역시 새로운 구호 제창을 통해 김정일 시대와 차별화를 부각시키고 자신의 정권 안정을 꾀하기 위한 것이라 할 수도 있다.

셋째, 선군정치의 실현 수단으로 필요했다. 김정은은 권력승계 이후 김정일의 유훈통치를 내세우며 선군정치에 의한 북한 통치를 지속할 것

─────────────────

화혁명소조로 나누어지며, 소조원은 과학자, 기술자, 청년, 지식인 등으로 수십 명 단위로 구성되었으며 이들은 공장이나 협동농장 등 생산현장에 직접 들어가 노동자, 농민들을 돕거나 지도하게 함으로써 북한 사회 전반에 큰 활력을 불어넣었다.

임을 분명히 밝힌바 있다. 하지만 김정일 시대 선군정치는 총론만을 제시했지 이론적 체계에 대해서는 아직 미흡한 상태라 할 수 있다. 따라서 김정은은 김정일의 후계자로서 보다 강력한 선군정치를 구현하기 위한 이론적 체계가 필요했던 것이다.

이와 같이 김정은이 '선군정치 3대 혁명역량'을 새롭게 들고 나온 것은 김정일이 추진했던 정치적 교훈과 자신의 정치적 안정, 그리고 선군정치의 실현 수단이 필요했기 때문이라 할 수 있다.

가. 혁명적 당

사회주의국가에서 당은 국가의 최고기구로서 국정운영에 있어 절대적인 역할을 담당한다. 따라서 선군정치를 실현하는 데 있어 당은 혁명의 수뇌부로서 선군정치 3대 혁명역량 중 가장 핵심적인 요소라 할 수 있다.

북한은 조선로동당이 혁명적 당으로서 위상을 확립하기 위해서는 군과 모든 인민대중은 당에 대한 절대적인 충성을 해야 한다고 하면서 그 논리를 다음과 같이 주장하고 있다.

> 당은 수령의 혁명사상을 실현하기 위한 혁명의 전위조직이며 사회주의 건설을 위한 투쟁을 이끌어 가는 혁명의 참모부로서 당을 떠나서는 혁명과 건설에 대한 수령의 령도, 수령의 정치에 대하여 생각할 수 없으며, 또 수령의 선군정치를 받들어 나가는 여러 정치조직들 가운데서 최고형태의 정치조직이다.[36]

36) 『선군혁명사상에 대하여』, 평양: 사회과학출판사, 2013, 168쪽.

즉, 당은 선군정치를 실현하는 데 있어 최고의 기구이기 때문에 당이 결심한 사항에 대해서는 무조건적이고 절대적으로 따라야 한다는 것이다.

북한은 혁명적 당이 선군정치의 향도적 역량인 만큼 선군정치를 철저히 관철하기 위해서는 당을 강화하고 그 역할을 결정적으로 높여야 한다고 하면서 이를 위해서는 무엇보다도 전당에 당의 유일적 영도체계를 튼튼히 세워야 한다고 주장하고 있다. 이는 조선로동당이 김정은의 유일사상체계를 확립해 나가는 데 앞장서야 한다는 것을 강조하고 있는 것이다.

김정은은 자신의 정권 출범 이후 권력의 중심을 군에서 당으로 전환하였다. 그동안 군이 지속적으로 맡아오던 총정치국장을 군부가 아닌 당 출신인 최룡해와 황병서를 임명하고, 김정일 시대에 군에 이양했던 자체 무역권한도 당과 내각에 이양토록 하는 등 당에 의한 군 통제를 강화했다. 또 김정일 시대 때 국방위원회 위원이 당중앙군사위원회 위원보다 먼저 호명되던 것이 김정은 정권 출범 이후부터는 국방위원회 위원보다 당중앙군사위원회 위원을 먼저 호명하고 있다.

이와 같이 김정은이 권력을 군에서 당 중심으로 재편하려는 의도는 그간 선군정치로 인해 비대해지고 부패한 군의 권력을 장악하고 개선하려는 의도도 있지만, 다른 한편으로는 당이 자신의 유일사상 체계를 확립하는 데 가장 적합한 조직체로 보고 있기 때문이다.

김정은은 2012년 4월 11일 당규약 개정을 통해 자신의 법적 지위도 확고히 해놓았다. 개정된 당규약을 보면 김정은은 당과 인민의 위대한 영도자이고, 당은 김정은을 중심으로 결합된 노동계급과 인민대중의 핵심부대라고 규정함으로써 현재 수령이 김정은 자신임을 분명히 하고 있다. 따라서 당은 수령의 결사옹위를 위해 최선을 다해야 한다고 강조하고 있다.

나. 혁명무력

'혁명무력'은 김정은의 선군정치가 굳건히 실현될 수 있도록 뒷받침해주는 군사력을 말한다. 이는 선군정치의 사상적 기초인 총대정신에 기인하고 있다고 할 수 있다.

혁명무력(혁명군대)은 선군정치의 정치적 역량의 중심으로서 위대한 수령, 위대한 당을 맨 앞장에서 굳건히 보위하는 선봉대, 돌격대로서 역할을 다해야 한다고 주장하면서 혁명군대의 역할에 대해 다음과 같이 강조했다.

> 혁명군대는 선군혁명의 위대한 수령, 위대한 당을 맨 앞장에서 굳건히 보위하며 선군혁명의 직접적 담당자인 광범한 인민대중을 당과 수령의 두리에 묶어세우고 그 사상과 영도를 관철해 나가는데서 핵심적이며 주도적인 역할을 해야 하며, 혁명군대는 선군혁명의 수령을 견결히 옹호 보위하는 수령옹위의 제일전초병이 되어야 한다.[37]

이는 군이 김정은의 사상과 위업을 철저히 받들어 선군혁명을 조직 영도해 나가는 데 이상이 없도록 해야 하며, 또한 인민들이 혁명대열을 이탈하지 못하도록 철저히 통제해야 한다는 것이다. 즉 혁명군대는 김정은의 개인 군대로서 그 역할과 사명을 다 할 수 있어야 한다는 것이다.

김정은은 2013년 3월 31일 당중앙위원회 전원회의에서 '조성된 정세와 우리 혁명발전의 합법칙적 요구에 맞게 경제건설과 핵무력 건설을 병진할 데 대한' 새로운 전략적 노선을 제시하면서 자위적 핵무장을 강화할 것임을 분명히 하였다. 여기서 김정은은 핵무장을 통한 나라의 방

37) 『선군혁명사상에 대하여』, 173~174쪽.

위력을 강화하면 경제건설도 더불어 발전할 수 있는 가장 혁명적인 인민적 노선이라고 주장하였다. 즉 군사력 증강과 경제발전의 두 마리 토끼를 동시에 잡겠다는 것이다.

김정은은 집권 이후 김정일에 이어 어려운 경제현실 속에서도 전략무기 개발에 역량을 집중하고 있다. 핵은 이미 6번의 핵실험을 통해 그 보유능력을 과시하고 있다. 미사일은 그동안 수십 회의 시험 발사를 통해 대륙간 탄도미사일인 화성 15호가 2017년 11월 29일 시험 발사에 성공하였다. 지금 북한은 스커드미사일 700여 발을 포함 총 1,000여 발의 미사일을 보유하고 있고, 재래식 무거도 성능개선을 통해 질적 향상을 도모한 것으로 알려지고 있다.

김정은이 이와 같이 군사력 강화에 역량을 집중하고 있는 것은 선군정치의 실현 수단을 확보하기 위한 것이라 할 수 있다.

다. 일심단결

'일심단결'은 선군정치가 강력히 추진될 수 있도록 당·군·인민이 일치단결하는 것을 말한다. 즉 북한에 선군정치가 이상 없이 구현될 수 있도록 당·군·민이 하나가 되어 뒤에서 힘 있게 밀어주는 원동력을 말한다.

북한은 일심단결에 대해 다음과 같이 주장하고 있다.

> 선군혁명의 주체는 수령, 당, 군대, 인민의 통일체이며 선군혁명은 당과 수령의 두리에 혁명군대를 핵심으로 하여 굳게 뭉친 인민대중의 통일 단결된 힘에 의하여 추동되는 것이며, 또한 혁명대오의 일심단결은 바로 당과 수령을 중심으로 하는 군대와 인민의 조직 사상적 결합을 확고히 했을 때 이루어질 수 있다.[38]

즉 당과 군대, 인민이 철저히 결합해 김정은을 결사옹위해야 한다는 것이다. 또 일심단결을 위해서는 자기의 목숨까지도 당과 수령에게 과감히 받칠 수 있어야 한다고 강조하고 있다.

북한은 일심단결의 근본 핵은 혁명의 수뇌부라고 주장하고 있다. 혁명의 수뇌부는 혁명의 최고뇌수이고 영도의 중심, 단결의 중심이며 당과 군대, 인민의 운명이기 때문에 혁명의 수뇌부를 떠나서는 일심단결에 대하여 결코 생각할 수 없으며 혁명의 수뇌부를 결사 옹위하는 것은 혁명대오의 일심단결을 이룩하는 데 가장 중요한 요소라고 강조하고 있다. 이는 당과 군, 인민대중이 김정은을 중심으로 굳게 단결하지 못하면 선군정치는 실현될 수 없다는 논리를 전개하고 있는 것이다.

김정은은 2012년 4월 15일 태양절 100주년 연설에서 김일성 주석과 김정일 국방위원장의 역사적 업적을 강조한 뒤 일심단결은 불패의 권력에 새 세기 산업혁명을 더하면 그것은 곧 사회주의 강성국가라며 인민들에게 일심단결을 강조하였다.

김정은이 이와 같이 일심단결을 강조하는 것은 북한 주민들이 식량난과 경제난, 3대 세습 등으로 북한체제에 대한 불만이 가중되자 주민들의 체제일탈을 방지하기 위한 데서 나온 것으로 보인다.

이상에서 살펴본 바와 같이 김정은이 내세우고 있는 '선군정치 3대 혁명역량'은 선군정치의 사상적 기초인 '군대는 당·국가·인민'과 '총대정신'의 기본 원리를 바탕으로 이를 행동화시키기 위한 하나의 실천운동으로 이해된다. 다시 말해 '선군정치 3대 혁명역량'은 강력한 군사력과 주민들의 일심단결을 통해 북한 체제를 수호하고 김정은의 유일사상체계를 확립시켜 나기기 위한 하나의 행동실천 지침이라 할 수 있다.

· · · · · · · · · · · · ·

38) 『선군혁명사상에 대하여』, 179쪽.

【그림 4-1】 선군정치 3대 혁명역량

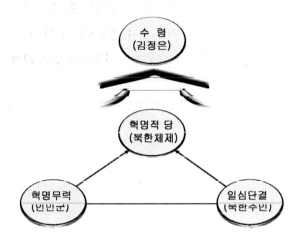

출처: 박용환, 「선군정치 3대 혁명 역량에 관한 연구」, 『군사논단』 제82호 2015년 여름, 서울: 한국군사학회, 2015, 57쪽.

제3절 선군정치하 북한 군사정책

1. 군사정책의 교시적 · 법령적 근거

북한이 1994년 김일성 사망 이후 4년여간의 유훈통치 기간을 거쳐 1998년 9월 사회주의 헌법을 개정하면서 김정일 체제가 본격 출범하였다고 본다면 이때부터 북한의 군사정책과 군대가 변화를 모색하는 시기라고 가정할 수 있다. 하지만 구조적으로 김정일 체제가 김일성 체제의 연장선상에 있다는 점과 김정일의 통치권이 공고히 구축되기 위해서는 군대의 협력이 절실히 필요하다는 점을 감안하면 김정일이 군에 대한 개혁과 변화를 요구하기는 어려운 여건이었다고 볼 수 있다. 또한 김정일 자신이 김일성 사망 이후 아버지의 유훈통치를 천명하고 나섰고, 사회주의 체제를 고수하고 있었기 때문에 통치방식에 있어 크게 변화하지 않으리라는 관측이 지배적이었다.

하지만 김일성 사망 이후 북한에 몰아닥친 식량난, 북핵문제, 사회주의국가의 몰락 등으로 인한 위기상황은 북한 체제의 근간을 불안하게 만들었고, 김정일로 하여금 체제유지를 위한 새로운 변화를 추구하지 않으면 안 되게 만들었다.

그동안 북한의 군사정책은 김일성의 군사관인 혁명적 무장력에 의한 한반도 적화통일에 목표를 두고 수립되었다. 이러한 북한의 군사정책은 김일성·김정일 사후에도 큰 틀에서의 변화는 없는 것으로 보인다. 하지만 북한이 처해 있는 대내·대외적 상황을 고려해 볼 때 그 구현방법에 있어서는 변화가 있는 것으로 보인다.

북한은 2009년 헌법 개정[39]을 통해서 선군사상을 새로운 통치이념으로 선언하고 국방위원장의 지위를 '최고영도자'로, 또 국방위원장이 '국가의 일체무력을 지휘통솔'하도록 명문화함으로써 군중심의 병영국가 체제 노선을 법제화시켜 놓았다.

2009년 개정된 북한헌법에 나타난 군사부문의 변화와 특징을 살펴보면[40] 첫째, 국방위원회가 군사와 국방관리기관에서 국가관리기관으로 격상되었다. 따라서 국방위원회는 국가의 중요정책을 수립하고 국방위

---

[39] 1998년 헌법은 서문 7장 166조로 구성된데 비해 2009년 개정 헌법은 서문 7장 172조로 증편 발표하였다. 주요 개정내용으로는 '주체사상'과 함께 '선군사상'을 명문화하여 통치이념에 추가시켰고, 사회주의·계획경제 등 기본노선 유지하에 '공산주의' 용어를 삭제하였다.

[40] 권양주, 『북한 군사의 이해』, 한국국방연구원, 2010, 95~102쪽 참조.

원장의 명령, 국방위원회 결정·지시에 대한 이행 여부를 감독하고 대책을 수립할 수 있게 되었다. 즉 국가의 최고 지도기관으로 격상된 것이다.

둘째, 국방위원장이 최고사령관직을 겸직하게 되었다. 1992년 헌법 개정 시 주석의 최고사령관 겸직조항이 삭제되어 최고사령관직은 별도의 독립기구로 되어 있었다. 그런데 다시 '국방위원장은 전반적 무력의 최고사령관으로 되며'라고 헌법 개정을 함으로써 군에 대한 권한을 국방위원장에게 일임시켜 놓았다. 이는 김정일이 후계자를 결정한다고 하더라도 동시에 최고사령관직을 부여하지 않겠다는 의지가 담겨 있는 것으로 해석할 수 있다. 실제로 김정일은 2010년 9월 제3차 당대표자회를 통해 김정은을 후계자로 지명을 했음에도 실질적인 군사지휘권은 부여하지 않았다.

셋째, 군사지휘권을 일원화하고 분담하지 않겠다는 김정일의 의지가 내포되어 있다. 조선로동당 규약에는 당중앙군사위원회가 '군대를 지휘한다'고 되어 있고, 헌법에는 국방위원장이 '일체 무력을 지휘통솔'하도록 되어 있다. 따라서 유사시에는 혼란에 빠질 우려가 있고, 후계 체제 확립과정에서 국방위원장과 갈등이 빚어질 가능성도 배제할 수가 없게 되어 있었다. 그러나 헌법 개정을 통해 국방위원장이 최고영도자가 되고 군사지휘권을 일원화함으로써 군사지휘에 관해 일어날 수 있는 문제를 예방한 것으로 보인다.

넷째, 북한군은 공식적으로 국방위원장의 개인 친위대가 되었다. 무장력의 임무는 헌법을 개정하기 전에는 근로인민의 이익을 옹호하는 것이 우선이었으나, 개정 후에는 '혁명의 수뇌부를 보위'하는 것이 최대의 사명이 되었다. 즉 인민보다는 북한 수뇌부의 개인 군대로서의 역할이 더 중요하다는 것이다.

북한은 헌법 개정을 통해 국방위원장 지위를 '최고영도자' 및 '최고사령관'으로 명문화하고 국가 전반의 사업지도와 중요 조약 비준·폐기 및 특사권을 행사하는 등 '국방위원장'의 절을 별도로 신설하고 헌법상 그 지위를 격상시켰다. 그리고 국방위원회가 국가주권의 최고 국방지도기관으로 주요정책 수립권, 국가기관 감독·통제권을 새로 부여하는 등 국방위원회 중심의 국정운영 시스템을 구축하였다.

이와 함께 2010년 9월 28일에는 44년 만에 제3차 당대표자회를 개최하여 30년 만에 조선로동당 규약을 개정하였다. 개정된 당규약의 군사 관련 특징을 살펴보면 첫째, 인민군대를 강화하고 나라의 방위력을 철벽으로 다지며 사회주의 자립적 민족경제와 사회주의 문화를 발전시켜 나간다고 함으로써 강력한 군사력 건설을 통해 선군정치를 실현해 나갈 것임을 밝혔다.

둘째, 당총비서가 당중앙군사위원회 위원장을 자동으로 겸직하도록 했다. 당중앙군사위원회는 당의 별도 독립기구로서 당중앙군사위원장은 당총비서와 같이 당중앙위원회에서 선출하도록 되어 있었다. 그런데 당총비서 선거권을 당중앙위원회가 아닌 당대회로 격상 강화하면서 당중앙군사위원장을 겸직하도록 한 것이다. 이는 1997년 10월 김정일의 총비서 추대 사례와 같이 후계자 김정은이 총비서에 추대되면 당중앙군사위원장직을 당연히 겸하게 하려는 의도였던 것으로 분석된다.

셋째, 당중앙군사위원회의 권한이 확대되었다. 제반 군사업무에 관한 당적 지도는 오직 당중앙군사위원회에서만 하도록 했다. 종전에는 당중앙위원회가 혁명적 무력을 조직하고 이들의 전투능력을 제고시키는 업무를 하도록 명시되었으나, 개정된 당규약에서는 당중앙군사위원회가 당대회와 당대회 사이에 군사 분야에서 나서는 모든 사업과 군수사업 전반을 당적으로 조직 지도하도록 했다. 이와 같이 군사업무에 관한 제반 사항을 당중앙군사위원회에서 전담하도록 한 것은 후계자인 김정은에게 무계를 실어주기 위한 의도가 있었던 것으로 분석된다.

넷째, 당중앙군사위원회의 권한에서 군사지휘권이 삭제되었다. 종전의 당규약에는 당중앙군사위원회는 "우리나라의 군대를 지휘한다"라고 되어 있었으나 개정된 당규약에는 이러한 내용이 삭제되었다. 다시 말해 당중앙군사위원회의 권한에서 군사지휘권을 삭제함으로써 당중앙군사위원회는 군사지휘권을 결(缺)한 국방사업 전반을 통제하도록 하였고, 군사지휘권은 국방위원장과 최고사령관으로 이어지는 체계로 일원화시켰다. 이는 국방위원장 1인만이 일체의 무력을 지휘할 수 있도록 함으로써 군대 지휘권의 혼선과 충돌을 방지하기 위한 것으로 보인다.

이를 종합해 보면 종전에는 군사지휘권이 당중앙군사위원회, 국방위원장, 최고사령관에게 이중으로 부여되어 있어 유사시 지휘체계에 혼란이 야기될 가능성이 있었다. 하지만 최고사령관을 겸직하게 된 국방위원장 1인에게 일원화시킴으로써 군사지휘권에 대한 혼선을 방지하고자 하였다. 또 군사지휘에 관한 일체의 권한을 김정일만이 갖도록 한 것은 대내 여건의 악화 속에서 후계 체제를 확립해야 하는 상황 등을 고려하여 안정성을 도모하기 위한 것으로 보인다. 그리고 김정일 유고시 후계자가 당 총비서로 선출되면 자동으로 군사업무 전반을 관장하도록 함으로써 유사시 군사업무 분할로 인한 문제가 발생하지 않도록 예방 조치한 것으로 분석된다. 실제로 2011년 12월 17일 김정일이 갑자기 사망하자 김정은이 곧바로 최고사령관직을 이어 받음으로써 군사지휘권에 대한 혼란이 발생하지 않았다.

김정일은 당시 헌법과 당규 개정을 통해 자신의 선군정치에 대한 법적 근거를 명확히 함과 동시에 군을 이용한 자신의 체제유지를 지속할 수 있도록 국방위원회 중심의 국정운영 시스템을 구축해 놓은 것으로 보인다.

한편, 김정일은 싸움준비에 대해 2011년 신년공동사설을 통해 '인민군
대의 정신은 백두의 공격정신이며 정의의 대응방식은 즉시적이고 무자
비한 섬멸전이다'고 하면서 적극적인 공세전투를 벌일 것을 주문하였다.
또 인민군에게 하달되는 학습제강을 통해서는 "현대전은 고도로 확대된
립체전, 정보전(정찰전, 전자전, 사이버전, 심리전), 비대칭전, 비접촉전,
정밀타격전, 단기속결전으로 특징지어지는 새로운 형태의 싸움이며, 전
쟁수행방식과 전투행동수법이 부단히 변화 발전하는 오늘의 현실은 우
리 지휘성원들로 하여금 기존 군사지식이나 상식에만 매여달려 가지고
서는 작전전투조직과 지휘를 바로 할 수 없다는 것을 보여주고 있다"[41]
고 하면서 인민군에게 현대전에 부합된 실속 있는 싸움준비를 해줄 것
을 주문하였다. 이러한 지시는 김정일이 그동안 현대전의 양상을 지켜
보면서 기존 재래식 전법으로는 전쟁에서 승리를 담보할 수 없다고 판
단한 데서 기인한 것으로 보인다.

이와 같은 북한의 군사정책은 김정은 정권 들어서도 큰 틀에서의 변
화는 없는 것으로 보인다. 북한은 2011년 12월 24일 김정일 사망 영결식
에 즈음하여 김정일 위원장의 최대 업적이 '핵'개발과 '위성(미사일)'발사
이며 이는 '혁명유산'이라고 치켜세웠다. 그리고 김정은이 김정일의 혁
명유산을 더욱 풍부히 해나갈 것이라고 밝혔다. 따라서 김정은 체제에
서의 북한 군사정책은 김정일의 연장선상에 놓여있다 할 수 있다. 다만
변화가 있다면 후계자인 김정은이 김정일보다 공세적이고 과격한 군사
정책을 전개하고 있는 것으로 보인다. 이는 김정은이 짧은 후계자 수업
으로 인한 국정경험 부재와 어린 나이로 인한 리더십 부족 등 자신의 핸

---

41) 「조성된 정세의 요구에 맞게 자기 부문의 싸움준비를 빈틈없이 완성할데 대하여」,
『학습제강』(군관, 장령용), 평양: 조선인민군출판사, 2006, 26~27쪽.

디캡을 극복하기 위한 의도에서 나온 것으로 보인다.

김정은은 2012년 4월 6일 당중앙위원회 일꾼들과의 담화를 통해 "우리는 당의 선군혁명로선을 틀어쥐고 나라의 군사적 위력을 백방으로 강화해나가야 합니다"[42]라고 하면서 김정일에 이어 강성국가 건설에 있어 군사강국이 무엇보다 중요하다는 것을 강조하였다. 또 2012년 헌법 개정을 통해 자신들이 핵보유국임을 명시하고, 대량살상무기 생산과 관리를 전담하는 부서장들에 대해 우대 조치를 취하였다. 이는 김정은도 김정일에 이어 핵무력에 기초한 군사정책을 전개하겠다는 의도로 해석할 수 있다.

김정은은 2014년 10월 북한군 제526대연합부대를 현지 지도한 자리에서 '싸움은 계획대로만 진행되지 않고 예상치 못한 정황이 조성될 수 있다며, 훈련에서 형식주의를 배격하고 현대전에 맞게 부단히 개선해야 한다'고 강조하였다. 이와 같은 김정은의 공세적이고 실전적인 훈련지침과 현지지도는 북한군의 전투력 향상으로 이어지고 있다.

김정일 시대 북한 군사정책은 대내적으로는 취약한 권력기반을 공고화하기 위한 수단으로 선군정치를 내세우고 강성대국 건설을 표방하며 내부통제와 내부불만 수습에 임하는 한편, 대남 면에서는 서해교전, 미사일 발사, 천안함 폭침 및 연평도 포격과 같은 무력도발을 통해 위협을 고조시켜 남남 갈등을 유발하고 전쟁공포 분위기를 조성하여 반전평화 여론을 고양시키고자 하였다. 대외 면에서 있어서는 미국 및 6자회담 당사국들과 핵 문제를 내세워 국제사회와의 마찰을 '벼랑끝전술'이라는 자신만의 독특한 전술을 전개하면서 그 위기를 극복하고 경제적 실리를 챙기고자 하였다.

· · · · · · · · · · · · · · ·
42)『조선중앙통신』, 2012년 4월 19일.

　　김정은 정권에서의 북한 군사정책 역시 아버지 김정일에 이어 선군정치에 의한 강성국가 건설을 표방하면서 어려운 경제난으로 남한을 능가하는 군사력 건설이 사실상 어렵다고 판단하고 있기 때문에 핵·미사일을 중심으로 한 비대칭 전략무기 개발과 이를 이용한 군사정책 추진에 역점을 두고 있는 것으로 보인다.

　　이 같은 김정은 정권의 군사정책은 내부적으로는 과도한 군사비 지출로 인해 북한 경제를 더욱 어렵게 만들고 있고, 외부적으로는 국제사회와의 마찰로 인해 북한의 대외활동이 차단되는 등 고립화를 심화시키고 있다.

　　한편, 김정은은 2013년 3월에는 노동당전원회의를 통해 '경제발전과 핵무력 병진'의 정책노선을 채택하였다. 이는 북한이 그동안의 핵실험과 미사일 시험 발사를 통해 핵무장의 능력을 갖추었기 때문에 국방문제가 어느 정도 풀렸다고 판단하고 앞으로는 군비부담을 줄여 경제발전에 기여하겠다는 의도로 풀이된다.

2. 강성대국 건설의 군사강국론

　　북한은 '강성대국'이란 "모든 분야에 걸쳐 나라의 위력이 최상의 수준에 이른 사회주의 나라, 사회주의 사상의 강국, 정치의 강국, 군사의 강국, 경제의 강국을 이루는 것"[43]이라고 밝히고 있다.

　　북한에서 '강성대국' 구호가 등장한 것은 1998년 1월 4일 로동신문 정론을 통해 '사회주의 승리자의 기개를 떨치자'에서 '사회주의 강성대국'이라는 용어를 처음 사용했다. 이어 2월 3일자 로동신문 사설 '자력갱생

---

[43] 철학연구소, 『사회주의 강성대국 건설사상』, 평양: 사회과학출판사, 2009, 21쪽.

의 기치 높이 강행군 앞으로'에서 '주체의 강성대국'이라는 표현을 사용하였다. 또 8월 22일 로동신문 정론을 통해 "사상의 강국을 만드는 것부터 시작해 군대를 혁명의 기둥으로 튼튼히 세우고 그 위력으로 경제건설의 눈부신 비약을 일으키는 것이 주체적인 강성대국 건설방식이다"고 함으로써 강성대국 건설을 공식 발표하였다. 이어 그해 8월 31일에는 '광명성 1호'(대포동 1호)를 발사하고서는 이를 강성대국으로 들어가는 신호탄인 것처럼 그 의미를 부여하였다.

또 1998년 9월 9일 노동당 정권 창건 50주년을 맞아서는 '위대한 당의 영도에 따라 사회주의 강성대국을 건설해 나가자'는 사설을 로동신문에 게재함으로써 김정일 정권에서 공식적인 국가전략 목표로 등장하게 되었다.

북한은 1999년 1월 1일 신년공동사설에 강성대국 건설 목표가 사상 · 군사 · 경제대국의 3대 분야임을 밝히고, 그 세부실천 사항으로 사상의 강국이란 "주체사상에 기초한 당과 혁명대오의 공고한 사상의지적 통일단결이 이룩된 나라"를 만드는 것이며, 군사의 강국이란 "강력한 공격수단과 방어수단을 다 갖춘 무적필승의 강군, 전민 무장화, 전국 요새화가 빛나게 실현되어 그 어떤 원쑤(원수)도 범접할 수 없는 난공불락의 보루"를 만드는 것이며, 경제의 강국이란 "사회주의 건설을 다그쳐 경제를 활성화하고 자립경제의 위력을 높이 발양시켜 우리 조국이 모든 면에서 강대한 나라로 빛을 뿌리게 하는 것"[44]이라고 주장하였다. 다시 말해 사상에서는 주체사상으로 일색화된 사상강국을, 군사에서는 자주국방을 실천하는 군사중시의 군사강국을, 경제에서는 인민생활을 향상시킬 수 있는 자립경제가 달성될 때 비로소 국가가 강성대국에 진입하게 된다는

· · · · · · · · · · · · · ·
44) 『로동신문』, 1999년 1월 1일.

것이다. 특히 이 중에서도 사상과 군대를 틀어쥐면 주체의 강성대국 건
설에 근본을 틀어쥔 것으로 된다고 하면서 철저한 사상무장과 강력한
군사력 건설을 강조하였다.

북한은 2000년 신년공동사설에 강성대국 건설의 3대 기둥을 '사상중
시, 총대중시, 과학기술중시'라고 주장하며 여기에 총진군할 것을 강조
하였다. 또 2002년에는 강성대국 건설에서 비약의 해로 빛내기 위한 '우
리 수령', '우리 사상', '우리 군대', '우리 제도' 등 '4대 제일주의'를 내세웠
다. 그리고 2010년 공동사설을 통해서는 2009년은 인공위성(광명성 2호)
을 성과적으로 발사하고, 제2차 지하핵실험을 성공적으로 진행하여 군
사 및 과학기술에서의 성과를 얻어 강성대국 건설의 기틀을 마련하였다
고 자평하면서 주민들에게 강성대국 건설에 온 힘을 다해 매진할 것을
강조하였다.

북한은 강성대국 건설목표를 2012년으로 설정해 놓고 추진하였다. 이
는 김일성 탄생 100주년이 되는 2012년에 강성대국을 완료함으로써 김
일성을 다시 한 번 우상화시키고 이를 김정일 자신의 위업으로 치장하
기 위한 의도에서 시도된 것으로 보인다.

김정일이 강성대국 건설을 국가전략 목표로 내세운 배경에는 첫째,
사회주의국가의 붕괴와 김일성 사망 이후 총체적 위기 속에서 북한 체
제를 수호하고 자신의 정권을 안정시키기 위한 강력한 구심점이 필요했
기 때문이다. 북한 주민의 우상이었던 김일성의 갑작스런 사망과 그들
의 절대적 우방이었던 소련의 붕괴는 북한 지도층에게 너무나 큰 충격
을 주었다. 따라서 자신들의 체제를 지키기 위해서는 오직 강성대국만
이 살길이라고 판단하였고, 또 이것을 인민들에게 강력히 주입시킴으로
써 체제불안에 대한 동요를 방지하고 내부결속을 꾀할 수 있다고 판단
했기 때문이다.

둘째, 북핵문제로 인한 국제사회의 압박과 제재에 더 이상 견딜 수가 없었다. 북한은 핵문제 외에도 불법무기수출, 인권문제 등으로 국제사회의 많은 제재와 압박을 받아왔고 그 수위는 시간이 지날수록 높아져만 갔다. 더구나 자신의 우방이었던 소련은 붕괴되었고, 중국은 개혁·개방의 정책을 추진하고 있어 더 이상 자신들의 우방으로서 역할을 해 줄 수 없다는 현실과 함께 위기의식을 느끼게 되었다. 따라서 국제사회의 압박에 대항하고 자신의 체제를 유지하기 위해서는 여기에 대항할 수 있는 독자적인 생존능력, 즉 강성대국만이 오직 살길이라고 판단했던 것이다.

셋째, 선군정치의 실현수단으로써 필요했다. 김정일은 선군정치를 주창하면서 "선군정치는 군력이자 국력이고 군대의 운명이자 국가정권의 운명이라는 이 같은 뗄래야 뗄 수 없는 상호관계에 기초하고 있는 정치방식이다"[45]고 하였다. 다시 말해 선군정치는 강력한 군사적 수단이 없이는 실현될 수 없기 때문에 강력한 국방력의 건설은 필수적인 것이며, 이러한 국방력의 구축은 곧 강성대국의 길로 이어진다는 것이다.

넷째, 김정일 자신의 독창적인 국가전략 목표가 필요했다. 김정일은 아버지 김일성에 비해 혁명적 업적이나 카리스마가 부족했기 때문에 후계수령으로서 정통성을 인정받기 위해서는 자신의 능력을 입증할 만한 전략적 브랜드가 필요했다. 따라서 어려운 북한 현실을 고려할 때 인민들에게 희망과 통치자로서 강력한 인상을 줄 수 있는 '강성대국 건설'이라는 전략적 목표를 제시하는 것이 인민들을 설득시키는 데 효과적이라고 판단했다. 즉 김일성 통치시대를 마감하고 김정일 시대를 새롭게 열면서 과거의 주체사상보다 신선하고 선명한 통치구호의 제시가 필요했던 것이다.

· · · · · · · · · · · · ·
45) 김철우, 『김정일 장군의 선군정치』, 53쪽.

이와 같이 김정일이 강성대국론을 주창했던 것은 총체적인 국가위기 속에서 자신의 정권안정을 통한 체제유지와 북핵문제로 복잡한 국제사회와의 대결에서 북한 정권의 건재함과 자신의 통치력을 과시하기 위해 제시된 것이라 할 수 있다.

북한은 강성대국 건설을 주창하면서 무적의 강군을 가진 나라는 군사강국으로 그 지위가 다져지며 군사강국만이 강성대국이 될 수 있다고 하면서 군사강국 건설이 필수적임을 역설하였다. 이를 위해서는 현대전의 특성과 시대의 요구에 맞게 인민군대를 우리 식의 독특한 전략과 전술로 튼튼히 무장시키고 군대의 군사기술적 준비를 획기적으로 강화하는 데 모든 힘을 집중해야 한다고 주장하였다. 또한 먼저 사상적으로 강군이 되어 어떠한 경우든지 체제와 정권을 수호하는 보루가 되어야 하며, 그리고 대남우위의 군사력을 유지하고 미국 등이 군사적 위협을 하지 못하도록 억제수단을 강구해야 한다고 하였다. 다시 말해 철저한 사상무장과 강력한 군사력을 바탕으로 한 전쟁준비만이 대남·대미와의 대결에서 승리할 수 있다는 것이다.

김정일은 군사강국 건설을 주문하면서 "지금의 정세에서는 우리에게 사탕보다 총알이 더 필요합니다. 사탕은 먹지 않아도 살아나갈 수 있지만 총알이 없으면 사회주의를 지켜낼 수 없고 살아 나갈 수도 없습니다"[46]고 하는가 하면, 2009년 6월 25일에는 당·군·국가의 경제기관 간부를 모아놓고는 "어떠한 대가를 치르더라도 국방공업을 최우선시할 것"을 강조하였다.

북한은 이 같은 김정일의 지시에 따라 군수산업을 정상화하고 군사

---

[46] 김정일, 「자강도의 모범을 따라 경제사업과 인민생활에서 새로운 전환을 일으키자」, 『김정일 선집』 제14권, 평양: 조선로동당출판사, 2000, 400쪽.

장비를 현대화하기 위한 노동력과 생산수단, 국가예산, 은행자금을 우
선적으로 지원하도록 하였다. 또 노동행정 부문에서는 과학기술 지식과
기술기능이 높은 노력자들을 국방공업에 우선 배치하고 나머지 노력을
인민경제의 다른 부문에 배치하는 원칙을 철저히 지켜야 한다고 하면서
모든 국가운영을 군사부문에 집중시키도록 하였다.

이는 김정일이 경제위기를 극복하는 문제보다 체제유지를 위한 군사
력 강화에 힘을 기울이고 있음을 보여주는 부문이라 할 수 있다.

북한은 2010년 4월 25일 인민군 창건 78돌을 맞아 로동신문 사설을 통
해 "우리 인민군대의 공격정신은 그 어떤 역경 속에서도 양보와 후퇴를
모르는 강의한 공격정신이고 최후의 승리를 이룩할 때까지 순간의 멈춤
도 없는 드세찬 공격정신이다"고 강조하는가 하면, 전투 시에는 '총폭탄
정신'47)에 입각한 결사항전의 전투를 전개할 것을 강요하였다. 이는 인
민군이 공세적 공격정신을 견지한 가운데 어떠한 극한 상황이 닥쳐오더
라도 포기하지 말고 끝까지 목표를 달성하라는 것이다.

김정일이 이와 같이 강성대국 중에서도 군사강국을 특히 강조하는 배
경에는 북한을 둘러싼 주변국들의 상황에서도 찾아볼 수 있다. 북한의
절대 우방이었던 구소련은 1991년 붕괴되어 절대적인 지원을 받기가 어
려워졌고, 중국은 등소평 정권 등장 이후 개혁·개방노선을 추진하면서
시장경제를 채택하고 경제 활성화에 주력하고 있다. 그리고 미국과는
정전협정의 대상국으로서 적대적 관계를 유지하고 있는데, 특히 북핵문
제로 인해 그 관계가 더욱 악화되어 가고 있었다. 여기에 북한이 직접적

━━━━━━━━━━━━

47) '총폭탄 정신'은 1994년 김일성 사망 이후 북한군이 각 부대에서 강조한 것으로 육
　군은 무기와 함께 몸으로, 해·공군은 함선과 비행기에 몸을 싣고 총과 폭탄이 되
　라는 것이다. 즉 김정일을 결사옹위하기 위해서는 자신의 몸이 총과 폭탄이 되어
　끝까지야 싸워야 한다는 것이다.

인 군사행동의 대상자로 지목하고 있는 남한과는 극심한 경제력 격차로 인해 이미 군비경쟁에서 뒤쳐지고 있는 상황이었다. 이와 같이 북한을 둘러싼 주변국들의 상황은 김정일로 하여금 보다 강력한 군사력 건설을 위한 정책을 수립할 수밖에 없도록 만들었다.

결국 김정일의 강성대국의 군사강국 건설은 유사시 전쟁승리를 보장하고 자신의 체제위협 요소에 대비하기 위한 수단으로 등장한 것이라 할 수 있다.

이러한 북한의 군사강국 건설은 김정은 체제에 들어와서도 변함없이 추진되고 있다. 김정은은 2018년 신년사를 통해 "핵무기 연구 부분과 로케트 공업 부분에서는 이미 그 위력과 신뢰성이 확고히 담보된 핵탄두들과 탄도로케트를 대량생산하여 실전배치하는 사업에 박차를 가해 나가야 합니다."라고 강조하면서 군사강국 건설에 더욱 매진해 나갈 것을 주문하였다. 이는 김정은이 개발이 완료된 전략무기를 실전배치함으로써 군사강국으로서 그 위치를 확고히 굳히겠다는 것이다.

제4절 북한 군사지휘체계

1. 북한 국가지휘체계

북한 정치체제는 당의 영도원칙이 모든 국가기관과 단체에 적용되는 당·국가체제에 바탕을 두고 있다. 행정부와 당의 관계는 흔히 배에서 노 젓는 사람과 키를 잡는 사람의 관계에 비유된다. 김일성도 "당 일꾼들은 경제일꾼들이 당의 노선에 따라 옳은 방향으로 나아갈 수 있도록 뒤에서 키를 잡아야 한다"[48]고 강조한바 있다.

이는 당이 국가운영에 중심이 되어 모든 부분을 잘 이끌어 주어야 한다는 것을 의미하지만, 한편으로는 정치일꾼과 실무자인 행정일꾼이 서로 자기의 주장만 내세우지 말고 상대방과 잘 협조하고 단결해 나가야 한다는 것을 의미하기도 하는 것이다.

김정일도 선군정치를 주창하면서 '선군정치'라 하여 군이 당에 앞서는 것은 아니며 군은 당의 통제를 받는 당·군 관계라는 것을 분명히 해야 한다하면서 당우선 국가운영을 강조하였다.

북한의 국가지휘체계는 【그림 4-2】에서 보는 바와 같이 조선로동당이 국가운영 전반을 지휘 통제하는 당중심 국가운영체계로 되어 있다.

【그림 4-2】 북한 국가지휘기구도

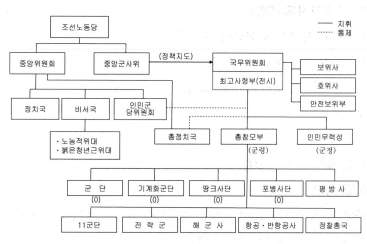

출처: 『2016 국방백서』, 서울: 대한민국 국방부, 2016, 23쪽; 『2017 북한이해』, 서울: 통일부, 2017, 57쪽 참조.

48) 김일성, 「당 조직사업과 사상사업을 개선 강화할데 대하여(1962. 3. 18)」, 『김일성 저작집』 16권, 평양: 조선로동당출판사, 1982, 157쪽.

따라서 조선로동당은 북한 국가기구의 최고의 기관으로 모든 국가운영에 관한 정책을 수립하고 통제하도록 되어있다. 이러한 북한의 국가운영 체계는 사회주의국가의 보편적인 국가운용 체계라 할 수 있다. 이는 김일성이 일제 강점기 시 중국과 구소련에서 빨치산 활동을 하면서 모택동과 스탈린의 사상에 영향을 받은 것으로 보인다.

조선로동당은 북한의 유일적 지도기관으로서 북한사회에서의 위치는 당규약에도 규정되어 있으며 헌법에도 명시되어 있다. 조선로동당 규약은 전문에 조선로동당이 "우리나라에서 근로계급과 전체 근로대중의 선봉적, 조직적 부대이며 전체 근로대중조직체 중에서 최고형태의 혁명조직"임을 규정하고 있다. 또 1992년 4월 개정된 헌법 제11조에는 "조선민주주의인민공화국은 조선로동당의 령도 밑에 모든 활동을 진행한다"라고 당의 국가지도 권한을 명시하고 있다. 이와 같은 법적 지위를 갖추고 있는 조선로동당은 공산당이 혁명과 건설의 최고지도력으로 간주되는 다른 사회주의국가들과는 달리 실질적으로는 수령의 혁명사상을 실현하는 정치적 무기로서 위치되고 있다고 볼 수 있다.

조선로동당 직속기관으로는 크게 '당중앙위원회'와 '당중앙군사위원회'를 두고 있다. 당중앙위원회는 당조직와 당 대회 사이에 당의 노선과 정책을 세우고 그 집행을 지도하는 당의 최고기관으로 1946년 8월 조선로동당 창립대회에서 43명의 중앙위원을 선출하면서 중앙위원회를 설립하였다. 이 위원회의 조직기구로는 정치국과 상무위원회, 비서국, 검열위원회 등으로 이루어져 있다.

당중앙위원회는 전 당에 유일사상체계의 확립, 당 노선과 정책수립 및 그 수행을 조직 지도, 당의 혁명대열의 공고화, 행정 경제사업의 지도 조정, 혁명적 무력의 조직 및 그들의 전투력 제고, 기타 정당 및 대 · 내외 기관의 활동에서 당의 대표, 당의 재정관리 등의 사업을 한다. 또한 간부들을 배치 및 육성하고 국가경제, 문화 기관과 사회단체를 지도한다. 김일성 시대에는 6개월에 1회 이상 전원회의를 개최하였으며 전원회의가 개최되지 않는 기간에는 산하 정치국과 정치국 상무위원회가 당의 모든 사업을 조직하고 지도하였다. 이러한 당중앙위원회는 1993년 12월 제6기 21차 회의를 마지막으로 김정일 시대에는 개최되지 못하였다. 그러다 김정은이 집권한 2012년부터는 다시 당중앙위원회 기능이 정상화되고 있다.

당중앙군사위원회는 1962년 당중앙위원회 산하의 군사위원회로 출범하였으며, 1982년 개칭한 당중앙군사위원회는 조선로동당 규약(제27조)에 따라 당 군사정책의 수행방법을 토의 결정하고, 인민군을 포함한 전무장력 강화와 군수산업 발전에 관한 사업을 조직·지도하며 군대를 지휘하도록 되어 있다. 당중앙군사위원회 위원들은 당중앙위원회 전원회의에 의해서 선출되는데, 현재 김정은이 그 위원장을 맡고 있다.

당중앙군사위원회는 2010년 당규약 개정을 통해 제도적 위상강화와 함께 군대의 지휘와 주요 군사정책 결정을 위한 인적 구성까지 갖추게 되었으며 오늘날 북한군에 대한 당의 집체적 최고상설지도기관으로서 그 역할을 하고 있다. 주요 권한과 임무는 군사 분야의 모든 사업을 당적으로 조직 지도하고 당의 군사노선과 정책을 관철하기 위한 대책을 토의 결정하는 것이며, 특히 혁명무력을 강화하고 국방사업 전반을 당적으로 지도하는 것이라고 명확히 밝히고 있다.

국무위원회는 구 '국방위원회'가 명칭이 개칭된 것으로 조선로동당의 정책지도를 받도록 되어 있다. 국방위원회는 최고 군사지도기관이자 국방관리기관으로 1972년 설립되었다.

국방위원회는 1972년 12월 27일 채택된 '사회주의 헌법'에 주권의 최고 지도기관인 중앙인민위원회 산하 5개 위원회(국방, 대내정책, 대외정책, 사법안전, 경제정책) 중 하나로 설치되었으며, 국가 주석이 국방위원장을 겸직하면서 지도할 수 있도록 규정하였다. 설립 당시 국가 주석은 주권의 최고기관인 중앙인민위원회, 행정집행기관인 정무원, 사법기관인 재판소와 검찰을 지도할 수 있었다. 그러나 1990년 5월 최고인민회의 제9기 1차 회의에서 김정일을 국방위원회 제1부위원장으로 임명하면서 국방위원회의 위상은 중앙인민위원회보다 높아지게 되었다. 그리고 1992년 개정 헌법에 의해 중앙인민위원회의 부문별위원회에서 독립하여 확대 개편된 국방위원회는 1998년 헌법 개정에서 국가주권의 최고 군사지도기관이자 전반적 국방관리기관으로, 2009년 헌법 개정에서는 국가주권의 최고 국방지도기관으로 격상되었다.

김일성 시대가 국가 주석과 당 중앙이 지도하는 체제였다면 김정일 시대에는 국방위원장이 전권을 장악한 체제였던 것이다.

국방위원회의 주요활동으로는 국가의 중요 정책 수립, 전반적 무력과 국방건설 사업 지도, 국방위원장의 명령 및 국방위원회의 결정·지시·집행의 감독, 국방 부문의 중앙기관 신설 및 폐지 등에 관한 임무와 권한을 갖는다.

이러한 국방위원회 위원장직은 2011년 김정일 사망 후 김정은이 바로 승계하지 않고 김정일을 '영원한 국방위원장'으로 추대하고, 김정은은 '국방위원회 제1위원장직'을 신설해 그 권한을 승계 받았다. 그러다 북한은 2016년 6월 29일 최고인민회의 제13기 제4차 회의에서 '국방위원회'를 폐지하고 대신 '국무위원회'를 신설하고 김정은을 국무위원장으로 추대하였다.

국무위원회 예하에는 총정치국, 총참모부, 인민무력성이 편성되어 있다. 총정치국은 당의 지시를 받아 군을 당적으로 통제하는 곳이며, 총참모부는 군령권을 가지고 군을 실질적으로 운용하는 곳으로 우리의 합동참모부와 같은 임무를 수행한다. 인민무력성은 군정권을 가지고 후방지원 임무를 주로 수행하며 우리의 국방부와 같은 개념이다. 최고사령부는 전시에 운용되는 기구로 평시에는 총참모부 작전국에서 그 임무를 수행하다가 전시가 되면 그 기구가 확대 편성되어 임무를 수행하도록 되어 있다.

북한의 군사기구는 우리와는 달리 당조직을 통한 정치지도체계와 군조직을 통한 군사지휘체계로 이원화 되어 있는 것이 특징이라 할 수 있다. 즉 군사적인 부분은 군 지휘계통에서, 정치적인 부분은 당에서 파견된 정치군관(정치위원)에 의해 통제받는 이중적인 지휘통제 구조로 되어있다. 이러한 군에 대한 당의 견제는 김일성이 러시아가 볼셰비키 혁명 후 러시아군을 장악하기 위해 당원 출신의 감시 장교를 배속 운용하는 것을 보고 그것을 그대로 따온 것으로 보인다.

2. 북한 군사지휘체계 변천 과정

가. 김일성 시대

한반도는 1945년 일제강점기로부터 해방과 동시에 북한은 소련의 군정이, 남한은 미군의 군정으로 그 치안을 유지하게 되었다. 따라서 북한 군사조직 역시 구소련군의 체계를 모방할 수밖에 없었다.

북한의 군사조직의 모태는 소련 제25군사령관 명령서에 따라 1945년 10월 12일 진남포에서 창설된 '보안대'[49]가 그 기초이다. 이어서 1946년

· · · · · · · · · · · ·

49) 소련 제25군사령관 명령서에 의하여 치안대, 자유대, 적위대가 모두 해산되고 1945년 10월 21일 공산주의 사상이 투철한 2,000명의 청년들을 선발하여 진남포에 보안대를 창설하였다. 이를 시발로 하여 1946년 초까지 북한의 6개 도에 도보안대를 창설

1월 초에는 '철도보안대'(1946년 7월 철도경비대로 재편)가 조직되어 철도관리와 군사훈련을 병행하였고, 1946년 8월 15일에는 평양에 '보안간부훈련대대부'를 설치하고 간부 및 사병양성기관은 물론 철도경비대를 통합·지휘토록 하였다.

북한에 '보안간부훈련대대부'가 창설됨으로써 그동안 산재되어 있던 무장부대들을 통합하고 군사적 단일 지휘체계를 형성할 수 있었다.

초기 부대구조는 김일성이 소련군 근무경험을 바탕으로 소련군 모델을 참조한 것으로 보인다. 이는 김일성이 1952년 12월 24일 인민군 고급 군관회의 시 '인민군대를 강화하자'라는 연설에서 "1948년 2월 창건된 우리 인민군은 소비에트군대의 제 원칙에 입각하고 그의 풍부한 경험을 참작하여 조직되었습니다. … 조선인민군은 자기의 조직과 활동에 있어서 소련의 위대한 승리적 조국전쟁에서 시작되었으며 세계에서 가장 선진적인 소비에트 군사과학과 군사예술에 의거하고 있습니다."[50]라고 주장하는 데서 알 수 있다.

보안간부훈련대대부는 대대본부와 경위대, 평양학원, 철도경비대, 중앙보안간부학교, 보안훈련소를 예하에 두고 훈련대대부 사령관(최용건)이 직접 지휘하였다. 예하부대 중 철도경비대와 보안훈련소는 몇 차례의 통합과 증·개편을 통해 정규사단의 모체로 변모해 나가게 되었다.

북한은 이를 바탕으로 1948년 2월 8일 조선인민군을 창설하게 되었다. 이렇게 창설된 조선인민군은 1948년 9월 9일 북한 정권수립과 더불어 인민군총사령부를 내각의 한 조직인 '민족보위성'으로 격상시키고, 민족보위성 예하에는 작전국 등 11개국을 편성하여 각 군의 업무를 관

무장하여 각 도내의 치안유지와 시설경비 임무를 담당하게 하였다.
[50] 『김일성 선집』 제4권, 평양: 조선로동당출판사, 1954, 346~358쪽.

【그림 4-3】 보안간부훈련대대부 편성

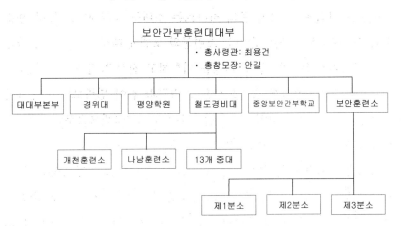

출처: 한용원,『남북한의 창군』, 서울: 오름, 2008, 261쪽.

장토록 하였다.

이 당시 북한은 이원화된 군사지휘체계를 유지하였다. 즉 조선인민군은 민족보위성에서, 보안대와 국경경비대는 내무성에서 각각 관장하는 구조였다.

창군 당시 인민군 편성은 '인민집단군사령부'를 '인민군 총사령부'로 개칭한 것 외에는 큰 틀에서 변화는 없었다. 총사령부 예하에는 인민군 제1보병사단(평양), 인민군 제2보병사단(라남), 인민군 제3혼성여단(평양), 경위연대, 항공대대, 평양학원, 중앙보안간부학교, 중앙직속병원으로 구성되었다.

총사령관에는 김일성과 함께 빨치산 활동을 했던 최용건을, 부사령관 겸 문화부사령관은 김일, 포병부사령관에는 무정, 후방부사령관에는 최홍극, 총참모장에는 강건을 임명하였다. 그리고 예하부대 지휘관으로는 인민군 제1사단장은 김웅, 인민군 제2사단장에는 이청송, 인민군 제3혼성여단장에는 김광협을 각각 임명하였다.

인민군 창설 당시 특징 중의 하나로는 소련군 지휘체계를 본떠 통합 군체제로 출발하였다는 것이다. 소련군의 모델에 따라 민족보위성 아래 둔 총참모부는 육·해·공군 편성을 기획하고 전시 작전을 담당하는 최고의 부서였다. 따라서 총참모장은 소련군과 같이 민족보위성 예하의 최고실력자로서 행사하였다. 또 전시에는 최고사령관으로부터 직접 지시를 받아 전군을 지휘하는 작전 지휘권을 행사했다.

김일성은 이렇게 창설된 인민군을 장차 무력통일을 위한 수단으로 사용하기 위해 소련의 지원 아래 그 규모를 점차 확대해 나갔다. 소련의 적극적인 지원으로 확대 개편된 북한군은 6·25전쟁 직전 그 규모가 보병 10개 사단을 포함하여 총 19만 8천여 명에 이르렀다.

조선인민군은 1950년 6월 10일 민족보위성 총참모장실에서 사단장·여단장급 지휘관이 참석한 비밀작전회의를 개최하여 군단사령부 창설을 결정하였다. 이어서 2개의 군단을 지휘할 야전군사령부급의 이른바 '전선사령부'를 설치하고, 그 사령관에는 김책을, 총참모장에는 강건이

【그림 4-4】 창군 당시 조선인민군 편성

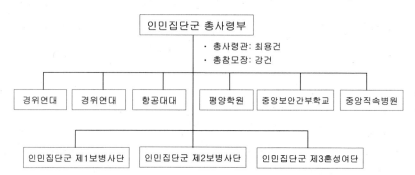

출처: 장준익, 『북한 인민군대사』, 24쪽.

임명되었다. 당시 전선사령관은 전방의 2개 군단(제1, 2군단)을 통하여 9개 보병사단과 1개 전차여단을 지휘 통제하여 전방작전을 지휘토록 하였다.

김일성은 인민군이 야전지휘체계를 확립하게 되자 전쟁준비의 최종 단계로서 국가의 3권을 직접 장악하기 위하여 '군사위원장'에도 올랐다.[51] 김일성은 군사위원장으로서 정치·경제·문화 등 모든 부문의 기구와 사업을 전시체계로 개편하는 동시에 모든 역량을 전쟁승리를 목표로 조직하고 동원하도록 조치하였다. 또한 최고인민회의는 군사위원회의 결정사항을 조선인민군 최고사령관을 통하여 집행하도록 한 법률에 따라 7월 4일자로 김일성을 '조선인민군 최고사령관'에 임명한다고 대외적으로 발표하였다.

결국 김일성은 조선로동당 총비서, 조선민주주의인민공화국 내각 수상에다 군사위원장과 조선인민군 최고사령관을 겸함으로써 절대 권력을 장악하고, 최고사령관－전선사령관－군단장－사단장에 이르는 전시 전쟁지도 및 지휘체계를 완전하게 갖춘 상태에서 전쟁에 임하게 되었다.

6·25전쟁 당시 북한의 군사지휘체계는 제2차 세계대전 당시 소련군의 지휘체계를 답습한 것으로 원활한 지휘를 위해 최고사령관은 전반적인 전장을 관장토록 하고, 전선사령관은 전선부대를 통제하도록 하였다. 또 군사위원회를 통해 전장물자 조달을 원활히 하도록 하는 등 총력전 개념의 전쟁지휘기구를 편성하였다.[52]

- - - - - - - - - - - - -

[51] 북한 조선전사에는 김일성이 "1950년 6월 26일에 최고인민회의 상임위원회에서 제정한 '군사위원회 조직에 관한 특별조치법'에 의해 군사위원장에 추대되었다"고 서술하고 있다. 그리고 군사위원회에 모든 주권을 집중시켰으며, 전체 인민들과 일체 주권기관·정당 사회단체 및 군사기관들이 이 위원회의 결정과 지시에 절대 복종하여야 한다고 규정하고 있다.
[52] 김일성이 이러한 지휘기구를 편성하게 된 배경에는 슈티코프 주북 소련대사와 바

【그림 4-5】 6·25전쟁 당시 북한군 지휘체계

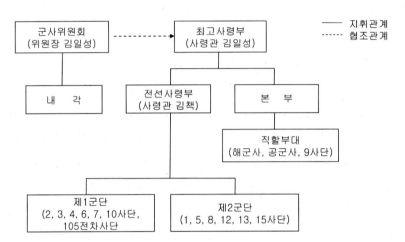

출처: 고재홍, 「북한군 최고사령관의 군사지휘체계」, 『북한의 군사』, 서울: 북한
    연구학회, 2006, 220쪽.

6·25전쟁을 전후로 한 조선인민군의 지휘통솔권은 명문상 어느 특정
개인에게 귀속되어 있는 것이 아니라 '집단지도' 형태로 당중앙위원회
정치위원회라는 회의체가 장악하고 있었던 것으로 추정된다.

휴전 이후 북한군은 평시 지휘체계로 전환하고 전쟁 중 소모된 군사력
재건에 나서는 한편, 군 내 당사업 강화에도 나서기 시작했다. 그러나 조·
중 연합사령부 지휘체계는 중국 인민지원군이 철수하기 전까지인 1958년
까지 유지되었고, 전선사령부는 정전협정 체결 직후 폐지되었다. 또 이

실리에프 소련군 고문단장의 영향을 받은 것으로 보인다. 1950년 7월 3일 슈티코프
주북 소련대사와 바실리에프 소련군 고문단장은 김일성에게 조선인민군 최고사령
관에 취임할 것, 전선사령부를 창설하고 2개 집단군 지휘부를 편성할 것, 최용건
민족보위상은 후방에 남아 후방동원과 조직을 담당할 것 등을 조언하였는데 김일
성이 이를 그대로 받아들인 것이다. 에프게니 바자노프, 나탈리아 바자노바 저, 김
광린 역, 『소련의 자료로 본 한국전쟁의 전말』, 서울: 열림, 1998, 79~81쪽.

시기에 조선인민군에 '당위원회' 제도가 도입되고 당중앙위원회가 설치되어 당 사업이 더욱 강화되었다.

김일성이 군을 당의 군대로 만들기 위한 첫 조치로는 1956년 3월 당중앙위원회 전원회의 결정 '조선인민군 내 당 정치사업을 개선 강화할 데 대하여'였다. 여기에서 김일성은 군대 내에 당위원회 제도를 도입하였다. 당위원회는 당의 집체적 지도기관으로 당중앙위원회 상무위원회의 지도를 받으며 군에서 집체적 집행대책의 토의를 담당하였다. 그리고 총정치국은 당위원회의 결정을 그대로 집행할 의무만을 가지게 되었다. 이러한 인민군 당위원회제도는 김일성이 1956년 8월 '8월 종파사건'[53]을 거치면서 군에 대한 당의 통제를 더욱 강화하는 수단으로 활용되었다.

이어서 1960년 9월 8일 당인민군위원회 전원회의 확대회의는 군 당위원회가 집체적 군사 정치적 영도기관임을 분명히 하였고, 당중앙위원회에 군사위원회도 설치하게 되었다.

북한은 정치기관들의 권위를 높이고 당 정치사업을 강화하여 당의 군사노선과 방침들을 정확히 관철하기 위하여 김일성 지시에 따라 1969년 1월 인민군 당위원회 제4기 4차 전원회의를 통해 군에 '정치위원제'를 도입하였다. 이에 따라 중앙에는 조선인민군 '총정치국'이, 연대급 이상 부대에는 '정치위원'이, 대대와 중대에는 '정치지도원'을 파견하여 작전·

• • • • • • • • • • • • •

[53] '8월 종파사건'은 1956년 8월 연안파 윤공흠 등이 주동이 되어 1인 독재자 김일성을 당에서 축출하고자 일으킨 사건으로 북한에서는 이 사건을 '반당 반혁명적 종파음모책동' 사건으로 칭하고 있다. 최창익, 박창옥 등 연안파와 소련파가 소련공산당 20차 대회의 태제를 방패삼아 일부 지방당 조직을 동원, 당 정책을 비판하고 당내 민주주의와 자유, 나아가 사회주의로의 이행기 전반에 걸친 '수정주의적' 주장을 하면서 김일성에게 정면으로 도전한 사건이다. 김일성은 이 사건을 개기로 자신의 정적들이었던 연안파와 소련파를 대대적으로 숙청하고 당권을 완전히 장악하고 1인 독재체제를 공고히 하였다.

【그림 4-6】 북한군 정치조직과 군 지휘체계

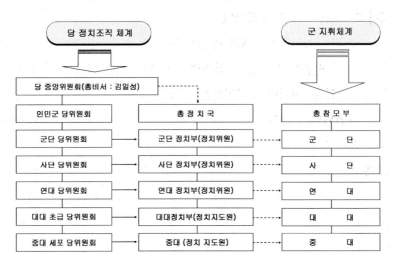

훈련 등 모든 군사업무와 군대 내 정치사업을 조정 · 감독토록 하였다. 아울러 모든 명령서에는 정치위원의 서명이 있어야 효력이 발생하도록 하는 부서(副署)제도를 실시했다.

김일성의 이와 같은 조치는 당이 군을 철저히 통제하도록 함으로써 쿠데타와 같은 군사반란을 차단하는 것은 물론, 자신의 정권 승계에 문제가 발생하지 않도록 인민군을 자신의 통제하에 두기 위한 조치였던 것으로 보인다.

김일성은 1980년 10월 6차 당 대회를 통해 김정일을 후계자로 공식 지명한 이후인 1983년부터는 내부적으로 김정일을 '최고사령관'으로 호칭하도록 하였다.[54] 또 김정일은 김일성이 연로해진 1990년 이후부

---

[54] 1983년 귀순한 인민군 상위 출신인 신중철에 의하면 북한은 김일성이 1980년 10월 6차 당 대회를 통해 김정일을 후계자로 공식 발표한 이후인 1983년부터 내부적으로는 김정일을 최고사령관으로 호칭하였다고 한다.

터는 인민군에 대한 직접적인 통제를 통해 자신의 권력 기반을 강화해 나갔다.

김일성 시대 북한 군사지휘체계는 구소련의 군사체계와 6·25전쟁 시 중국군 지휘체계를 본받아 이를 토대로 차츰 북한 정치체계에 부합된 군사지휘체계로 변화해 왔다. 특히 구소련의 '최고사령부'와 '국방위원회'제도는 김일성이 북한군을 실질적으로 장악하는 데 절대적인 힘을 실어 주었으며, 중국의 '당중앙군사위원회'제도는 당내 별도의 군사기관으로서 군대에 대한 당의 통제를 강화할 수 있는 제도적 장치를 마련해 주었다.

이 시기 북한 군사지휘체계는 철저히 김일성·김정일 부자의 세습체계 구축에 맞추어 군사지휘체계가 변화한 것으로 평가할 수 있다.

【그림 4-7】 김일성 시대 북한 군사지휘체계(1975년)

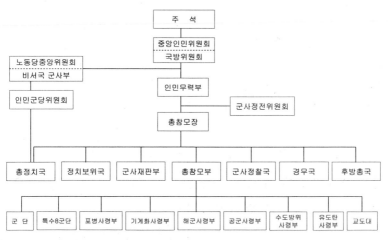

출처:『북한총람』, 서울: 북한연구소, 1983, 77쪽 참조.

나. 김정일 시대

김정일은 1974년 김일성의 후계자로 내정된 이후 1980년 6차 당 대회를 통해 당 정치국 상무위원, 당중앙군사위원회 위원으로 임명되면서 공식 후계자로 지정되었다. 이후 김정일은 1991년 12월 '최고사령관직'에 취임하였고, 1992년 4월에는 공화국 '원수'에 임명되었으며, 1993년 4월에는 '국방위원장'에 취임하였다. 이로써 김정일은 당조직을 통하지 않고서도 군 직책을 통해 자신의 리더십과 영향력을 직접적으로 행사할 수 있게 되었다.

이와 관련 1992년 4월 9일 개정된 헌법에서는 '국가주석이 전반적인 무력의 최고사령관 및 국방위원장으로 된다'는 자동 겸임 조항을 삭제하고, 제11조에 "조선민주주의인민공화국 국방위원회는 조선민주주의인민공화국 국가주권의 최고군사지도기관이다"고 국방위원회의 위상을 높였다. 그리고 제113조에서는 "조선민주주의인민공화국 국방위원회 위원장은 일체의 무력을 지휘 통솔한다"고 명시함으로써 국가주석의 군통수권을 국방위원장에게 이관했다. 이와 같이 김일성은 법적·제도적 장치를 통해 김정일이 후계를 승계하는 데 있어 문제가 없도록 하였다.

북한은 1993년 4월 최고인민회의 제9기 5차 회의에서 김정일이 국방위원장으로 선출된 이후 국방위원들의 권력서열이 대폭 상승하였으며, 1998년 9월 5일 헌법 개정 시에는 기존 국가의 전반적 무력과 국방건설사업 지도, 중요 군사간부 임명 또는 해임, 군사칭호 제정 및 장령급 이상 군사칭호 수여, 전시상태와 동원령 선포 외에 국방부문의 중앙기관을 설치하거나 폐지할 수 있는 권한을 추가하였다. 이렇게 함으로써 국방위원회를 국가주권의 최고 군사지도기관이자 전반적 국방관리기관으로 강화하였다.

또한 국방위원장은 나라의 정치·군사·경제역량의 총체를 지휘 통솔하는 국가 최고직책으로 격상하였다. 이에 따라 당중앙군사위원회의 역할은 국방위원에 비해 상대적으로 축소되어 주요 국방정책도 국방위원회의 결정을 추인하는 정도에서 업무를 수행하였다.

김정일 시대에는 군사정책을 총괄하는 당중앙군사위원회가 정상적으로 편성되었고, 김정은을 북한 노동당 기존 직제에는 없던 '당중앙위원회 부위원장' 직에 보직시켰다.

이와 함께 김정일은 김정은 주변에 실제 병력을 움직일 수 있는 군부 실권자들을 포진시켰다. 이는 김정은을 권력 2인자로 각인시키는 한편, 김정은이 당중앙군사위원회를 통해 군권을 장악하여 세습체제를 조기에 안착시키려고 했었던 것으로 판단된다. 특히 김정일 사망 발표 당일인 2011년 12월 19일 북한은 김정일 사망 공식 발표 직전에 전군에 훈련을 중지하고 즉각 부대로 복귀하라는 내용의 명령을 당중앙군사위원회 명의로 하달하였다. 이는 김정일 사망 이후 당중앙군사위원회가 김정일 시대의 국방위원회처럼 북한 권력의 중심이 될 수 있음을 시사한 것이라 할 수 있다.

김정일 시대 초기 북한 군사지휘체계는 당중앙군사위원회와 국방위원회의 보좌를 받는 최고사령관 예하에 인민무력부-총참모부로 내려오는 일련의 수직적 지휘통일의 원칙이 적용된 일원화된 지휘체계를 형성하고 있었다. 이러한 군 수뇌부의 지휘체계는 군령과 군정이 일원화되어 있어 육·해·공군이 병립하지 않고 통합군으로서 단일지휘관(최고사령관)의 지휘통제를 받기 때문에 전투력 발휘가 용이하다고 할 수 있다.

하지만 김정일은 시간이 지나면서 군사지휘기구는 국방위원장(평시)·최고사령관(전시)이 총정치국, 총참모부, 인민무력부를 직할통치하도록 변화시켰다. 즉 지휘체계가 일원화 되지 않고 병립화 시킨 것이다. 이는 상호 감시하고 견제하는 군사지휘체계로서 전시 실질적인 전쟁지도와 통합전투력을 발휘하기에는 곤란한 지휘체계라 할 수 있다.

김정일 시대 북한의 군 지휘체계는 선군정치라는 새로운 정치이데올로기 속에 국방위원회를 중심으로 군 지휘체계가 형성되었다고 할 수 있다. 다시 말해 형식상으로는 당의 통제를 받도록 되어있으나 실질적으로 당보다는 군부가 중심이 되어 정부를 통제하는 시스템으로 변화한 것이다. 하지만 김정일은 선군정치라 하여 군이 당보다 앞서는 것이 아니며 당이 군을 선도한다는 명제는 변함이 없다고 주장하면서 사회주의의 기본적인 국가 시스템에는 변화가 없음을 강조하였다.

【그림 4-8】 김정일 시대 북한 군사지휘체계(1998년)

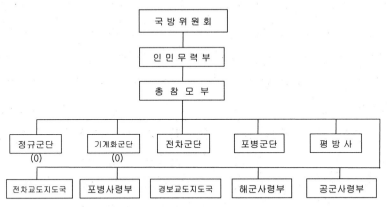

출처: 『1998 국방백서』, 서울: 대한민국 국방부, 1998, 48쪽.

다. 김정은 시대

김정은은 2009년 후계자로 내정된 이후 2010년 조선로동당 제3차 대표자회의에서 '당중앙군사위원회 부위원장'과 '당중앙위원회 위원'의 공식 직위를 부여받음으로써 후계자로서 본격적인 역할을 하게 되었다.

이후 김정은은 2011년 김정일이 갑자기 사망하자 권력을 승계 받으면서 곧바로 2011년 12월 30일 조선인민군 최고사령관직을 부여받았다. 이어 2012년 4월 11일 제4차 당대표자회에서는 당 제1비서 겸 정치국 상무위원과 당중앙위군사위원장으로 추대되었고, 이틀 후인 4월 13일에는 최고인민회의 12기 제5차 회의를 열어 국방위원회 제1위원장으로 선출됨으로써 북한의 최고 통수권자로 자리매김 했다.

김정은은 권력 승계 이후 김정일의 유훈통치를 천명하면서 선군정치에 의한 북한 통치를 지속할 것임을 밝혔다. 따라서 북한의 군사지휘체계 역시 큰 틀에서의 변화 없이 김정일의 군사지휘체계를 그대로 유지하고 있다고 볼 수 있다.

하지만 김정은이 권력 승계를 한 후 시간이 지나면서 군지휘체계의 부분적인 변화가 감지되고 있다.

김정은은 2016년 6월 29일 열린 최고인민회의 제13기 제4차 회의를 통해 국방위원회를 폐지하고 대신 국방 분야에 한정되었던 국방위 기능을 포함하여 통일·외교·경제 분야로 기능과 역할을 확대한 '국무위원회'를 신설하는 권력기구 개편을 단행하였다. 이에 따라 김정은의 직책도 '국방위원회 제1위원장'에서 '국무위원장'으로 바뀌었다. 국무위원장은 국가 전반 사업 지도, 국가의 중요 간부 임명·해임, 국가 비상사태와 전시 상태·동원령 선포, 다른 나라와의 중요 조약 비준 또는 폐기 등 막강한 권한을 갖는다고 규정하고 있다.

김정은이 이와 같이 국방위원회를 폐지하고 국무위원회를 신설한 것은 김정은의 유일영도체제를 강화하고 김정일의 선군정치에서 탈피해 정상적인 당·국가체제로 복원하기 위한 조치로 보인다.

또 김정은은 인민무력부를 인민무력성으로 하향시키고, '전략로케트사령부'를 '전략군'으로 상승 시키는 등 외형상의 변화도 기하였다. 특히 김정은이 전략로케트사령부를 전략군으로 독립시킨 것은 탄도미사일과 같은 전략무기 개발을 더욱 가속화시켜 국제사회에서 군사강국으로서 그 위치를 확고히 하겠다는 의도로 풀이된다.

이와 함께 김정은은 총참모부 예하에 편성되어 있던 국경수비대를 국가안전보위부 소속으로 변경하였다. 이는 국경을 넘어 중국으로 이탈하는 탈북자를 강력하게 통제하기 위한 조치로 해석된다.

현재 김정은은 '당 제1비서'와 '당중앙군사위원장'직을 가지고 중요 군사정책과 군 간부들의 인사 결정에 관여하고 있으며, 국무위원장으로 국가 군사기구인 인민무력성, 총참모부, 총정치국 등을 직접 지도하고 있다. 또한 군대의 최고 직책인 '최고사령관'직을 가지고 군대를 직접 지

【그림 4-9】 김정은 시대 북한 군사지휘체계

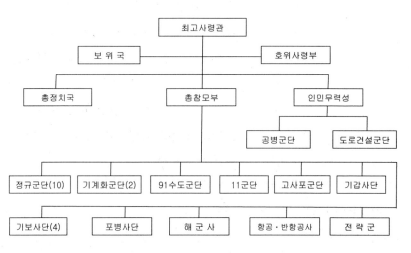

출처: 『2018 국방백서』, 서울: 대한민국 국방부, 2018, 22쪽.

휘 및 지도하고 있다.

김정은 시대 북한 군사지휘체계는 김정일 시대와 비교 시 큰 틀에서의 변화는 없는 것으로 보이며 여전히 총정치국, 총참모부, 인민무력성을 수평적 관계에 놓고 상호 견제와 경쟁을 통한 충성경쟁을 유도하면서 자신의 정권공고화에 활용하고 있는 것으로 보인다.

3. 북한 주요 군사지휘기구

가. 국무위원회

'국무위원회(구 국방위원회)'는 국방 분야의 최고기관으로 국가의 전반적 무력과 국방건설 사업을 지도하고 장령 이상의 군사칭호를 수여하는 임무를 수행한다.

북한 헌법 제100조는 국방위원회를 국가주권의 최고군사지도기관, 전반적 국방관리기관이라고 규정하고 있고, 헌법 제102조는 국방위원장의 권한에 관하여 '일체의 무력을 지휘하고 통솔하며 국방사업 전반을 지도한다'고 명시하고 있다. 이에 따라 국방위원회는 국가 내 최고위상을 지닌 통치기구로서 법적 구속력을 가지고 있다. 이러한 헌법적 조치는 당과 정부에 대한 군의 우위를 명문화하는 중요한 근거로 작동하게 된다.

북한은 1972년 12월 채택된 개정헌법을 통해 국방위원회를 신설하였다. 신설 당시 국방위원회는 중앙인민위원회의 부문별 위원 중 하나에 불과했다. 그러나 1992년 헌법 111조는 군사에 관한 일체의 권한을 총괄하는 국가주권의 최고 군사지도기관으로 규정하였고, 1998년 헌법 100조에는 국방위원회가 국가 주권의 최고 군사지도기관이며 전반적 국방관리기관이라고 하여 국방사업 전반에 관한 관리 권한을 갖게 되었다.

이는 국방위원회에게 주어진 국방에 관한 일체의 권한이 군의 통수권은 물론 이에 관련된 일체의 행정권한과 심지어 사법, 외교, 무역의 권한까지 관여할 수 있는 최고의 국가기관으로 급부상하게 된 것을 의미하는 것이다.

원래 국방위원장은 국가 주석이 겸직토록 되어 있었으나, 1992년 4월 국가주석직과 국방위원장의 헌법상 당연 겸직 조항을 삭제함에 따라 김일성이 사망하기 전인 1993년 4월 김정일이 국방위원장에 취임하였다. 김일성이 이와 같이 김정일에게 우선적으로 국방위원장 자리를 물려준 것은 '권력은 총구에서 나온다'는 모택동의 말처럼 김정일이 군을 바탕으로 자신의 권력기반을 다질 수 있도록 하기 위한 조치로 보인다.

결국 국방위원회는 북한의 국가권력 내 군의 위상이 당과 정을 압도함은 물론 국가의 사상과 가치체계를 비롯해 모든 통치 이데올로기를 장악하는 초법규적 통치조직으로까지 발전하게 된 것이다. 이는 철저히 당에 권력의 토대를 둔 김정일이 상대적으로 취약한 군권을 장악하기 위해 군부에게 제시한 타협안인 것이며, 몰락하고 있는 세계 공산주의를 바라보는 북한 엘리트들의 위기감을 반영한 것이라 할 수 있다.

그러나 이러한 과도기적 국가시스템은 군부가 가장 큰 이익집단으로 등장함에 따라 정치 · 경제 · 사회 · 문화 전 부문에 걸친 국가시스템의 경직성을 가져오게 되었고 당과 정부의 위상을 위축시키는 결과를 낳게 되었다.

북한은 2016년 6월 헌법 개정을 통해 '국방위원회'를 '국무위원회'로 개정하고, 국가주권의 최고 정책적 지도기관으로 국무위원장을 공화국의 최고영도자라고 규정하였다. 이에 따라 선군정치의 상징이었던 국방위원회는 44년 만에 역사 속으로 사라졌고, 그동안 북한 국정을 주도한 '국방위원회'의 기능이 '국무위원회'로 변경되었다.

김정은이 이와 같이 '국방위원회'를 폐지하고 '국무위원회'를 새롭게 신설한 것은 김정일 시대의 구태로부터 벗어나 자신의 독창적인 국가운영시스템을 구축하기 위한 조치로 보인다.

나. 최고사령부

북한은 6·25전쟁 초기인 1950년 7월 4일 북한 최고인민회의 상임위원회를 열어 전시상태에 대처하기 위해 전반적 무력을 통일적으로 장악 지휘하는 기구로서 조선인민군 최고사령부를 조직할 데 대한 '정령'[55]을 선포하고 '조선인민군 최고사령부' 창설의 법적 조치를 취하였다.

이에 따라 군대에 대한 최고사령관의 지휘기구인 최고사령부가 창설되었다. 그리고 조선인민군 최고사령관도 최고인민회의 상임위원회 정령을 통해 당시 김일성 내각수상을 최고사령관에 임명함으로써 조선인민군 최고사령부 최고사령관이라는 조직과 직책이 처음 공식화 되었다.

최고사령부는 북한군 지휘계통상 최 정점에 위치한 사령부로서 전쟁 지도본부와 같은 것이다. 이러한 최고사령부는 일반적으로 공산권 국가에서 전시에 설치 운영하는 기구이다.

북한에서 '최고사령관'[56]이라는 직책은 북한군에 대한 수령의 유일적 지휘를 의미하는 것이며, 최고사령부 역시 북한군에 대한 최고지도자의 유일적 지휘기구라 할 수 있다. 그러나 최고지도자가 신속한 결정을 요

<hr />

55) '정령(政令)'은 최고주권기관인 최고인민회의 상임위원회가 발령하는 법문건의 한 형식으로 북한의 전 지역에서 의무적으로 시행토록 되어 있다. 정령의 폐지 및 변경은 오직 최고인민회의 또는 최고인민회의상임위원회에 의해서만 할 수 있도록 되어 있다.

56) 조선말사전에는 최고사령관을 "한 나라의 전체 무력을 총지휘하고 통솔하는 직무 혹은 그 직위에 있는자"라고 정의하고 있고, 조선말대사전에는 "조선인민군을 총 책임지고 령도하시는 분"으로 정의하고 있다.

하거나 간단한 사안에 대해서는 최고사령관 명령으로 지시를 내리지만 중장기적인 군사정책, 전쟁계획, 후계자의 영군체계 수립 등 군 수뇌부의 집단적 협의를 필요로 하는 사안들에 대해서는 당중앙군사위원회를 통해 결정을 내리도록 하고 있다.

6·25전쟁 당시 북한 지도부가 '최고사령부'와 '최고사령관'을 신설한 이유는 전시 상황에 맞게 당중앙위원회의 집체적 지도로부터 벗어나 신속한 판단과 결정을 내릴 수 있는 단일지도 형식의 최고사령관의 창설이 요구되었기 때문이다. 다시 말해 전쟁승리를 위해 전반적 무력을 통일적으로 장악 지휘하는 전시 비상기구로서 초법적인 지휘통솔권을 부여하기 위한 것이었다.

【그림 4-10】 창설 당시 최고사령부 편성

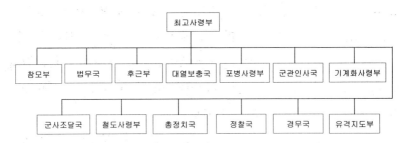

출처:『북괴 지상군부대 경력』, 서울: 육군본부, 1986, 96쪽 참조.

최고사령부 창설 당시 지휘체계는 당중앙위정치위원회-내각(김일성)-민족보위상(최용건)-총참모장(강건)-군종·병종사령관-사(여)단장을 거치는 지휘체계를 갖추고 있었으나, 6·25전쟁 이후에는 최고사령관인 김일성이 일체의 무력을 단일 지휘하는 체계로 바뀌었다.

또 최고사령부는 6·25전쟁 당시 정규군인 인민군뿐만 아니라 내무성소속 경비대와 철도경비대, 내무서원, 당원, 민청원 등 일체의 무력을 지휘 통제하였다.

북한은 1972년 12월 27일 개정된 헌법 제93조에서 "조선민주주의인민 공화국 주석은 조선민주주의인민공화국 전반적 무력의 최고사령관, 국 방위원회 위원장으로 되며 국가의 일체 무력을 지휘 통솔한다"라고 규 정하였다.

이에 따라 최고사령관직은 김일성이 국가주석을 맞고 있는 동안에는 김일성이 겸직하다가 1991년 12월 24일 당중앙위원회 제6기 19차 전원 회의에서 후계자인 김정일에게 그 직책을 인계하였다. 그리고 김일성은 1991년 12월 25일 "이제부터 나는 당중앙군사위원장으로서 고문의 역할 만 할 것"[57]이라고 언급하고, 중앙군사위원이 사망해도 그 인원에 대해 선출하지 않았다.

이와 같은 김일성의 언급은 김정일이 이미 최고사령관직을 맡았고, 또 얼마 있지 않아 있을 국방위원장직 이양을 염두에 둔 고도의 정치적 조치였던 것으로 판단된다. 즉 김일성이 자신의 후계자인 김정일에게 힘을 실어주기 위한 조치였던 것이다.

이 당시 최고사령부는 하부 실무조직이 없었으며, 따라서 총참모부 작전국 2처가 실무역할을 수행하다가 전시가 되면 최고사령관을 비롯하 여 총정치국장, 총참모장, 인민무력부장, 해군사령관, 공군사령관, 작전 국장, 통신국장 등으로 구성되어 최고사령관의 전쟁지휘권을 보좌하도 록 되어 있었다.

한편, 북한은 2004년 4월 7일 당중앙위원회에서 김정일 명의로 '전시 사업세칙'을 만들어 최고사령관이 전시상태를 선포하고 해제할 수 있는

----

57) 김일성, 「인민군대 중대정치지도원들의 임무에 대하여」, 『김일성 저작집』 제44권, 평양: 조선로동당출판사, 1986, 261쪽.

명령권을 가질 수 있도록 하였다. 또 2009년 4월 9일에는 헌법 개정을 통해 "국방위원장은 조선민주주의 인민공화국 전반적 무력의 최고사령 관으로 되어 국가의 일체 무력을 지휘 통솔한다"고 명시함으로써 북한 의 모든 무력을 행사할 수 있는 법적 근거를 마련하였다. 이와 같이 최 고사령관은 당·정·군의 최고 직책 중 실질적으로 가장 강력한 직책으 로 상승하였다.

김정은 역시 2011년 12월 17일 김정일이 사망하자 장례 직후인 12월 30일 '조선인민군 최고사령관'직책을 가장 먼저 승계하였다. 김정은이 이와 같이 가장 먼저 최고사령관직을 승계한 것은 불안정한 권력기반을 무력을 앞세워 군권을 장악하고 군부의 반란 가능성을 잠재울 필요성이 있었기 때문이다. 또 아버지 김정일이 내세운 선군정치를 계승함과 동 시에 당장의 후계체제 등장에 따른 북한 내부의 불안정 요인을 미리 차 단하기 위한 것으로 보인다.

다. 인민무력성

'인민무력성(구 인민무력부)'은 국무위원회 산하의 군사집행기구로서 대외적으로 군사외교, 군사행정을 담당하며 군사적으로 군수 및 후방지 원 등 제한된 역할만을 담당하고 있다. 즉 우리의 국방부와 유사한 개념 으로 후방지원과 군사외교 등 제한된 군정권을 행사하는 부서이다. 따 라서 실질적인 작전과 전투지휘와는 무관하다 할 수 있다.

'인민무력부'는 북한이 1948년 정권수립 당시 출범한 '민족보위성'이 그 시작이다. 북한은 1972년 12월 사회주의헌법 채택 시 '민족보위성'을 '인민무력부'로 개칭하였고, 1982년 4월 최고인민회의 제7기 1차 회의 결 정에 따라 '정무원'에서 중앙인민위원회 직속기관으로 개편하였다. 그러다 1990년 5월부터는 국방위원회 소속으로 변경되었다. 그 후 1992년 헌법 개정 시 국방위원회의 지도와 통제를 받는 것으로 법제화되었다.

'인민무력부'는 1998년 9월 국방위원회 명령으로 '인민무력성'으로 개칭되었다가 2000년 9월 9일 다시 '인민무력부'로 바뀌었다. 김정은 집권 후인 2016년에는 그 명칭을 다시 '인민무력성'으로 바꾸었다.

이와 같이 명칭이 자주 바뀌는 것은 그 통제 범위와 관련이 있어 보인다. 즉 인민무력부가 인민무력성으로 개칭된 것은 내각 산하의 성(省)들과 같이 내각이 통제하겠다는 것이다.

김정일 집권 당시 오진우가 인민무력부장 겸 총정치국장으로 보직되어 있을 때는 인민무력부 산하에 총참모부, 총정치국, 후방총국 등 인민군 주요 기관과 대외사업국, 군사재판국, 군사검찰국 등 직속국이 편성되어 있어 인민무력부장이 직접 통제하였다. 그러나 오진우 사망 이후에는 총참모부, 총정치국은 인민무력부와 별도 수평적 조직으로 분리 독립되었다. 이는 김정일이 인민군 최고사령관으로서 인민무력부를 거치지 않고 총참모부, 총정치국을 통해 직접 군을 통제하려는 의도도 있었지만, 또 한편으로는 총참모부, 인민무력부, 총정치국을 수평적 관계에 놓이게 함으로써 상호 견제와 경쟁을 유도하기 위한 것이라 볼 수도 있다.

인민무력성은 전신인 민족보위성 시절에도 전체 무력을 관장하는 권한을 갖고 있지 않았다. 단지 국가기구로서 국가 최고국방지도기관인 국방위원회의 산하 기관일 뿐이었다. 인민무력성은 중국 국방부와 같이 대외적으로는 군을 대표하면서 군사외교, 군수 및 재정 등 군정권을 행사하는 부서이다.

인민무력성 산하 부서 중 핵심부서는 '후방총국'이다. 북한은 후방사업의 중요성을 감안해 1948년 2월 8일 인민군을 창설할 때부터 후방사업을 전문으로 하는 독립적 부서를 만들었다. 후방총국의 주요 임무는 보급품, 군수물자의 지원과 전시 대비 비축물자 확보 및 조달업무를 담당한다.

인민무력성에는 후방총국 외에 15국(기술총국), 검수국(군수공장에서 생산하는 모든 병기 및 군수물자 검수), 종합계획국(예산 편성 및 생산계획 작성), 대외사업국(군사대표단의 외국 방문이나 해외 군사대표단의 북한 방문 시 통역 전담), 군사건설국(각종 시설 건설 및 수리), 군사검찰국, 군사재판국 등이 편성되어 있다.

주요직위는 인민무력상, 제1부상과 부부상(7~10명)이 있으며, 후방총국, 군 검찰국, 경무(헌병)국 등 4~5개의 직속국이 편성되어 있다.

라. 총정치국

'총정치국'은 6·25전장 당시 '민족보위성 문화훈련국'이 개편된 것이다. 북한은 기본적으로 6·25전쟁 발발 직후까지 군내 정치사업은 문화부에서 담당하였다.

총정치국은 군을 직접 통제하는 노동당의 집행기구로서 조선인민군 내에서 그 위상과 권한은 절대적이다. 총정치국은 인민군 당위원회 집행부서이며 부대의 모든 사업이 당의 노선과 정책에 맞게 진행되도록 장악 지도하는 임무를 수행한다.

총정치국은 1946년 8월 15일 '보안간부훈련대대부'를 조직할 당시 예하에 정치문화부를 편성한 것이 그 시발점이다. 이후 1948년 2월 8일 조선인민군이 공식 창설되면서 '문화부'를 설치하였으며, 1948년 9월 9일 북한 정권 수립 시 내각에 '민족보위성'이 설치되고 그 예하에 '문화부'를 조직하였다.

1949년 5월에는 문화부가 대대까지 설치되고 동년 7월에는 내각 결정

제60호에 의해 중대까지 문화부중대장제가 실시되었다. 이 결정에서 '중대장은 중대의 총지휘자이고 문화부중대장은 그 정신적인 지도자'라고 규정했다.

문화부중대장의 주요 임무는 중대원에 대한 정치선동 사업과 선전문화교양 사업으로 중대 내 정치사상 상태 및 군사규율과 질서를 책임지는 것이었다.

김일성은 1950년 10월 21일 당중앙위원회 정치위원회회의에서 "전쟁이 개시된 후 노동당이 군대에 대한 영도와 정치교양사업을 위해 군대에 군사위원들을 파견하고 문화부 간부들과 군사위원들이 군인들을 교양하는데 적지 않은 노력을 기울였지만, 군대 내에 당단체가 없었기 때문에 많은 당원들이 당조직 생활에서 유리되어 있었고, 군대에 당의 영도를 실현하고 부대의 전투력을 강화하는 사업을 잘 못했다"고 평가했다.

김일성은 이 같은 평가에 기초해 노동당 중앙위원회 정치위원회에서 '인민군 내에서의 당조직과 정치기구 제도에 관한 결정'을 통해 기존의 '민족보위성 문화훈련국'을 '총정치국'으로, 각급 문화부를 '정치부'로 개편하였다. 민족보위성 문화훈련국의 조선인민군 총정치국으로 개편은 군대에서의 정치사업이 민족보위성으로부터 분리되어 당의 직접적인 지도하에 놓이게 된 것을 의미한다.

이후 북한은 1969년 1월 김일성의 지시에 따라 인민군 당위원회 제4기 4차 전원회의에서 군대 내에 '정치위원제'를 신설하고 군에 대한 당의 통제를 강화하였다. 또 2010년 9월 개정된 당규약 제7장 49조에 "조선인민군 총정치국은 인민군 당위원회의 집행부서로서 당중앙위원회 부서와 같은 권능을 가지고 사업한다"라고 변경함으로써 총정치국은 당중앙위원회 정치국처럼 인민군당위원회 전원회의와 전원회의 사이에 군대 내 당 사업을 조직 지도하는 상설기구로서의 권능뿐만 아니라 당중앙위원회 비서국처럼 당중앙위원회 집행부서로서의 권한도 행사하게 되었다.

이에 따라 총정치국, 총참모부, 인민무력부 등 3대 군사 조직은 형식적으로 수평적 역할분담체계를 유지하게 되었으나 실체적으로는 총참모부와 인민무력부에 대한 총정치국의 우위가 당 차원에서 보장된 것이다.

총정치국은 군대 내 각 단위부대에 조직돼 있는 정치기관을 통해 군대 내 당 정치사업을 조직·지도하며, 당이 군을 확고히 장악·통제하는 통로로서 기능하고 있다.

당중앙위원회에서 각급 부대(군단~중대)에 파견된 정치위원은 형식적으로는 군사지휘관의 정치적 보조기관으로서 역할을 하도록 되어 있으나, 실질적으로는 군사지휘관을 통제, 감시하는 부대의 실질적인 통제자로서 역할을 수행한다. 즉 인민군 총정치국은 북한에서 노동당의 군 통제를 실질적으로 집행하는 군대 내의 당기관인 것이다.

북한은 2004년 4월 작성된 '전시사업세칙'에 전시 총정치국의 임무를 평시 임무를 계속하는 것과 함께 포로수용소 운영 및 적군 및 적군 주민들에 대한 각성·개발·포섭전취활동 등을 명시함으로써 그 활동범위를 확대시켰다.

이와 같이 북한은 인민군 통제의 가장 효율적이고 체계적인 장치로 총정치국을 운영하고 있으며, 총정치국은 인민군의 '당의 군대'로 남아 있게 하는 핵심적 통제기구라 할 수 있다.

총정치국의 핵심부서로는 조직부와 선전부이다. 조직부는 군대 당원들의 당조직생활을 담당하는 부서이다. 조직부의 주요 임무 중의 하나는 군대 안의 모든 당조직들과 정치기관이 당 규약대로 활동하는지를 지도·검열·통제하는 것이다.

선전부는 주로 각급 당조직들과 정치기관, 당원들의 사상생활을 책임

진다. 사상생활이란 주로 군인들을 김정일, 김정은의 사상과 노동당의 노선 및 정책대로 무장시키고 그대로 사고하고 행동하도록 하는 사업이다.

이 외에 인민군 전 간부의 승진 및 보직 등 인사행정업무를 전담하는 간부부, 비당원들의 조직생활을 담당하는 근로단체부, 대남 심리전을 담당하는 적공국, 군사정전위원회 업무를 담당하는 판문점대표부, 문화연락부, 감찰부 등이 있다.

【그림 4-11】 북한군 총정치국 편성

출처: 장성장, 「북한군 총정치국의 위상 및 역할과 권력승계 문제」, 『세종정책연구』, 서울: 세종연구소, 2013, 32쪽.

주요 직위자인 총정치국장은 사실상 북한 권력 서열 2인자 자리로서 정치국, 중앙군사위, 국무위원원직을 겸직하도록 되어 있으며 절대적인 권한과 영향력을 행사하는 자리이다. 조직부국장은 모든 군관들의 인사업무에 필수적인 당생활평가, 근무평정서, 개별 신상자료 축적 등 군 인사관리 및 승진, 보직임명에 결정적인 영향력을 행사하며 군사지휘관들의 동향을 공개적으로 감시한다. 선전부국장은 북한군 고위 간부에서 하전사에 이르기까지 정기·비정기적인 정치사상교육과 김일성 일가를 신격화시키는 작업을 담당한다.

인민군 총정치국은 김일성으로부터 김정일로의 봉건적 권력세습과 김정일에서 김정은으로 이어지는 3대 권력세습과정에서 수령의 후계자가 군대를 장악하는 데 핵심적인 수단으로 활용해 왔다. 또한 북한 지도부가 총정치국을 통해 군대를 조직적·사상적으로 확고하게 통제하고 있기 때문에 심각한 식량난과 경제난에도 불구하고 지금까지 북한에 군부 쿠데타가 일어나지 않고 있는 이유 중에 하나이기도 하다.

마. 총참모부

'총참모부'는 당의 철저한 지도 아래 북한 무력의 전반을 총지휘하는 군의 최고집행기관으로 육·해·공군의 군사작전 종합계획을 지휘·관리·통솔하는 기구로서 우리의 합동참모부와 유사한 부서라 할 수 있다. 즉 군령권을 가지고 실질적으로 작전지휘를 행사하는 부서이다.

총참모부는 1948년 2월 8일 인민군 창설 당시 '조선인민집단군 총사령부'가 '조선인민군 총참모부'로 개칭된 것이다. 총참모부는 김일성 시대에는 민족보위성(인민무력부) 예하에 편성되어 인민무력부의 통제를 받도록 되어있었으나, 김정일 시대에 들어서는 국방위원장 및 최고사령관 직할 부서로 통제함으로써 인민무력부장보다 상위서열에 위치하게 되었다. 따라서 김정일 집권 시에는 김정일이 조선인민군 최고사령관으로서 인민무력부를 거치지 않고 총참모부를 통해 군을 직접 통제하였다.

총참모부는 최고사령관의 군령권을 실제적으로 집행하는 최고 군사집행기관으로서 인민군의 각 군종·병종 사령부의 군사전략 및 작전계획을 수립하고 이들을 지휘 통솔한다. 특히 인민군 무력은 인민무력부장이 아닌 총참모장 예하에 각 군종·병종별 부대가 편제된 통합군 체제로서 인민군의 모든 정치·군사 제대 및 부서들은 군사적으로는 총참모부의 명령과 지시에 복종하도록 되어 있다.

총참모부는 평시에는 최고사령관의 군령권을 집행하는 최고 군사집행 기관으로서 역할을 하고, 전시에는 최고사령부와 전선사령부에 재편성되어 임무를 수행한다. 이때 총참모장은 전선사령관으로서 임무를 수행하게 된다.

총참모부 예하 부서로는 공병국, 군사교육국, 군사철도국, 대렬보충국, 땅크국, 병기국, 자동차국, 전투훈련국, 정찰국, 측지국, 탐지전자전국, 통신국, 화학국, 군사교통부, 경무부, 변신부, 기무부, 포병사령부, 군사자재공급사 등 주요 작전지휘 등 군령권과 관련된 부서들로 편성되어 있다.

총참모부의 주요직위자로는 총참모장(대장, 차수)과 작전국장(대장), 부참모장(4명) 등이 있으며, 편성은 작전국을 포함 총 48개국과 독립부서로 편성되어 있다.

작전국은 최고사령부의 군사전략 및 작전계획을 수립하고 작전 및 전투명령과 지시, 군사훈련, 군 투입 작업명령, 기타 최고사령관이 부여하는 임무를 수행한다. 작전국 예하에는 9개 처가 있는데, 1처는 종합처로 각 처 사업을 종합하고 작전국 자체계획을 수립하며 각 군단과 병종사령부에 최고사령관의 명령과 인민무력부 및 총참모부의 지시를 하달하고 감독하는 임무를 수행한다.

2처는 최고사령관 처로 최고사령관 및 국무위원장 명령과 군사작전, 전투준비, 군사행정 문서 작성, 비준, 하달하는 임무를 수행한다. 또 최고사령관이 현장지도 시에는 동행하여 지시와 대화 내용을 기록하고 하달하는 임무를 수행한다.

3처는 전선군단을 담당하는 부서로 전방 1, 2, 4, 5군단을 담당한다. 4처는 후방군단을 담당하는 부서로 훈련소와 3, 7, 8, 9, 10, 12군단을 담당한다. 5처는 특수작전을 담당하는 부서로 11군단을 담당한다. 6처는 공군업무를 담당하는 부서로 공역통제업무를 주로 수행한다. 7처는 해군업무를 담당하는 부서로 동해와 서해함대, 외국과 공동훈련을 통제하는 임무를 수행한다. 8처는 일반행정업무를 담당하는 부서로 군사열병식, 경축행사, 군 노동조직 임무를 수행한다. 마지막으로 보도처는 총참모부 명의 성명과 대변인 담화, 판문점 대표부에 군사회담 방향을 담당하는 임무를 수행한다.

북한군은 통합군제로서 육·해·공군이 별도로 편성되어 있지 않고 총참모부 예하로 편성되어 있어 총참모장의 명령과 지시에 절대 복종하도록 되어 있다. 따라서 총참모장은 북한군을 실질적으로 통제하고 운용할 수 있는 막강한 권한을 가지고 있어 군의 핵심적인 보직이라 할 수 있다.

4. 북한 군사지휘체계 특징

가. 군의 정치화

북한은 2010년 9월 30년 만에 열린 조선로동당 대표자회의에서 김정일의 3남 김정은을 당중앙군사위회 부위원장과 당중앙위원회 위원으로 선임함으로써 김정은은 이때부터 실질적인 군권 장악에 들어갔다. 또 제3차 당대표자회의에서는 정치국 상무위원에 김영남 최고인민회의 상임위원장, 최영림 내각총리, 조명록 국방위원회 제1부위원장, 리영호 총참모장 등이 임명되었다. 이러한 인사는 그간 군에 비해 유명무실했던 당의 권력을 실제로 재가동함으로써 당의 군에 대한 우위를 확보하고 당 중심체제로 김정은 후계구도를 재편하겠다는 김정일의 의지가 반영된 것으로 볼 수 있다.

또 북한은 김정은 체제가 들어선 2012년 4월 제4차 당대표자회의에서는 정치국 상무위원에 최룡해, 위원에는 김정각, 장성택 등을 임명하였다. 특히 최룡해를 당정치국 상무위원과 총정치국장, 당중앙군사위원회 부위원장에 임명한 것은 김정은이 당을 통해 군부를 통제하려는 의지가 반영된 것으로 보인다.

이후로도 김정은은 총정치국장을 황병서로 바꾸었고, 장정남 인민무력부장을 현영철로 바꾸는 등 잦은 인사교체를 하였는데, 이는 김정은이 어린나이에 군 원로들을 장악하기 위한 하나의 방법이라고 할 수도 있으나 근본적으로는 당의 군에 대한 우위를 확보하기 위한 지속적인 길들이기 전략이라 볼 수 있다. 북한이 2010년 제3차 당대표자회 이후 국방위원회보다 당중앙군사위원회 위원을 먼저 호명한 이유도 바로 이러한 이유 때문이라 할 수 있다.

김정은은 권력 승계 이후 김정일에 비해 기본적으로 군 중심이 아닌 당의 권력을 기반으로 권력을 재편하였다. 2011년 12월 김정일 사망 이후 2012년 12월까지 약 1년간만 보더라도 인민군 대좌, 소좌급 인사 300여 명을 퇴역시킬 정도로 김정은 체제는 군부에서 당 중심으로 힘의 중심이 급속도로 이동시켰다.

이는 군부 내 권력의 불안정이라는 견해도 있지만 김정일에서 김정은으로의 권력 이동에 따른 자연스런 연쇄효과라고 판단된다. 하지만 김정은이 김정일의 선군정치를 공식적으로 버리지 못하는 것은 조선로동당의 기본정치노선이자 김정일의 유훈을 계승, 유지해 나가고 군부 엘리트의 기득권을 보장해주기 위한 마지노선으로 활용하기 위한 것으로 보인다.

김정일 집권 당시 북한의 국정운영은 당·정·군을 수직적 종속관계가 아닌 수평적 병렬관계로 놓고 김정일이 직접 통치하는 방식을 사용하였다. 다시 말해 당권을 바탕으로 하는 튼튼한 권력기반이 존재했던 김정일은 직할통치 방식을 선호했다는 것이다.

김정은 역시 김정일의 통치방식을 유지하고는 있으나 군에 대한 리더십과 국정운영 경험이 부족한 김정은으로서는 전통적인 당 우위의 집단적 통치술을 구사하면서 동시에 당을 중심으로 하는 스스로의 권력재편을 추구하고 있는 것으로 보인다.

김정은은 2012년 4월 15일 태양절 100주년 연설에서 "일심단결과 불패의 군력에 새 세기 산업혁명을 더하면 그것은 곧 사회주의 강성국가"라며 "우리는 새 세기 산업혁명의 불길, 함남의 불길을 더욱 세차게 지펴 올려 경제강국을 전면적으로 건설하는 길에 들어서야 할 것"이라면 경제 분야에 역량을 집중할 것을 주문하였다. 이는 김정은이 그간 당과 정부에 비해 주도적 위상을 보였던 군 중심의 권력체계를 당 중심으로 변화시키겠다는 것을 의미하는 것이라 할 수 있다.

또 김정은은 2013년 8월 25일 선군절 연설에서 "당의 영도를 떠나서는 인민군대의 위력에 대하여 말할 수 없다"고 하였고 "인민군대의 총적은 오직 하나 우리 당의 가리키는 한 방향으로 총구를 내대고 곧 바로 나가는 것"이라고 강조했다. 이와 함께 김정은은 김정일 시대에 군에 이양했던 자체무역 권한도 당과 내각에 다시 이양토록 하였고, 총정치국의 위상을 강화하여 당을 통한 군내 정치사업 지도를 강화토록 하였다.

이는 김정은이 그동안 선군정치로 인해 비대해지고 부패한 군의 권력을 장악하고 개선함으로써 당 중심의 군 통제를 강화해 나가겠다는 의지로 해석할 수 있다.

김정은 시대 권력 엘리트의 구성 및 성격 변화 중 또 하나 주목해야 할 부분은 군부엘리트 집단은 퇴진하고 있는 반면, 당과 공안기관의 인사들은 권력의 중심부로 서서히 이동하고 있다는 점이다. 이는 국가적 위기상황의 대안이었던 김정일식 선군노선과는 달리 김정은은 당 조직인 당중앙군사위원회를 통해 비대해진 군부의 제2차 경제권을 축소시키고 당 중심의 경정체계와 내각 중심의 실행체계를 만들어 나가려는 의도로 보인다.

북한 헌법 제11조에 "조선민주주의인민공화국은 조선로동당의 령도 밑에 모든 활동을 진행한다"며 국가기관에 대한 당의 우월성을 보장하는 명문규정이 있고, 조선로동당 규약 제46조에는 "조선인민군은 모든 정치활동을 당의 령도 밑에 진행한다"며 인민군대에 대한 당의 지도를 명시하고 있다. 이는 북한의 정치체계가 기본적으로 당국가 체제임을 말해주는 것이라 할 수 있다. 따라서 김정은은 그동안 선군정치로 인한 군부중심의 국가운영체제를 당중심의 국가운영체제로 변화시킴으로서 사회주의 국가운영체계를 바로세우겠다는 것이다.

이와 같이 김정은이 권력을 군에서 당 중심으로 재편하려는 의도는 당이 유일사상 체계 확립에 가장 적합한 조직체라고 판단하고 있기 때문이다. 따라서 김정은은 영도적 지위에서 강한 카리스마를 바탕으로 수령의 역할을 완전히 수행해 낼 수 있을 때까지는 과두적 집단통치 기능을 가장 잘 수행할 수 있는 적합한 조직이 당 조직이라고 판단하고 있기 때문에 당 중심의 국가운영 체계는 당분가 지속될 것으로 보인다.

나. 수평적 지휘체계

군의 일반적인 지휘체계는 일사불란한 명령수행을 위해 수직적 지휘체계를 갖는 것이 통상적이다. 하지만 북한은 최고사령관 예하에 총참부, 총정치국, 인민무력성이 수평적 관계를 형성하고 있다. 이는 북한이 상호견제와 경쟁을 통한 충성경쟁을 유도하기 위한 것으로 보인다. 특히 김정은과 같이 권력기반이 약한 상황에서 정권을 승계 받은 경우에는 어느 한 부서에 힘을 실어주었을 때 자신의 권력에 도전할 세력이 발생할 수 있기 때문이다.

하지만 이러한 수평적 지휘관계 속에서도 그 권력서열을 따진다면 총정치국장-총참모장-인민무력상 순으로 놓이게 된다. 총정치국장은 당의 지침에 의해 군을 감시 통제하는 직책으로 김정은 다음으로 막강한 권한을 행사하고 있다. 총참모장은 군령권을 가지고 실질적인 군을 운용하는 직책으로 유사시 실질적인 군 운용권을 행사할 수 있다. 인민무력상은 대외적으로는 군을 대표하는 직책을 가지고 있으나 실질적인 수행업무는 후방지원 임무를 담당하고 있어 그렇게 막강한 힘을 발휘할 수가 없다. 이와 같이 수평적 지휘관계는 언제라도 그 힘의 균형이 바뀔 수 있어 김정은이 군부를 길들이는데 좋은 수단으로 활용할 수 있다.

김정은은 집권 직후 2012년 7월 15일 이영호 총참모장을 시작으로 현영철 인민무력부장, 장성택 노동당 행정부장 등 주요직위자를 숙청하였다. 김정은은 집권 4년 동안 군부의 핵심요직(총정치국장, 총참모장, 인민무력부장, 작전국장) 중에서 총정치국장을 제외하고는 모두 4번 이상씩 교체하였고, 고위엘리트들에 대한 처형 수도 140여 명에 이르는 것으로 나타났다. 이와 같이 김정은이 권력 승계 직후 군 엘리트에 대한 숙청과 잦은 인사교체를 한 것은 권력 승계과정에서 불안정한 군부세력을 제거하고자 하는 의도도 있지만, 상호 견제와 경쟁과정에서 나타나는 충성도를 시험하기 위한 것으로 볼 수도 있다.

북한의 군사지휘체계는 구소련과 중국의 군사지휘체계를 바탕으로 그 체계가 형성된 것으로 볼 수 있다. 하지만 시간이 지남에 따라 군사지휘체계는 정치적 상황에 따라 북한군의 필요한 역할수행을 강제하기 위한 방향으로 변화시켜 왔다. 즉 북한의 군사지휘체계는 위협에 대응하는 군사적 필요성보다는 1인 독제를 위한 정치적 이유에 우선하여 변화하여 왔다는 것이다.

북한의 군사지휘체계는 김일성과 김정일 시대를 거치면서 최고지도자인 수령을 정점으로 당, 국가, 군이라는 3선으로 구분되어 군을 지휘 및 지도하고 있다. 즉 당 총비서와 당중앙군사위원장은 군을 당적으로 통제하고, 최고사령관은 작전을 직접 지휘 통제하며, 국방위원장은 군사행정 분야에 관해 각자 주어준 영역 내에서 지휘권을 행사하여 왔다. 김정은 역시 전임자에 이어 당 제1비서와 당중앙군사위원장, 국무위원장, 최고사령관으로서 군대를 직접 지휘 및 지도하고 있는 것으로 보인다.

이상에서 나타난 북한군사지휘체계의 특징을 정리해보면 첫째, 최고사령관과 국무위원장에게 절대적인 권한이 부여되어 있어 1인 독재체제를 유지하는데 군을 개인의 군대로 이용할 수 있다는 점이다.

둘째, 군사지도 및 지휘기구가 과다하게 편성되어있어 상호관계가 불명확하고, 총정치국·총참모부·인민무력성을 수평적 관계에 놓고 있는 것은 지휘통일의 원칙에 맞지 않을 뿐 아니라 전투력 발휘에도 비효율적이라 할 수 있다. 그러나 총참모부 예하에 육·해·공군의 통합군제는 한반도와 같이 좁은 전장 환경에서는 합동성 발휘가 용이하다는 이점도 가지고 있다.

셋째, 당과 군의 이중적인 지휘통제 구조로 지휘통일의 원칙에 위배된다고 할 수 있다. 즉 군사지휘관과 정치군관(정치위원)의 이원화된 지휘체계는 지휘관의 융통성과 독단성을 제한함으로써 유사시 지휘관의 지휘권 발휘를 어렵게 한다는 것이다.

넷째, 평시 정권유지를 위한 조직으로 구성되어 있어 전시 임무수행을 위한 조직으로는 비효율적이라 할 수 있다. 즉 북한은 평시 개인 정권유지를 위해 총정치국, 총참모부, 인민무력성이 상호 견제와 감시가 가능하도록 수평적 지휘체계를 갖추고 있어 전시에 일사불란한 명령체계가 어렵다는 것이다.

북한의 군사지휘체계는 지금까지 위협에 대응이라는 군사적 필요성보다는 정치적 이유에 우선하여 형성되어 왔다. 김정은 역시 자신의 정권 공고화를 위해 그동안 상대적으로 위축되었던 당의 위상을 제고하고 당의 군대로서 역할을 다할 수 있도록 함으로써 당 중심의 리더십을 충분히 활용하고 자신의 국정운용 능력을 과시하려 할 것이다. 이 과정에서 북한군은 철저히 김정은의 개인 군대로서 그 역할을 다할 것으로 보인다.

제5장 선군군사전략과 북한 군사력 건설

제1절 선군군사전략의 형성 요인

1. 북한의 전쟁관

북한의 전쟁수행 개념은 기본적으로 사회주의국가 전쟁관에 바탕을 둔 김일성의 전쟁관이라 할 수 있다. 다시 말해 김일성의 전쟁관은 마르크스-레닌주의의 혁명전쟁관을 받들고 계급투쟁, 해방투쟁을 무력으로 수행하는 전쟁관을 가지고 있다는 것이다.

북한에 김일성 사망 이후 김정일-김정은으로 이어지는 3대에 걸친 권력을 세습하면서 그들의 후계자들이 똑같이 '유훈통치'를 천명한 것은 선대의 혁명유업을 그대로 계승하겠다는 것이다. 따라서 김정일·김정은 역시 김일성의 대남무력통일관에 기초한 전쟁관을 가지고 있다고 할 수 있다.

김정일은 1982년 전국주체사상 토론에서 발표한 '주체사상에 대하여' 라는 논문 발표를 통해 국방에서의 자위원칙은 "자기의 힘으로 나라를 보위하는 것으로 형제나라의 도움을 받을 수는 있지만 의탁할 수는 없다"고 하면서 국방에서 자위 원칙을 관철시키기 위해서는 전 인민적 국가적 방위 체제를 세워야 하며, 이를 위해 전 군은 간부화·현대화하여야 하고, 전 인민을 무장시키고 전 국토를 요새화하여야 한다고 주장하였다. 이는 김정일도 김일성에 이어 주체사상에 의한 국방에서 자위의 원칙을 확립하기 위한 국방력 강화에 치중하고 있음을 보여주는 부문이라 할 수 있다.

또 전쟁은 살아있는 인간으로 구성된 군대가 하는 것이므로 인간의 행동을 규정하는 정치사상 교양과 군사지휘 능력을 강화해야 한다고도 주장하였다. 다시 말해 적이나 아군이나 똑같이 무기를 가지고 싸우기 때문에 무기에 의존하는 군대보다는 심리적·정신적으로 강한 군대가 전쟁에서 승리할 수 있다는 것이다.

김일성은 일제강점기 시 자신이 경험한 소규모 항일유격전과 6·25전쟁의 경험을 바탕으로 한 원칙적이고 교조적인 전략전술을 강조한 반면, 김정일·김정은은 현대전의 양상에 대응하고 사회주의 체제를 고수할 수 있는 보다 강력한 군사력 건설과 사상무장을 강조하였다.

이를 위해 북한은 '국방에서 자위'를 기초로 한 혁명전쟁관과 4대 군사노선에 의한 효율적인 군사력 운용, 그리고 재래식 전력 증강과 함께 전략무기 개발을 확대하는 등의 새로운 전략구상에 따른 군사력 건설에 집중하게 되었다.

김정일은 평상시 전쟁에 대해 "전쟁은 싸우지 않고도 이길 수 있다. 핵전쟁이나 전쟁에 대한 만반의 준비를 갖추고 있으면 심리전, 외교전만으로도 싸움하지 않고 이길 수 있다"고 주장하면서 전략무기 개발에 역량을 집중하도록 하였다.

북한의 전쟁수행 개념은 김정은 집권 이후 더욱 공세적이고 모험주의적으로 변화되고 있는 것으로 보인다.

2. 북한 체제 유지

1990년대 국제사회는 동구공산권 국가의 몰락과 소련의 붕괴, 그리고 중국의 개혁·개방 정책 등으로 인해 사회주의국가의 지각변동이 일고 있었다. 여기에 북한은 1994년 김일성의 사망과 북핵문제로 인한 국제사회의 제재와 압박이 가중되면서 총체적 위기에 직면했었다.

국가사회주의는 1989년 폴란드의 붕괴를 시작으로 1991년 8월 소연방이 공식 해체되면서 위기를 맞았다. 결국 구소련과 동구공산국가들의 사회주의 체제는 와해되었고, 중국은 개혁·개방의 길을 걷는 사실을 목도한 북한으로서는 사회·정치적으로 심각한 위기의식을 느낄 수밖에 없었다.

북한은 총체적 붕괴의 여파와 개방의 물결이 자신들에게 밀려오는 것을 막고자 하였고, 시대적 상황을 신랄하게 비판하면서 '우리식대로 살아가자', '우리식 사회주의'를 외치면서 자신들의 우월성과 몰락한 사회주의 국가와의 차별성을 강조하면서 자신들의 체제를 고수하고자 하였다. 이 당시 북한에서는 "사회주의는 지키면 승리이고 버리면 죽음이다"라고 구호를 외칠 정도로 자신의 체제유지에 위기의식을 느끼고 있었다. 여기에 북핵문제로 인한 국제사회의 대북제재는 북한의 대외활동과 경제지원을 차단함으로써 북한 경제를 더욱 어렵게 만들었다.

북한은 남한과의 군비경쟁에 있어서도 그 격차가 심화되고 있었다. 북한은 남한과 전투력 비교 시 과거에는 양적인 면에서 자신들이 앞섰지만 시간이 지날수록 질적인 면에서 남한에 뒤처지고 있다는 사실을 실감하게 되었다. 이는 남한은 그동안 경제성장을 바탕으로 군의 현대화작업을 통해 꾸준히 전력을 향상시키고 있는 데 반해, 북한은 어려운 경제사정으로 인해 군의 현대화 작업에 엄두를 내지 못했기 때문이다.

<표 5-1> 남북한 경제지표(2004년)

구 분	남 한	북 한	차 이
명목GNI(십억 원)	874,239.00	23,769.00	36.8배
1인당 GNI(만 원)	1,820.00	102.00	18.9배
경제성장률(%)	4.90	2.10	2.5배
무역총액(억 원)	4,783.10	28.60	170.8배

출처: 한국은행, 북한 경제통계 현황 참조.

1990년대 사회주의국가의 몰락과 김일성의 사망, 북핵문제로 인한 국제사회의 대북제재, 남한과의 군비경쟁에서 열세 등은 북한으로 하여금 자신들의 체제유지를 위한 새로운 전략을 구상하지 않으면 안 되도록 하였다.

3. 현대전의 양상변화

북한은 6·25전쟁 이후 집중적인 전력증강을 통해 한동안 대남우위의 군사력을 유지할 수 있었다. 북한의 이러한 전력증강은 물량적인 면에 치우친 나머지 현대전에 대비한 전략무기 개발에는 소홀했었다는 평가를 받아왔다.

현대전은 과학기술과 무기체계의 발달로 그 전개양상이 날로 변화되고 있다. 최근 현대전의 표본이라 할 수 있는 걸프전에서는 초기 공군전력을 집중 투입하여 상대의 주요전력을 무력화시키고 지상군을 투입하는 공지작전을, 아프간전에서는 산악지형의 특수성을 고려한 주요 거점별 정밀유도무기의 타격과 공중강습부대 운용 등 특수작전부대 운용을, 이라크전에서는 주요작전에 대한 신속한 의사결정과 효과중심작전을 전개함으로써 미군이 주도한 다국적군의 승리로 전쟁을 종결할 수 있었다.

이와 같이 최근 국지전은 과거 기동장비 제한에 따른 장기전, 전투물자 조달의 소모전, 특정지역 차지를 위한 지상전 위주의 개념에서 탈피하여 지상·해상·공중전에 우주전과 사이버전에 의한 입체적인 전쟁으로 변화되어 가고 있다.

이러한 현대전의 양상변화는 북한으로 하여금 새로운 군사력 건설을 요구하게 하였다. 그리하여 북한은 군비부담을 해소하면서 현대전에 대항해 싸울 수 있는 대안을 강구하게 되었고, 결국 저비용 고효율의 대량살상무기를 선택하게 된 것이다.

여기에 한미연합전력에 대한 열세는 김정일·김정은을 더욱 불안하게 만들었다. 한·미 양국은 북한에 의해 전면전이 발발할 경우 한미연합작전계획인 '작전계획(OPLAN) 5027' 및 시차별 부대전개 목록(TPFDD)에 따라 전쟁발발 90일 이내에 미 본토의 3군단 병력 등 총병력 69만여 명, 태평양사령부(하와이)와 미 본토 소속 5개 항공모함 전단을 비롯한 이지스함, 핵잠수함 등 함정 160여 척, 하와이·알래스카·미 본토 소속의 F-15E, F-16, FA-18, AC-130 등 항공기(전투기·헬기 등) 2,500여 대와 괌 기지의 B-1, B-2, B-52 폭격기가 한반도로 출동해 북한의 전략목표를 폭격하는 등 대규모 미 증원전력을 한반도에 단계적으로 투입토록 되어 있다.[1]

북한은 6·25전쟁 당시 미군의 능력에 대해 이미 경험한 바 있고, 또 최근 국지전을 통해서도 미군의 위력에 대해 실감하고 있다. 따라서 기존 재래식 전력으로 한미연합전력에 대항하여 싸운다는 것은 절대적 열세라고 판단했다. 따라서 북한은 한미연합전력에 대항하고 자신들의 체제를 유지하기 위한 새로운 전략수립과 함께 군사력 건설이 필요했던 것이다.

[1] 『조선일보』, 2010년 2월 6일.

4. 재래식 전력의 한계

북한 군사력은 6 · 25전쟁 이후 점진적인 증가세를 보이다가 1962년 12월 당중앙위원회 제4기 5차 전원회의에서 김일성이 '국방에서 자위원칙'을 천명하면서 집중 증강하게 되었다.

당시 이러한 정책노선을 채택하게 된 배경에는 중 · 소 갈등과 북 · 소 간 균열 속에서 한 · 미 · 일 남방 삼각동맹의 출발이라는 위기의식과 남한에서 1961년에 일어난 군사쿠데타 이후 한반도의 긴장 심화, 쿠바사태, 월남전 등 세계적 차원의 긴장 심화가 북한의 위기의식을 강하게 부추긴 결과로 보인다. 또 1980년대 들어서는 중동전의 영향을 받아 기갑 및 기계화부대를 집중 증강시켰다. 이러한 병력 및 장비의 증강은 이를 유지 관리하기 위한 막중한 군사비 투입으로 이어지면서 북한 경제에 부담을 주게 되었다.

북한의 군사력은 1990년대 말 수적인 면에서 남한보다 우세를 보였다. 먼저 병력규모에 있어서는 6 · 25전쟁 당시 북한군 병력은 총 198,380명 (지상군 191,680명과 해군 4,700명, 공군 2,000명)[2]이었던 것이 6 · 25전쟁 이후 꾸준한 증가추세를 보이면서 1990년대 말에는 상비군 수가 116만여 명으로 6배 이상 증가하였다. 이는 중국, 인도, 미국에 이어 세계 4위의 병력규모이다. 여기에 예비전력 655만여 명(교도대, 노농적위대, 붉은 청년근위대, 건설돌격대 등)까지 포함하면 그 규모는 770만여 명으로 세계 최고의 병력규모라 할 수 있다. 이는 북한 총인구 2,400만 고려 시 5%를(남한은 1.3%) 차지하는 비율로 세계적으로 보기 드문 병력규모라 할 수 있다.[3]

. . . .

2) 장준익, 『북한 인민군대사』, 247쪽.

〈표 5-2〉 남북한 군사력 비교(1998년)

1998년 12월 기준

구 분			한 국	북 한
병력		계	69만 명	114.7만 명
		지상군	56만 명	99.6만 명
		해군	6.7만 명(해병 포함)	4.8만 명
		공군	6.3만 명	10.3만 명
지상 전력	부대	군단	11개	20개
		사단	50개(해병대 포함)	54개
		여단	21개	99개
	장비	전차	2,150여 대	3,800여 대
		장갑차	2,250여 대	2,270여 대
		야포	4,800여 문	11,200여 문
해상 전력		수상전투함	180여 척	430여 척
		지원함	40여 척	340여 척
		잠수함	5여 척	40여 척
공군 전력		전투기	550여 대	850여 대
		지원기	180여 대	510여 대
		헬기	630여 대	310여 대
예비전력(병력)			307.3만여 명 (예비역 / 보충역 포함)	655만여 명 (교도대, 노농적위군, 붉은청년근위대 등 포함)

출처: 『1998 국방백서』, 241쪽.

· · · · · · · · · · · ·

3) 유사국가 인구 대비 병력 수

구 분	총 인구수	병력	인구 대비/ 병력 비율
독 일	8,327만 명	244,000명	0.30%
영 국	6,094만 명	160,000명	0.26%
프랑스	6,406만 명	353,000명	0.55%
이탈리다	5,815만 명	293,000명	0.50%
스페인	4,049만 명	222,000명	0.55%
터 키	7,189만 명	511,000명	0.71%
이 란	6,588만 명	523,000명	0.79%
이스라엘	711만 명	177,000명	2.49%
일 본	12,728만 명	230,000명	0.18%

출처: Military Balance 2009 (London: International Institute for Strategic Studies).

이러한 병력운용은 상대적으로 생산현장의 인력투입을 저하시킴으로써 경제활동을 위축시키는 결과를 가져오게 되었다. 특히 북한과 같이 노동집약적 생산시설을 갖추고 있는 산업체계에서는 생산 활동에 직접적인 영향으로 작용할 수 있다.

장비 면에서는 지상군 장비는 1980년대에 기갑 및 기계화부대를 집중 증강하면서 전차, 장갑차, 야포 등 1만 7천여 대를 보유하였다.

해군은 6·25전쟁 당시 4개의 전투함 전단과 2개의 해병연대, 고사포 연대 등으로 구성되어 있었으나, 1990년대 말에는 잠수함 40여 척을 포함하여 총 8백여 척의 함정을 보유하게 되었다.

공군은 6·25전쟁 당시 1개 항공사단으로 전폭기(IL-10) 93대, 전투기(Yak-9) 79대를 보유하고 있었으나, 1990년대 말에는 전투기 850대를 포함하여 1천6백여 대의 항공기를 보유하였다.[4]

북한이 이와 같이 지속적인 전력 증강을 통해 남한보다 수적 우위의 전투력을 보유하고 있음에도 불구하고 한계에 도달했다고 보는 이유는 첫째, 군사비 부담이 너무나 과중했다. 〈표 5-3〉에서 보는 바와 같이 북한의 군사비 비중은 총예산 대비 최고 50%(1998년 52%)를 차지할 정도로 막대한 군사비를 투입하고 있었다. 이는 곧 타 분야에 대한 예산투입을 상대적으로 제한시킬 수밖에 없다. 따라서 1990년대에 북한 경제가 바닥을 치고 있는 상황에서 막대한 군사비를 투입하는 것은 한계에 도달했다고 보는 것이다.

둘째, 장비의 노후화이다. 북한이 보유하고 있는 각종 전투장비는 대부분 1950년대에서 1970년대 생산된 장비들로 그 사용기간이 너무 오래되어 정확성과 신속성 면에 있어 많이 뒤처지고 있는 것으로 평가받고 있었다.

4) 『1998 국방백서』 참조.

〈표 5-3〉 북한 연도별 군사비 현황(1991~2006년)

(단위 : 억$)

연도	GNI (한국은행)	총예산 (북한발표)	군사비	GNI대 군사비 비율(%)	총 예산 대 군사비 비율(%)	환율 (미1$: 북한 원)
1991	229	171.7	51.3(20.8)	22.4	29.9(12.1)	2.15
1992	211	184.5	56.4(21.0)	26.3	30.0(11.4)	1.13
1993	205	187.2	56.2(21.5)	27.2	30(11.4)	2.15
1994	212	191.9	57.6(21.9)	27.2	30(11.5)	2.16
1995	223	208.2	62.4	28	30	2.05
1996	214	?	57.8	27	?	2.14
1997	177	91.0	47.8	27	52	2.16
1998	126	91.0	47.8(13.3)	37.9	52(14.6)	2.20
1999	158	92.3	47.8(13.5)	30	51(14.6)	2.17
2000	168	96.7	50(13.7)	29.8	52(14.3)	2.19
2001	157	98.1	50(14.1)	31.8	51(14.4)	2.21
2002	170	100.1	50(14.9)	29.4	50(14.9)	2.21
2003	184	112.5	50(17.7)	22.4	44.4(15.6)	2.21
2004		25.1	(3.9)		(15.6)	139.0
2005		29.0	(4.6)		(15.9)	140.0
2006		29.4	(4.7)		(15.9)	143.0

※ ( ) 내는 북한 공식발표 군사비
※ 1995~1997년도 군사비 규모는 GNI의 평균 27%를 적용한 추정치임.
※ 2003년도는 '02. 7. 1 경제개선 조치 이전 환율($1=2.21) 적용.
※ 2004년 이후는 북한 환율 급등으로 군사비 추정 제한, 북한 발표 규모만 제시.
출처: 『2006 국방백서』;『2010 국방백서』.

이 중 전투기는 90%가 30년이 초과된 노후 기종이며, 함정은 대부분 1000톤 이하의 소형을 보유하고 있어 유사시 그 임무수행이 의문시 되고 있다. 실제로 북한은 2010년 11월 23일 연평도 포격도발 시 170여 발의 포탄을 연평도에 발사하였으나, 이 중 80여 발만 연평도에 떨어지고 나머지 90여 발은 연평도 인근해상에 떨어진 것으로 확인되었다. 이는 북한의 포병화기가 재래식 조작방식으로 인해 그 정확성이 많이 떨어지기 때문으로 분석되고 있다.

또 2013년 3월 25일에는 원산일대에서 육·해군 합동훈련 시 북한 함정들은 출동명령을 받고도 기관고장 등으로 인해 훈련에 참가하지 못한 함정이 약 40%에 달했으며, 2014년 7월에는 미그-19전투기가 훈련비행 중 3대가 추락하는 사고가 발생하였다. 이 또한 전문가들은 북한 장비가 노후화되어 성능을 제대로 발휘하지 못했기 때문으로 분석하고 있다.

결과적으로 북한이 새로운 군사전략을 구상하게 된 배경은 김일성 시대부터 이어져온 혁명적 무력관에 의한 대남통일관, 북한의 어려운 대외 상황, 현대전의 양상변화에 따른 대응, 그리고 재래식 전력의 한계를 극복하기 위한 조치에서 나온 것이라 할 수 있다.

【그림 5-1】 선군군사전략 형성 요인

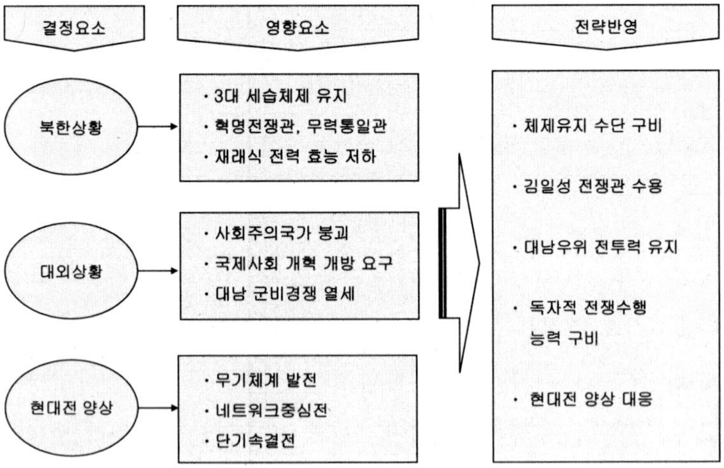

선군군사전략은 김일성의 혁명전쟁관을 수용함과 동시에 한반도무력통일의 기반을 다지기 위한 대남우위의 전력을 유지하고, 또한 중국과

러시아의 도움 없이도 외부의 압박으로부터 자신들의 체제를 지킬 수 있는 독자적인 전쟁수행능력 등을 고려하여 저비용 고효율의 무기체계가 반영된 전략이 수립된 것으로 보아야 할 것이다.

제2절 선군군사전략의 요체와 특징

1. 선군군사전략의 요체

가. 대량보복전략

'대량보복전략'은 상대의 군사행동에 대응하여 상대에게 대량피해를 주는 전략으로 '응징보복전략'의 일종이라 할 수 있다. 따라서 이러한 전략이 구현되기 위해서는 상대보다 강한 군사능력을 보유하고 있거나, 또는 상대에게 결정적인 피해를 줄 수 있는 군사적 수단이 강구되어 있어야 한다.

대량보복전략은 상대의 군사시설, 인구밀집지역, 주요 국가 및 산업시설에 대해 무차별적 공격을 실시함으로써 그 피해를 확산시키고 상대에게 공포감을 주어 전쟁의지를 저하시키는 직접적인 효과도 있지만, 한편으로는 국제사회에 자신들의 군사적 보복능력을 과시함으로써 다른 나라들에게 경각심을 심어 주는 간접효과도 동반하고 있다. 따라서 약소국가일수록 상대에게 응징할 수 있는 강력한 보복수단을 보유함으로써 외부의 군사위협으로부터 자신들을 보호하고자 한다.

북한은 1994년 1차 북핵 위기 당시 미국의 북한 핵시설 피폭 위협으로 최대의 위기를 맞았었다. IAEA(국제원자력기구)5)는 1992년 5월 제1차

임시사찰에서 북한의 핵개발 의혹이 커지자 1993년 2월 북한에 특별사찰을 요구했다. 그러나 북한은 이를 강력히 거부하고 1993년 3월 12일 NPT(핵확산금지조약)6) 탈퇴를 선언했다. 이에 1993년 5월 11일 UN안전보장이사회가 IAEA 사찰 수용과 NPT 복귀를 종용하는 결의문을 채택하자, 북한은 5월 29일 자체개발한 '노동미사일'을 발사하면서 IAEA의 사찰에 정면으로 대항하고 나섰다.

이에 대해 미국은 북핵문제를 UN안전보장이사회에 회부하여 제재조치를 취하겠다고 경고하였고, 북한은 "제재조치를 선전포고로 간주하겠다"고 하면서 강력하게 맞섰다.

이러한 대결과정은 1994년 6월 13일 북한의 IAEA 탈퇴 성명으로 최고조에 달했다. 결국 미 국무장관인 윌리엄 페리(William J Perry)는 6월 14일 군 수뇌부를 소집, '작전계획 5027(Operaion Plan 5027)'과 '전쟁우발계획 5027(War Contingency Plan)'을 검토했고, 6월 16일에는 클린턴 대통령이 국가안전보장회의를 소집하여 북핵 시설에 대한 정밀폭격계획을 검토했다. 일촉즉발의 위기상황까지 치달은 북·미 간의 대결은 지미 카터(Jimmy Carter) 전 미국대통령의 방북으로 가까스로 진정되었다. 이러한 위기상황은 북한이 억제적 차원의 전략을 수립토록 하는 데 결정적인 역할을 하게 했다고 볼 수 있다.

⁙ ⁙ ⁙ ⁙ ⁙

5) IAEA(International Atomic Energy Agency)는 유엔총회 산하에 설치된 준독립기구로 원자력의 평화적 이용을 위한 연구와 국제적인 공동 관리를 위해 1957년 설립됐다. 북한은 1974년에 가입했다가 1차 북핵 위기가 발생했던 1994년에 탈퇴하였다.

6) 국제사회는 핵무기의 확산을 방지하기 위해 1958년부터 핵확산금지조약(NPT: Nuclear Non-Proliferation Treaty)을 체결하여 핵확산을 제도적으로 방지하고 있다. 현재 이 기구에 가입된 국가는 우리나라를 포함하여 총 186개국이다. NPT에서 현재 핵보유국으로 인정받고 있는 나라는 미국, 영국, 프랑스, 중국, 러시아 등 5개국가이다. 북한은 1985년에 가입했으나 2002년 2차 북핵 위기를 거치면서 2003년 1월 10일 탈퇴하였다.

대량보복전략은 핵을 보유한 국가들이 대표적으로 취하는 전략이다. 미국의 아이젠하워 대통령은 핵개발 이후 기존의 봉쇄전략의 약점을 보완하고 핵의 절대 우위를 바탕으로 한 전략공군 건설(제트폭격기와 수소폭탄 개발)을 통해 소련의 침공에 대응하였고, 상대적 파괴효과가 적은 재래식 전력을 대폭 삭감하는 대량보복전략을 취함으로써 국방예산을 절감하고 국제사회에서 군사패권국으로 그 위치를 굳힐 수 있었다.

구소련의 흐루시초프는 1962년 쿠바 사건에서 미국에게 굴욕적인 패배를 맞보고 패배의 주요 원인이 소련이 핵전력 면에서 미국에 열세를 면하지 못했기 때문이라고 분석했다. 따라서 흐루시초프가 취한 국방정책은 핵을 주요 전력으로 한 대량보복전략을 취함으로써 미국과 대등한 군사적 능력을 보유하고 사회주의국가의 중심으로서 그 역할을 하고자 하였다.

중국은 1964년 핵개발 이후 국제적·정치적 위치를 향상시켰을 뿐 아니라 미·소의 핵공격으로부터 대비할 수 있었으며, 민족해방운동을 조장하고 아시아 각국에 영향력을 강화할 수 있었다. 즉 미·소의 핵공격으로부터 자신들을 보호하려는 억제적 보복전략을 취함과 동시에 아시아에서 군사강국으로서 그 위치를 굳힐 수 있었다.

이와 같이 핵을 보유한 국가들은 국제사회에서 군사강국으로 우위를 점할 수 있었으며, 또한 핵을 주 수단으로 한 대량보복전략을 채택함으로써 자신들의 안보를 챙기고자 하였다. 따라서 북한도 핵보유를 통해 외부의 군사적 위협에 대응하고 유사시 전승을 보장할 수 있도록 하기 위해 '대량보복전략'이라는 적극적인 전략을 취할 것으로 보인다. 특히 미국과는 1950년 6·25전쟁 이후 정전상태를 유지하고 있고, 최근 핵문제와 인권문제, 불법무기수출 등으로 불편한 관계를 유지하고 있다. 따라서 미국과는 언제라도 전쟁이 다시 재개될 수 있는 상황으로 보고 있기 때문에 대량보복전략의 사용가능성은 매우 높을 것으로 보인다.

'대량보복전략'은 한반도에 전쟁발발 시 남한의 대도시 지역, 미군 주둔시설, 한국군 병력집결지역에 무차별적 공격을 감행함으로써 대량피해를 주고 공포심을 유발시켜 초기 대응능력을 박탈하고 전쟁의지를 말살하려 할 것이다. 이와 함께 한반도 전쟁에 개입하려는 제3국에 대해서는 핵보복 위협을 가함으로써 전투병력 및 물자지원을 차단시키려 할 것이다.

북한이 대량보복전략을 구사하기 위해 사용할 수 있는 수단으로는 핵과 화생무기, 미사일 및 포병화력 등이 주로 이용될 것으로 보인다. 특히 북한이 현재 보유하고 있는 미사일 능력은 현 진지에서 남한 전 지역은 물론 동북아 전 지역을 사정권에 두고 있어 미사일에 장착할 수 있는 핵무기 소형화에만 성공한다면 이는 대단히 위협적인 전력이라 할 수 있다.

북한 노동당 선전부 부부장은 2006년 평양에 고위간부를 모아놓고 실시한 강연에서 "전쟁이 일어나면 서울은 30분 만에 불바다가 된다. 전쟁이 터지면 미군 10만 명 이상이 죽고 남조선 주민 70%가 사살된다. 또 경제의 90% 이상이 잿가루가 된다"[7]고 교육하였다. 그리고 2010년 1월 15일에는 북한의 최고권력 기구인 국방위원회 명의로 '대남 보복성전(聖戰)'을 공언하였고, 같은 해 1월 말에는 NLL(북방한계선)[8] 인근해상으로

---

7) 북한노동당 선전부 부부장 2006년 하반기 평양고위간부 대상 강연 자료.
8) NLL(Northern Limit Line): 1953년 7월 27일 이루어진 정전협정에서는 남북한 간 육상 경계선만 설정하고 해상경계선은 설정하지 않았다. 그런데 1953년 8월 30일 당시 주한유엔군사령관이었던 클라크(Mark Wayne Clark) 장군이 북한과 협의 없이 일방적으로 해양한계선을 설정하고 서해 해상을 통제하였다. 그러다 1973년 들어 북한이 서해 5도(백령도, 대청도, 소청도, 연평도, 우도) 주변 수역이 북한의 연해라고 주장하며 이 수역을 항해하려면 사전 승인을 받으라고 요구하는 한편, 빈번히 북방한계선을 넘어옴으로써 남한 함정들과 맞닥뜨리는 사태가 발생하고 있다. 하지만

해안포를 무더기 발사하였다. 또 인민군 창설 78주년인 2010년 4월 25일 리영호 총참모장은 로동신문을 통해 미제와 남조선괴뢰 호전광들이 감히 우리의 하늘과 땅, 바다를 0.001mm라도 침범한다면 핵 억제력을 포함한 모든 수단을 총동원해 침략의 아성을 흔적도 없이 날려버릴 것이라고 발언하였고, 같은 해 7월 24일에는 한미연합훈련인 '을지프리덤가디언(UFG)'을 비난하면서 국방위원회 명의로 핵 억제력에 기초한 보복성전을 개시할 것이라고 위협한 바 있다.

북한은 김정은 정권 들어서도 "국가방위를 위해 실전배비(배치)한 핵탄두를 임의의 순간에 쏴버릴 수 있게 항시적으로 준비해야 한다"[9]고 하면서 한반도에서 핵전쟁 위협을 지속하고 있다.

북한의 이러한 발언과 행동은 유사시 핵무기를 포함한 화생무기, 장사정 포병화력 등을 이용하여 상대에게 무차별적 공격을 실시하겠다는 의도로 해석할 수 있다.

결국 북한이 사용할 것으로 보이는 대량보복전략은 평시에는 상대의 군사적 위협으로부터 자신들의 체제를 지키기 위한 억지력 수단으로 활용하고, 유사시에는 상대에게 대량공세를 통해 전승을 보장하기 위한 차원에서 수립된 전략이라 할 수 있다.

나. 속전속결전략

'속전속결전략'은 김정일·김정은이 김일성의 전략을 계승한 것으로

1992년 체결한 남북기본합의서 11조에 "남과 북의 불가침 경계선과 구역은 1953년 7월 27일자 군사정전에 규정된 군사분계선과 지금까지 쌍방이 관할해 온 구역으로 한다"고 합의한 것을 볼 때 북한의 NLL 침범은 명백한 정전협정 위반사항이라 할 수 있다.

[9] 『조선중앙TV』, 2016년 3월 4일.

한반도에 전쟁발발 시 외부 증원전력이 도착하기 이전에 전쟁을 종결시킨다는 전략이다. 이러한 전략은 최근 국지전인 걸프전, 아프간전, 이라크전 등에서 주로 사용했던 전략으로 초기에 적대국의 지휘시설과 주력군을 공세적인 행동을 통해 일방적으로 집중 타격함으로써 단시간에 상대를 무력화시키고 주도권을 장악하여 전쟁을 승리로 이끌 수 있었다.

북한이 속전속결전략을 사용할 것이라 보는 이유는 첫째, 북한군은 속도전에 유리한 전력을 다량 보유하고 있다는 것이다. 그중에서도 기갑 및 기계화 부대는 신속하고 과감한 기동전을 실시함으로써 상대에게 강한 충격력과 공포심을 줄 수 있어 효과적이다. 또 포병은 상대의 핵심표적에 대해 집중 타격을 가함으로써 상대에게 대량피해는 물론 일시에 상대를 무력화시킬 수 있다. 북한은 속도전을 수행하기 위한 주요 전력이라 할 수 있는 기갑은 남한보다 1.7배, 포병은 2.5배 더 많이 보유하고 있다. 또 2000년대 들어서는 새로 개발한 선군호[10]전차를 이미 작전 배치하였고, 포병은 2,000여 문을 증강시킨 것으로 확인되고 있다. 이외에도 20만여 명의 특수전부대는 다양한 침투수단을 이용하여 전·후방지역에 침투하여 전후방 동시전장화를 통한 속도전을 전개할 것으로 보인다.

둘째, 북한군 부대편성이 속도전을 하기 위한 기동 위주로 편성되어 있다는 것이다. 북한은 어려운 경제난 속에서도 지속적으로 병력과 장비의 수량을 늘리면서 부대구조를 기동에 유리하도록 개편하였다. 이는 재래식 전력의 상대적 우위를 통해 남한에게 심리적 압박을 가하면서 속도전을 실시하기 위한 것이라 할 수 있다.

셋째, 북한군 전투력이 대부분 전방에 추진 배치되어 있다는 것이다.

---

[10] '선군호' 전차는 기존 전차에 포탑을 개량해 사거리가 길고 속도도 시속 70km로 기동력이 뛰어나며 대량 인명살상이 가능한 열압력탄 발사기를 장착하고 있어 방어력도 크게 높인 것으로 알려지고 있다.

북한은 평양~원산선 이남 지역에 10여 개의 군단, 60여 개의 사단 및
여단 등 지상군의 약 70%를 전진 배치시켜 놓고 있어 언제라도 부대배
치 조정 없이 기습 남침할 수 있는 상태에 있다. 전방에는 동부전선으로
부터 서부전선까지 4개의 군단이 각각 배치되어 있고, 기동화 부대로는
평원선 이남 지역에 1개 전차사단, 2개의 기계화사단 및 1개의 포병사단
이 배치되어 있다. 또 북한은 2009년 11월 3차 서해해전 이후 서해안에
240mm방사포를 집중 배치하고 서해상과 수도권을 위협하고 있다. 해군
은 전력의 약 60%를 평양~원산선 이남에 전진 배치하여 상시 기습할
수 있는 공격 능력을 보유하고 있으며, 이 중에서도 공기부양정은 서해
고암포에 그 기지가 있어 서해 기습침투를 통한 수도권을 위협할 것으
로 판단된다. 공군은 전투임무기 810여 대 중 약 40%를 평양~원산선
이남에 전진 배치시켜 놓고 있어 최소의 준비로 신속하게 공격할 수 있
는 태세를 갖추고 있다.

이와 같이 전방에 집중 배치된 부대들은 개전 초 일시에 공격을 가함
으로써 기습과 전투력의 집중을 통해 속도전을 전개할 것으로 보인다.
하지만 전방지역의 밀집된 부대배치는 사전 전쟁도발징후 포착 시 상대
가 선제타격을 실시한다면 북한군이 대량의 피해를 입을 수 있는 취약
점을 가지고 있다.

넷째, 북한이 항공전력을 많이 보유하고 있다는 것이다. 항공전력은
전쟁 초기 기습을 통해 주요 군사시설을 타격함으로써 제공권 장악은
물론 전쟁의 주도권을 장악할 수 있다. 특히 한반도와 같이 짧은 종심을
가진 지형에서는 항공전력의 위력은 대단히 크게 작용할 수 있다. 북한
은 '만전쟁' 때 미군이 작전기간 45일 중 공중타격만 38일 동안 실시하였
으며, 앞으로의 전쟁은 "공중타격이 전쟁의 기본수단으로 되고 전쟁에
서 공중타격이 압도적인 지위를 차지하며 공중타격의 결정적 역할에 의

하여 전쟁이 종결되는 새로운 양상을 띠고 있다"[11]고 인민군에게 강조한 바 있다. 이는 전쟁 초기 항공전력을 이용 전쟁의 주도권을 장악하고 전쟁을 속도전으로 몰고 나가도록 강조한 것이라 할 수 있다. 현재 북한이 보유하고 있는 MIG-29 기종의 경우 휴전선 인근기지에서 발진 시 남해안까지는 약 17분이면 도달하는 것으로 판단하고 있다.

북한은 앞으로의 전투수행방식에 대해 "앞으로는 전쟁의 양상이 달라짐에 따라 비선형작전, 비접촉작전과 같은 새로운 작전방식들이 출현하고 있고,[12] 현대전쟁은 전선과 후방에서 동시에 벌어지는 립체전의 양상으로 변화될 것"[13]이라고 강조하고 있다. 여기서 '비선형작전'은 교전 쌍방이 전선과 후방의 뚜렷한 구분이 없고 선형전장구조가 없어지게 된 작전을, '비접촉작전'은 상대측 타격권 밖에서 타격하는 먼거리타격, 대양과 대륙을 넘어 타격하는 초수평타격, 종심타격 등을 주요내용으로 하는 작전방식으로 현대전쟁의 기본작전방식이 되고 있다고 설명하고 있다.

이는 한반도의 산악 위주 작전환경을 고려한 전선의 비선형에 의한 속도전 수행에 중점을 둔 전투방식을 강조하기 위해 나온 것으로 보인다. 다시 말해 전방에서는 정규전부대에 의한 정면공격을, 후방에서는 특수전부대에 의한 후방교란 작전을 실시함으로써 전후방 동시전장화를 통해 전투를 신속히 종결한다는 것이다.

북한은 속전속결전략을 이용하여 우리의 중심(重心)[14]을 집중 타격할

• • • • • • • • • • •

11) 「조성된 정세의 요구에 맞게 자기 부문의 싸움준비를 빈틈없이 완성할데 대하여」, 『학습제강』(군관, 장령용), 평양: 조선인민군출판사, 2006, 26쪽.

12) 「조성된 정세의 요구에 맞게 자기 부문의 싸움준비를 빈틈없이 완성할데 대하여」, 27쪽.

13) 「인민군대는 날강도 미제와 남조선괴뢰들의 전쟁도발책동을 선군의 총대로 무자비하게 짓뭉게 버릴 것이다」, 『조선인민군』, 2007년 8월 20일.

것으로 보인다. 과거의 전쟁은 기동부대에 의한 전선이동방법을 통해 목표를 타격하고 특정지역을 점령하는 순으로 전투가 진행되었다면, 현대전은 최근 국지전 사례에서 보여주듯 무기체계의 발달로 인해 기동부대의 이동에 앞서 상대의 전투력을 각종 화력수단을 이용하여 대부분 무력화시킨 후 기동부대가 이동하여 목표를 점령하는 순으로 전투가 진행되고 있다.

이러한 전투수행방법은 전쟁 초기 아군의 피해는 최소화하면서 상대에게는 대량피해를 주어 대응능력을 박탈하고 전쟁의지를 꺾을 수 있다. 따라서 북한 역시 전쟁개시와 함께 화력과 특수전부대를 이용하여 우리의 중심을 타격함으로써 지휘체계를 마비시키고 초기대응을 불가능하게 할 것으로 보인다. 또 조기에 우리의 중심을 파괴시킴으로써 전쟁의 주도권을 확보하는 것은 물론 미 증원 전력이 한반도 도착시기를 상실케 하여 전쟁을 조기에 종결하고자 할 것으로 보인다.

전방에 배치된 170밀리 자주포와 240밀리 방사포는 수도권 지역에 대한 기습적인 대량 집중 공격이 가능하며 최근에 개발이 완료된 300밀리 방사포는 중부권까지 공격이 가능한 것으로 판단하고 있다. 이와 같이 북한이 휴전선 인근에 집중 배치한 장사정포는 우리의 중심인 수도 서울을 공격하기 위한 것이라 할 수 있다.

북한 대남매체인 「우리민족끼리」는 2012년 3월 22일 '3일 전쟁' 시나리오를 공개하였다. 여기에 따르면 북한은 ① 1일차에는 25만여 발의 포

---

14) '중심(重心, Center of Gravity)'이란 피아의 힘의 원천 또는 근원이 되는 중심축으로, 파괴 시 전체적인 구조가 균형을 잃고 붕괴될 수 있는 물리적·정신적 요소를 말한다. 중심은 적 주력, 지휘소, 포병 등 물리적 형(形)이 될 수도 있지만, 통상 힘의 유지를 가능하게 하는 세(勢)에 초점을 두고 식별되어야 한다. 따라서 적의 중심은 적 의도와 전투수행능력, 아군의 작전목적과 능력을 고려하여 식별하여야 하며, 동시에 아군의 중심도 확인하여야 한다. 육군본부, 『군사용어사전』, 2006, 618쪽.

병과 1,000여 발의 미사일을 이용 선제공격으로 남한과 미군 기지를 초
토화하고, 특수전부대를 투입하여 남한의 군사시설을 타격하며, ② 2일
차에는 항공육전부대를 투입하여 남한의 주요 도시에서 시가전을 전개
하고 전차 및 장갑차, 대량살상무기 등을 이용 한미연합전력을 궤멸 시
키며, ③ 마지막 3일차에는 점령한 남한 주요 도시에 대해 안정화 작전
을 전개한다는 것이다. 즉 대남우위의 전력을 바탕으로 속도전을 전개
해 3일 안에 전쟁을 종결한다는 것이다.

또 김정은은 2012년 8월 '7일 전쟁계획'이라는 새로운 전쟁계획을 수
립하였는데, 여기에 따르면 북한이 기습남침을 하거나 국지전이 전면전
으로 확전될 경우 미군이 본격 개입하지 못하도록 7일 안에 남한 전역
을 점령한다는 계획을 세워놓고 있다는 것이다. 이를 위해 1일차에는
특정지역에 기습공격을 실시하고, 2일차에는 이를 전면전으로 확대하
며, 3일차에는 핵·미사일 등 비대칭전력을 이용 총공격을 감행하여 기
선을 제압하고, 4일차에는 특수전병력을 투입하여 국가 및 군사주요 시
설을 타격하고, 5일차부터는 지상군을 투입하여 안정화 작전을 전개함
으로써 미군이 한반도에 도착하기 이전에 전쟁을 종결한다는 것이다.

김정은은 이와 같은 전쟁계획을 승인하고 새 작전계획에 따른 훈련
상황을 점검하기 위해 군부대를 자주 방문하는 것으로 알려지고 있다.

한편, 김정일 국방위원장은 2009년과 2010년 새해 첫 공개 활동으로
제105땅크사단을 방문한 자리에서 적들의 침공을 단숨에 격파 분쇄할
수 있게 튼튼히 준비됐다면서 만족하는 장면을 조선중앙TV를 통해 보
도했다. 이 과정에서 북한군은 땅크의 진격모습과 함께 '중앙고속도로
춘천~부산 374km', 전라남도, 김해, 창원 등 남부지역 지명을 등장시켰
다. 이는 북한군이 남한지역에 탱크 및 기계화부대를 투입해 속도전을
벌이기 위한 훈련이라 할 수 있다. 이러한 훈련모습은 김정은 체제에 들

어서도 지속되고 있는 것으로 알려지고 있다.

북한은 속전속결전략을 수행하기 위해 부대와 장비편성을 완료하였고, 전술개념 역시 공격이 개시되면 지속적인 제파식 공격을 통해 신속히 목표를 탈취하도록 하고 있다.

다. 공세적 사이버전략

'사이버전략'은 컴퓨터망을 이용하여 데이터베이스화되어 있는 군사 · 행정 · 인적자원 등 국가적인 주요 정보를 파괴하는 것을 말하는 것으로서 흔히 '총성 없는 전쟁'으로 불리어지고 있다.

현대전은 컴퓨터의 발달과 함께 네트워크중심전 개념에 의해 전장상황을 손바닥 보듯 들여다보면서 전투가 이루어지고 있다. 최근 국지전인 러시아와 그루지야 간 전쟁, 이스라엘과 하마스 간 전쟁, 미국과 이라크 전쟁에서 보여 주듯 사이버전을 통해 상대의 지휘통신체계를 마비시킴으로써 조기에 전쟁을 종결하는 양상을 보여주고 있다. 따라서 사이버전은 최근 국지전의 양상을 고려해 볼 때 전쟁의 한 형태로서 대단히 중요한 전략이라 할 수 있다.

북한이 사이버전에 본격적으로 관심을 갖게 된 것은 1999년 코소보전과 2003년 '사막의 폭풍'작전이 계기가 되었다.

김정일은 2009년 북한군 장령(장성) 간부 강연회에서 "20세기 전쟁이 기름전쟁이고 알(탄환)전쟁이라면, 21세기 전쟁은 정보전쟁"이라 하였고, 김정은은 "사이버전은 핵 · 미사일과 함께 우리 인민군대의 무자비한 타격능력을 담보하는 만능의 보검"이라고 주장하면서 사이버전에 대한 중요성을 강조하였다. 또 2013년 11월 11일 제4차 적공일꾼대회에서 김정은은 "사단급 사이버전략 사령부를 조직해 3년 안에 세계 최강의 사이버전력을 보유하라"[15]고 지시하기도 했다. 이에 따라 북한은 사이버 조직을 대대적으로 개편했으며, 실질적인 피해를 줄 수 있는 사이버 공격 전략을 구축한 것으로 알려지고 있다.

우리 국가정보원에 따르면 북한은 군부의 대남조직인 정찰총국과 관련 연구소 등을 주축으로 사이버사령부를 창설했고, 노동당과 국방위 산하 7개 해킹조직에 1700여 명이 활동하고 있는 것으로 파악하고 있다. 이 외에 조선컴퓨터센터 등 외화벌이를 위한 소프트웨어 개발 기관의 종사자 4200여 명도 사실상 사이버전을 위해 동원하거나 사이버 공격 조직을 지원하는 인력으로 국정원은 판단하고 있다.

김정은 체제 등장 이후 북한은 사이버전에 대한 관심이 부쩍 고조돼 조직이나 전문 인력 규모를 확대하고 있으며, 또 대남 선전·선동을 담당하는 노동당 통일전선부와 선전선동부, 총정치국의 적공(敵攻)국,[16] 정보기관인 국가안전보위부 등이 총 망라된 대남 사이버 선전전도 공세적으로 펼치고 있는 것으로 알려지고 있다.

북한은 사이버전사 육성을 위해 금성 1·2중학교 컴퓨터영재반 졸업생을 김일성 종합대학, 김책 공업종합대학, 평양 컴퓨터대학과 이과대학 등에 우선 입학시켜 전문기술을 배우게 하고 있다. 또 사이버전 지휘관 양성을 위해 정찰총국의 모란봉대학을 '복명대학'으로 개편한 뒤 매년 수십 명의 고급 지휘관을 양성하고 있고, 이민무력성 국방대학과 총참모부 미림대학(지휘자동화대학)도 증설해 기술지휘관을 키워내고 있는 것으로 알려져 있다.

⋯⋯⋯⋯⋯

15) 제15회 국방보안콘퍼런스 토론회 자료, 2017년 11월 16일.
16) '적공(敵攻)국'은 대남 심리전 사업을 전담하는 부서로 적군 심리전 연구 및 대남심리전을 위한 자료 수집, 대남방송자료 제작 및 보급, 전단 및 선전출판물을 제작·살포하는 임무를 수행한다.

〈표 5-4〉 북한 사이버전 부대

구 분	조 직	주 요 임 무
사이버 공격	정찰총국 121국	사이버 공격 및 해킹 핵심부대
	정찰총국 91소	폐쇄망 공격부대
	정찰총국 180소	사이버 외화벌이
사이버 휴민트 지원	중앙당 작전부 431연락소	사회공학기법작전 담당
	중앙당 작전부 128소	간첩 사이버 교신
사이버 보안	국가안전보위성 사이버안전부	사이버 방첩
사이버 무기 운용	총참모부 109훈련소 GOS부대	GPS 장애기 운용
	총참모부 109훈련소 EMP부대	EMP폭탄 무장

미림대학은 북한의 대표적인 해커 양성기관으로 인민군 총참모부에 소속되어 매년 100여 명의 컴퓨터 전문요원을 양성하고 있다. 이 중 우수자 10여 명을 선발하여 '110호 연구소'[17)]에 배치하고 있는 것으로 알려지고 있다.

'110호 연구소'는 인민군 총참모부 산하의 해커 전담부대로 체계적으로 해커를 육성하는 기관이다. 이 부대의 임무는 중국 등 해외에서 군사 관련기관의 컴퓨터망에 침입해 비밀자료를 빼내거나 악성 바이러스를 유포하는 것이 주 임무이다. 자원은 주로 평양의 지휘자동화대학과 김책공대, 평양 컴퓨터기술대학 등의 졸업생 중에서 우수요원을 선발하여 보충하는 것으로 알려져 있다.

- - - - - - - - - - - - -

17) '110호 연구소'는 기존에 알려진 '기술정찰국'을 일컫는 것으로 1990년대 초부터 평양 고사포사령부의 컴퓨터 명령체계와 적군 전파교란 등을 연구하던 인민무력부 정찰국 산하 '121소(부)'를 1998년부터 해킹과 사이버전 전담부대로 확대 개편한 조직이다.

【그림 5-2】 북한 사이버 공격 조직

출처: 『동아일보』, 2018년 11월 22일.(사이버작전사령부 국회제출자료)

또 총참모부 지휘자동화국은 사이버전 해커요원 운용과 소프트웨어 개발 등의 임무를 수행하고 있다. 지휘자동화국 산하에는 장교 50~60여 명으로 구성된 해킹 프로그램 개발 전문가들이 포진한 '31소', 군 관련 프로그램을 개발하는 '32소', 지휘통신 프로그램을 개발하는 '56소'가 편성되어 있다.[18] 이들은 평시 해킹 임무에도 동원되고 있는 것으로 알려져 있다. 그리고 중앙당 산하에는 조사부와 통일전선부에 각각 50여 명의 컴퓨터 요원이 배치돼 남한자료를 인터넷을 통해 수집하고 있다. 현재 북한이 보유하고 있는 사이버 관련 인력은 6,800여 명(해킹실행조직 1,700여 명, 해킹지원조직 5,100여 명)에 달하고 있는 것으로 파악되고 있다.

북한이 이와 같이 정부차원에서 조직적으로 사이버 부대를 육성하고 전문가를 양성하는 것은 중국의 영향을 받은 것으로 보인다.

중국은 대만과 전쟁을 벌일 경우 미국과 대만에 대해 사이버로 선제 공격할 것으로 전문가들은 판단하고 있다. 전문가들에 따르면 중국과

⸱ ⸱ ⸱ ⸱ ⸱ ⸱ ⸱ ⸱ ⸱ ⸱ ⸱ ⸱ ⸱

18) 『북한연보』, 서울: 정보사령부, 2010, 236쪽.

대만이 전쟁이 붙을 경우 중국은 우선 미군의 작전정보망을 해킹해 대만을 지원하기 위한 미 해군 항모타격단의 이동을 지연시키고 동시에 중국은 대만에 대해 단거리 탄도미사일을 집중 사격을 가해 기선을 제압한다는 것이다. 이어 대만과 미군의 군수지원 정보네트워크에 사이버 공격을 가해 군사작전 수행을 어렵게 만든 다음, 마지막으로 대만과 미국의 기간 및 산업 시설의 인터넷망을 공격해 전쟁지속 능력을 감퇴시킨다는 것이다.

북한은 중국의 이 같은 사이버 전쟁 방식을 본받아 한·미에 적용할 것으로 보인다.

우리 국정원은 북한이 김정일 전 국방위원장의 지시로 정예 해킹부대를 만들어 우리 국가기관을 공격해 정보를 수집해 왔다고 보고 있다. 국정원은 2009년 6월 30일부터 7월 9일에 발생한 한국과 미국의 주요기관 인터넷 사이트에 대해 DDoS(분산 서비스 거부)라는 사이버 공격에 대해서도 북한군 총참모부 소속의 '110호 연구소'의 소행으로 판단하고 있다. 또 2009년 3월 육군 3군사령부를 해킹하여 국립환경원이 구축한 '화학물질 사고대응 정보시스템(CARIS)'의 정보를 빼간 사고, 2009년 12월 한미연합사를 해킹해 '작계5027'을 빼간 사고 역시 북한의 소행으로 보고 있다.

이 외에도 2014년 소니픽처스 해킹 사건,[19] 2016년 방글라데시 중앙은행 해킹 사건, 2017년 전 세계 23만 대 이상의 컴퓨터를 감염시킨 '워너크라이' 랜덤웨어 공격 등 이들 모두가 우리 국정원과 미국 정보당국

----

19) '소니픽처스 해킹' 사건은 2014년 11월 소니픽처스가 북한 김정은 국무위원장의 암살을 다룬 코미디 영화 '인터뷰'를 제작하자 북한이 사이버 공격과 함께 영화 개봉을 포기하라고 압박한 것이다. 당시 북한은 소니픽처스 직원들에게 악성코드가 첨부된 메일을 보내 업무시스템에 침투한 뒤, 미 개봉 영화를 인터넷에 유포하고 수천대의 컴퓨터를 훼손했다.

은 북한 전문 해커부대의 소행으로 추정하고 있다.

북한이 최근 10년간 실시한 대남사이버전을 분석해 보면 산업통상자원부에 그 공격이 집중된 것으로 파악됐다. 이 기간 동안 북한은 산업통상자원부 산하 기관에 2만4천여 건의 사이버 공격을 실시했는데, 대부분이 원전과 전력 등 국가기간시설에 공격이 집중된 것으로 나타났다. 이는 북한이 전력공급 차단을 통해 산업활동을 방해하고 남한 내부에 혼란을 조성하겠다는 의도로 해석된다.

일각에서는 북한의 해킹능력이 미 CIA에 버금가는 수준을 보유하고 있는 것으로 평가하기도 한다.

〈표 5-5〉 북한발 주요 사이버테러

일 자	공 격 대 상
2009년 7월	분산서비스거부(DDoS) 공격으로 35개 주요 정부기관·금융회사·포털사이트 홈페이지 마비
2011년 3월	좀비PC 10만여 대를 동원해 정부기관 및 금융회사 등 홈페이지 공격
2011년 4월	농협 전산센터에서 운영하던 서버 273대 자료 파괴
2013년 3월	방송사와 금융기관 전산망에 동시다발로 악성코드 유포
2014년 8월	보안업체 제품의 취약점을 이용해 대학병원 전산망에 침입해 서버 장악
2014년 12월	한국수력원자력 조직도와 설계도면 등 6차례에 걸쳐 85건 자료 유출
2015년 11월	금융보안업체를 해킹해 10개 기관 PC 19대에 악성코드 유포
2016년 1월	청와대 국가안보실 등 정부기관과 포털을 사칭해 759명에게 이메일 발송
2016년 9월	보안업체 취약점 이용, 군 내부 망에 침입해 군사비밀 유출

사이버전은 상대와 직접적인 접촉 없이 자국 또는 제3의 장소에서 상대의 주요 정보를 획득하거나 상대의 네트워크를 교란시켜 정상적인 작

전을 수행할 수 없도록 하기 때문에 장차전에 있어서 주요 공격대상의 하나로 주목받고 있다.

사이버전에 사용될 수 있는 대표적인 공격의 형태로는 다음과 같은 두 가지 방법을 들 수 있다. 하나는 공격대상 정보체계에 불법으로 침입한 후 컴퓨터 내에 저장된 정보를 무단 절취하거나 파괴하는 공격방법이고, 다른 하나는 공격대상 정보체계에는 침입하지 않고 외부에서 공격대상 정보체계가 제 기능을 발휘하지 못하도록 방해하는 방법이 있다.

사이버전은 최근 국지전 사례에서 보여주듯이 전쟁의 제 기능을 실시간으로 통합 운용함으로써 전쟁수행 속도를 단축시키고, 지상·해상·우주의 자산을 상호 시스템적으로 결합시켜 줌으로써 합동작전의 능력을 향상시켜 주고 있다. 따라서 이러한 네트워크 기능을 마비시킨다는 것은 상대의 뇌를 사용하지 못하도록 하는 것과 같은 것이라 할 수 있다.

이와 같이 현대전은 사이버 공간을 통한 지휘통제의 위력이 크기 때문에 지리적 공간에서 전쟁의 승패가 결정되기 이전에 사이버 공간에서 전쟁의 승패가 결정될 수도 있다.

북한이 사이버전략을 구사할 것으로 보는 이유는 미국과 한국 등 선진국가의 전쟁수행 방법이 고도로 컴퓨터에 의존하고 있어 상대의 컴퓨터 네트워크를 공격 시 결정적인 정보를 획득할 수 있을 뿐 아니라, 그곳을 오염시킴으로써 잘못된 정보를 제공하여 상대를 오판하도록 할 수 있기 때문이다. 또 결정적인 시기에 상대의 네트워크 기능을 마비시켜 자료사용을 거부함으로써 대응시기를 놓치게 하여 치명적인 타격을 줄 수 있기 때문이다.

북한은 전쟁발발 이전에는 국내 및 해외장소에서 해킹의 방법을 통해 우리 정부의 자료를 획득하려 할 것이며, 전쟁이 진행되는 동안에는 군 관련 전산망을 교란 또는 자료를 파괴함으로써 자료사용을 거부케 하여 우리에게 치명적인 피해를 주려 할 것이다.

북한은 사이버전략을 심리전에도 적극 이용할 것으로 보인다. 북한은 이라크전에 대해 "미제는 이라크전쟁에서의 승리가 고도의 기술무기에 의한 것처럼 떠들었지만 사실은 심리전에 의한 악랄한 사상적 와해책동에 이라크가 녹아났다"[20]고 하면서 사이버전의 중요성을 강조하였다.

북한이 앞으로 전개할 것으로 예상되는 사이버상 심리전으로는 상대, 또는 지원국의 일반 네트워크에 접속해 유언비어나 잘못된 정보(대량사상자 발생, 세균전, 화학전, 핵무기 사용 등)를 무차별적으로 유포함으로써 상대국 국민에게는 공포심을 유발시켜 전쟁의지를 포기하게 만들고, 지원국에 대해서는 반전여론을 확산시켜 증원 병력을 차단하고 이미 투입된 지원 병력에 대해서는 조기에 철수하도록 유도할 것으로 보인다.

'선군군사전략'은 김일성 시대의 공세적 공격전략을 기본바탕으로 하면서 김정일·김정은이 자신의 정권유지를 위한 방호적 개념을 추가한 것이 특징이라 할 수 있다.

한편, 김일성 시대의 군사전략인 선제기습전략, 배합전략, 속전속결전략은 재래식 전력을 바탕으로 수립된 전략이지만 북한의 무기체계와 현대전의 양상 등을 고려해 볼 때 앞으로도 지속 유지할 것으로 보인다. 기습은 북한군의 전투력이 대부분 전방에 추진 배치되어 있어 부대이동소요를 단축시킬 수 있고, 배합전은 정규전과 비정규전의 배합을 통해 상대의 군사력을 조기에 약화시킬 수 있어 속전속결을 구현하기 위한 하나의 방법으로 고려될 수 있다.

- - - - - - - - - - - - - -

20) 「조국해방전쟁을 빛나는 승리에로 이끄신 경애하는 수령님의 불멸의 업적에 대하여」, 『학습제강』(간부, 당원, 근로자), 평양: 조선인민군출판사, 2003, 9쪽.

【그림 5-3】 선군군사전략 형성

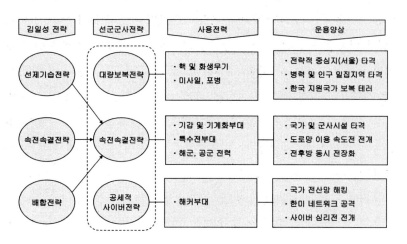

2. 선군군사전략의 특징

가. 공세적 억제전략

북한이 강성대국 건설 중 군사강국을 위해 매진해 온 부분은 핵과 미사일이다. 핵은 2006년부터 2017년까지 6번의 핵실험을 실시하였고, 미사일은 미국본토를 공격할 수 있는 화성-14호가 시험 발사에 성공함으로써 그 능력을 국제사회에 과시했다. 재래식 전력도 그 기능을 개선하여 성능발휘를 향상시켰으며, 부대구조 또한 현대전과 한반도 지형에 적합한 작전을 구사하기 위한 부대구조로 개편하였다. 또 전방부대에 대해서는 화력을 집중 보강한 것으로 알려지고 있다.

그 결과 핵과 장거리 미사일을 포함한 대량살상무기를 보유하게 됨으로써 한국과의 군사력 경쟁에서 우위를 유지할 수 있게 되었고, 미국을 포함한 주변국과의 협상력도 크게 강화된 것으로 자체 평가하고 있다.

김정일은 2010년 "조선반도에는 임의의 시각에 핵전쟁이 일어날 수 있는 일촉즉발의 초긴장 상태가 조성되고 있다"[21]고 하는가 하면, 2011년 1월 신년공동사설에서는 "이 땅에서 전쟁의 불집이 터지면 핵참화 밖에 가져올 것이 없다"[22]고 위협한 바 있다. 김정은 정권 들어서는 2013년 1월 1일 육성 신년사를 통해 2013년을 "싸움준비완성에 일대의 전환을 일으켜야 한다"고 강조하고 모든 훈련을 실전적이고 공세적으로 진행할 것을 강조하였다. 또 각종 훈련 시에는 남한의 주요시설을 상정해 놓고 타격하게 하는 등 실전과 같은 훈련을 실시하고 있다.

실제로 북한은 김정은이 2014년 6월 5일 군부대를 현지 지도하는 모습을 조선중앙TV를 통해 보도했는데, 이때 우리의 백령도와 연평도에 배치된 스파이크 미사일기지와 청와대가 북한군의 타격목표에 포함되어 있는 것이 포착되기도 하였다.

북한은 2014년 7월 육·해·공군과 특수전부대가 통합된 '섬 상륙훈련'을 실시하는가 하면, 2015년에는 NLL인근에서 700여 발의 포사격 훈련을 실시하였다. 또 기갑 및 기계화 부대의 전방지역 돌파훈련과 전방 군단의 도하훈련도 강화하는 등 공세적 훈련을 통한 전쟁수행 능력을 향상시키고 있다.

북한은 2014년 한 해에만 공수낙하훈련은 20%, 포병 실사격 훈련은 50% 이상 증가하는 등 특수전부대의 야간 낙하훈련과 NLL인근에서 포병사격훈련을 집중 실시하였다. 또 북한군 특수전부대인 경보병부대가 추진철책을 넘어 군사분계선(MDL) 인근까지 침투하는 훈련이 자주 포착되었고, MDL 인근에는 한국군 GP와 유사한 건물을 만들어놓고 이를

21) 『로동신문』, 2010년 6월 25일.
22) 『로동신문』, 2011년 1월 1일.

점령하는 훈련도 지속적으로 실시하고 있는 것으로 파악되고 있다.

북한은 2015년 10월 10일 노동당 창건 70주년 기념 열병식에서 신형 탄도미사일을 공개하면서 핵탄두가 탑재된 전략로켓이라 소개하고, 10월 12일 김일성·김정일 추모전시회에서는 잠수함탄도미사일(SLBM) 모형을 보여주며 핵 실전배치를 주장하였다. 또 2016년 3월 9일에는 조선중앙통신을 통해 김정은 국방위원회 제1위원장이 과학·기술자들과 만나 "핵탄을 경량화해 탄도로켓에 맞게 표준화·규격화를 실현했다"고 보도하면서 핵탄두 내 기폭장치로 추정되는 물체의 사진과 함께 핵탄두 설계도를 공개하였다.

이는 김정은이 자신들의 핵개발 능력을 대외적으로 공개함으로써 국제사회가 자신들을 얕잡아보지 못하게 하고, 또 한반도에서 전쟁도발 시에는 핵무기와 대규모의 재래식전력을 바탕으로 공세적인 전쟁을 전개해 나가겠다는 것으로 이해된다.

이와 함께 김정은은 군의 고급장령들에 대한 군기잡기도 병행하고 있는 것으로 알려져 있다. 김정은은 2014년 3월 공군장교들의 비행능력을 테스트하겠다며 장성급 간부를 소집하여 비행훈련을 시켰고, 5월에는 군단장급 이상 육군간부들에 대해 전투능력을 테스트하겠다면서 실탄사격을 직접 주관하는가 하면, 7월에는 해군장성들을 강원도 원산인근 동해안에 불러 모아 놓고 수영대회를 열어 그 능력을 평가하기도 하였다. 또 군단장급 인사의 80% 이상을 상대적으로 젊은 50대로 세대교체 시키고, 계급장을 떼었다 붙였다를 반복하는 '계급 길들이기'를 하고 있다.

이는 김정은이 군 엘리트들에 대한 군기잡기와 더불어 군부의 '충성경쟁'을 유도하기 위한 측면도 있지만, 상대적으로 군 지휘관들을 젊은 층으로 세대교체를 통해 과감하고 공세적인 작전임무를 수행하기 위한 여건 조성으로 보인다.

한편, 북한은 2009년 조선로동당과 국방위원회에 이원화되어있던 공작부서를 개편하여 '정찰총국'을 신설하고 그 운용을 국방위원회로 일원화시켰다. 정찰총국은 노동당 소속의 작전부(대남 공작부서)와 35호실(해외 공작부서), 그리고 인민무력부 소속의 정찰국 등 3개 부서를 통합하여 그 기능을 확대 개편한 것이다. 북한이 이와 같이 대남 및 해외 공작부서를 개편하고 국방위원회 직속으로 일원화시킨 것은 앞으로 공작활동을 전투화시키고 공세화시키겠다는 의도로 풀이된다.

나. 군사적 모험주의 추구

북한은 1950년 6·25전쟁 이후 남한을 상대로 수많은 군사도발과 위협을 가해 왔으며, 지금까지 총 3,094회의 크고 작은 군사도발을 감행하면서 선량한 우리 국민의 생명과 재산을 앗아가고 남한 정부를 전복시키고자 하였다.

〈표 5-6〉 북한 대남 침투 및 도발 현황

(단위 : 건수)

연도	계	'50	'60	'70	'80	'90	'00	'10~'14	'15	'16
계	3,094	405	1,340	406	228	222	241	220	26	6
침투	1,977	386	1,011	311	167	63	16	21	2	0
도발	1,117	19	329	95	61	159	225	199	24	6

출처: 『2016 국방백서』, 251쪽.

그중에서도 1968년 1월 21일 무장공비 32명이 청와대를 습격하기 위해 서울 세검정까지 침투했던 '1·21사태', 1968년 10월 120명이 침투했던 '울진·삼척 무장공비침투 사건', 1996년 강릉 안인진리에 침투했던

'강릉 잠수함침투'[23] 사건, 1999~2009년 사이 서해에서 발생한 3번의
'서해교전',[24] 2010년 '천안함 사태'[25]와 '연평도 포격도발'[26] 사건 등은
대표적인 북한의 대남 군사도발 사례라 할 수 있다.

김정은 정권 들어서는 2013년 3월 정전협정 파괴와 남북한 불가침 합
의를 전면 폐지한다고 발표하고 바로 이어 최고사령부의 '제1호 전투태
세' 돌입과 '전시상황'을 선포하는 등 6·25전쟁 이후 한반도에 최고의
군사적 위기상황을 조성하였다. 2014년 3월에는 파주와 백령도, 삼척 등
지에서 남한의 주요시설을 탐지하던 북한 무인항공기가 추락되었고, 같
은 해 10월 10일에는 경기도 연천지역에 우리의 민간단체가 실시한 대
북전단 살포 지역을 향해 고사총을 발사하기도 하였다. 또 2015년 8월
4일에는 DMZ 남측지역에 목함지뢰를 설치하고 이로 인해 한국군이 피
해를 입는 등 아버지 김정일에 이어 대남 군사도발과 위협을 서슴지 않
고 있다.

* * * * * * * * * * * * *

[23] 1996년 9월 15일 강릉시 강동면 안인진리 지역으로 북한 인민무력부 정찰국 소속
무장공비 26명이 침투하여 50여 일간 아군과 치열한 추격전을 벌인 사건이다. 작
전결과는 총 26명 중 생포 1명, 사살 13명, 사체발견 11구, 도주 1명으로 집계되었
으며, 우리 아군은 전사 10명, 부상 23명과 민간인 4명이 사망하는 피해를 입었다.

[24] 1차 서해교전은 1999년 6월 15일 서해 연평도 인근해상 NLL을 넘어 한국영해를 침
범한 북한경비정을 한국해군이 선체를 이용하여 밀어내는 과정에서 교전이 발생
하였다. 이 과정에서 북한군 함정 2척이 침몰하고 북한군 20여 명이 사망하였다.
한국군은 함정 2척이 파손되고 장병 7명이 부상당하였다. 2차는 2002년 6월 29일
북한 경비정이 NLL을 넘어와 한국 경비정을 기습포격하면서 발생하였다. 이 과정
에서 한국 고속정(참수리 357호) 1척이 침몰되고 윤영하 소령 등 6명이 전사하였
다. 3차는 2009년 11월 10일 북한 경비정 1척이 대청도 인근 NLL을 침범하자 이에
남한 고속정이 경고방송과 경고사격을 실시하면서 상호교전이 발생하였다. 이 과
정에서 한국군은 피해가 없었으나 북한군은 1명이 사망하고 3명이 부상당하였다.

[25] 2010년 3월 26일에 서해 백령도 인근 해상에서 정상적으로 임무수행 중이던 우리
해군 2함대 소속 천안함(초계함)이 북한군의 어뢰 공격에 의해 침몰된 사건으로 우
리 승조원 총 104명 중 46명이 전사하였다.

[26] 2010년 11월 23일 우리영토인 서해 연평도에 북한이 170여 발의 포탄을 발사하여
군인 2명과 민간인 2명을 사망케 하고, 군인 16명에게 중경상을 입힌 사건이다.

북한의 이 같은 대남군사도발과 위협은 정권초기 자신들의 권력공고화를 목적으로 실시된 의도된 군사모험주의 행동이라 할 수 있다. 다시 말해 군사적 무력시위와 대남군사도발을 통해 외부로부터 위기를 생성하고 이를 이유로 인민들에게 결속을 강요하고, 이것을 자신들의 체제 안정에 이용하려 한 것이다.

북한이 우리와 국제사회를 상대로 군사적 모험주의를 추구하는 것은 다음과 같은 이유에서 찾아볼 수 있다.

첫째, 경험적 요인에 기인하고 있는 것으로 보인다. 북한은 1960년대 후반 북한 인근 공해상에서 발생했던 미국함정 '푸에블로호 나포 사건'[27]과 'EC-121 미국 정찰기 격추 사건'[28]에 대해 "비범한 정치군사적 예지와 탁월한 작전지휘로 주체 57년 1월 미제의 무장간첩선 푸에블로호 사건과 주체 58년 4월 미제의 대형간첩비행기 EC-121 사건을 우리의 승리로 빛나게 결속하시었다"[29]고 하면서 미국과의 대결에서 승리했다

- - - - - - - - - - - -

[27] 푸에블로호 나포 사건은 1968년 1월 23일 북한 원산항 앞 공해상에서 미국의 정보 수집함 푸에블로호(Pueblo號)가 북한의 해군초계정에 납치된 사건이다. 푸에블로호는 승무원 83명(장교 6명, 사병 75명, 민간인 2명)을 태우고 북한 해안 40km 거리의 동해 공해상에서 임무수행 중 북한의 초계정 4척과 미그기 2대의 위협을 받고 납치되었다. 이때 북한 측의 위협사격으로 미군 1명이 사망하고 수명이 부상하였다. 미국 정부는 북한의 무모한 도발행위를 비난하고 푸에블로호 및 그 승무원의 즉각 송환을 강력히 요구하는 한편 전쟁도 불사한다는 태도를 보였다. 그러나 북한은 이 사건을 마치 미국이 불법적으로 침략적 도발행위를 감행한 것처럼 대내외적으로 선전하였다. 결국 북한은 사건발생 11개월이 지난 1968년 12월 23일 판문점을 통해 승무원 82명과 유해 1구를 송환하고 푸에블로호 함정과 거기에 설치된 비밀장치는 몰수하는 선에서 사건을 마무리하였다. 미국은 이 송환을 위해 북한 정부에 대해 푸에블로호의 북한 영해침범을 시인하고, 사과하는 요지의 승무원 석방 문서에 서명하였는데 이는 후일 미국의회에서 정치문제가 되기도 하였다.
[28] EC-121 미국 정찰기 격추 사건은 1969년 4월 15일 미 해군 정찰기 EC-121기가 승무원 31명을 태우고 동해에서 정찰임무를 수행하던 중 북방한계선(NLL)에서 북한에 의해 격추됨으로써 승무원 전원이 사망한 사건이다. 이 사건이 발생하자 미국은 한반도 주변에 항공모함 엔터프라이즈호를 급파하는 등 강력한 대응태세를 보였다.
[29] 백과사전출판사, 『광명백과사전』, 182쪽.

고 자평하였다. 이 두 사건은 북한이 미국과의 군사적 대결에서 자신감을 얻는 계기가 되었을 뿐만 아니라 북한을 더욱더 군사적 모험주의 행동을 추구하게 하는 하나의 요인으로 작용했다고 볼 수 있다.

둘째, 자신들의 정치적 목적을 달성하기 위한 수단으로 활용하기 위해서이다. 이는 남한에 직접적인 군사행동을 통해 피해를 유발시키고 여기에 대응하는 남한에 대해 대량살상무기를 이용해 위협을 가함으로써 자신들의 정치적·군사적 목적을 관철시키겠다는 것이다.

셋째, 국제사회에 자신들이 군사강국이라는 위상을 인식시키기 위해서이다. 이는 공개적인 군사적 무력시위나 직접적인 군사도발을 실시함으로써 국제사회에 자신들의 군사력을 과시하고, 또 국제사회의 시선을 자신들에게 집중시킴으로써 남한은 물론 다른 국가들이 자신들을 함부로 얕잡아 보지 못하게 하기 위한 것이라 할 수 있다.

넷째, 자신들의 체제결속을 위한 수단으로 활용하기 위해서이다. 이는 NLL 또는 휴전선 인근에서 군사도발을 실시함으로써 내부적으로 군사적 위기상황을 조성하고 이를 이유로 인민들에게 결속을 유도시킬 수 있기 때문이다.

북한이 앞으로 군사적 모험을 시도할 수 있는 상황으로는 ① 남북교류가 차단되고 군사적 긴장상태가 지속되거나, ② 미국과 북핵문제가 진전이 없이 상호대립을 지속하면서 관계가 악화될 때, ③ 내부 권력 다툼으로 김정은 체제가 불안정할 경우 등이다. 이런 경우 북한은 추가적인 핵실험과 장거리 미사일 발사, 서해 및 휴전선 인근에서 군사도발을 감행하는 등의 군사적 모험을 통해 위기를 극복하고자 할 것으로 보인다.

한편, 북한은 2012년 9월 '전시사업세칙'을 9년 만에 개정하였는데, 개정된 전시사업세칙에 따르면 전시선포시기를 추가하고, 전시선포 권한도 기존 최고사령관 단독결정에서 당중앙위원회, 당중앙군사위원회, 국무위원회, 최고사령부 공동명령으로 조정하였다. 북한이 이와 같이 전시사업세칙을 개정한 것은 북한의 엘리트 집단이 젊은 나이와 국정운영 경험이 부족한 김정은이 즉흥적이고 독단적인 의사결정을 하지 못하도록 견제하기 위한 조치에서 나온 것으로 해석된다. 즉 김정은이 함부로 군사적 모험을 하지 못하도록 견제하기 위한 조치라는 것이다.

북한의 군사적 모험주의 행동은 남북관계를 악화시키고 국제사회에 부정적인 인식만을 확산시킴으로써 북한을 더욱더 고립의 길로 빠져들게 하는 요인으로 작용하고 있다.

다. 제4세대 전쟁 준비

'4세대전쟁(Fourth Generation of War)'은 모든 가용한 네트워크(정치·경제·사회·군사)를 사용하며 이를 통해 적의 정치적 의사결정자로 하여금 그들의 전략적 목표달성이 불가능하거나 달성하더라도 그 비용이 감당할 수 없을 만큼 크다는 것을 인식시켜 정치적 목적을 달성하고자 하는 전쟁방식을 말한다. 따라서 2·3세대전쟁이 적의 군사력을 파괴하는 데 중점을 두었다면, 4세대전쟁은 네트워크를 통해 적의 '정치적 의지'를 직접적으로 공격하고, 또한 단기결전을 꾀하는 것이 아니라 소규모의 지속적이고 누적된 공격을 통한 장기전을 도모하는 것이 특징이라 할 수 있다.[30]

• • • • • • • • • • • • •

[30] 1세대전쟁은 원시적인 방법으로 개인 소총을 이용해 사격과 전진을 계속하고 기병은 적군의 포격을 받으면서도 밀집대형으로 적진을 향해 돌진해 나가는 선형대형이 주도하는 형태의 전쟁을 말한다. 2세대전쟁은 보다 정교한 강선형 소총의 등장과 포병의 간접사격에 의한 대량 화력이 전쟁의 승패를 좌우하는 화력중심의 전쟁을 말한다. 3세대전쟁은 전장에서 화력에 의한 피해와 장기적인 소모전을 회피하기 위한 '기동전' 개념의 전쟁을 말한다.

제4세대전쟁에서는 전투가 정규군들 사이, 그리고 전장에서만 진행되는 것이 아니라 소규모 집단, 혹은 개인이 장소를 가리지 않고 적으로 규정한 모든 대상에 대한 공격으로 나타난다. 따라서 제4세대전쟁의 양상은 기존 개념들, 즉 군사력의 균형, 억제전략, 전술교리, 교육·훈련, 장비 등 모든 면에서 새로운 사고와 발상의 대전환을 요구하고 있다.

이 새로운 전쟁은 우리가 경험해 온 정규전의 양상과는 거리가 멀다. 이 전쟁에서는 인도주의란 애당초 없다. 군인과 민간인, 군사시설과 비군사시설의 구분도 없으며 전선도 없다. 오직 그들의 목적달성을 위해 상대방에게 최대의 인적·물적 피해와 심리적 충격, 그리고 사회적 혼란을 가할 수 있는 수단과 방법만이 강구될 뿐이다. 이런 뜻에서 4세대전쟁을 '비대칭전쟁' 또는 '더러운 전쟁'이라고도 한다.

북한은 정보전 수행능력이 한미연합군에 비해 열세에 있다는 것을 인식하고 있기 때문에 기존의 정규전 양상과는 다른 전쟁수행방법을 추구하고자 하고 있다. 다시 말해 북한은 한미연합전력의 열세를 극복하기 위해 특수전부대와 남한 내의 동조세력 등을 이용하여 남한에 혼란을 조성함과 동시에 핵과 화학무기, 미사일 등 대량살상무기를 이용하여 전략적 중심지를 강타한 다음, 대규모 정규군으로 전선을 돌파해 전략적 목표를 신속히 점령하는 이른바 '제4세대전쟁'을 준비하고 있다는 것이다.

북한이 이와 같은 4세대전쟁을 추구하는 배경에는 첫째, 김일성의 군사관에 영향을 받았다고 할 수 있다. 김일성은 6·25전쟁 당시 기습을 이용한 전격전을 단행함으로써 수도 서울을 단시간에 자신들의 손에 넣을 수 있었다. 또 남한 내부에 남로당이라는 지하조직을 만들어 전쟁시작 이전부터 사회혼란을 조성하고, 전쟁이 시작되자 자신들의 절대적인 우호세력으로 활용하였다. 그리고 연합군이 인천상륙작전에 성공하여 퇴로가 차단되자 인민군을 산속으로 도피시켜 장기적인 유격전을 전개토록 함으로써 한국군은 물론 민간인에게까지 많은 피해를 주었다. 김정일·김정은은 김일성의 이러한 전쟁관을 답습하고 있는 것이다.

둘째, 한미연합전력에 대응한 전쟁수행 개념이다. 북한은 남한을 포함한 남한과 동맹적 관계에 있는 미군을 자신들의 적으로 간주하고 있지만 여기에 대한 군사적 대응방법은 절대적 열세에 놓여있다. 따라서 이러한 한미동맹전력에 대한 타격방법은 총력전 개념에 의한 총공세뿐이라고 판단하고 있다. 다시 말해 자신들의 모든 역량을 총동원해 상대에게 무차별적 공세를 가함으로써 단시간에 목표를 확보하는 것은 물론, 그 타격 대상을 민간인과 비군사 시설까지 포함함으로써 상대를 공포에 몰아넣고 사회적 혼란을 조성하여 전쟁을 승리로 이끈다는 것이다.

1999년부터 2009년 사이 발생한 3번의 서해교전, 2010년 서해상에서 발생한 '천안함 사태'와 '연평도 포격도발 사건', 2014년 연천 민가지역 고사총 도발 사건, 2015년 DMZ 목함지뢰 사건, 북한의 과거 테러 및 테러지원 경력, 대량살상무기, 대규모 특수전부대와 침투장비, 해커부대 등은 북한이 4세대전쟁을 이미 준비하고 있음을 입증하는 것이라 할 수 있다. 특히 이 중에서도 핵과 미사일을 포함한 대량살상무기는 4세대전쟁을 추구하는 데 있어 핵심적 역할을 할 것으로 보인다.

제3절 선군시대 북한 군사력 건설

1. 대남우위의 군사력 유지

가. 지상군

북한은 1970년대 중반까지는 재래식 무기와 장비를 중심으로 질보다는 양 위주의 전력증강을 지속해 왔다. 그러다 1970년대 말부터는 소련의 'OMG 전법'에 의한 기습과 배합전을 구사하기 위한 병력과 기계화 및 포병부대를 집중 증강시킴으로써 자위적 국방력을 건설하고자 하였다. 특히 전후방 동시공격과 고속 종심공격, 그리고 선제 기습타격 능력에 중점을 두고 기동과 화력장비를 집중 증강하였다. 또 1980년대 말에는 이미 군사력의 전진배치와 기계화군단의 편성, 대규모 특수전부대의 확보와 장거리 포병의 추가 전진배치 등을 통하여 3개월 이상의 독자적인 전쟁수행능력을 확보하고 있었다.

이후 북한은 계속되는 경제난 가운데에서도 무기의 현대화에 치중하면서 핵 및 화생무기와 미사일개발 등 대량살상이 가능한 전략무기개발에 치중하였고, 2000년대 들어서는 상비병력을 포함한 포병과 기갑부대, 특수전부대를 집중 증강시키면서 군사강국 건설에 매진해 왔다. 이 중 T-62 전차, M-1973 전투형 장갑차, 각종 자주포, 방사포, AT-3/4 대전차 공격무기 등은 성능 면에서 현대화된 무기들이라 할 수 있다. 또 북한은 1980년대 후반부터 소련의 T-62형 전차를 모방하여 수심 5.5m까지 도하가 가능한 '천마호'를 생산하였고, 2009년에는 '천마호'를 개량한 신형전차인 '선군호'를 개발하여 실전배치하였다.

북한은 2000년대 들어 방사포를 2,000여 문 증가시켰고, 300여 문의 장사정포를 DMZ에 근접 배치하였다. 또 최근에는 전방사단에 140밀리 박격포 대대를, 전방연대에는 122밀리 견인방사포 중대를 추가로 배치하였으며, 전방사단에 편성된 포병연대도 4개 대대 형에서 5~6개 대대로 증강하는 등 전방부대를 중심으로 포병화력을 집중 증강시킨 것으로 파악되고 있다.

북한군이 이와 같이 전방부대를 중심으로 화력을 집중 보강하는 것은 전쟁 초기 휴전선 인근의 한국군의 전투력을 조기에 무력화시키고 전쟁의 주도권을 장악하기 위한 것이라 할 수 있다.

북한 전투력은 〈표 5-7〉에서 보는 바와 같이 병력은 남한보다 1.8배,

〈표 5-7〉 남북한 군사력 비교(2018년)

2018년 12월 기준

구 분			한 국	북 한
병력		계	59.9만여 명	128만여 명
		육군	46.4만여 명	110만여 명
		해군	7만여 명	6만여 명
		공군	6.5만여 명	11만여 명
		전략군	-	1만여 명
주요전력	지상군	부대 군단(급)	13(해병대 포함)	17
		부대 사단	40(해병대 포함)	81
		부대 독립여단	31(해병대 포함)	131
		장비 전차	2,300여 대(해병대 포함)	4,300여 대
		장비 장갑	2,800여 대(해병대 포함)	2,500여 대
		장비 야포	5,800여 문(해병대 포함)	8,600여 문
		다련장/방사포	200여 문	5,500여 문
		지대지유도무기	60여 기(발사대)	100여 기(발사대)
	해군	수상함정 전투함정	100여 척	430여 척
		수상함정 상륙함정	10여 척	250여 척
		수상함정 기뢰전함정	10여 척	20여 척
		수상함정 지원함정	20여 척	40여 척
		잠수함정	10여 척	70여 척
	공군	전투임무기	410여 대	810여 대
		감시통제기	70여 대(해군 포함)	30여 대
		공중기동기	50여 대	330여 대(AN-2포함)
		훈련기	180여 대	170여 대
		헬기(육·해·공)	680여 대	290여 대
예비병력			310만여 명 (사관후보생, 전시근로소집, 전환/대체 복무인원 등 포함)	762만여 명 (교도대, 노농적위군, 붉은청년근위대 등 포함)

* 남북 군사력 비교를 위해 육군부대 장비 항목에 해병대 부대 장비도 포함하여 산출.
* 북한군 야포문수는 보병연대급 화포인 76.2밀리를 제외하고 산출
* 질적 평가 표현이 제한되므로 공개할 수 있는 수준으로 양적 평가를 실시한 결과임.
출처: 『2018 국방백서』, 244쪽.

지상장비는 장갑차를 제외하고는 모두 북한이 수적 우위에 있다.

2018년 국방백서에 따르면 북한은 전체적인 병력규모에 있어서는 2014년 대비 약 8만여 명이 증가하였다. 또 지상군은 총참모부 예하 10개의 정규 군단, 2개의 기계화 군단, 91수도방어군단, 11군단(특수전부대), 1개의 고사포군단, 1개 기갑사단, 4개 기계화보병사단 등으로 편성되어 있고, 인민보안성 7·8국 총국이 공병군단과 도로건설군단으로 개편되면서 인민무력성으로 소속이 전환되었다. 총참모부는 지휘정보국 신편 등 조직 개편과 통합전술지휘통제체계(지휘관의 결심 및 타격을 지원하는 체계) 구축을 통해 능력을 강화하였고, 사이버 인력과 조직도 보강한 것으로 알려지고 있다.

북한이 이와 같이 대규모의 군사력을 보유하고 있는 것은 대남적화통일을 위한 수단으로써 주한미군만 물러가면 언제든지 무력으로라도 통일할 수 있는 대남우위의 전력을 갖추기 위한 것이라 할 수도 있지만, 다른 한편으로는 대규모 군사력을 이용한 대량보복전과 속도전을 전개하기 위한 것이라 할 수도 있다.

이외에도 구소련의 붕괴와 중국의 개혁·개방으로 자신들의 후원세력이 약해진 것도 북한이 군사력을 증강토록 하는 데 영향을 주었다고 볼 수 있다. 즉 '북방삼각군사관계(북한·중국·구소련)'가 붕괴되자 '남방삼각군사관계(한국·미국·일본)'에 대한 자체 대응능력을 확보하기 위한 측면도 있었다는 것이다.

한편, 북한은 예비병력 증강을 위해 2010년 11월 1일 당중앙군사위원회에서 건설동원조직인 '건설돌격대'31)를 정규군 운영 체제로 전환하였

---

31) '건설돌격대'는 북한 당국이 국가나 지방의 주요건설 공사를 위해 공장, 기업소들에서 강제로 차출하는 인원들로 과거 일제시대 징용제도와 같은 제도이다. 돌격대 인원의 정규군 체제로의 개편은 2010년 11월 1일 노동당 군사위원회 지시문으로

다. 이에 따라 건설돌격대가 노력동원제도가 아닌 군 복무와 유사한 제도로 바뀌면서 복무기간도 4년으로 정해지고 2011년부터는 지방군과 유사하게 40일간의 군사훈련을 받도록 하고 있다.

현재 북한 지상군은 대남절대우위의 전력을 보유한 가운데 장비의 현대화 작업을 통해 그 역량을 강화해 나가고 있다.

나. 특수전부대

북한군 특수전부대는 김일성이 만주항일활동 경험과 월남전사례를 교훈으로 창설한 부대이다. 김일성은 월남전에서 미국이 월등히 우수한 전력을 가지고도 패배할 수밖에 없었던 것은 베트콩의 게릴라전에 미국이 고전을 면치 못했기 때문으로 분석하였다. 따라서 북한은 한반도에서 전쟁도발 시 정규전 작전 개념으로는 한미연합전력을 상대할 수 없다고 판단하고 있기 때문에 배합전에 의한 전쟁수행 개념을 발전시켜 왔다.

김일성은 "특수전부대가 핵무기보다 오히려 낫다"고 말하는가 하면 "경보병[32]은 원자력보다 위력이 더 강하다"고 주장하는 등 특수전부대의 중요성을 강조하였다.

북한은 2000년대 중반 전방군단에 경보병사단을 창설하고 전방사단

하달한 것으로 알려지고 있다. 이에 따라 북한은 기존에 공장기업소들에서 임의로 교대시키던 돌격대원들을 4년간 복무제로 개편하고 돌격대 자체로 조직하던 관리체계도 중대, 소대, 분대 단위로 인민군과 똑같이 만들어 놓았을 뿐만 아니라 돌격대원들이 자체로 부담하던 옷과 신발도 북한 당국이 통일적으로 제작해 보급하고 매 대원들에 이르기까지 견장(계급장)도 달도록 하고 있다.

[32] '경보병'이란 경량화 된 장비로 무장한 보병으로서 적 후방에 침투하여 중요 대상물을 타격하는 임무와 적 후방의 빈익측과 중간지로 신속하게 우회 기동하여 적의 퇴로를 차단하는 임무를 수행하며 대부대와 배합전을 위한 소부대로 운용되는 부대를 말한다.

에 편성된 경보병대대를 경보병연대로 증편하는 등 전방부대를 중심으로 특수전부대 전력을 집중 증강시켰다. 그 결과 현재 6개 사단, 25개 여단, 11개 연대, 75개 대대 약 20만여 명[33]으로 세계 최대의 특수전부대를 보유하고 있다.

【그림 5-4】 북한군 특수전부대 확장(2000년대)

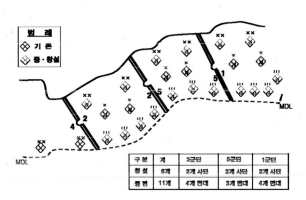

출처: 박용환, 「북한군 특수전부대 위협 평가」, 『국방연구』 제58권 제2호, 서울: 국방대학교, 2015, 122쪽.

북한이 2000년대 들어 전방부대를 중심으로 경보병부대 전력을 집중 증강한 것은 2002년 김정일이 "전 조선 인민군을 경보병화 하라"는 지시에 따른 것이라 할 수 있다. 당시 김정일이 경보병부대 전력을 강화하라고 지시하게 된 배경에는 다음과 같은 의도가 깔려있었던 것으로 보인다.

첫째, 김정일은 강대국들에 대항해 싸우기 위해서는 정규전보다는 비정규전 전략이 더 효율적이라고 판단했다. 즉 강대국들의 첨단무기를 이용한 정면공격에 대응해 싸우는 것보다는 소규모 단위로 게릴라전을

━━━━━━━━━━

[33] 『2014 국방백서』, 서울: 대한민국 국방부, 2014, 25쪽.

전개함으로써 강대국의 전투력을 분산시키고 전력을 소모시키는 전술적 약점을 이용할 수 있기 때문이다. 또 한미연합전력의 정밀무기 능력에 대한 열세와 한반도 지형 특징상 기계화부대의 이동이 쉽지 않다는 약점도 보완하려 했던 것으로 보인다. 다시 말해 도로를 따라 기계화부대가 이동시 대부분 연합군의 공중 공격으로 인해 전투력 발휘가 불가능하기 때문에 공중에서 식별이 곤란한 경보병위주의 비대칭 전력을 강화하여 산악전을 수행하겠다는 것이다. 이 부분에 대해서는 2006년 1월에 귀순한 김철남도 북한은 1998년 이후 소부대 전략을 핵심군사력으로 선택해 놓고 이를 위해 경보병부대를 집중 증강시켰으며, 따라서 북한군 경보병부대는 산악행군, 사격, 산악전, 야간전, 습격전, 매복, 낙하격술, 파괴훈련 등에 중점을 두고 훈련을 강화하고 있다고 증언한 바 있다.

둘째, 1990년대 중반 자연재해로 인한 식량난과 경제난 등으로 재래식 전력 유지가 곤란하자 비용을 최소화하기 위한 조치로 경보병부대 전력을 증강시킨 것이다. 다시 말해 상비사단은 전투장비가 많아 부대를 유지 관리하는 데 많은 비용이 소요되는 데 비해 경보병부대는 장비 대부분이 개인화기위주로 편성되어 있어 상대적으로 부대 유지 관리비용이 적게 든다는 것이다. 따라서 북한은 전방 상비사단을 감소시키고 경보병사단을 창설하는 방법으로 부대구조를 개편한 것이다.

결국 김정일이 2000년대 들어 경보병부대를 증·창설한 이유는 연합군의 강점을 회피하고 비용을 최소화하기 위한 전력구조를 건설하기 위한 의도라고 할 수 있다.

북한군 특수전부대는 【그림 5-5】에서 보는 바와 같이 사(여)단급 제대로부터 최고사령부에 이르기까지 편성되어 있어 제대별로 다양한 배합전을 전개하도록 하고 있다.

【그림 5-5】 북한군 특수전부대 편성

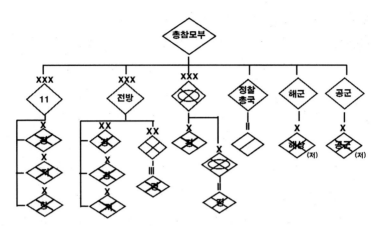

출처: 박용환, 「북한군 특수전부대 위협 평가」, 124쪽.

'11군단'은 우리의 특전사령부와 같은 부대로 최고사령부에서 운용하는 부대이다. 예하에는 경보병여단, 저격여단, 항공육전여단 등 총 10개의 여단으로 편성되어 있으며, 그 인원은 약 4만 5천여 명에 이르는 것으로 알려져 있다.

11군단 예하에 편성된 특수전부대는 주로 한국군 야전군 후방에 침투하여 국가 및 군사 주요시설인 정부관공서, 방송국, 군 지휘시설, 비행장, 항만시설, 레이더 기지, 발전시설 등 전략목표 타격에 운용하고, 군단급 이하에 편성된 특수전부대는 주로 군사작전 지원을 위한 기동부대의 기동로 개방이나 적 지휘소 및 장비 파괴 등 현행작전 지원에 운용될 것으로 판단된다.

전방보병군단에는 경보병사단과 여단, 저격여단 등 약 2만 3천여 명이 편성되어 있고, 기계화군단에는 경보병여단 4천여 명이 편성되어 있다. 정찰총국에는 7개의 정찰대대가 예하에 편성되어있는데, 여기에는 4천여 명의 정찰요원이 편성되어 각종 정보수집에 운용되고 있다. 전방사단에는 경보병연대가 편성되어 있으며 그 인원은 약 1,400여 명에 이른다.

해군에 편성된 해상저격여단은 주요 항만시설과 함정 타격임무를 수행하고, 공군에 편성된 공군저격여단은 비행장 활주로와 비행대 타격임무를 수행한다.

북한군 특수전부대가 보유하고 있는 화기로는 개인화기인 AK소총이 기본적으로 지급되어 있고, 분대에는 기관총, RPG-7(발사관), 투척기가 각각 1정씩 지급되어 있다. 중대에는 60mm박격포 소대가, 대대에는 SA-7(휴대용 미사일)소대가 편성되어 있는 등 장비가 대체적으로 경량화 되어 있다. 이와 같이 장비가 경량화 되어 있는 것은 김정일의 특별지시에 따른 것이다. 김정일은 2004년 2월 21일 저격여단 방문시 저격·경보병부대 요원의 전투장구류 중량은 폭약을 넣은 상태에서 30kg을 넘지 않아야 한다고 강조함에 따라 특수전부대 요원의 장비를 경량화 시킨 것이다. 그런데 최근에 김정은이 또다시 군인들의 전투장구류를 경량화 하라고 지시함에 따라 개인당 전투장구류 중량을 18kg까지 경량화 하는 작업에 착수한 것으로 알려져 있다.

북한은 특수전부대 요원을 남한으로 침투시킬 수 있는 이동수단도 다양하게 보유하고 있어 유사시 대규모 기습침투가 가능하다. 먼저 공중침투는 AN-2기를 이용하여 주로 야간에 감행할 것으로 판단된다. AN-2기는 저공비행이 가능하고 레이더망에 잘 포착되지 않기 때문에 특수전부대 침투용으로 많이 이용된다. 북한은 현재 AN-2기 310여 기를 보유하고 있는데, 이를 이용하여 침투시 한 번에 특수전부대 1개 여단병력을 수송할 수 있을 것으로 판단된다. AN-2기는 주로 11군단 예하 항공육전여단이 이용할 것으로 보이며, 이 부대는 한국군 야전군 후방에 침투하여 국가 및 군사 전략목표를 타격하고 후방 민심교란작전에 운용될 것으로 보인다.

잠수함과 고속공기부양정을 이용한 해상침투도 위협적이다. 북한은 현재 해상침투장비인 고속공기부양정(공방 Ⅰ·Ⅱ) 130여 척을 포함 360여 척의 상륙함정과 70여 척의 잠수함을 보유하고 있다. 이 중에서도 공기부양정은 시속 90km 이상으로 빠르게 이동할 수 있어 해상 기습침투에 유리하다. 공기부양정 130여 척이 한꺼번에 출동하면 최대 6,000여 명(공기부양정 1대당 수송능력은 공방 Ⅱ가 약 50여 명, 공방 Ⅲ가 약 40여 명 수송 가능)의 특수전부대를 기습 침투시킬 수 있다.

현재 북한은 서해 고암포에 약 60여 척의 공기부양정을 배치해 놓고 있는데, 이와 같이 북한이 공기부양정 기지를 서해 고암포에 구축해 놓은 것은 서해가 갯벌로 형성되어 있어 공기부양정을 운용하는 데 유리하도록 되어 있고, 또 서해 쪽으로 침투시 바로 수도권을 위협할 수 있기 때문이다.

험준한 산악을 이용한 지상침투는 이동장비 없이 대규모 인원을 동시다발적으로 이동시킬 수 있어 가장 위협적이라 할 수 있다. 북한군 특수전부대가 지상침투를 한다면 그 방법은 현 비무장지대를 직접 무력화시키면서 험준한 산악을 이용한 침투방법과 이미 북한이 만들어 놓은 땅굴을 이용하는 방법이 있다. 특히 땅굴의 경우 상대에게 노출되지 않으면서 지속적으로 병력을 이동시킬 수 있어 가장 위협적이다. 기존에 발견된 땅굴 기준 시 땅굴 1개에 시간당 1개 연대규모의 병력을 이동시킬 수 있을 것으로 판단하고 있다.

북한군 특수전부대는 전면전시 최고사령부의 명령에 의해 전쟁 발발 직전, 또는 전쟁 발발과 동시에 지상·해상·공중 이동로를 이용하여 동시다발적으로 한국군 지역으로 침투할 것으로 예상된다. 전면전시 한국군 지역으로 투입될 북한군 특수전부대 규모를 지역별로 판단해 보면

〈표 5-8〉과 같다.

〈표 5-8〉 북한군 특수전부대 지역별 투입 규모

구 분	사단지역	군단지역	야전군지역	야전군 후방지역
인 원	1,400여 명	29,000여 명	115,000여 명	61,000여 명
부 대	경보병연대(1)	경보병연대(4) 경보병사단(2) 경보병여단(1) 저격여단(1)	경보병연대(11) 경보병사단(7) 경보병여단(5) 저격여단(3) 정찰대대(7)	경보병여단(4) 저격여단(3) 항공육전여단(3) 해상저격여단(2) 공군저격여단(2)

타격 목표별 투입 규모는 임무와 상황에 따라 다를 수 있으나 일반적으로 〈표 5-9〉와 같이 판단하고 있다.

〈표 5-9〉 북한군 특수전부대 타격 목표별 투입 규모

목표	화력진지	군수시설	지휘소	통신시설	탄약고	교량·터널	유도탄기지
규모	분대~중대	분대~소대	분대~중대	소대	소대	소대	중대
목표	방송시설	교도소	정부기관	발전소	산업시설	항만시설	비행장
규모	소대	소대	소대	소대~중대	소대~대대	중대	대대

출처: 정보사령부, 『특수전부대 운용』, 국군인쇄창, 2017, 89쪽 참조.

김정은은 특수전부대를 현지 지도하면서 어떠한 악조건하에서도 남한의 핵심시설을 타격할 수 있는 능력을 갖출 것을 요구하고 있다. 이에 따라 특수전부대 요원은 매일 30분 이상의 단검투척훈련, 25kg의 군장을 메고 하룻밤에 40km, 주야 120km를 주파할 수 있는 행군 훈련, 400m의 강을 30분 안에 횡단하는 고강도 훈련을 강행하면서 체력을 연마하고 있다. 또 북한은 "김일성 주석이 천리행군을 하며 일본군을 무찔렀

다"면서 경보병부대에 3일간 쉬지 않고 걷는 천리행군도 훈련기간에 한 차례씩 하도록 하고 있다.

1996년 강릉 잠수함 침투 당시 생포되었던 이광수 증언에 의하면 북한 특수전부대 요원 1인은 한국군 3~15명을 상대로 싸워 이길 수 있을 정도로 강훈련을 받는다고 한다.

현재 북한군 특수전부대 요원의 훈련 수준은 한국의 중요시설 90% 이상을 침투할 수 있는 능력을 갖추고 있다고 북한군 특수부대 출신 귀순자들은 증언하고 있다. 실제로 2011년 우리 특전사 요원을 북한군 특수전 요원으로 가장해 중요시설에 침투시켜본 결과 90% 이상이 침투에 성공한 것으로 나타났다.[34]

이는 북한군 특수전부대 요원들이 평상시 강도 높은 훈련을 통해 유사시 한국군 주요시설에 침투할 수 있는 능력이 대단히 우수한 것으로 평가할 수 있지만, 다른 한편으로는 우리의 국가 및 군사 주요시설이 북한군 특수전부대 타격에 그 정도로 취약하다는 것을 보여주는 부분이라 할 수도 있다.

다. 해·공군

북한 해군은 2018년 국방백서에 의하면 수적인 면에서는 큰 변화가 없으나 해군 전력의 약 60%가 평양~원산 이남기지에 전진 배치되어 있는 것으로 알려져 있다. 수상 전투함은 경비함, 유도탄정, 어뢰정, 화력지원정 등 420여 척이며 지원함은 상륙함, 공기부양정 등 290여 척, 잠수함(정)은 로미오와 상어급을 포함, 모두 70여 척[35]을 보유하고 있는 것

34) 특전교육단, 2011년 육군 대토론회 자료(2011. 6. 8).
35) 북한은 1963년부터 중국과 구소련으로부터 잠수함을 수입하여 운용하다 1975년부

으로 파악되고 있다. 이 중에서도 서해함대사령부 예하에 운용 중인 유고잠수정은 그 크기가 작아(길이 23m, 폭 2.5m, 무게 65t) 비교적 얕은 수심에서도 은밀한 기습 침투와 공격이 가능한 것으로 파악되고 있어 특수전부대의 이동수단으로 이용될 것으로 보인다.

또 40여 척의 유도탄정은 사정거리 46Km의 STYX 대함미사일을 장착하고 있고, 동·서해안에는 사정거리 80~95Km인 SAMLET 및 SILKWORM 지대함 미사일을 배치해 놓고 있어 해안을 통한 기습공격이 가능하다.

북한은 수중전 능력 보강을 위해 SLBM(잠수함탄도미사일) 발사가 가능한 신포급 잠수함 개발에도 박차를 가하고 있는 것으로 파악되고 있다. 북한은 2015년 5월 신포 앞바다에서 SLBM 사출시험을 실시함으로써 수중 미사일 발사능력을 향상시키고 있고, 또 레이더에 잘 잡히지 않으면서 50노트(시속 90km) 이상 고속 기동이 가능한 신형 '파도 관통형 고속함정(VSV: Very Slender Vessel)'을 서해함대 사령부에 배치한 것으로 알려지고 있다.[36]

해군사령부 예하에는 동·서해 2개 함대사령부, 13개 전대, 2개의 해상저격여단으로 구성되어 있어 상시 기습 공격할 수 있는 능력을 보유하고 있다. 하지만 북한의 해군력은 서해와 동해로 양분되어 있어 전투력 집중이 곤란할 뿐 아니라 상호 협조된 작전을 실시할 수가 없고, 또 선령이 오래되고 소형함정 위주로 편성되어 있어 기동성이 매우 떨어지는 것으로 평가받고 있다.

북한 공군력도 큰 변화는 없으나 1950년대에 생산된 MIG-15/17기는 구형이긴 하나 부품을 북한이 직접 생산하고 정비가 손 쉬어 가동률이 높

· · · · · · · · · · · · ·

터는 로미오 잠수함을 자체 생산하여 운용하고 있다. 현재 북한은 로미오급 20여 척을 포함해 상어, 유고, 연어 등 총 70여 척이 넘는 잠수함(정)을 보유하고 있다.
36) 『중앙일보』, 2015년 5월 27일.

은 것으로 알려지고 있다. 북한은 이미 1990년대 초반부터 러시아로부터 기술지원을 받아 MIG-29기 신예전투기를 조립 생산하고 있고, 1999년부터는 카자흐스탄으로부터 MIG-21기 40여 대, 러시아로부터 신형 MI-8헬기를 도입하는 등 지속적인 항공전력의 질적 보강을 도모하고 있다. 장비는 주력기종인 MIG-19/21, IL-28, SU-7/25 등 470여 대를 포함하여 총 1,650여 대의 항공기를 보유하고 있어 언제든지 신속하게 공격할 수 있는 태세를 갖추고 있다.[37] 하지만 북한이 보유하고 있는 항공기는 대부분이 노후화된 기종으로 전천후 및 야간작전에는 많은 제한을 받는 것으로 알려져 있다.

북한은 2014년 기존 '공군사령부'를 '항공 및 반항공사령부'로 명칭을 변경하였으며 예하에는 5개 비행사단, 1개 전술수송여단, 2개 공군저격여단, 방공부대 등으로 편성되어 있다.

북한은 앞으로 한·미 연합전력의 열세을 보완하기 위해 북한식 Hybrid전 수행에 중점을 둔 군사력 건설에 힘을 쏟을 것으로 보인다. 먼저 병력구조 면에 있어서는 후방군단에도 경보병사단을 창설함으로써 군단 단위의 독립작전과 방어력을 보강하고, 전방사단에 경보병연대를 추가 편성하는 등 특수전 능력을 지속적으로 보강할 것으로 보인다. 이러한 병력구조의 추진은 수적 우세를 통한 공세적 부대 운용은 물론 신무기체계의 현대화 부진을 만회하기 위한 것이라 할 수 있다.

부대구조 면에 있어서는 전방지역은 화력, 병종별 통합을 통해 집단군(군단) 중심의 강력한 부대편성을 추진하고, 후방지역은 포병 및 기동부대 보강을 통해 후방군단 단위의 독립작전 능력을 향상시킬 것으로 보인다.

---

37) 『2016 국방백서』, 24~25쪽.

무기체계 면에 있어서는 전체적인 노후화 장비에 대해서는 신형장비
로의 교체를 추진하면서 전략무기 개발은 지속 추진할 것으로 보인다.

2. 억제전력 강화

가. 핵무기

핵은 군사적으로 사용 시 평시에는 전쟁억제 수단으로, 전시에는 종
전을 앞당기거나 확전을 방지하는 수단으로 사용된다.

북한 핵개발은 1965년 영변에 원자력 연구단지를 건설하고 소련제 원
자로(IRT-2000형)를 확보하면서 시작되었다. 이후 북한은 1980년 7월 영
변에 자체 설계한 5MWe 흑연감속형 원자로 건설에 착공하여 1986년부
터 원자로를 가동하면서 본격적인 핵개발에 들어갔다.

북한은 영변의 5MWe 원자로를 가동해 1992년 6월 IAEA 사찰을 수용
하기 전까지 여기서 10~15kg의 플루토늄을 확보하였고, 이를 이용하여
핵무기 개발을 추진해 온 것으로 국제사회는 보고 있다.

이외에도 북한이 추가적으로 건설하려 했던 원자로는 영변의 50MWe
원자로(1995년 완공 예정), 평북 태천의 200MWe원자로(1996년 완공 예
정), 러시아로부터 도입하여 함남 신포에 건설 예정이었던 635MWe원자
로 3기 등이 있었으나 1994년 10월 '미·북 제네바합의'[38] 타결로 건설이

----

[38] 1994년 9월 23일에서 10월 17일 개최된 북한과 미국 간 3단계 고위급회담 2차 회의
에서 양국이 서명한 기본 합의문을 말한다. 미국은 북한에 대해 핵개발 동결대가
로 1,000MWe급 경수로 2기를 제공하고 대체에너지로 연간 중유 50만를 제공하기
로 하였으며, 이에 대해 북한은 핵확산금지조약(NPT) 완전 복귀와 모든 핵시설에
대한 국제원자력기구(IAEA)의 사찰허용, 핵활동의 전면 동결 및 기존 핵시설의 궁
극적인 해체를 약속하였다.

중단되거나 계획이 취소되었다.

북한의 핵문제는 1989년 후반 프랑스 상업위성(SPOT)이 영변 핵시설 촬영사진을 공개하면서 핵개발에 대한 의혹이 제기되기 시작했다. 이와 관련하여 국제사회는 1990년 2월 여러 차례에 걸쳐 북한 당국에 IAEA 안전조치협정 가입과 핵사찰 수용을 촉구하였으나 북한은 이에 반대하

〈표 5-10〉 북한 핵개발 경과

1980. 11. 7 : 5MWe 실험용 원자로 자체기술로 착공(1986년 완공)
1985. 11. 5 : 50MWe 원자로 착공(영변)
1986. 11. 10 : 5MWe 원자로 가동
1989. 11.   : 200MWe 원자로 착공(태천)
1993. 3. 12 : 북한 NPT 탈퇴 선언
1994. 10. 21 : 제네바 합의문 체결(94. 11. 1 북핵 동결선언)
1996. 4. 27 : 5MWe 폐연료봉 봉인작업 개시
2002. 12. 22 : 북한 영변 폐연료봉 저장시설 봉인제거, 감시카메라 무력화
2005. 2. 10 : 북한 핵무기 보유 선언
5. 11 : 북한 외무성 "폐연료봉 인출 작업 완료" 발표
2006. 10. 9 : 북한 제1차 지하 핵실험 실시
2007. 2. 3 : 6자회담서 영변 원자로 폐쇄 및 불능화 합의(2·13합의)
2007. 7. 15 : 영변 원자로 폐쇄
2008. 6. 27 : 영변 5WWe 원자로 냉각탑 파괴
8. 26 : 영변 핵시설 불능화 중단 및 원상복구 발표
2009. 5. 25 : 북한 제2차 지하 핵실험 실시
9. 3 : 북한 우라늄 농축시험 성공 발표
11. 3 : 북한 사용 후 폐연료 8,000개 재처리 완료 선언
2013. 2. 12 : 북한 제3차 핵실험 실시
4. 2 : 영변 원자로 재가동 발표
2016. 1. 6 : 북한 제4차 핵실험 실시
9. 9 : 북한 제5차 핵실험 실시
2017. 9. 4 : 북한 제6차 핵실험 실시

출처: 국방부, 『2010~2018 국방백서』 참조.

면서 그 수락조건으로 핵보유국의 비핵국가에 대한 핵위협 금지, 한반도 핵무기 철수, 대북한 핵무기 불사용에 대한 법적 보장 등을 IAEA에 요구하고 나섰다.

이러한 요구조건하에서 1992년 5월 26일부터 6월 5일까지 제1차 IAEA의 대북한 임시사찰이 이루어졌고, 그 결과 북한의 핵개발에 대한 의혹이 커지자 IAEA는 북한 측에 특별사찰을 수용할 것을 요구하였다. 이에 대해 북한이 NPT 탈퇴선언 등 강력한 반대의사를 표명하면서 북한의 핵문제가 국제사회에서 본격적으로 거론되기 시작하였다.

국제사회는 북한의 핵개발 의혹이 커지자 이를 막기 위해 다방면에 걸쳐 노력하였다. 하지만 북한은 국제사회의 이러한 노력에도 불구하고 2006년 10월 9일 10시 35분 함경북도 길주군 풍계리에서 1차 핵실험을 강행함으로써 그동안 의혹에 쌓여있던 핵무기 제조능력을 국제사회에 공포하였다.

북한은 1차 핵실험을 실시한 직후 조선중앙통신을 통해 다음과 같이 보도함으로써 그 사실을 공식화하였다.

온 나라 전체 인민이 사회주의 강성대국 건설에서 일대 비약을 창조해 나가는 벅찬 시기에 우리 과학연구 부문에서는 주체 95년(2006년) 10월 9일 지하 핵시험을 안전하게 성공적으로 진행하였다. 과학적 타산과 면밀한 계산에 의하여 진행된 이번 핵시험은 방사능 유출과 같은 위험이 전혀 없었다는 것이 확인되었다. 핵시험은 100% 우리 지혜와 기술에 의거하여 진행된 것으로써, 강력한 자위적 국방력을 갈망해온 우리 군대와 인민에게 커다란 고무와 기쁨을 안겨준 역사적 사변이다. 핵시험은 조선반도와 주변지역의 평화와 안정을 수호하는데 이바지하게 될 것이다.[39]

. . . .
39) 『조선중앙통신』, 2006년 10월 9일.

이어서 2009년 10월 9일에는 2차 핵실험을, 김정은 정권 들어서는 4번의 핵실험을 실시함으로써 지금까지 모두 6번의 핵실험을 실시하였다.

김정은 정권 들어 실시한 3차 핵실험 직후인 2013년 2월 13일 북한은 조선중앙통신 보도를 통해 "2월 12일 북부지하 핵 실험장에서 제3차 지하핵실험을 성공적으로 진행하였으며, 이전과 달리 폭발력이 크면서 소형화·경량화·다종화된 원자탄을 높은 수준에서 완벽하게 진행하였다"고 발표했다. 이는 자신들의 핵 제조 능력이 탄도미사일에 장착할 수 있을 정도로 소형화되고 경량화되었으며, 핵물질 또한 기존에 사용하던 플루토늄만이 아닌 우라늄으로도 핵무기를 제조할 수 있는 능력을 갖추었다고 주장하고 있는 것이다.

또 4차 핵실험 후에는 북한은 "자체 기술에 100% 의거한 시험을 통해 새롭게 개발된 시험용 수소탄의 기술적 제원이 정확하다는 것을 완전히 확증하였으며, 소형화된 수소탄의 위력을 과학적으로 해명했다"[40]고 발표하였고, 5차 핵실험 후에는 "이번 핵실험에서는 전략탄도 로켓들에 장착할 수 있게 표준화, 규격화된 핵탄두의 구조와 동작 특성, 성능과 위력을 최종적으로 검토 확인했다"[41]고 밝혔다. 그리고 2017년 6차 핵실험 후에는 "우리의 핵과학자들은 9월 3일 12시 우리나라 북부 실험장에서 대륙간탄도로켓 장착용 수소탄 시험을 성공적으로 단행했다"고 밝혔다.

이는 자신들의 핵제조 능력이 이제는 원자탄을 넘어 그보다 폭발력이 수백 배 높은 수소폭탄까지 개발하였으며, 이를 ICBM에 장착하여 미국까지 공격할 수 있는 능력을 갖추었다고 주장하는 것이다.

이와 같은 북한의 주장에 대해 윌리엄 고트니 미군 북부사령관은 "북

---

40) 『조선중앙TV』, 2016년 1월 7일.
41) 『조선중앙통신』, 2015년 4월 9일.

한이 이미 핵탄두를 소형화했고, 이를 북한이 개발한 이동식 대륙간 탄도미사일(ICBM)인 KN-08에 장착해 미국 본토를 향해 발사할 수 있는 수준인 것으로 미국 정보 당국이 결론 내렸다"[42]고 밝힌 바 있고, 우리 국방부장관도 6차 핵실험 직후인 2017년 9월 4일 국회국방위원회 보고를 통해 북핵이 소형화·경량화에 성공한 것으로 추정한다고 밝힌 바 있어 북한의 핵제조 능력은 그동안 6차례의 핵실험을 통해 상당히 고도화된 것으로 평가된다.

<표 5-11> 북한 핵실험 일지

구 분	1차	2차	3차	4차	5차	6차
일 자	2006.10.9	2009.5.25	2013.2.12	2016.1.6	2016.9.9	2017.9.3
지진규모	3.9	4.5	4.9	4.8	5.0	5.7
사용원료	플루토늄	플루토늄	우라늄	수소탄	증폭핵분열탄	수소탄
폭발위력	0.8kt	3~4kt	6~7kt	6kt	10kt	50kt

출처: 『2018 국방백서』, 부록 228쪽.

현재 북한이 보유하고 있는 핵 물질은 2016년 기준 고농축우라늄(HEU)은 758kg, 플루토늄은 54kg인 것으로 파악되고 있다.[43] 핵탄두 하나를 만드는 데 플루토늄은 4~6kg, 고농축우라늄은 16~20kg이 필요하다. 따라서 이를 기준으로 북한의 핵 보유 능력을 예상해 보면 플루토늄탄은 9~13발, 우라늄탄은 37~47발로 북한이 보유할 수 있는 핵탄두는 최소 46발에서 최대 60여 발에 이를 것으로 판단된다.

여기에 대해서는 조명균 통일부장관도 2018년 10월 1일 국회 외교·

[42] 『조선일보』, 2015년 4월 9일.
[43] 『중앙일보』, 2017년 2월 9일.

통일 분야 대정부 질문에서 "정보당국은 북한의 핵무기를 적게는 20개부터 많게는 60개까지 가진 것으로 판단하고 있다"고 밝힌 바 있고, 워싱턴포스트도 2017년 7월 미 정보당국을 인용해 북한이 최대 60개의 핵무기를 보유했다고 보도한 바 있어 이를 뒷받침 해주고 있다.

더욱 우려되는 것은 북한은 우라늄 전체 매장량이 약 2,600만 톤이며 이 중 가채량은 약 400만 톤 정도인 것으로 추산되고 있어 북한이 우라늄탄을 만들 수 있는 능력을 보유하고 있다면 북한의 핵무기 수량은 우리가 생각하는 것보다 훨씬 많아질 수 있다.

북한의 우라늄탄 제조능력에 대해서는 전 미국 스탠포드대 국제안보협력센터 헤커 소장이 2010년 북한 방문기간 중 영변 핵과학연구센터를 방문하여 우라늄을 농축하는 원심분리기 2,000개가 연결되어 있는 것을 직접 보았다고 주장함으로써 그 제조능력을 현실화시켜 주고 있다.

농축 우라늄은 연속적으로 저렴하게 생산할 수 있고, 대량생산이 용이할 뿐 아니라 재조과정이 쉽게 노출되지 않는 장점을 가지고 있다. 또 플루토늄에 비해 핵무기(기폭장치)제조가 용이하고 소형화·경량화에도 유리하여 야포나 단거리 미사일 등에 탑재할 수 있는 등 전술핵무기 제조용으로 적합하여 핵보유국들이 선호하는 방식이다.

북한의 핵개발 인력은 구소련과 중국, 파키스탄 등에서 교육을 받은 연구 인력을 포함하여 전문 인력은 약 3천 명 수준이고, 이 중 핵무기 생산과 관련된 핵심 인력은 200명 정도인 것으로 추산하고 있다.[44] 그리고 핵 프로그램을 통제할 수 있는 조직체계는 국무위원장을 정점으로 총참모부(핵·화학방위국), 조선로동당(원자에너지위원회), 내각(경수로사업총국) 등 3개 기구에서 통제하고 있는 것으로 파악되고 있다. 핵개

44) 『2009 동북아 군사력과 전략동향』, 한국국방연구원, 2010, 44쪽.

발 인력 양성기관으로는 김일성 종합대학, 김책공대, 평성이과대학 등에서 연구 양성하는 것으로 알려져 있다.

핵무기 생산 및 관리체계는 【그림 5-6】에서 보는 바와 같이 당중앙군사위원회와 국무위원회의 결정에 따라 기계공업부에서 연구개발 및 생산을 하는 체계로 되어있다. 기계공업부 예하 131지도국(그루빠)45)은 연구개발 및 생산계획을 수립하고, 실제 개발 및 생산은 영변지역에 위치한 10개의 연구소에서 수행한다. 그리고 내각의 원자력총국은 핵 관련 연구 및 연구원에 대한 지원을 담당하고, 710호는 핵무기 개발 관련 부품을 수입하는 업무를 수행한다.

【그림 5-6】 북한 핵무기 생산 체제

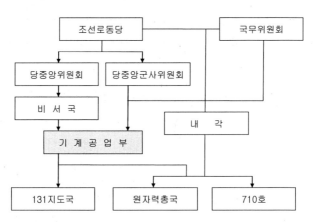

출처: 권양주, 『김정은 시대 북한 군사이해』, 서울: 한국국방연구원, 2014, 222쪽 참조.

핵무기는 강한 폭발력을 이용해 그 위력을 나타내는데 여기에는 폭풍

· · · · · · · · · · · · · ·
45) '131지도국'은 1986년 1월 31일 김일성 지시에 의거 창설된 핵무기 개발 전담조직을 말한다.

파(55%), 열복사선(30%), 방사선(15%)에 의한 직접적인 피해와 낙진에 의한 방사능 오염 등 2차 피해까지 수반되어 한 번 사용 시 많은 피해와 후유증을 유발한다. 이러한 이유로 하여 핵은 군사적으로 사용 시 가장 무서운 무기체계로 분류하고 있다. 따라서 국제사회에서는 NPT를 통해 그 보유를 엄격하게 통제하고 있다.

〈표 5-12〉 20kt 핵무기 피해 범위

폭발 지점		1km	1.2km	2km	2.5km	3km	4km	5km	15km	30km
폭풍		건물완파			반파			경미		
열	인원	사망		3도 화상		2도 화상		1도 화상	망막화상	
열	건물	화재발생			산발적 화재		화재발생 가능			
방사선	초기	사망		50% 사망		경미				
방사선	잔류	심각한 오염지역							상당한 오염	
폭발 지점		1km		2km		3km	4km	5km	15km	30km

출처: 함형필,『대량살상무기 100문 100답』, 서울: 국방부, 2004, 55쪽.

20kt[46) 위력의 핵무기가 폭발할 경우 풍속이 수백m/sec에 달하여 2km 이내의 건물이 완파되고 4km 이내의 건물이 반파될 정도로 위력이 크다. 열복사선은 핵폭발 시 폭발지역 1km 이내에 태양의 내부온도와 맞먹는 열(수백만℃)을 가진 화구(火口)로부터 발생하는 열선으로서 화재를 발생시키고 인체의 피부 및 망막에 심각한 화상을 일으킨다. 방사선의 경우 전체 방사선 양의 1/3에 달하는 초기방사선은 핵폭발 시 즉시 방출되는 감마선 및 중성자로서 폭발지역 반경 2km 이내에서 직접적인 방사선 피해를 유발하며, 잔류방사선은 그 이후 핵분열 생성물과 낙진

• • • • • • • • • • • • • •

46) 1kt의 위력은 TNT 1천 톤의 위력으로 20kt는 TNT 2만 톤을 말한다.

에서 나오는 방사선으로 기상상태에 따라 넓은 지역을 오염시킨다. 방사능에 오염되면 머리카락이 빠지고 홍점이 발생하며 혈액이 응고되지 않는 등의 증상을 보이면서 수주~수개월 이내에 사망하게 된다.

1945년 인류가 최초로 핵무기를 개발한 이래 지금까지 핵을 사용했던 전쟁은 제2차 세계대전 당시 미국이 일본에 투하했던 두 발의 핵폭탄 외에는 없다. 당시 미국은 1945년 8월 6일 히로시마에 12.5kt 규모의 HEU 핵폭탄을 투하하였는데 80,000~140,000명이 즉사하였고 100,000여 명이 방사능에 심하게 노출되었다. 3일 후인 8월 9일에는 나가사키에 22kt 규모의 플루토늄 핵폭탄을 투하하였는데 나가사키 인구 286,000명 가운데 74,000명이 즉사하고 75,000명이 심하게 방사능에 노출되었다. 방사능에 심하게 노출된 사람은 대부분 사망한 것으로 파악되었다.[47]

이와 같이 핵은 군사적으로 사용 시 엄청난 파괴력과 살상력으로 인해 핵무기를 보유할 시에는 군사강국으로 진입함과 동시에 국제사회에서 자신들의 영향력을 높일 수 있다. 또한 핵무기는 재래식 전력에 비해 개발과 유지에 소요되는 비용이 적고 재래군사력의 열세를 경제적으로 보완할 수 있어 국방력이 약한 약소국가일수록 강대국의 압력에 대항하고 전쟁을 억제하기 위한 수단으로 보유하고자 한다.

지금까지 식별된 북한의 핵 관련 시설은 〈표 5-12〉에서 보는 바와 같이 영변지역을 중심으로 총 21개소에 산재되어 연구 및 생산 활동을 하고 있는 것으로 파악되고 있다.

북한이 국제사회의 반대에도 불구하고 핵무기를 개발하게 된 이유로는 첫째, 자신들의 체제유지 수단으로 필요했던 것이다. 북한은 소련의 몰락과 중국의 개방정책, 그리고 동구권국가들의 몰락을 지켜보면서 사회

47) *Atomic Age: Explore the Era That Changed the World*, Cambridge, MA: Softkey, 1994.

〈표 5-13〉 북한 핵 관련 시설

시 설 명	소 재 지	비 고
평산 우라늄 광산	황북 평산	IAEA에 신고 된 시설
순천 우라늄 광산	평남 순천	
평산 우라늄 정련시설	황북 평산	
박천 우라늄 정련시설	평북 박천	
핵연료 가공시설	평북 영변	
교육용 미임계시설	평양 김일성대학	
IRT-2000 연구로 · 임계시설	평북 영변	
5MWe 흑연료		
50MWe 흑연료		
200MWe 흑연료	평북 태천	
동위원소 생산시설	평북 영변	
방사화학실험실		
폐기물시설		
우라늄 농축시설		북한이 해커 박사에게 공개한 시설
100MWt 실험용 경수로		
핵실험장	함북 길주군 풍계리	1~6차 핵실험 실시
1,000MWe 경수로	함남 신포 금호지구	건설 중단

출처: 『2016 동북아 군사력과 전략동향』, 서울: 한국국방연구원, 2017, 225쪽.

주의 체제유지에 대한 불안감이 가중되자 이를 지키기 위한 수단이 필요했던 것이다. 즉 북한은 탈냉전시기에 구소련의 해체로 인해 확실한 안보후원국을 상실하였고, 중국마저 1992년에 한국과 국교정상화를 하게 됨으로써 자위능력 확보차원에서 대량살상무기 개발이라는 내적 수단에 치중할 수밖에 없었다는 것이다. 김정일은 구소련을 비롯한 동구권 사회주의국가들이 무너지게 된 가장 큰 이유가 "군사를 뒷전에 미루어 놓은, 군사와 유리된 정치방식이 붉은 군대에게서 사회주의의 수호자, 조국방위자로서의 생명력을 앗아간 것이며 동유럽에 사회주의 붕괴의 도미노현상을 일게 했다"[48]고 주장하였다. 다시 말해 사회주의가 붕괴된 원인은 다름 아닌 군이 제 역할을 수행하지 못했기 때문이며, 따라서 사회주의 체제를 유지하기 위해서는 강력한 힘을 가진 군이 필요하며 힘이 있는 군대가 되기 위해서는 핵개발은 절대적이었다는 것이다.

둘째, 김정일·김정은의 권력강화 수단이 필요했다. 북한은 김일성이 사망하자 김정일·김정은으로 이어지는 3세습에 의한 권력 승계가 이루어지면서 인민들은 독재정권에 대한 피로도가 증가되었다. 여기에 식량난과 어려운 경제상황은 김일성 일가의 정권유지를 더욱 불안하게 만들었다. 따라서 해이해진 민심을 수습하고 자신들의 정권을 유지하기 위해서는 인민들에게 자극을 줄 수 있는 새로운 변화가 필요하였던 것이다. 그 변화의 수단으로 외부적으로는 국제사회의 이목을 집중시키면서 내부적으로는 인민들의 결속을 다질 수 있는 핵개발을 선택한 것이다. 특히 김정은이 권력승계 후 짧은 기간에 핵실험을 4번이나 실시한 것은 자신의 불안한 권력을 조기에 공고화하기 위한 수단으로 이용한 것이다. 다시 말해 김정은이 핵실험을 통해 외부로부터 위기를 조성한 다음, 이를 이유로 인민들에게 결속과 자신에 대한 충성을 유도한 것이다. 사실 북한에 김정일이 갑자기 사망하고 김정은 정권이 등장했을 때 우리를 포함한 국제사회는 물론 북한 주민들도 국정경험 부재와 나이어린 김정은이 북한을 어떻게 통치해 나갈지에 대해 많은 걱정과 우려를 했었다. 이러한 걱정과 우려 속에서도 김정은 정권이 지금까지 큰 문제없이 북한을 통치할 수 있었던 것은 김정은의 국정운영 능력이 탁월하기보다는 북한의 기존 엘리트 집단이 기득권 유지를 위해 김정은과 공동운명체로 생각하고 김정일의 유훈과 유지를 충실히 따랐기 때문으로 분

[48] 김철우, 『김정일 장군의 선군정치』, 10쪽.

석된다. 따라서 김정은은 이러한 자신의 핸디캡을 제거할 수 있는 과감하고 공격적인 리더십을 보여줌으로써 북한 인민들에게 능력 있는 지도자상을 심어주고 우리와 미국에 대해서는 적절한 대외위기를 조성하면서 이를 자신의 권력을 강화하는 데 이용하고 있는 것이다.

셋째, 대남우위의 군사력 유지 수단으로 필요했다. 북한은 1980년대 중반까지는 주로 재래식 무기체계를 중심으로 상호 대칭적 무기체계의 획득과 개발이라는 경쟁전략을 채택하였다. 그 결과 북한은 양적인 측면에서 대남우위의 군사력 유지가 가능했다. 그러나 1980년 중반 이후 남한의 급격한 경제성장은 북한으로 하여금 재래식 전력에 의한 군비경쟁으로는 남한을 더 이상 압도할 수 없다는 현실을 인식하게 되었다. 이 부분에 대해서는 데니스 블레어 전 미국 국가정보국(DNI) 국장도 "북한은 남한과의 재래식 군사력 차이가 너무 현격히 벌어진데다 이를 뒤집을 수 있는 전망이 희박하다는 판단에서 그들 정권을 겨냥한 외부의 공격을 저지하기 위해 핵프로그램을 개발하였고, 핵프로그램을 추구하는 이유는 재래식 전력의 취약함을 바로 잡으려는 것이 가장 핵심적인 요소"[49]라고 지적한 바 있다.

결론적으로 북한의 핵개발은 북한이 처해있는 정치·경제적 현실과 재래식 전력의 한계 등을 고려해 보았을 때 선택이 아니라 필수사항이었다고 말할 수 있다. 즉 국제사회의 개방 압력은 김일성 일가의 정권을 불안하게 만들었고, 침체되는 경제상황은 막중한 군사비를 감당할 수가 없었으며, 재래식 무기는 현대화된 무기의 상대가 될 수 없는 상황에서 외부의 압박에 대항하고 자신의 정권을 지키기 위해서는 핵 외에는 다른 선택의 여지가 없었다는 것이다.

· · · · · · · · · · · · ·
[49] 『연합뉴스』, 2010년 2월 3일.

북한은 군사작전에 있어서도 핵을 고려한 전략을 수립하도록 하고 있다. 공격 시에는 공격준비사격 및 공격진행 간 한국군의 지휘시설, 병력 및 장비 집결지역, 방어진지 등 중요 대상물에 대해서 핵공격을 실시하여 대량피해를 줌으로써 전투력을 발휘하지 못하도록 하고, 또 방어 시에는 공격준비 중인 한국군에 대해 한국군 종심지역에 핵무기를 이용하여 중요 대상물을 타격하도록 함으로써 공격의지를 꺾고 전쟁이 북한지역으로 확대되지 못하도록 억지하는 수단으로 활용하려 하고 있다.

북한이 개발한 핵무기는 북한의 위기지수와 연계하여 운용될 것으로 전망되며, 그 방법은 【그림 5-7】과 같이 4가지 유형으로 생각해 볼 수 있다.

【그림 5-7】 북한 핵무기 운용 전망

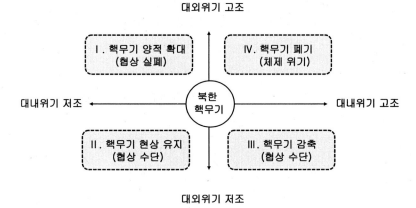

‘유형 I’은 핵무기 양적 확대전략이다. 이러한 상황은 북한이 대내적 위기상황은 없으나 대외적 위기가 고조되는 상황에서 취할 수 있는 방안이다. 다시 말해 북핵문제로 국제사회와 대립이 심화되어 위기가 고조될 때 김정은은 인민들의 결집을 유도하면서 기존 핵무기 시설을 이용 양적확대를 통해 그 위력을 과시한다는 것이다. 이때 김정은은 대량으로 생산한 핵무기를 이용 국제사회를 위협하거나 또는 제3국으로의 수출을 통해 국제사회에 테러공포를 확산시키려 할 것이다.

'유형 Ⅱ는' 핵무기 현상유지 전략이다. 즉 북한이 핵무기를 더 이상 생산하지 않고 현 상황에서 동결하는 것이다. 이러한 상황은 북한이 대내적·대외적 위기가 심각하지 않고 안정적일 때 가능한 상황이다. 다시 말해 북한이 대내적으로는 경제문제가 어느 정도 해소되고 대외적으로는 북핵문제가 더 이상 진전 없이 정체되어 있을 때 가능한 상황이다. 이때 김정은은 핵프로그램을 더 이상 진전시키지 않고 현 수준에서 위기상황을 관리하면서 핵무기를 협상의 수단으로 활용하고자 할 것이다.

'유형 Ⅲ'은 핵무기 감축전략이다. 이러한 상황은 북한이 대내적 위기는 고조되고 있는 반면, 대외적 위기가 저조할 때 가능한 상황이다. 다시 말해 북한이 내부적으로 경제난과 식량난이 악화되어 주민들의 불만이 확산되고 있고, 김정은 정권이 이를 해결하기 위한 방법이 외부의 지원밖에는 없다고 판단될 때, 그리고 외부적으로는 북핵문제로 인해 국제사회와 대립은 하고 있으나 북핵 문제해결을 위한 대화국면이 유지되고 있을 때 가능한 상황이다. 이때 김정은은 핵무기를 점차 감축하는 조건으로 국제사회의 대북 지원과 경제제재 해제를 요구하는 등 경제적 실리를 추구할 것으로 보인다. 또는 김정은이 대남·대미관계의 새로운 관계정립을 위한 시도 차원에서 시도 할 수도 있다.

'유형 Ⅳ'는 핵무기 폐기전략이다. 이러한 상황은 북한이 대내적으로나 대외적으로 위기가 극에 달해 더 이상 버틸 여력이 없을 때 가능한 상황이다. 다시 말해 북한이 내부적으로는 경제난과 식량난이 극에 달해 내부경제가 파탄 직전에 있거나, 또는 인민들의 민심이 북핵문제로 인해 자신들이 피해를 보고 있다고 느껴 김정은 정권에 강한 불만이 확산되고 있을 때, 그리고 외부적으로는 북핵문제로 국제사회의 제재가 군사적·경제적으로 극에 달해 더 이상 버틸 여력이 없을 때, 자신들의 우호세력인 중국과 러시아도 지원을 중단 또는 외면했을 때 최후의 수단으로 핵무기 폐기를 선언할 수 있다는 것이다. 이때 김정은은 자신들의 체제보장과 경제지원을 조건으로 국제사회에 핵무장 해체를 선언하고 위기를 극복하고자 할 것이다.

상기 4가지 유형 중에서 가장 가능성 있는 유형은 '유형 Ⅱ'로서 핵무기 현상유지 전략이다. 이는 북한이 지금까지 6번의 핵실험과 수십 회의 탄도미사일 시험 발사를 통해 그 기술력을 이미 확보하고 있을 뿐만 아니라 국제사회로부터도 그 기술력을 인정받고 있기 때문에 더 이상의 핵실험과 미사일 시험 발사로 국제사회와 마찰을 빚지 않으면서 군사강국으로서 그 위상을 확립할 수 있기 때문이다. 다른 한편으로는 북한이 그동안 핵실험과 탄도미사일 시험 발사를 통해 이미 필요한 만큼의 핵무기와 탄도미사일을 확보했기 때문으로 볼 수도 있다.

북한이 2018년 4월 20일 노동당 중앙위원회 제7기 제3차 전원회의를 통해 "핵개발의 전 공정이 과학적으로, 순차적으로 다 진행되었고 운반타격수단들의 개발사업 역시 과학적으로 진행되어 핵무기 병기화 완결이 검증된 조건에서 이제는 우리에게 그 어떤 핵시험과 중장거리 대륙간탄도로케트 시험 발사도 필요 없게 되었다"[50]고하면서 핵시험장 폐기를 선언하고, 곧이어 5월 24일 국제기자단을 초청한 가운데 풍계리 핵실험장을 폭파하는 일부 가시적인 행동을 보여준 것은 바로 이를 방증하는 것이라 할 수 있다.

---

[50] 『조선중앙통신』, 2018년 4월 21일.

반면에 가장 가능성이 낮은 유형은 '유형 Ⅳ'로서 핵무기를 완전 폐기하는 것이다. 북한이 핵무기를 완전 폐기한다는 것은 군사강국으로서 그 지위를 포기하는 것을 물론 정권안보 수단을 없애버리겠다는 것과 같다 할 수 있다. 이는 김정은이 선대인 김일성·김정일이 일생을 바쳐 이룩한 업적이자 유훈을 포기하는 것으로서 이렇게 될 경우 김정은이 선대의 정통성을 부정하는 것은 물론 인민들로부터 선대의 업적도 지키지 못하는 무능한 통치자라는 결과로 이어질 수 있기 때문이다. 다른 한편으로는 핵무기가 없는 남한에 대해서는 핵무기 보유자체가 막강한 위협으로 작용할 수 있고, 또 미국과 국제사회에 대해서는 당당하게 핵보유국 대접을 받으면서 정치적·경제적 실리를 극대화할 수 있기 때문이다. 따라서 현 상황에서 북한이 핵무기를 완전히 포기하기란 대단히 어려울 것으로 판단된다.

북한은 앞으로 야포 및 미사일 탑재가 가능한 소형 핵무기 개발에 박차를 가할 것으로 보인다. 이는 대형 장거리미사일 탑재용 핵무기만을 보유했을 경우는 그 용도가 비교적 장거리 전략목표(한국 우방국 대도시)에 국한되어 전황불리 시 국면전환용으로 사용이 제한되기 때문이다. 따라서 한반도 지역에 사용하기 적합한 포병 및 단거리 미사일에 장착할 수 있는 '전술핵무기'[51] 개발에 박차를 가할 것으로 보인다. 또 핵무기를 대량생산 체제로 확립함으로써 군사강국으로서 그 지위를 확고히 하고자 할 것으로 보인다.

---

[51] 전술핵무기는 전략핵무기와 대립되는 개념이다. 통상 전술핵무기는 전쟁터의 목표물을 직접 타격하는데 사용되며, 전략핵무기는 적국 내부의 핵심기반 시설을 공격하는데 사용되는 무기이다. 전술핵무기의 사거리는 중거리미사일 이하이며 파괴력도 비교적 적다. 반면 전략핵무기는 대륙간 탄도미사일이나 전략폭격기 등에 의해 운용되며 파괴력도 크다.

나. 화생무기

북한 화생무기는 1961년 12월 김일성의 '화학화 선언' 이후 화학무기 연구 및 생산시설을 설치하는 등 본격적인 화학무기 개발에 착수하였다.

북한은 구소련제 화학장비와 물자를 모방하여 화학무기를 생산 및 자체 개발하였고, 중국으로부터는 화학무기 개발에 필요한 기술을 이전받았다. 또 일본 등 비공산권 국가로부터는 화학장비와 농·화학물질을 도입하여 공격용 화학물질인 이쁘리트, 따분, 자린 등을 연구 개발하였다. 특히 일본과는 농·화학약품 수입에 관한 무역협정을 체결하여 1976년에 160만 톤, 1977년에 200만 톤, 1979년에 310만 톤의 농·화학약품을 수입하여 일부는 화학무기 생산에 사용한 것으로 추정하고 있다.[52]

북한은 1980년대에 이르러서는 독가스와 세균무기를 자체 생산함으로써 화생공격의 능력을 확보하게 되었다. 이어 1990년대부터는 화생방 장비 및 물자를 개발·생산·비축하기 시작하였고, 지금은 독자적인 화학 및 생물학전을 수행할 수 있는 능력을 갖추고 있는 것으로 평가받고 있다.

화학무기 생산 및 관리체계는 【그림 5-8】에서 보는 바와 같이 총참모부에서 화학무기 소요를 제기하면, 인민무력성과 국무위원회를 경유하여 당중앙위원회와 당중앙군사위원회에 화학작용제 생산을 건의하게 된다. 건의를 받은 당중앙위원회와 당중앙군사위원회는 내각을 통해 제2경제위원회와 화학공업성에 화학작용제 생산을 지시하게 된다. 그러면 제2경제위원회의 제5총국과 내각의 화학공업성은 예하공장에 화학물질 생산을 지시하고 이를 감독하게 된다.

---

[52] 『북한군 화생방 운용』, 서울: 정보사령부, 2005, 8쪽.

【그림 5-8】 북한 화학무기 생산체계

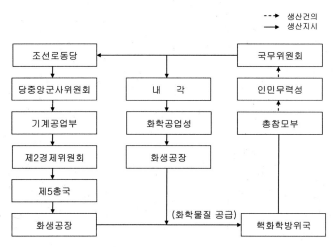

출처: 권양주, 『김정은 시대 북한 군사이해』, 224쪽 참조.

　북한은 1962년 인민군 개편을 단행하면서 전방군단 및 사단에 있는 화학부대를 증편시켰고, 후방군단에도 화학부대를 창설하고 화생방 교육을 받은 전문요원을 각급부대에 배치함으로써 사단급 이상 제대부터 독자적인 화생방작전이 가능하도록 하였다. 이후로도 북한은 지속적으로 화생요원을 증강시켜 지금은 연대급까지 화생방 작전이 가능하도록 화학부대가 편성되어 있다.

　북한은 아직까지 화학무기협약(CWC)에 가입하지 않고 있으며 현재 북한이 생산하여 보유하고 있는 화학작용제는 2,500～5,000톤에 이르는 것으로 파악되고 있다. 이 양은 미국, 러시아에 이어 세계 3위의 수준이다. 생산능력은 10개의 화학무기 생산시설에서 1일 1.9톤, 연간 4,500톤에 이르며 전시에는 12,000톤의 화학작용제를 생산할 수 있는 능력을 보유하고 있는 것으로 알려져 있다.

〈표 5-14〉 북한 화학무기 생산시설 및 저장소

구 분		관 련 시 설
생산시설 (10개소)	기초물질 생산	청진(일향동) 화학섬유 연합기업소, 흥남 비료 연합기업소, 함흥 2·8비닐론 연합기업소, 안주 남흥청년화학연합기업소, 순천 석회질소비료공장, 신흥 화학공장
	중간물질 생산	만포 화학공장, 청수 화학공장, 아오지 7·7연합화학기업소
	최종작용제 생산	강계 화학공장
국가급 저장소(6개소)		황촌 중앙화학보급소, 삼선동 화학물자저장소, 사리원 화학물자저장소, 왕재봉 화학물자저장소, 대양리 화학저장시설, 신음리 화학공장

출처: 신범철 외, 『북한 군사연구 2012』, 서울: 한국국방연구원, 2012, 154~155쪽.

　북한이 보유하고 있는 화학작용제의 종류로는 신경작용제 6종(사린, V계열), 수포작용제 6종(겨자, 루이사이트), 혈액작용제 3종(시안화수소), 질식작용제 2종(포스겐), 구토 및 최류작용제 8종으로 총 25종에 이르는 것으로 파악되고 있다.[53] 이 중 독성이 제일 강한 작용제는 신경작용제로 신경작용제는 무색·무취하여 자신이 작용제로부터 공격받았는지를 알 수 없으며, 한번 공격받게 되면 4~5분이면 사망에 이를 정도로 독성이 강하다. 2017년 2월 13일 말레이시아 쿠알라룸푸르공항에서 북한 김정남을 암살할 때 사용했던 작용제가 바로 신경작용제이다.

　북한은 화학무기를 개전 초기 휴전선 인근에 집중 사용함으로써 한국군에게 대량피해를 주고 한국군 방어진지를 무력화시킬 것으로 보인다. 북한군이 개전 초 사용할 수 있는 화학무기 사용량은 3일 동안 약 70톤에 이를 것으로 추정하고 있다.[54]

- - - - - - - - - - - - - -

[53] 『2016 동북아 군사력과 전략동향』, 서울: 한국국방연구원, 2017, 228~229쪽.

북한의 생물(세균)무기는 1968년 일본으로부터 탄저균, 페스트균, 콜레라균 등을 도입하면서 개발에 착수하였고, 1975년에는 중국 광동성에서 왁찐 생산기술을 습득한 이후 지속적인 연구가 이루어져 왔다. 그러다 1980년 11월 김일성이 '생물무기 개발을 가속화하라'고 강조함으로써 그 연구를 본격화하기 시작했다.

〈표 5-15〉 북한 생물무기 연구 및 생산시설

구 분	관 련 시 설
연구시설	백마리 세균무기연구소, 평양 생물학연구소(26호 공장), 평성 미생물 연구소
생산시설	정주 25호 공장, 선천 세균연구소, 순천 제약공장

출처: 신범철 외, 『북한 군사연구 2012』, 158쪽.

북한은 1987년 3월 13일에 생물무기협약((BWC)에 가입했음에도 불구하고 현재 탄저균, 천연두, 콜레라, 장티푸스, 페스트 등 13종의 병원체를 보유하고 있은 것으로 추정하고 있다. 이러한 병원체는 10일 정도 작용제를 배양하면 곧바로 군사적으로 사용 가능한 것으로 판단하고 있다. 이 중 탄저균, 페스트 등은 북한이 자체적으로 배양·생산할 수 있는 것으로 추정되며, 특히 탄저균은 냄새가 없는데다 치사율이 80% 이상으로 매우 높고 비전염성으로 통제가 용이하여 사용이 가장 유력시되는 후보 균체이다.

화생무기는 인류가 개발한 가장 비인도적인 무기로 꼽히고 있음에도 불구하고 화생무기를 보유하고자 하는 이유는[55] 첫째, 화생무기는 소량

---

54) 서병일 외, 『서울시 화생방 방호체계 구축 기술조사』, 서울특별시, 2001, 43~49쪽.
55) 이권헌, 「북한의 WMD 위협에 대한 자위적 선제공격 적용방안」, 국방대학교 안보

으로도 많은 인원을 무능화시키거나 살상시킬 수가 있기 때문이다. 예를 들어, VX 신경작용제는 1/50 방울만 피부에 닿아도 4분 내에 사망하는 맹독성 화학작용제이며, 탄저균은 맑은 날 서울의 30㎢ 지역에 10kg을 살포했을 경우 최고 90만여 명의 사상자가 발생할 수 있다.

둘째, 화생무기는 다른 무기에 비해 제조기술이 매우 용이하고 저렴하여 쉽게 개발, 생산할 수 있다. VX 신경작용제로 1㎢를 오염시키는 데 5~6$ 정도밖에 소요되지 않는다.

셋째, 화생무기는 다양한 투발 수단을 이용하여 광범위한 지역을 공격할 수 있을 뿐만 아니라 밀림, 동굴, 산악지대, 요새화된 적지 등 접근이 어려운 지형도 매우 효과적으로 공격할 수 있다.

넷째, 구조물 등을 파괴하지 않고 사람, 동물, 식물 등 생명체만 선택적으로 피해를 줄 수 있다. 이는 공기와 함께 호흡기 계통을 통해 상대에게 피해를 주기 때문에 물리적 파괴 없이 생명체만을 골라 공격할 수 있다.

다섯째, 직접적인 피해효과뿐만 아니라 적으로 하여금 보호장비 착용을 강요함으로써 전투효율을 감소시키고, 사상자 후송, 치료, 보호장비 소요 등으로 추가적인 군수지원소요를 증가시키는 간접효과가 있다.

여섯째, 적을 무능화 또는 살상시키는 효과 외에 화생무기가 주는 공포 때문에 심리적 효과를 통하여 적의 전투의지를 상실 또는 혼란시킬 수 있다.

북한은 화생무기를 각종 포병화기, 미사일, 항공기 등 다양한 투발수단을 이용하여 공격 및 방어작전 간 사용함으로써 대량 인명피해는 물론 특정지역에서의 한국군의 활동을 방해 할 것으로 보인다. 특히 화학무기는 개전 초기 휴전선지역에 집중 사용함으로써 한국군 방어진지를 무력화시키고 공격의 유리한 발판을 조성하는데 사용하려 할 것으로 보인다. 또 인구밀집지역인 수도권 및 대도시 지역에는 무차별적으로 공격을 가함으로써 패닉현상을 유발시켜 군사작전을 방해하려 할 것으로 보인다.

다. 미사일

북한 미사일개발은 1960년대 초반 소련과 중국의 지원을 받아 시작했다. 북한은 1962년 구소련으로부터 지대공미사일(SA-2), 함대함미사일(STYX), 지대지로켓(FROG-5/7) 등을, 그리고 중국으로부터는 지대공미사일(HQ-2)과 휴대용 대공미사일(HN-5) 등을 지원받아 사용하다가 1975년 4월 중국과 공동으로 단거리 탄도미사일[56]을 개발하기로 합의하고, 이어 1976년 '조·중 탄도미사일 개발팀'을 구성함으로써 중국과 본격적인 공동연구에 들어갔다.

북한은 1981년 이집트로부터 소련제 SCUD-B 탄도미사일 2기를 비밀리에 입수하여 이를 분해, 재설계하여 1984년 4월 SCUD-B 탄도미사일 시제품을 생산하여 시험사격을 실시함으로써 본격적인 개발에 착수했다.

북한은 이 시험 결과 사정거리가 소련제 SCUD-B(사정거리 300km)보

· · · · · · · · · · · ·

[56] 탄도미사일은 사거리를 기준하여 일반적으로 다음과 같이 구분한다.

분 류	사정거리	비 고
SRBM(Short Range Ballistic Missile)	800km 이하	단거리 탄도미사일
MRBM(Midium Range Ballistic Missile)	800~2,400km	준중거리 탄도미사일
IRBM(Intermediate Range Ballistic Missile)	2,400~6,500km	중거리 탄도미사일
ICBM(Intercontunental Range Ballistic Missile)	6,500~15,000km	대륙간 탄도미사일

출처: 『대량살상무기에 대한 이해』, 서울: 대한민국 국방부, 2007, 174쪽.

다 40km가 더 연장된 340km를 비행함으로써 모조제품이긴 하나 북한으로서는 최초의 탄도미사일개발에 성공하게 되었다. 이를 기반으로 북한은 본격적으로 미사일개발에 박차를 가하게 되었다.

〈표 5-16〉 북한 미사일 생산 관련 시설

시 설 명	소 재 지	비 고
26호 공장	자강도 강계시 강계	로켓·미사일 부품 생산
38호 공장	자강도 강계시 휘천	?
81호 공장	자강도 성간군	?
125호 공장	평양시 중계동	로켓·미사일 조립(핵심시설)
301호 공장	평북 대관군 대관읍	?
잠진 탄약 공장	남포시 천리마구역 잠진리	미사일 몸체·추진장치 생산
동해 약전 공장	함북 청진시	?
입불동 미사일 공장	평양시	?
118호 기계공장	평남 개천군 가감리	로켓 및 발사체 엔진 생산
금성 트랙터 공장	남포시 강서구역	자주포 궤도·주행장치 생산
만경대 약전 공장	평양시 만경대구역	탄두 및 폭약 제조
만경대 보석가공 공장	평양시 만경대구역	조준경·유도장치 생산
평양 반도체 공장	평양시	?
승리 자동차 공장	평남 덕천시 덕천	?
기계 공장(명칭 미상)	평북 의주군 덕현	?

출처: 부형욱 외, 『2015~2016 동북아 군사력과 전략 동향』, 서울: 한국국방연구원, 2016, 236쪽.

북한은 1985년에는 사정거리 320~340km의 개량형 SCUD-B형 미사일을, 1989년에는 사정거리 500km의 SCUD-C형을, 1993년 5월에는 중거리 탄도미사일인 사정거리 1,300km '노동1호'를 시험 발사하였다. 이어 1998년 8월에는 사정거리 1,800~2,500km의 '대포동1호'(북한은 인공위성 '광명성1호'라고 주장)를, 2006년 7월과 2009년 4월에는 대륙간 탄도미사일

(ICBM) 수준의 '대포동 2호'(북한에서는 인공위성 '광명성 2호'라고 주장)를 시험 발사하였으나 실패했다.

　김정은 정권 들어서는 2012년 12월 대포동 3호 시험 발사를 시작으로 2016년 5월에는 SLBM(잠수함 발사 탄도미사일)[57] 발사를, 2017년 7월 23일에는 '화성 14호'를 시험 발사하였다. 북한은 화성 14호(사거리 6,400km) 발사 직후 조선중앙통신을 통해 화성 14호가 대기권 진입에 성공하여 목표지점에 정확히 떨어졌다고 발표하였다. 또 같은 해 11월 29일에는 '화성 15호'를 발사하고 다음날 로동신문을 통해 "국가 핵무력 완성의 력사적 대업을 실현하는 새형의 대륙간탄도로케트가 시험 발사에 대성공했다"[58]고 발표하였다. '화성 15호'는 '화성 14호'의 부족한 추력을 향상시키기 위해 2단 추진체에 보조엔진을 달아 그 사거리가 11,000∼15,000km을 육박하고 있는 것으로 알려지고 있다.

　만약 북한이 주장하는 대로 북한 미사일 수준이 대기권 재진입 기술과 정밀유도기술까지 확보하였다면 정밀성과 생존성이 한층 더 향상됨으로 인해 더욱 위협적인 핵전력을 과시할 수 있을 것으로 예상된다. 하지만 북한의 이러한 주장에 대해 전문가들은 아직 북한의 미사일 기술이 대기권 재진입과 자세 제어 부분에서는 미흡한 것으로 평가하고 있다.

　북한은 SLBM 발사능력도 보유한 것으로 알려지고 있다. 북한은 2015년 5월 신포 앞바다에서 SLBM 사출시험을 시작으로 2016년 8월 24일에는 동해상에서 발사한 SLBM이 500km 정도를 비행함으로써 국제사회에서는 일단 시험 발사에 성공한 것으로 평가하고 있다. SLBM은 탐지가 어

---

57) 현재 성능이 검증된 SLBM 보유국은 미국, 러시아, 영국, 프랑스, 중국, 인도 등 6개국이다. 북한이 개발한 SLBM은 구소련의 SS-N-6 SLBM 체계를 기반으로 한 것으로 보인다.

58) 『로동신문』, 2017년 11월 30일.

렵고 발사 위치를 실시간 확인할 수 없어 여기에 핵무기를 탑재한다면 은밀성과 생존성을 높일 수 있다는 점에서 더욱 위협적이라 할 수 있다.

〈표 5-17〉 북한 미사일 개발 경과

1978년~1981년 : 소련제 SCUD-B 미사일 이집트로부터 도입, 역설계 및 개발
1984년 4월 : SCUD-B미사일 최초 시험 발사
1986년 5월 : SCUD-C미사일 시험 발사
1988년   : SCUD-B / C 작전배치
1990년 5월 : 노동미사일 최초 시험 발사
1993년 5월 : 노동미사일 시험 발사
1994년 1월 : 대포동 미사일 최초 식별
1998년   : 노동미사일 작전배치
1998년 8월 : 대포동 1호 미사일 발사(북한 측 위성발사 주장)
2006년 7월 : 대포동 2호 · 노동 · SDUD미사일 시험 발사
2007년   : 무수단 미사일(IRBM) 작전배치
2009년 4월 : 장거리 로켓(개량형 대포동 2호) 발사(북한 측 위성발사 주장)
2009년 7월 : 노동미사일, SDUD미사일 발사
2012년 4월 : 장거리 로켓(개량형 대포동 3호) 발사(북한 측 위성발사 주장)
2012년 12월 : 장거리 로켓(개량형 대포동 3호) 발사(북한 측 위성발사 주장)
2015년 5월 : 동해 해상에서 SLBM 시험 발사 공개(1발)
2015년 4~10월 : 무수단 미사일 6회 8발 발사
2016년 1월 : 동해 해상에서 SLBM 시험 발사 공개(1발)
2016년 2월 : 장거리 미사일 발사(대포동 2호, 북한 광명성 위성발사 주장)
2016년 4월 : 동해 해상에서 SLBM 시험 발사 공개(1발)
2016년 8월 : 동해 해상에서 SLBM 시험 발사 공개(1발)
2017년 2 · 5월 : 북극성 2호 발사
2017년 7월 23일 : 화성 14호 발사
2017년 11월 29일 : 화성 15호 발사

출처: 국방부, 『2010~2018 국방백서』 참조.

북한이 보유하고 있는 탄도미사일 능력은 이제 한반도는 물론 일본, 미국 본토까지도 위협하는 수준으로 발전하고 있다. 또 북한은 미사일을 발사할 수 있는 이동식 차량발사대(TEL)를 200여 대 이상 보유하고 있어 언제 어디서나 신속하게 미사일을 발사할 수 있는 능력을 보유하고 있다.

북한은 현재 스커드미사일 700여 기를 포함하여 총 1,000여 기의 미사일을 보유하고 있으며 대포동 미사일을 제외하고는 모두 실전배치를 완료한 것으로 파악되고 있다.

〈표 5-18〉 북한 미사일 제원

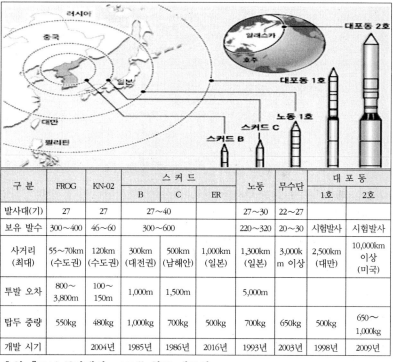

| 구 분 | FROG | KN-02 | 스 커 드 | | | 노동 | 무수단 | 대 포 동 | |
			B	C	ER			1호	2호
발사대(기)	27	27	27~40			27~30	22~27		
보유 발수	300~400	46~60	300~600			220~320	20~30	시험발사	시험발사
사거리 (최대)	55~70km (수도권)	120km (수도권)	300km (대전권)	500km (남해안)	1,000km (일본)	1,300km (일본)	3,000km 이상	2,500km (대만)	10,000km 이상 (미국)
투발 오차	800~ 3,800m	100~ 150m	1,000m	1,500m		5,000m			
탑두 중량	550kg	480kg	1,000kg	700kg	500kg	700kg	650kg	500kg	650~ 1,000kg
개발 시기		2004년	1985년	1986년	2016년	1993년	2003년	1998년	2009년

출처: 『2016 국방백서』, 239쪽 참조 재구성.

북한 노동당 선전부 부부장 장용순은 지난 2009년 노동당 간부 강연을 통해 "한반도에서 제2의 조선전쟁이 벌어지는 경우 우리는 미국 본토, 일본 본토, 남조선을 동시타격하며, 특히 일본에 대해서는 51개 원자력 발전소를 목표로 사정거리 1,500km 미사일이 대량생산돼 동굴에 배치돼 있다"[59]고 공개한 바 있다. 이는 한반도에서 전쟁도발 시 장거리 미사일을 이용 남한의 지원국 본토는 물론, 외부 증원 병력에 대해서도 원거리에서부터 타격을 가함으로써 한반도 상륙 자체를 거부시키겠다는 것이다.

북한의 미사일개발이 핵개발과 함께 국제사회의 관심을 받는 것은 북한이 미사일에 핵무기를 탑재했을 때 그 피해범위가 더욱 확대되기 때문이다. 아무리 위력이 좋은 핵무기를 만들더라도 이를 목표지점까지 운반할 수 있는 수단이 없으면 무기로서의 가치를 발휘하기가 어렵다. 따라서 이를 탑재 · 운반할 수 있는 적절한 운반수단이 필요한데 핵탄두를 운반할 수 있는 수단으로는 주로 미사일, 항공기, 포병 등을 이용할 수 있다.[60]

항공기는 이동방법이 간단하여 비교적 쉽게 운반할 수 있다는 장점은 있으나 목표지역에 도달하기 이전에 상대의 대공무기에 노출됨으로써 피격당할 위험성이 있다.

포병은 투발수단이 항공기에 비해 용이하나 구경과 사거리 제한 등으로 인해 소형 핵탄두 외에는 투발이 제한된다. 이에 비해 미사일은 비교적 원거리까지 이동하여 목표를 타격할 수 있고 탄두중량 또한 포병에 비해 더 큰 탄두를 장착하여 사용할 수 있다. 따라서 북한의 핵 제조 기술이 미사일에 장착할 수 있는 1톤 이하로 소형화만 시킬 수 있다면 이는 곧 미사일에 탑재하여 사용할 수 있는 능력을 보유하고 있음을 의미

하는 것이다.

김정은은 집권 이후 지금까지 50여 회의 탄도미사일을 시험 발사하였다. 이는 김정일이 18년 동안 북한을 통치하면서 쏘아올린 탄도미사일 시험 발사 16회에 비해 3배에 가까운 수치이다.

〈표 5-19〉 김정은 권력 승계 후 미사일 발사 현황

연도	계	2012년	2013년	2014년	2015년	2016년	2017년
횟수	50회	2회	2회	12회	8회	16회	10회

이와 같이 김정은이 미사일 시험 발사를 자주하는 이유는 첫째, 국제사회에 대한 무력시위이다. 북한은 핵실험을 할 때마다 국제사회의 강한 제재를 받아왔다. 그중에서도 2016년 4차 핵실험 이후 '유엔안전보장이사회 결의 2270호'는 유엔 70년 역사상 비군사적 수단으로는 가장 강력한 조치로 평가받고 있다. 따라서 김정은은 이러한 국제사회의 대북제재에 대해 군사적 무력시위를 통해 정면 대응하겠다는 것이다.

둘째, 미사일의 성능고도화이다. 북한의 미사일 기술은 미국 본토를 위협할 정도로 그 사정거리는 비약적으로 발전하고 있으나 그 정확도 면에 있어서는 상당히 뒤처지는 것으로 평가받고 있다. 스커드-A 개량형 지대지 탄도미사일의 경우 사거리 300km에 CEP(원형공산오차)[61]가 450~1,000m에 달할 정도로 부정확하고, 스커드-B 미사일은 0.5~1km, 스커드-C는 1~2km, 노동미사일은 3km 이상 차이 나는 것으로 알려지

[61] Circular Error Probability(원형공산오차): 미사일 1발을 발사했을 때 목표물에 정확히 맞출 수 있는 명중 정도를 나타내는 용어이다. 북한 미사일 원형공산오차는 세계 평균공산오차율 0.01~0.05%에 비해 스커드미사일의 경우 0.15%~0.3%로 10배 정도 뒤처지는 것으로 평가받고 있다.

고 있다. 최근 들어 북한이 개발한 KN-02도 그 오차범위가 1km에 달하는 것으로 알려지고 있다. 따라서 김정은은 이러한 기술적 수준을 향상시키기 위해 미사일을 수시로 시험 발사하고 있는 것이다.

한·미 정보 당국자에 따르면 북한은 미사일 탄두 모양을 기존의 원뿔형에서 삼각뿔로 교체함으로써 탄착지점의 정확도를 높이고 탄두 중량을 줄이는 데 성공한 것으로 알려지고 있다. 이와 함께 북한은 최근 탄도미사일에 광학장치와 전방조종 날개(카니드)를 장착해 정확도를 높였고, 새로 개발한 300mm방사포에는 GPS(영상유도장치)를 달아 목표를 영상으로 확인해 공격하는 미사일급 방사포를 개발한 것으로 확인되고 있다. 특히 고체연료를 사용한 콜드런치 기술은 단기간에 개발하기 어려움이 많은 고급 기술인데 북한이 여기까지 미사일 개발 수준이 도달했다는 것은 상당한 기술 진전이 있었다고 평가할 수 있다.

북한은 2017년 5월 30일 조선중앙통신을 통해 김정은 노동당위원장이 참관한 가운데 새로 개발한 정밀유도체계를 도입한 탄도미사일 시험 발사를 실시하였다고 보도하면서 발사된 미사일이 예정 목표지점을 7m의 편차로 정확히 명중했다고 주장하였다. 이것이 사실일 경우 고정된 목표에 대해서는 상당한 정확성이 있는 것이어서 유사시 미군 증원 전력이 들어올 수 있는 항만 시설이나 원자력발소 등 전략시설이 치명타를 입을 수 있다. 북한의 이러한 미사일 개발의 기술적 향상은 우리는 물론 미국에게까지 직접적인 안보위협으로 작용하고 있다.

북한미사일 생산 및 관리체계는 【그림 5-9】에서 보는 바와 같이 총참모부에서 미사일 소요를 제기하면, 인민무력성과 국무위원회를 경유하여 당중앙위원회와 당중앙군사위원회에 미사일 생산을 건의하게 된다. 당중앙위원회와 당중앙군사위원회가 기계공업부에 생산을 지시하면 기계공업부는 예하의 제2경제위원회 제4총국과 제2자연과학원에 개발 및 생산을 지시하게 되고, 개발된 미사일은 전략군에서 관리를 하게 된다.

【그림 5-9】 북한 미사일 생산체계

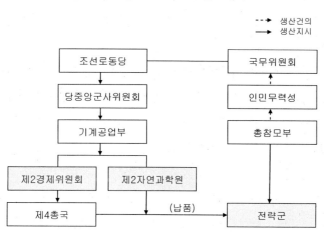

출처: 권양주, 『김정은 시대 북한 군사이해』, 226쪽 참조.

북한은 미사일 전력을 통합하고 자동화함으로써 언제라도 김정은이 발사명령만 내리면 바로 발사할 수 있는 체계로 개편하였고, 또 전략군 예하에 편성되어 있는 스커드·노동·무수단 사단을 여단으로 개편하는 등 그 운용의 효율성을 높인 것으로 알려지고 있다. 그리고 육군 산하의 '미사일지도국'을 2012년 '전략로케트사령부'로 개칭한 데 이어 2014년에는 '전략군'으로 그 명칭을 군종사령부로 승격시켰다. 또 전략군사령관도 상장에서 대장으로 승진시켰다.

북한이 이와 같이 미사일사령부를 전략군으로 그 위상을 격상시키고 담당계급도 상향시킨 것은 구소련과 중국의 영향을 받은 것으로 보인다. 구소련은 1950년대 후반 미국과의 핵 경쟁과정에서 핵탄두 운반수단으로 대륙간 탄도미사일을 다량으로 보유하면서 그를 관리하는 부대로 '전략로켓사령부'를 창설하고 기존의 육·해·공군에 맞먹는 위상을 부여한 바 있다. 중국은 1964년 핵실험에 성공한 2년 뒤에 '제2포병'을 창설하여 핵 및 미사일 전력을 관할하게 하였고, 시진핑 주석 집권 이후에는 대대적인 군 구조개혁을 단행하면서 그 명칭을 '전략사령부'로 개칭하였다.

구소련의 '전략로켓사령부'나 중국의 '전략사령부'는 공통적으로 단거리 및 중장거리 미사일을 예하 부대별로 관할하면서 핵전략 실행의 중추부대로서 기능해 왔다. 북한의 전략군도 이러한 구공산권 국가들의 전례를 따라가고 있는 것으로 보인다.

북한은 앞으로 중·단거리 미사일의 기술적 향상에 박차를 가할 것으로 보인다. 이는 중·단거리 미사일은 한반도와 같은 전장종심이 짧은 지역에서 전술적으로 사용하기 위해서는 그 정확도가 향상되어야 실질적인 무기로서 그 효과를 발휘할 수 있기 때문이다.

핵과 화생무기, 미사일 등 대량살상무기는 초기 개발의 어려움은 있지만 일단 개발에 성공하게 되면 자신들의 안보는 물론 국제사회로부터 군사강국으로서 지위를 확보할 수 있어 국력이 약한 나라일수록 개발에 관심을 집중하게 된다.

또 대량살상무기는 지도자 개인에게 독점적인 접근권한을 부여함으로써 독재자의 정치적 통제력을 강화하는 데 기여하는 측면도 있다. 즉 대량살상무기의 사용권한이 지도자 1인에게만 부여됨으로써 지도자는 이를 이용 독점적 권한을 확보하고 국내 정치적 기반을 확립하는 데 활용한다는 것이다. 특히 북한과 같이 지도자 1인이 정권에 대한 무제한적인 자유 재량권을 가지는 사인주의 독재정권(personalist dictatorship)에서는 그 심각성이 더욱 높다 할 수 있다.[62]

북한이 개발한 핵과 미사일 등 대량살상무기들은 남한을 포함한 자신들의 적대국에 대해 직접적으로 사용할 수도 있지만 제3국에 수출을 통해 확산시킬 경우 그 위협과 피해는 더욱 늘어날 수 있다. 그리고 이러한 전력은 남한과 상대적 전투력 비교 시 절대 우위의 '비대칭전력'[63]으로 작용할 수 있다.

---

62) 북한은 2013년 4월 1일 최고인민회의에서 통과된 법령 4조에 북한의 핵무기는 "조선인민군 최고사령관의 최종명령에 의해서만 사용할 수 있다"고 명시함으로써 핵무기에 대한 김정은의 특권적 지위를 법률로써 보장하고 있다.

63) '비대칭전력'이란 현재 또는 미래의 잠재적 군사위협에 대해 전력의 규모, 전투능력 및 무기체계면에서 적보다 상대적으로 유리하게 대응할 수 있는 수단을 보유하여 적의 취약한 부분에 대해 전혀 다른 방법으로 공격하거나 능력을 과시하여 적이 효과적으로 대응하지 못하도록 하는 전략을 말한다.

제6장 선군군사전략의 평가와 전망

제1절 선군군사전략의 평가

1. 북한 체제유지와 남북관계

가. 강성국가 건설과 체제유지

1) 사상강국 건설

선군군사전략은 북한이 핵무기 개발 이후에 완성된 것으로 평가되며 이러한 전략으로 인해 북한은 득과 실이 있었다. 이를 북한의 내치 면, 남북관계 면, 국제관계 면을 중심으로 평가해 보면 다음과 같다.

먼저 강성국가 건설과 체제유지 수단으로써 평가이다.

북한은 강성국가 건설을 주창하면서 사상강국 건설과 관련해 "나라의 강대성은 사상의 힘에 있고 또 사상에서 총대도 나오고 정권도 나오고 기계와 쌀도 나오기 때문에 철저한 사상무장만이 사회주의 강성대국 건설의 요체"[1]임을 밝혔다. 그리고 이를 위한 실천사항으로 '수령결사옹위정신'을 핵심적 이념으로 제시하였다. 즉 전체 인민들이 김일성 일가를 위해 한 목숨 바칠 수 있는 투철한 사상으로 무장되어야 명실상부한 사상강국이 될 수 있다는 것이다.

북한은 2003년 신년공동사설을 통해 전반적으로 대내외 정세가 어렵다는 인식하에 군사력을 강화하는 동시에 주민 사상교양사업에도 주력할 것을 강조하면서 다음과 같이 호소하였다.

> 공화국창건 50돐을 빛나게 장식하기 위한 올해의 투쟁은 정치, 경제, 문화의 모든 분야에서 주체의 선군사상과 로선을 전면적으로 구현하기 위한 보람찬 투쟁이다. 주체사상에 기초한 우리 당의 선군사상은 사회주의위업 수행의 확고한 지도적 지침이며 공화국의 륭성번영을 위한 백전백승의 기치이다. …(중략)… 공화국의 위업을 강화하기 위하여서는 선군사상에 기초한 당과 군대와 인민의 일심단결을 철통같이 다져 나가야 한다. 위대한 령도자의 두리에 뭉친 일심단결은 혁명의 천하지대본이며 강성대국건설의 결정적 담보이다. 모든 당원들과 근로자들은 선군사상과 로선을 삶과 투쟁의 좌우명으로, 절대불변의 지지로 간직하여야 한다. 우리 혁명대오를 그 어떤 환경 속에서도 변하지 않는 순결한 선군혁명동지의 대오로, 백두의 혁명전통과 정신을 꿋꿋이 이어 나가는 전투적이며 혁명적인 보루로 튼튼히 다져야 한다.[2]

이에 따라 북한은 전 인민에게 선군사상을 고취시키기 위해 전국 각지에서 강습, 강연, 예술선동, 웅변모임 등 다양한 형식과 방법으로 사상교양사업을 전개해 나갔다. 그리고 2004년 군부대『학습제강』을 통해서는 선군사상의 개념을 "선군사상은 우리 인민의 혁명적 요구가 반영

[1] 『로동신문』, 1999년 1월 1일.
[2] 『로동신문』, 2003년 1월 1일.

된 '군대이자 당이고 국가이며 인민'이라는 선군의 원리에 기초해서 군사를 최대의 국사로 내세우는 것"[3]이라고 주장하였다.

이와 같이 선군사상은 군사선행에 입각한 강성대국 건설의 새로운 지도적 지침임을 분명히 하고 있다. 이러한 지시는 김정일이 그동안 식량난과 경제난 등으로 해이된 주민들의 사상의식을 선군사상으로 재무장시키기 위해 취해진 조치로 보인다.

김정일이 선군정치를 통해 사상결집을 강화하려 했던 것은 과거 북한 정권이 인민들의 끊임없는 사상교육을 통해 사회통제를 해 왔던 경험적 요인에서 기초한 것으로 보인다. 북한은 이런 경험을 바탕으로 군을 모범 삼아 인민들의 사상적 해이를 방지하고, 체제위협요소를 차단하고자 하였다.

하지만 그동안 북한 체제에 대한 주민들의 불만이 가중되면서 2011년 평양철도대학 담장에 "김정일 사람들 굶겨 죽인 독재자"라고 쓰인 낙서가 등장하는가 하면, 함남 단천역 부근에서는 "선군정치 바람에 백성들 굶어 죽는다"는 벽보가 나붙여지는 등 북한 체제에 대한 불만을 토로하였다.

대북민간단체인 『열린 북한통신』에 따르면 2010년 4월 14일 당시 김정일 국방위원장은 군부와 당 책임일꾼들에게 사석에서 "북한 민심이 흔들리고 있으니 이를 잘 해결하라"는 요지의 말을 했고, 또 "현 상황에서 우리가 선군혁명위업을 더욱 전진시키는데서 가장 중요한 것이 일심단결이라면 민심은 일심단결의 기초"[4]라고 말했다고 한다. 이는 당시 김정일 자신도 북한 주민들의 민심이반이 심각한 수준에 도달해 있음을

- - - - - - - - - -

[3] 「선군사상은 시대와 혁명의 요구를 가장 정확히 반영한 과학적인 혁명사상이라는 데 대하여」, 『학습제강』(군관·장령용), 평양: 조선인민군출판사, 2004.
[4] 『조선일보』, 2010년 4월 14일.

알고 있었다는 것이다.

미국의 『RFA』방송에 의하면 2016년 1월 1일 양강도 삼수군에 위치한 포성역 건물 김일성 초상화 밑에 김정은을 비하하는 낙서가 발견됐는데, 낙서에는 "김정은 개새끼"라고 쓰여 있었다"고 한다.[5] 또 북한 간부들과 지식인들 사이에서는 전쟁 광기에 빠진 김정은의 폭언과 인민들을 혹사하는 행위들을 가리켜 '부나비(불을 보고 날아드는 나비)는 불에 타 죽기 마련', '남잡이(남을 해치는 것)'가 '제잡이(자신을 해치는 것)'라며 비난하고 있다고 한다.

이에 체제일탈 확산을 우려한 북한 당국은 전 노동당 계획재정부장 박남기와 류경 국가안전보위부 부부장 등 주요 엘리트를 공개 총살하고, 국경을 넘어 중국으로 탈출하는 탈북자를 총살하는 등 '공포정치'를 통해 주민들의 동요를 막고자 했다.

또 북한은 2011년 봄 중동에서 '자스민(jasmine)혁명'[6]이 일기 시작하자 이의 여파가 자신들에게 미칠 것을 우려해 '보안기동대'까지 조직하여 주민단속을 강화한바 있다. 이러한 현상은 김정은 정권 들어 더욱더 강화되고 있는 것으로 알려지고 있다.

김정은은 권력 승계 직후 2013년 12월 8일 자신의 고모부이자 노동당 행정부장인 장성택을 정치국확대회의에서 '반당반혁명종파행위자'로 몰아 회의장에서 끌고 나간 지 사흘 만에 국가안전보위부 특별군사재판소

---

5) 『RFA』, 2016년 3월 23일.
6) '자스민혁명'은 2010년 12월 18일부터 2011년 1월까지 북아프리카 튀지니에서 시작된 민주화요구 민중시위를 말한다. 이로 인해 23년 동안 튀지니를 장기 집권했던 제인 엘아비디네 벤 알리 대통령이 물러났고 새로운 정부가 수립되었다. 자스민혁명으로 촉발된 민주화운동은 요르단, 알제리, 수단, 이집트, 예멘, 바레인 등 중동과 아프리카의 회교권 국가들로 확산되어 2011년 10월에는 리비아의 카다피 정권이 붕괴되었다.

에서 사형을 선고하고 즉시 처형하였다. 또 2015년 4월 30일에는 현영철 인민무력부장을 회의 시 졸았다는 이유로 평양부근 사격장에서 수백 명이 지켜보는 가운데 재판 없이 체포 3일 만에 고사총으로 공개 처형하였다. 김정은은 정권 출범이후 2015년까지 고위엘리트들에 대한 처형 수가 140여 명에 이르는 것으로 알려져 있다.

이와 함께 김정은은 군부의 핵심요직에 대해서도 수시로 교체하면서 군기잡기를 하고 있다. 김정은은 집권 후 군부의 4대 핵심요직인 총정치국장, 총참모장, 인민무력부장, 작전국장을 집권 5년 동안 모두 4번 이상씩 교체하였고 군부의 계급장을 떼었다, 붙였다를 반복하는 '계급 길들이기'를 실시하고 있다.

현영철은 2012년 차수에서 같은 해 10월에 대장으로, 2013년 6월에는 상장으로, 2014년 6월에는 다시 대장으로 승진시켰다. 장정남은 2013년 5월 상장에서 2013년 8월에 대장으로, 2014년 2월에는 상장으로, 2014년 8월에는 다시 대장으로 승진시켰다. 최용해는 2012년 4월 차수에서 2012년 대장으로, 2013년 2월에는 다시 차수로 승진시켰다. 정찰총국장인 김영철은 2012년 대장으로 진급했으나 그간 대장 → 중장 → 대장 → 상장으로 오르막 내리막을 반복하다가 2015년 8월 다시 대장으로 승진하였다. 윤동현 인민무력부 부부장은 2012년 3월 상장으로 등장했으나 2013년 4월 중장으로, 같은 해 10월에는 소장으로 강등되었다가 2015년 10월에는 다시 중장으로 진급시켰다. 윤정린 호위사령관도 2010년 4월 상장에서 대장으로 진급 이후 상장으로 강등되었다가 대장으로 복귀하였다. 마원춘 국방위 설계국장은 한동안 자취를 감추었다가 2015년 10월 중장에서 소장으로 강등되어 나타났다. 최부일 인민보안부장은 대장(2013년 6월) → 상장(2014년 7월) → 소장(2014년 12월)에서 2015년 10월 다시 대장으로 승진시키는 등 고급 장령들에 대해 계급 길들이기를 하였다.

김일성 · 김정일 시대에는 주요 직위자에 대한 보직을 함부로 바꾸지 않고 장기간 보직하는 것이 일반적이었다. 김일성은 46년간 집권하면서 인민무력부장을 5번 교체하였고, 김정일은 18년 집권 동안 인민무력부장을 4번 교체하였다. 김정일 시대 오진우 인민무력부장은 무려 10년 넘게 자리를 유지하였다. 다시 말해 김일성 · 김정일은 자신이 가장 믿는 사람을 군부의 수뇌로 앉혀 '총구의 배반'을 막았다. 하지만 김정은에게는 짧은 후계자 수업으로 인해 믿을 만한 사람이 없는 것이다.

결국 김정은의 통치전략은 자신이 믿는 사람이 나타날 때까지 어떠한 사람이나 집단이 세력화될 시간을 주지 않고 숙청과 같은 공포심을 조장해 반역의 움직임을 사전에 차단하겠다는 것이다.

김정일 시대에도 숙청은 권력 장악의 보편적 수단이었지만 최고핵심 엘리트들에 대한 처형은 흔하지 않았다. 예를 들어 장성택의 경우에도 세 번의 혁명화 교육을 통해 좌천시켰지만 결국 권력핵심으로 다시 불러들여 충성하도록 하였다.

김정은은 일반 주민들에게도 공포통치를 자행하고 있는 것으로 알려져 있다. 2013년 1월 함경북도 청진시에서는 남성 2명이 남한 영상물을 봤다는 이유로 총살당하였고, 2015년 4월에는 은하수 관현악단의 총감독과 3명의 단원을 나체 상태로 예술계 인사들이 지켜보는 가운데 기관총으로 처형하였다.

이처럼 김정은이 일반주민들에게까지 공개처형을 확대하고 있는 것은 국제사회의 대북제재 여파로 경제난이 계속되면서 집단노력동원(70일 전투 · 200일 전투)과 무리한 상납금 강요 등으로 주민들의 불만이 증대되자 공개처형을 주민통제수단으로 활용하고 있기 때문으로 분석된다.

김정은이 이와 같이 공포통치방식으로 북한을 통치하는 이유는 첫째, 김정은 정권의 불안정성을 보여주고 있는 것이라 할 수 있다. 즉 김정은이 숙청과 배제의 정치를 통해 권력안정화를 도모하고 있는 것이다. 김정은은 아버지 김정일에 비해 짧은 후계수업으로 자신의 지지 세력을 확고히 하지 못한 상태에서 권력을 승계 받았다. 따라서 김정은은 자신의 불안한 권력기반을 다지기 위해 자신에게 위협이 되는 인사에 대해서는 과감한 숙청과 배제를 통해 자신의 권력을 강화해 나가고 있는 것이다.

김정은은 권력 승계 직후인 2012년 1월 10일 금수산기념궁전광장에 육·해·공군 장병들을 모아놓고 자신에 대한 충성맹세를 하는 결의대회를 실시하였고, 같은 해 8월 28일에는 총정치국이 '소위' 이상 인민군 장교들에게 김정은을 배신하지 않고 어떠한 배신행위에도 가담하지 않겠다는 맹세 및 서약문을 작성하도록 하였다.

김정은은 일반 주민들을 통제하기 위한 수단도 만들어 운용하는 것으로 알려져 있다. 김정은은 2014년 3월 '3·12 상무조'[7]라는 주민 감시기구를 가동하여 주민통제를 강화하였고, 같은 해 11월에는 북한 주민들에게 핸드폰이 빠르게 보급되면서 외부의 정보가 북한 내부에 확산되자 이를 차단하기 위해 국가안전보위부에 휴대전화를 감시할 수 있는 '1080 상무조'[8]라는 조직을 신설하고 여기에 당 기관과 간부를 제외한 사법·행정기관의 간부, 그리고 일반 주민의 휴대전화를 임의로 검열하고 회수할 수 있는 권한을 부여하기도 하였다.

둘째, 김정은의 젊은 나이와 국정경험부족이다. 이는 김정은의 국정운영 능력을 말하는 것으로서 김정은은 20대 후반의 젊은 나이에 후계

7) '3·12 상무조'는 노동당조직지도부가 중심이 돼 '거주지를 이탈해 불법행위를 일삼는 자들을 강력히 단속할 데 대하여'라는 제안서를 김정은으로부터 비준 받아 조직한 주민단속기구이다. 3·12 상무라는 명칭이 붙은 것은 2014년 3월 12일에 결성된 조직이기 때문이다.
8) '1080 상무조'라는 명칭은 김정은의 생일(1월 8일)에 평온과 안전을 상징하는 '0'를 끼워 넣어 만든 명칭이다.

자의 자리에 앉았고 아버지 김정일로부터 후계수업도 제대로 받지 못했다. 따라서 후계수업 부족에서 오는 국정운영 능력 부족은 원로엘리트들을 통제하고 북한 인민들로부터 신임을 받기에는 본인 스스로가 불안하다고 판단했다. 김정일이 생존 시 김정은의 후계체계에 이상이 없도록 측근 인물들로 심어놓았다고는 하나, 김정은의 지지 세력이 확고하지 않은 상황에서 김정일의 갑작스런 사망은 김정은으로서는 불안할 수밖에 없었다. 특히 북한과 같이 1인 독재체제하에서 절대 권력자의 갑작스런 죽음은 엘리트집단 간에 권력투쟁이 발생할 수 있는 상황을 배제할 수 없다. 따라서 국정경험이 부족하고 자기 지지기반이 약한 김정은으로서는 절대 권력자로서 위엄을 보여줌으로써 국정운영의 기강을 바로잡고 내부 권력투쟁을 사전에 차단하겠다는 것이다.

셋째, 전통적인 수령통치방식을 추구하고 있는 것이다. 이는 김정은이 김일성·김정일의 통치술을 답습하는 것으로서 최고 존엄에 대한 절대적인 숭배를 요구하고 있는 것이다. 북한에서 수령은 유일무이한 절대적 존재이다. 다시 말해 수령인 자신에게 이견을 제시하거나 지시를 불이행하고 불만을 표시하는 간부들에 대해서는 무자비한 숙청을 보여줌으로써 절대 권력자에 대한 도전을 사전에 차단하고 그 권위를 세우겠다는 것이다. 김정은이 2013년 신년사를 통해 '김일성-김정일 애국주의'를 새로운 통치이데올로기로 내세우고 '김일성 따라 하기'를 전개하는 것 등은 김정은이 선대 수령들의 혁명위업을 계승하고 자신이 그 정통성을 이어받은 후계자라는 모습을 보여주기 위한 것이라 할 수 있다.

김정은이 이와 같이 군부와 당 등 엘리트 집단에 대한 지속적인 숙청과 배제의 공포통치를 통해 권력안정을 추구하는 것은 내부적으로는 엘리트 집단의 군기를 바로 잡고 인민들로부터는 능력 있는 통치자로 인정을 받기 위한 것이며, 외부적으로는 비록 자신이 나이는 어리지만 북

한을 이상 없이 통치하고 있음을 국제사회에 보여주기 위한 과시형 통
치술이라 할 수 있다.

북한에 김정은의 공포통치가 자행되면서 이에 겁을 먹은 엘리트 집단
의 탈북도 증가하고 있는 것으로 나타났다. 김정은 집권 이후 주요 탈북
자로는 2014년 동남아 외교관이 탈북해 국내로 입국하였고, 2015년 5월
에는 아프리카 주재 북한외교관이 가족과 함께 국내로 입국하였다.
2016년 8월에는 영국주재 북한 대사관 공사로 근무하던 태영호 외교관
이 망명하여 국내로 입국하는 등 김정은 정권 들어 핵심 엘리트 계층의
탈북이 이어지고 있다. 김정은 정권 들어 북한 해외 주재관들의 탈북이
2013년 8명, 2014년 18명, 2015년 20명 등 총 40여 명에 이르는 것으로 파
악되고 있다. 이는 북한에 김정은의 공포통치가 자행되면서 핵심 엘리트
계층이 반김정은으로 돌아서고 있다는 것을 방증하는 것이라 할 수 있다.

김정일 시대에는 실권 없는 엘리트의 탈북이 이루어 졌다면, 김정은
시대 들어서는 체제 핵심 엘리트의 탈북이 증가하고 있다는 것이 특징
이라 할 수 있다.

이와 같이 북한 체제에 불만을 느끼고 북한을 탈출하여 한국으로 입
국한 탈북자가 2017년 말 기준 그 수가 3만 명을 넘어섰다.

〈표 6-1〉 탈북자 입국 현황

연도	~'01	'02	'03	'04	'05	'06	'07	'08	'09
인원	1990	1,142	1,285	1,898	1,384	2,028	2,554	2,803	2,914
연도	'10	'11	'12	'13	'14	'15	'16	'17	계
인원	2,402	2,706	1,502	1,514	1,397	1,275	1,418	1,127	31,399

출처: http://www.unikorea.go.kr(검색일: 2018. 5. 29).

여기에 한국에 입국하지 않고 해외 체류 중인 탈북자까지 고려한다면 그 수는 더욱 늘어날 것으로 보인다. 현재 중국에 체류 중인 탈북자 규모는 정확히 파악되고 있지는 않지만 최소 6,000명에서 최대 16,000명에 이를 것으로 추산하고 있다.

한편, 김정은은 권력승계 직후 북한 주민들에게 '김일성·김정일 주의'라는 새로운 정치적 구호를 제시하면서 사상 재무장을 강조하고 있다. 김정은은 2012년 4월 6일 당중앙위 일꾼들과의 담화를 통해 "온 사회의 김일성·김정일주의화는 우리 당의 최고 강령입니다. 온 사회의 김일성·김정일주의화는 온 사회의 혁명적 계승이며 새로운 높은 단계에로의 심화발전입니다"[9]라고 강조하였다. 이어 2013년 신년사에는 "우리는 김일성·김정일주의 기치를 높이 들고 자주의 길, 선군의 길, 사회주의 길을 따라 끝까지 곧바로 나가야 합니다"[10]라고 강조하였다.

김정은이 이같이 김일성·김정일 애국주의를 강조하는 것은 자신의 아버지 김정일의 통치술을 답습하고 있는 것으로 보인다. 김정일은 1974년 2월 19일 '온 사회의 김일성주의화'를 선포하고 아버지 김일성을 등에 업고 자신의 권력기반을 다져나갔다. 김정은 역시 김일성·김정일 애국주의를 통해 자신의 정통성을 강조하면서 자신의 권력을 다져나가고 있는 것이다.

김정은이 주장하는 '김일성·김정일 애국주의'는 김일성=김정일=김정은을 동일시하는 것으로서 즉, 자신에 대한 충성이 곧 김일성·김정일에 대한 충성이고 이것이 애국심의 발현이라는 것이다. 이는 김정은이 유교에서 중시하는 가정에서의 위계질서와 어른에 대한 공경심, 복종심

---

[9] 『조선중앙통신』, 2012년 4월 19일.
[10] 『조선중앙TV』, 2013년 1월 1일.

을 국가차원으로 확대 적용하고 있는 것이다.

김정은은 권력승계 직후인 2012년 한 해 동안에만 김일성·김정일 부자의 영생탑 3,200개, 초상화 1,700만 개를 교체하였고, 평양 금수산 태양궁전에 프랑스, 오스트리아 궁전을 본뜬 공원을 조성하는 등 김일성·김정일에 대한 각종 우상화작업을 강화하였다. 또 김정은 정권 들어 북한이 그동안 열지 않았던 전국사법검찰일군 열성자대회를 30년 만에, 조국해방전쟁승리 59돐 경축중앙보고대회를 19년 만에, 전국분주소장회의를 13년 만에, 김일성사회주의청년동맹대표자회와 중대청년동맹 초급단체위원장회를 10년 만에, 전국어머니대회를 7년 만에 개최했다. 이는 김정은이 북한 주민들에게 김일성·김정일에 대한 향수를 불러일으키고 이를 자신의 권력공고화에 이용하기 위한 의도에서 추진된 것이라 할 수 있다.

북한은 선군사상론을 통해 북한 주민에게 사상재무장을 강조하고 있지만 북한 주민들 사이에서는 계속되는 경제난과 식량난, 사회주의국가 및 독재국가의 몰락, 남북교류로 인한 자본주의 사회와의 비교 등을 통해 이미 사회주의 체제에 대한 사상적 해이 현상이 날로 확산되어 가고 있는 것으로 보인다.

김정은은 앞으로 인민들의 사상을 재무장시키고 체제일탈 행위를 방지하기 위해 각종 군중집회와 사상교육, 공안기관을 이용한 주민 감시 및 통제, 국경지역의 탈북자 등에 대한 통제대책을 강력히 추진할 것으로 보인다.

2) 군사강국 건설

북한은 군사강국 목표를 그 누구도 범접할 수 없는 자주국방의 능력을 갖추는 것이라고 하였다.

김정일은 "경제는 주저앉았다가도 다시 추설 수 있지만 군사가 주저 앉으면 나라의 백년대계의 기틀이 허물어지게 된다"[11]고 강조하였고, 김정은은 "사탕 없이는 살아도 총알이 없으면 안된다"고 하면서 세계강 국과 맞서 싸울 수 있는 강력한 군사력 건설을 주문하였다.

북한은 1998년 최고인민회의 제10기 1차 회의에서 헌법 개정을 통해 '주석'제와 '중앙인민위원회'를 폐지시키고 국방위원회의 권한을 강화하 였다. 그리고 '정무원'은 위상이 강화된 '내각'으로 교체하였다. 특히 "국 방위원장은 일체의 무력을 지휘통솔하며 국방사업 전반을 지도한다"고 밝힘으로써 기존의 군 통수권에다가 정치·경제분야 통솔권까지 행사 한다는 점을 명확히 하였다.

또 2009년 4월 9일에 실시된 제12기 최고인민회의 1차 회의에서는 11 년 만에 헌법을 개정하여 국방위원회를 군사와 국방관리기관에서 국가 관리 기관으로 격상시킴으로써 국가 최고 지도기관으로 그 권한을 더한 층 강화시켰다. 국방위원회의 이러한 법적·제도적 변화는 김정일 위원 장의 건강이상설이 확산됨에 따라 김정일 정권의 내구성에 대한 외부의 회의적 시각을 일소하고 흔들리는 북한 체제를 군부를 중심으로 강화시 킴으로써 체제안정과 동시에 후계자 김정은에게 힘을 실어주기 위한 조 치였던 것으로 보인다.

북한은 군사강국 달성을 위해 경제계획 수립 시에도 '선(先)군수(軍 需)' 생산원칙에 입각해서 모든 경제정책을 수립해야 한다고 강조하고 있다. 북한은 2004년 1월에 발행된 경제연구라는 경제지를 통해 "선군시 대 경제구조가 국방공업을 중시하는 특수한 경제구조인 만큼 군수생산 지표 보장을 무엇보다 중시해야 한다"고 하면서 군수산업을 정상화하고

---

11) 『로동신문』, 1999년 6월 16일.

군사장비를 현대화하기 위해서는 노동력과 생산수단, 국가예산, 은행자금 등을 우선적으로 지원해야 할 것임을 분명히 하였다.

김정일은 2011년 신년공동사설에서는 인민생활 향상이 강성대국 건설의 절박한 과업으로 제기되고 있다고 하며, 경공업을 경제정책의 '주공전선'으로, 그리고 농업을 인민생활 향상의 '생명선'으로 우선적으로 하면서도 국방공업이 "최첨단돌파전의 선구자, 경제전반을 이끌어가는 기관차, 인민생활 향상의 믿음직한 담보"[12]라고 강조하였다. 이는 국방공업이 북한경제의 핵심임을 분명히 하면서 인민경제를 살려보겠다는 의도로 풀이된다.

김정은은 권력 승계 직후 2012년 4월 6일 당중앙위 일꾼들과의 담화를 통해 "우리는 당의 선군혁명로선을 틀어쥐고 나라의 군사적 위력을 백방으로 강화해나가야 합니다"[13]라고 하면서 강성국가 건설에 군사강국이 무엇보다 중요하다고 강조했다.

김정일·김정은이 군사강국 건설을 위해 매진한 부문은 핵과 미사일이다. 핵은 국제사회의 반대와 제재에도 불구하고 6번의 핵실험을 실시함으로써 핵보유 능력을 세계에 공포하였고, 미사일은 2017년 7월 대륙간 탄도미사일인 '화성-14호'가 발사에 성공함으로써 그 능력을 과시하였다. 재래식 전력도 그 기능을 개선하여 성능발휘를 향상시켰으며, 부대구조 또한 현대전과 한반도 지형에 적합한 작전을 구사하기 위한 부대구조로 개편하였다.

북한은 이미 2012년 헌법을 개정하면서 자신들이 핵보유국임을 명시하였고, 대량살상무기 생산과 관리를 전담하는 부서장들에 대해서도 우

---

12) 『로동신문』, 2011년 1월 1일.
13) 『조선중앙통신』, 2012년 4월 19일.

대 조치를 취하고 있다.

김정은은 2012년 4월 군부인사 시 핵과 미사일을 관장하는 당 기계공업부장 주규창과 제2경제위원회 위원장인 백세봉을 나란히 중장에서 상장으로 승진 시켰다. 또 2017년 9월 6차 핵실험 후에는 핵실험에 참여한 간부와 과학자들을 평양으로 불러들여 김일성광장에서 핵실험 성공 축하 평양시민 경축대회를 성대히 열어주었고, 핵개발의 핵심자인 홍승무와 리홍섭은 각각 대장과 상장으로 진급 시켰다. 이는 김정은이 앞으로 핵무력 증강에 역량을 더 집중하겠다는 의도로 풀이된다.

김정은은 2013년 3월 노동당전원회를 통해 '경제발전과 핵무력 병진노선'을 채택하였다. 이는 북한이 핵무장의 능력을 갖추었기 때문에 국방문제가 어느 정도 풀렸다고 판단하고 이제는 군비부담을 줄여 경제발전에 기여하겠다는 의도로 해석된다. 즉 핵보유를 통한 체제유지를 지속하면서 경제난 해소에 집중하겠다는 것이다. 그러나 핵무장이 군비를 줄여준다는 인식은 잘못 판단하고 있는 듯하다. 기존의 핵보유국들의 국방비 투입규모를 보면 오히려 핵무장 후 국방비가 더 소요되는 것으로 조사되고 있다.

2012년 스웨덴 스톡홀름 국제평화연구소 조사에 따르면 NPT에 가입된 5대 핵보유국의 군사비 지출은 1~5위를 차지하였다. 또 비공식적으로 핵을 보유하고 있는 국가 중 인도는 8위, 이스라엘은 17위, 파키스탄은 33위 등 핵 보유 국가들의 군사비지출이 상위권을 차지하고 있는 것으로 나타났다.

여기에 대해 성채기는 북한의 경우 핵 개발에 따른 추가적인 비용이 매년 10억 달러에 이를 것으로 추정하고 있고, 총국방비도 기존 국방비 80억 달러와 합쳐 90억 달러에 달할 것으로 보고 있다.

국방비는 상당한 재정적 지출을 야기하는 부담으로 인민들의 생활을

제약한다는 점에서 '경제·핵무력 병진노선'은 북한에서는 쉽게 추구할
수 있는 정책이 아니다. 북한의 경제여건이 가시적으로 큰 폭의 성장을
이끌지 못한다면 병진노선을 제시한 김정은의 담론은 형식적 수준에 머
물 것으로 판단된다.

북한은 대량살상무기를 바탕으로 국제사회에서 군사강국으로서 그
위치를 확고히 하고, 남북관계에서는 대남우위의 전투력을 바탕으로 그
주도권을 장악하려 하고 있지만 북한군 내부 현실은 상당히 어려운 것
으로 알려지고 있다. 북한군은 어려운 경제상황으로 인해 전투물자가
부족하여 군사훈련을 제대로 할 수 없고, 전투장비 역시 그 사용 연한이
오래되어 성능발휘를 제대로 하지 못하는 등 임무수행 능력이 떨어지는
것으로 평가받고 있다.

한편, 김정은은 군부대를 현지지도하면서 부대관리와 훈련에 열성과
모범을 보인 해부대 지휘관과 정치지도원에 대해서는 '영웅'칭호나 현지
'진급'이라는 파격적인 선물을 주기도 하지만, 반대로 부대훈련이나 사
격 성적이 미흡한 부대의 지휘관과 정치지도원에 대해서는 가차 없이
강등이나 보직을 해임시키는 등 상과 벌을 엄격히 적용하면서 군 기강
을 바로 잡고 있는 것으로 알려지고 있다.

실제로 김정은이 2014년 4월 북한군 제681군부대 산하 포병부대의 포
사격훈련장을 시찰하였는데, 이 부대가 사격 명중률이 저조하자 심하게
질책하고 이 부대를 해체했으며, 이 부대에 근무하는 간부 167명에 대해
서는 계급을 강등시켰다고 한다.

북한은 그동안 군사강국 건설을 위해 핵과 미사일, 화생무기, 특수부
대 등 소위 비대칭전력의 확보와 증강에 주력해 왔다. 그 결과 화생무기
세계 3위, 잠수함 세계 4위, 미사일 세계 6위, 병력은 세계 4위의 규모를
보유하고 있으며 여기에 핵무기까지 고려해 본다면 막강한 군사력이라

할 수 있다.

북한은 장거리 미사일을 포함한 대량살상무기를 보유하게 됨으로써 남한과의 군사력 경쟁에서 우위를 유지할 수 있게 되었고, 미국을 포함한 주변국과의 협상력도 크게 강화된 것으로 자체 평가하고 있다. 하지만 북한의 이러한 대량살상무기를 포함한 군사력의 증강은 한반도에 군사적 긴장고조와 함께 국제사회의 대북제재로 이어지면서 북한을 더욱 어렵게 만들고 있다.

3) 경제강국 건설

북한은 1999년 6월 16일자 로동신문과 근로자 공동논설을 통해 "오늘 사회주의 강성대국 건설에서 중요한 것은 우리 경제를 추켜세우고 가까운 앞날에 우리나라를 경제강국의 지위에 올려 세우는 것이며, 이 거창한 과업은 선군정치를 통해서만 실현할 수 있다"[14]고 주장하였다.

북한이 주장하는 경제강국은 자력갱생을 목표로 어려운 식량난을 해결하고 전체 인민이 잘 먹고 잘 사는 한 단계 높은 생활을 할 수 있도록 한다는 것이다. 하지만 북한의 경제성장은 〈표 6-2〉에서 보는 바와 같이 1990년대 중반 두 번의 자연재해로 인해 극심한 식량난을 겪은 이후 좀처럼 회복을 하지 못하고 있다.

전 북한노동당 비서 황장엽의 증언에 따르면 북한은 1990년대 중반 두 번의 자연재해로 식량난을 겪으면서 300만여 명에 이르는 아사자가 발생한 것으로 추정되고 있다. 여기에 북핵문제, 불법무기수출, 인권문제 등으로 국제사회와 불편한 관계가 지속되면서 북한경제는 더욱 어려움을 겪고 있다.

• • • • • • • • • • •

14) 『로동신문』, 1999년 6월 16일.

〈표 6-2〉 북한 경제성장률

연 도	'95	'08	'00	'02	'05	'06	'07	'08	'09
성장률(%)	-4.4	-0.9	0.4	1.2	3.8	-1.0	-1.2	3.1	-0.9
연 도	'10	'11	'12	'13	'14	'15	'16	'17	
성장률(%)	-0.5	0.8	1.3	1.1	1.0	1.1	3.9	-3.5	

출처: 한국은행,『북한 경제성장 추정 결과』, 각 연도.

이러한 상황에서도 북한이 어려운 식량난을 해결할 수 있었던 것은 국제사회의 인도적 차원을 고려한 대북식량지원이었다. 그러나 북한의 1차 핵실험 이후 국제사회의 대북제재가 가동되면서 또다시 심각한 식량난을 겪고 있는 것으로 나타나고 있다.

〈표 6-3〉 북한 식량난 추이

(단위 : 만 톤)

구 분		2004년	2005년	2006년	2007년	2008년	2009년	2010년	2011년
생산량	농진청	431	454	448	401	431	411	n.a.	-
	WFP/FAO	424	n.a.	n.a.	n.a.	334	432	425	466
도입량①		82	115	35	75	27	(20)	(32)	(20)
최소 소요량②		512	515	518	521	523	526	529	531
부족량	농진청③	5	△31	29	2	95	(75)	(86)	n.a.
	WFP/FAO④	14	△24	n.a.	n.a.	n.a.	(172)	(65)	(86)

① 2008년까지는 WFP/FAO 실사자료, 2009~2011년은 상업적 수입(중국)과 국제기구 지원분
② FAO/WFP의 1인당 소요량은 북한인구(통계청)에 적용하여 재추산
③ 부족량(t년도) = 소요량(t년도) - 도입량(t년도) - 생산량(t-1년도)
④ ( )내 수치는 불확정 수치임
출처: 김영훈,「북한농업과 식량난 상황」,『북한경제리뷰』8월호, 서울: 한국개발연구원, 2011, 38쪽.

북한이 식량난을 겪게 되는 이유에 대해서는 농업생산구조의 근본적인 문제도 있지만, 자연재해에 취약한 농업기반시설과 북한 핵문제로

인한 국제사회와 남한의 대북 식량지원이 감소 또는 차단된 것도 영향
을 준 것으로 분석되고 있다.

북한이 어려운 식량난을 해소하기 위해서는 장기적으로는 농업개혁
과 산림녹화 등을 통해 농업생산구조가 근본적으로 개선되어야 하지만,
급한 식량난을 해소하기 위해서는 국제사회에 논의되고 있는 북한문제
에 대해 타협과 양보 등 대외관계 개선이 우선 필요할 것으로 보인다.

북한은 어려운 경제난과 식량난을 해결하기 위해 다양한 경제정책을
추진하였다. 2000년대 들어 추진했던 주요 경제정책으로는 2002년 '신의
주 경제특구'[15]를 지정하여 신의주에 대규모 공단과 카지노를 건설하여
외자를 유치하고자 하였으나 중국과의 마찰로 첫 삽도 뜨지 못하고 취
소된 바 있다.

2002년 7월에는 '7·1 경제관리개선조치'를 통해 임금 등에 자본주의
요소를 일부 도입하여 물가폭등을 막고자 하였으나 원자재 공급부족으
로 실패하였다. '7·1 경제관리개선'조치는 비공식부문의 발전과 기업의
자발적 시장화에 의해서 확산되고 있는 시장조정 양식의 존재를 현실적
으로 인정하고, 이를 통제 가능한 공식부문으로 흡수하여 경제순환 조
정의 일부를 맡김으로써 계획의 일원화·세부화 체제의 부담을 줄이고
시장조정 양식이 내포하고 있는 재생산에서의 효율성을 적극적으로 활
용하자는 것이었다. 이를 위해 물가·임금·환율 등의 가격현실화와 함
께 배급제의 일부 폐지와 보급제도의 변화, 공장·기업소의 책임 경영
과 실적제 도입, 가족영농제의 전환 추진 등을 통해 비공식부문을 흡수

· · · · · · · · · · · · · ·

15) 북한은 2002년 9월 12일 독자적인 입법·행정·사법권과 경제운영권을 부여한 '신
의주특별행정구'를 지정하고 초대 특구 행정장관으로 네덜란드 국적의 중국인 양
빈을 임명하였다. 그런데 10월 4일 중국 당국이 양빈을 농지불법전용과 탈세 등의
혐의로 구속함으로써 사업이 중단되고 말았다. 이는 북한이 중국과의 사전협의가
미흡했던 중대한 외교적 실책으로 분석하고 있다.

하여 시장을 안정시키고자 하였다. 그러나 7·1조치 이후 북한의 경제
는 예상과는 달리 인플레이션과 빈부격차가 더욱 심화되는 현상을 보이
면서 시장안정화에 실패하고 말았다. 즉, 정부의 공급제약으로 인해 물
가는 상승할 수밖에 없었고, 또 국가보조금이 없어진 상태에서 공장·
기업소로부터 임금과 배급을 제대로 못 받고 장사할 능력도 없는 주민
들은 물가상승으로 인해 절대빈곤층을 중심으로 빈부격차가 더욱 심화
되는 현상이 나타났다.

2005년에는 '양곡 전매제'를 실시하여 시장에서 식량판매를 금지하고
배급제를 부활하고자 하였으나 주민들에게 배급할 식량이 없어 실패하
고 말았다.

2009년 12월 1일에는 최고인민회의 상임위원회 정령을 통해 '5차 화폐
개혁'을 단행하였으나 이 역시 사전 준비부족으로 실패하였다. 5차 화폐
개혁은 1992년 4차 화폐개혁 이후 17년 만에 실시된 것으로써 옛날 돈과
새 돈의 교환비율을 100대 1로 하는 교환비율을 적용하면서 1인당 최대
10만 원에서 15만 원(40달러 안팎, 한화 5만 원 정도)까지로 한정하고,
그 초과금액에 대해서는 돈을 은행에 저축하도록 함으로써 나머지 금액
은 사실상 북한 정부가 몰수하는 개념이었다. 명목은 7·1 경제관리개
선조치 이후 오른 물가를 잡기 위한다는 것이었지만 과거에도 북한이
체제변혁기나 체제단속을 강화할 필요가 있을 때 화폐개혁을 단행했던
사례를 비추어 볼 때 5차 화폐개혁도 이러한 선상에서 이루어진 조치라
고 볼 수 있다.

북한은 화폐개혁을 통해 물가를 안정시키고자 하였으나 정부의 물자공
급 부족으로 인해 오히려 화폐개혁 이전보다 물가를 상승시키는 결과를
초래하게 되었다. 화폐개혁 두 달여 동안 정부에서 통제한 국정가격은 무
시되고 쌀값이 30배나 오르고 단속에 나선 관리가 총을 맞는 등 물가폭등

과 시장 폐쇄 조치로 극심한 혼선이 빚어지는 부작용이 속출하였다.

북한 당국은 주민들의 반발이 커지자 2010년 2월 5일에 김영일 내각 총리를 통해 화폐개혁에 대한 실패를 인정하고 공식 사과함으로써 화폐 개혁에 대한 후폭풍을 조기에 수습하고자 하였다.

이에 따라 화폐개혁 이후 금지되었던 외화사용을 다시 허용하고, 그 동안 공산품과 식량판매를 금지해 사실상 기능이 마비되었던 일반시장 에 대해서도 공산품을 포함한 모든 물품의 매매를 다시 허용하는 것으 로 완화 조치하였다.

그러나 이로 인해 주민들의 생활고는 더욱 가중되고 사회혼란이 발생 하는 등 화폐개혁에 대한 불만의 소리가 높아지자 북한 당국은 이를 단 속하기 위해 2010년 4월 '인민보안성'을 '인민보안부'로 확대 개편하는 등 치안기관의 보강을 통해 사회불안 요소에 대한 통제·관리를 강화하였 다. 또 북한은 화폐개혁 실패의 책임을 물어 2009년 3월에 박남기 전 노 동당 계획재정부장을 총살하였다. 이는 김정일이 화폐개혁 실패에 대한 비난화살을 박남기에게 전가시키고 주민들의 불만을 잠재우기 위한 조 치에서 나온 것으로 보인다.

북한은 과거에도 정책 실패 시 민심을 수습할 목적으로 책임자를 처 형한 사례가 있었다. 김일성 주석 사망 직후인 1994년부터 이른바 '고난 의 행군'이 시작돼 수백만 명의 아사자가 발생하자 김정일은 농업정책 실패에 대한 책임을 물어 1997년 당시 서관희 노동당 농업담당 비서를 미제의 간첩으로 몰아 평양 시민들이 지켜보는 앞에서 공개 총살한 적 이 있다.

북한은 김정은 정권 출범 이후에도 어려운 경제문제를 해결하기 위해 신경제정책을 추진하였다. 그중 '6·28조치'는 일부 자본주의 요소를 도 입한 경제정책으로 주요 내용은 ① 내각의 경제정책 집행 및 경제사업

추진에서 주도성과 책임성 강조, ② 기업과 농업에 초기 생산비용 지급, ③ 농업분야에서 분조의 규모를 기존의 10~25명에서 4~6명으로 축소, 또한 수확 후 목표량의 70%에 해당되는 현물이나 현금을 국가에 납부하고 목표 초과부분은 자유처분 허용, ④ 기업들은 자체적으로 경영계획을 수립하여 원자재 구매와 제품의 생산·판매에 최대한 자율성을 보장하고 이익금의 70%만 국가에 납부, ⑤ 생산기업소와 서비스기관에 대한 개인자본의 투자 허용 등이다.

그러나 김정은이 내놓은 신경제정책인 '6·28조치'는 김정일이 추진했던 '7·1경제관리개선조치'의 연장선상에서 추진하는 것으로서 자본부족과 농업기반시설이 낙후된 북한으로서는 큰 성과를 보지 못하였다.

한편, 북한은 2009년 신년공동사설을 통해 2012년 강성대국 목표 달성을 위해 2009년을 "전 인민적 총공세로 강성대국 건설의 모든 전선에서 역사적인 비약을 이룩하여야 할 새로운 혁명적 대고조의 해"로 설정하고, 이를 위해 '150일 전투'와 '100일 전투'를 전개하면서 인민들을 노력동원에 투입하였다. 그리고 북한 노동당 중앙위원회는 2009년 9월 21일 보도문을 통해 "150일 전투가 승리적으로 결속되었다"고 밝혔다.

하지만 북한은 150일 전투에서 경제생산과는 전혀 상관없는 김일성 부자 우상지인 백두산 전적지 우상숭배화 작업을 전투의 성과로 내세웠고, 100일 전투 역시 뚜렷한 성과를 제시하지 못하였다. 연이은 노력동원에도 불구하고 가시적인 성과를 제시하지 못한 것은 노력동원이 목표달성에 모두 실패했기 때문으로 보인다.

이러한 노력동원은 김정은 정권 들어서도 지속되고 있다. 김정은은 2016년 제7차 노동당 대회를 앞두고 평양시민을 포함한 모든 주민을 대상으로 '70일 전투'를 실시하였고, 70일 전투가 끝나자 바로 이어 '200일 전투'에 돌입하는 등 연이은 집단노력동원에 북한 주민들을 내몰았다.

북한에서 노력동원 운동은 과거에도 위기극복 수단으로 활용되어 왔
다. 김일성은 6·25전쟁이 끝나자 전쟁실패에 대한 책임과 인민들의 불
만을 잠재우기 위해 전후복구사업 명목으로 '천리마 운동'을 전개하여
인민들의 시선을 돌렸다. 김정일은 1974년 후계자로 내정된 뒤 '70일 전
투'를 벌였고, 공식적으로 후계자가 된 1980년에는 '100일 전투'를 전개
함으로써 후계자로서 능력과 명분을 쌓았다.

김정일은 2010년 2월 1일 로동신문을 통해 "아직 우리 인민들이 강냉이
밥을 먹고 있는 것이 제일 가슴이 아프다. …이제 내가 할 일은 세상에
서 제일 훌륭한 우리 인민들에게 흰 쌀밥을 먹이고 밀가루로 만든 빵이
랑 칼제비국을 마음껏 먹이게 하는 것"16)이라고 말했다. 그리고 2010년
5월 26일에는 노동당 조직지도부가 '현재 조선의 식량사정에 관하여'라
는 제목의 지시문을 통해 "당분간 국가 차원의 식량 해결이 어렵기 때문
에 당, 내각, 국가보위부 등이 부문별로 자력갱생하라"17)는 식량공급을
포기하는 내용의 지시문을 하달하였다. 이는 김정일이 인민들의 최소
요구조건인 식량난도 해결하지 못하는 무능한 지도자라고 스스로 인정
하고 있는 것이라 할 수 있다.

이러한 와중에서도 김정일은 북한의 식량난과 경제난에 대해 "수령님
께서는 생전에 나에게 절대로 경제사업에 말려들어가서는 안된다고 하
시면서 경제사업에 말려들면 당사업도 못하고 군대사업도 할 수 없다고
여러 번 당부하시었습니다"18)라고 말하면서 그 책임을 내각에 전가시
켰다.

. . . .

16) 『로동신문』, 2010년 2월 1일.
17) 『좋은 벗들』, 2010년 6월 14일.
18) 「우리가 지금 식량 때문에 무정부 상태가 되고 있다」, 1996년 12월 김일성종합대학
　　창립 50주년 김정일 연설문.

김정은은 2012년 신년사에 "현 시기에 인민들의 먹는 문제, 식량문제를 푸는 것은 강성국가 건설의 초미의 문제"[19]라며 농업생산 증대를 위한 노력을 강조하였다. 또 같은 해 2월에 열린 최고위층 핵심간부회의에서는 "지금은 총알보다 식량이 중요하다"고 하였고, 이어 4월 6일 당 중앙위 일꾼들과의 담화에서는 "현 시기 인민생활문제를 풀고 나라의 경제를 추켜세우는 것은 위대한 장군님의 강성국가건설 구상을 실현하기 위한 투쟁에서 나서는 가장 중요한 문제입니다"[20]라고 강조하였다. 이러한 김정은의 발언은 당시 북한의 식량사정이 얼마나 심각한 상황에 처해있는가를 보여주는 부분이라 할 수도 있지만, 또 한편으로는 식량난 해결 없이는 자신의 정권안정이 어렵다고 판단한 데 기인한 것으로 보인다.

북한의 식량난은 그동안 북한 체제를 지탱해온 주민들의 사상의식 약화와 함께 사회적 이완 현상을 확산시키고 있다.

유엔식량농업기구(FAO)와 세계식량계획(WFP), 국제농업개발기금(IFAD) 등이 2018년 9월 발표한 '세계 식량안보와 영양상태' 보고서에 따르면 북한의 만성적인 식량부족 문제는 여전히 심각한 것으로 나타나고 있다. 보고서에 따르면 2015년~2017년 약 1,100만 명의 북한 주민들이 지속적으로 영양부족에 시달리고 있는 것으로 집계됐다. 이는 북한 전제 인구의 약 43%에 해당된다. 북한은 이러한 인민들의 어려운 식량난에도 불구하고 2013년 군사비를 국내총생산(GDP) 대비 20%가 넘는 102억 달러(11조 2842억 원)를 사용한 것으로 나타났다.

김정은은 경제강국 건설을 위해 "경제관리 방법을 끊임없이 개선하고

· · · · · · · · · · · · ·
19) 『로동신문』, 2012년 1월 1일.
20) 『조선중앙통신』, 2012년 4월 19일.

완성해 나가며 여러 단위에서 창조된 좋은 경험들을 널리 일반화하도록 해야 한다"21)고 강조하면서도 "적들이 원하는 개혁·개방은 없다"며 '우리식 사회주의경제제도'를 확고히 고수할 것을 강조하고 있다. 이는 김정은이 경제난 회복을 위한 개혁·개방 정책보다는 자신의 체제유지를 위한 기존의 폐쇄된 경제정책을 추진하겠다는 의도로 해석된다. 따라서 김정은 역시 김정일에 이어 개혁·개방보다는 자력갱생에 의한 경제정책을 추진하면서 어려운 경제난을 극복하고자 할 것으로 보인다.

　김정은 집권 이후 북한의 경제성장률은 2017년 -3.5%로 20년 만에 최저 경제성장률을 기록했다. 이와 같이 북한의 경제사정이 좀처럼 낮아지지 않는 것은 김정은이 어려운 경제문제보다는 핵과 미사일 등 대량살상무기 프로그램에 역량을 집중하고 있기 때문으로 보인다.

　국방부 발표에 따르면 북한은 김정은 집권 이후 2016년 7월까지 총 31발의 탄도미사일을 발사했는데, 이는 우리 돈 1천100억 원이 넘는 금액이며, 여기에 3차례의 장거리미사일 발사와 2차례의 핵실험 비용까지 포함하면 그 비용은 수천억 원에 이를 것으로 추산하였다.

　또 서울대학교 통일평화연구소가 2014년 탈북자를 대상으로 실시한 설문 결과에 따르면 북한경제의 악화 원인이 '지도자 때문'이라고 답한 인원이 28.9%로 가장 많았고, '과다한 군사비 지출'이 24.2%, '개혁·개방을 하지 않아서'가 18.8%를 차지하였다. 이는 북한 주민 대부분이 경제침체 원인이 김정은의 현실성 없는 경제정책 추진과 과도한 군사비 지출에 있다고 보고 있는 것이다.

　한편, 북한 당국이 경제회복을 위한 노력에도 불구하고 북한경제가 회복되지 못하는 근본적인 이유는 북한 경제가 가지고 있는 고질적인

----

21) 『조선중앙TV』, 2013년 1월 1일.

다음 두 가지 문제[22]를 해결하지 못하는 데서 그 원인이 있는 것으로 보인다.

첫째, 외환부족 문제이다. 북한경제의 비전이었던 자기환결형의 공업구조, 즉 선진국형 공업입국은 석유를 비롯한 각종자원을 자체 생산할 수 있고, 인구규모가 최소한 5,000만 명은 되어야 시도할 수 있는 정책으로 보고 있다. 하지만 북한은 석유도 없고 인구도 2천4백만 명 수준에 불과하다. 따라서 북한경제는 공업화에 필요한 각종 원자재와 중간재의 수입에 필요한 외환, 즉 수출시장과 국제지원을 확보하지 못하면 바로 경제위기로 치달을 수 있는 경제구조로 되어있다. 1970년대 후반 이후 북한경제 상황이 지속적으로 악화된 것은 바로 이러한 경제구조의 산물이었다.

둘째는 산업가동률 제고문제이다. 김정일 · 김정은의 경제건설노선도 여전히 중공업과 전시형 사업에 자원배분을 우선하는 정책으로 일관하고 있어 그 기조에 있어서는 1953년 6 · 25전쟁 이후 '천리마 대진군'으로 본격화된 김일성식 경제건설노선과 크게 다르지 않기 때문에 산업가동률이 저조할 수밖에 없다. 즉 북한이 산업가동률을 높이기 위한 현대화된 경제정책을 추진하지 못하고 있다는 것이다.

북한의 이러한 경제의 구조적 문제와 장비의 설비노후, 만성적 공급부족 등은 결국 외부의 도움 없이는 성장이 불가능한 상태로 자력갱생이란 경제구호는 달성하기 힘들 것으로 보인다.

결국 북한이 어려운 경제난과 식량난을 해결하지 못하는 것은 사전준비부족과 현실성 없는 정책 추진도 있지만, 체제위협을 우려한 '모기

---

[22] 배종렬, 「북한개발을 위한 경제모델의 모색: 한국의 경험」, 『수은북한경제』 2005년 여름호, 2005, 4~6쪽.

장식' 개방과 북핵문제로 인한 국제사회의 제재가 작동되고 있기 때문으로 분석된다.

북한은 이미 경제성장의 동력을 잃어버려 외부의 지원 없는 자력에 의한 경제회복은 어렵다. 특히 북한이 체제위협을 인식한 개방거부와 북핵문제로 인한 국제사회의 제재가 지속되는 한 경제회복은 어려울 것으로 전망된다. 따라서 김정은이 북한의 어려운 경제문제를 해결하기 위해서는 국제사회에서 논의되고 있는 북핵문제의 과감한 진전과 개혁·개방이 뒤따라야 할 것으로 보인다.

1980년대 말 동구공산권국가의 붕괴 원인이 외부의 강압에 의한 것이 아닌 내부문제인 경제문제에서 시작되었다는 사실을 상기해 볼 때 북한의 경제난과 식량난은 김정은 정권이 반드시 풀어야 할 절대적 과업으로 대두되고 있다. 김정은이 북한 주민의 어려운 경제난과 식량난을 해결하지 못한다면 이는 곧 북한 체제에 대한 불만으로 이어지면서 김정은 정권이 최대 위기에 직면할 수도 있다.

나. 한반도 평화안정

1) 남북한 군사적 긴장고조

1950년 6·25전쟁은 3년여간의 전쟁을 치르면서 엄청난 인적·물적 피해와 함께 민족적 갈등만을 심화시켜 놓았다. 전쟁기간 동안 인명손실은 〈표 6-4〉에서 보는 바와 같이 총 5백만여 명이 사망·실종 또는 부상을 당한 것으로 집계되었다. 이 중 북한의 인명피해 현황은 북한 당국이 공식적으로 발표한 자료가 없어 유형별로 정확히 구분할 수는 없으나 군인과 민간인 희생자를 포함하여 전체적인 인명피해는 320만여 명에 이르는 것으로 추정하고 있다.

이에 비해 남한은 유엔군을 포함하여 170만여 명의 인명피해와 주택 61만 동이 폐허가 됐고, 이산가족 760만여 명이 발생한 것으로 집계되었다.

이 같은 피해는 제2차 세계대전 이후 베트남전(군인 120만 명, 민간인 200만 명 사망 추정) 다음으로 가장 많은 희생자를 낳은 전쟁으로 기록되고 있다.

〈표 6-4〉 6 · 25전쟁 인명피해 현황

(단위 : 명)

구분		전사 · 사망	전상 · 부상	실종 · 포로	계
한국	한국군	137,899	450,742	32,838	621,479
	유엔군	40,670	104,280	9,931	154,881
	민간인	373,599	229,625	387,744	990,968
	계	552,168	784,647	430,513	1,767,328
북한	군	1,773,600여 명(사망 · 부상 : 1,646,000명, 실종 · 포로 : 127,600명)			
	민간인	150만여 명(부상 등 모든 피해자 포함)			
	계	3,273,600여 명			

* 한국인 민간인 피해 중 피난민 320만, 전쟁미망인 30만, 전쟁고아 10만여 명 미포함.
출처: 『2010 국방백서』, 서울: 대한민국 국방부, 2010, 249쪽 참조.

6 · 25전쟁이 발발한 지 60여 년이 지난 지금 한반도에서 또다시 전쟁이 발생한다면 그동안 무기체계의 발달과 인구 증가 등을 고려해 볼 때 그 피해 규모는 6 · 25전쟁 때보다 훨씬 더 많을 것으로 예상된다.

북한은 6 · 25전쟁 이후에도 휴전선 인근에서 수많은 대남 군사도발을 일으키며 한반도에 군사적 긴장을 고조시키고 인적 · 물적 피해를 안겨 주었다. 이러한 남북관계는 2000년 6월 평양에서 남한의 김대중 대통령과 북한의 김정일 국방위원장이 분단 이후 최초로 남북정상회담을 실시하면서 남북이 화해의 길로 접어드는 듯하였다.

하지만 김정일 정권에서의 3번의 '서해교전'과 '천안함 사태', '연평도 포격도발 사건' 등을 거치면서 남북관계를 또다시 냉전관계로 회귀되고 말았다.

우리 정부는 2010년 '천안함 사태'가 발생하자 '5·24 조치'를 통해 ① 제주 등 남측 해역 북한 선박 운항 전면 불허, ② 남북 일반·위탁가공 교역 전면 중단, ③ 국민의 방북 불허 및 북측 주민 접촉 제한, ④ 대북 신규투자 및 투자확대 금지, 개성공단 체류인원 축소 운영, ⑤ 영·유아 등 취약계층에 대한 인도적 지원 외 대북 지원사업 원칙적 보류 ⑥ 대북 심리전 전개, ⑦ 서해안에서 한미연합 대잠수함훈련 실시, ⑧ PSI(대량 살상무기 확산방지구상)23) 적극참여 등 경제적·군사적 대응조치를 발표하였다.

북한은 이에 대해 같은 해 5월 20일 국방위 대변인을 통해 "제재에는 전면전쟁을 포함한 강경조치로 대응"하겠다고 위협하였고, 5월 24일에는 전선중부지구사령관 공개경고장을 통해 "심리전 전개 시 직접조준사격"을 하겠다고 협박하였다.

김정은 집권 이후에는 2013년 3월 전시상황 선포, 2014년 10월 경기도 연천 민가지역에 고사총을 발사, 2015년 8월 4일 DMZ 남측지역에 목함 지뢰 설치 등의 대남군사도발을 자행하였다.

김정은은 집권 직후부터 "나의 통일관은 무력통일이며 직접 탱크를 몰고 서울로 진격하겠다"고 하였고, 2012년 3월 4일에는 최전방 판문점

---

23) PSI(Proliferation Security Initiative): 2003년 6월 스페인 마드리드에서 미국 부시 대통령이 WMD 확산 방지를 목표로 제안하여 미국, 러시아, 일본 등 세계 11개국이 참가하였다. 우리나라는 95번째 가입국으로서 그동안 부분참여를 하였으나 2009년 5월 25일 북한의 제2차 핵실험 강행에 대응해 전면참여를 선언했다. 이에 대해 북한은 한국 정부가 PSI에 전면 참여할 경우 북한에 대한 '선전포고'로 간주하겠다고 밝힌 바 있다.

을 직접 방문한 자리에서 "전쟁이 언제 일어날지 알 수 없으니 최고의 격동상태를 유지하라"고 지시하였다. 또 2014년 초에는 김정은이 북한 군 지휘관 회의를 소집한 자리에서 "2015년에 한반도에서 무력충돌이 일어날 수 있다"며 "통일대전을 위해 전략물자를 최대한 마련하고 언제나 전쟁할 수 있도록 만반의 준비를 다하라"고 지시하는 등 전쟁위협 수위를 한층 높이는 발언을 서슴지 않았다.

이와 함께 김정은은 2012년 '7일전쟁'이라는 신작전계획을 수립하고, '전시사업세칙'을 개정하는 등 전쟁준비에 몰두하고 있는 것으로 알려지고 있다.

북한은 2014년 8월 1일 조선중앙통신 보도를 통해 우리의 한미합동훈련인 UFG와 K/R훈련에 대해 북침 핵전쟁 연습이라고 비방하면서 "연습에 참가하는 모든 침략무력, 남조선과 해외에 있는 군사기지들, 백악관과 국방성, 청와대를 포함한 침략과 도발의 본거지들이 우리 혁명무력군의 전략 및 전술로케트를 비롯한 강력한 최첨단 초정밀 화력 타격수단들의 목표가 될 것이다"라고 하면서 한미에 대한 군사적 위협도 서슴지 않았다. 또 각종 훈련 시에는 남한의 주요 시설을 타격목표로 상정해 놓고 실전과 같은 훈련을 실시하고 있는 것으로 알려지고 있다.

2016년 2월에는 인민군최고사령부가 중대 성명을 통해 청와대가 1차 타격대상이라고 위협하였고, 3월에는 북한의 대남기구인 조국평화통일위원회가 중대 보도를 통해 대구경 방사포들이 청와대를 초토화시킬 격동상태에 있고, 청와대 등 주요대상을 타격할 특수부대투입도 준비돼 있다고 위협하는 등 고강도의 도발 메시지를 쏟아냈다. 또 같은 해 4월 5일에는 북한의 대외용 선전매체인 『조선의 오늘』을 통해 청와대와 정부종합청사를 비롯해 서울의 주요 정부기관을 장사정포로 공격하는 가상의 장면을 담은 '최후의 통첩에 불응한다면'이라는 제목의 1분 28초

분량의 동영상을 공개하기도 하였다.

　이 같은 김정일·김정은 정권에서 자행한 대남 군사도발과 위협은 한반도 안보에 치명적 위기의식과 함께 군사적 긴장만을 고조시켜 결국 휴전선에서 제거되었던 심리전 방송대[24]가 다시 설치되고 서해에 군사력을 증강시키는 결과로 이어졌다. 또 남북교류의 상징이라 할 수 있는 금강산 관광과 개성공단의 가동마저 멈추게 만들었다.

　우리 정부는 2011년 천안함 사태와 연평도 포격도발 사건 이후 서북도서방위사령부 창설을 포함하여 서해에 군사력을 증강시켰다. 주요 전력으로는 전차와 다연장포, 신형 대포병레이더 아서(ARTHUR), 공격헬기 등 9개 전력을 전환 배치하였고 병력도 1천여 명을 증강시켰다.

　이 같은 서해에서의 전력증강은 대북억제효과도 있지만 남북 간 과도한 군사력 집중으로 언제든지 군사적 충돌을 야기할 수 불안감을 내포하고 있다.

　행정안전부가 2011년 6월에 리서치 앤 리서치에 의뢰해 전국 19세 이상 성인 1,000명과 청소년 1,000명을 대상으로 실시한 '국민 안보의식 여론조사 결과'에 의하면 성인 59.9%가 '북한을 경계하고 적대해야 할 대상'이라고 답하였고, 북한의 '천안함 폭침'과 '연평도 포격도발'로 인한 성인 62.2%, 청소년 50.7%가 본인의 안보의식이 높아졌다고 답하였다. 또 2016년 국민안전처가 코리아리서치센터에 의뢰에 전국 19세 이상 성인남녀 1,000명, 대학생 1,000명, 청소년 1,000명을 대상으로 실시한 국민 안보의식 조사에서는 북한의 핵 개발과 같은 군사력 증강에 대해 성인

---

[24] 남북은 기존에 실시하던 휴전선 심리전방송을 2004년 6월 장성급회담에서 당국차원의 상호비방방송을 중단하기로 합의하고 방송을 중단했다. 하지만 2015년 북한군의 목함지뢰 사건으로 11년 만인 2015년 8월 남북이 다시 심리전 방송을 재개하였다. 그러다 2018년 '4·27 남북정상회담'을 앞두고 4월 23일 자정부로 방송을 다시 중단하였다.

(81.7%), 대학생(86.3%), 청소년(85.7%) 모두 위협적이라고 평가해 경계심이 높은 것으로 조사됐다.

이와 같이 북한에 대한 부정적 인식이 높아지고 있는 것은 그동안 북한이 자행한 대남 군사도발과 위협의 결과라고 할 수 있다.

북한이 그동안 자행한 대남군사도발과 위협은 한반도에 군사적 긴장만을 고조시킴으로써 남북관계를 경색시키고 교류와 협력을 차단하는 등 남북관계에 악영향을 미치는 결과로 이어졌다.

2) 남북한 교류와 협력 차단

남북한은 같은 민족이면서 서로 다른 이념과 체제 속에서 상호 적대적 관계를 유지해 왔다. 이러한 남북한 간의 냉전은 6·25전쟁의 도발 책임자였던 김일성이 사망하고 김정일 체제가 등장하면서 점차 변화가 일기 시작하였다.

2000년 6월에는 분단 반세기 만에 평양에서 남북정상이 만나 1차 남북정상회담을 통해 '6·15 공동선언'[25]을 발표했다. 남북한 정상은 이 회담을 통해 남북관계를 발전시키며 평화통일을 실현하는 데 함께 노력할 것을 선언하였다. 그러나 공동선언문 1항에 자주통일을 명시함으로써 외세배격 및 주한미군철수 주장의 근거와 함께 '우리민족끼리'라는 민족공조의 논리를 부각할 수 있게 되었고, 제3항에 '비전향장기수 문제해결'을 명시함으로써 김정일의 지도력과 체제우월성 선전의 소재를 확보해 주었으며, 제4항의 '경제협력을 통한 민족경제의 균형발전'에 따라 남한으로부터 경제지원을 받을 수 있는 근거를 마련해 주었다는 비판을 받았다.

----

[25] '6·15 남북공동선언'은 남한의 김대중 대통령과 북한의 김정일 국방위원장이 2000년 6월 13일부터 15일까지 평양에서 정상회담을 갖고 채택된 공동선언문이다.

338 김정은 체제의 북한 전쟁전략

또 2007년 10월에는 또 다시 평양에서 남북정상이 만나 2차 남북정상회담을 실시하고 '10·4 공동선언'[26]을 발표하였다. '10·4 남북공동선언문'은 남북관계를 한 단계 발전시켜 통일로 나아가기 위한 구체적인 조항과 3, 4자 종전선언 등 한반도의 평화문제 해결의 실천조항까지 명시하고 있으나 '6·15 공동선언문'과 비교 시 큰 틀에서의 변화는 없었다. 특히 2차 정상회담은 북한이 2006년 1차 핵실험을 실시한 이후에 실시했음에도 불구하고 경제부문에 대한 지원은 확대하면서 북한의 핵개발에 대해서는 9·19 공동성명과 2·13 합의 이행을 위해 공동노력하기로 하고 구체적으로 언급하지 않아 한반도 비핵화에 대한 실질적인 성과가 없었다는 평가를 받았다.

그리고 수회의 남북 고위급회담, 민간기업과 단체의 교류와 협력, 금강산관광 등을 통해 화해와 번영의 길로 들어서는 듯하였다. 하지만 이러한 남북화해의 무드 속에서도 북한은 다른 한편으로 대남 군사도발을 일으킴으로써 한반도에 긴장상태를 조성하였다.

그동안 남북관계는 김대중·노무현 정권에서 '햇볕정책'에 의한 대북화해정책을 추진함으로써 대화와 교류가 활성화되었었다. 그러나 2007년 이명박 정부 출범 이후 '비핵·개방·3000'이라는 대북정책을 추진하는데 북한이 강하게 반발하면서 우리 정부에 대한 원색적인 비난과 함께 남북관계가 경색국면으로 접어들었다.

'비핵·개방·3000' 구상은 북핵의 상황 진전에 따라 단계적으로 경제·교육·재정·인프라·생활향상 등 5대 분야 프로젝트를 추진하여 10년 내에 북한 주민 1인당 국민소득이 3,000달러 수준에 이르도록 돕겠

[26] '10·4 남북공동선언'은 2000년 남북정상회담에 이어 7년 만에 남한의 노무현 대통령과 북한의 김정일 국방위원장이 2007년 10월 2일부터 4일까지 평양에서 만나 2차 남북정상회담을 하고 채택한 합의문이다.

다는 이명박 정부의 대북전략이다. 다시 말해 '비핵'은 북핵의 완전한 폐기 상태가 아닌 핵시설 신고 불능화부터 핵폐기 완료까지 북핵 문제 해결의 전 과정을 의미하는 것으로 북핵 폐기를 전제로 하기보다는 북핵 폐기 진전 상황에 따라 단계적으로 추진하겠다는 것이고, '개방'은 북미·북일 관계 정상화 등 북한이 국제사회와 협력하고 세계 경제 체제에 동참하는 것을 말한다. 그리고 '3000'은 중산층 성장의 의미를 담고 있는 것으로 북한이 적어도 이러한 수준에 도달해야만 통일비용과 사회적 갈등을 완화시키고 평화통일의 토대가 조성될 수 있다고 보았기 때문이다. '비핵·개방·3000'은 북한에게 핵 포기 시 얻게 될 분명한 혜택과 구체적 방안을 제시함으로써 북한의 판단과 결심을 유도하는 유연하고도 적극적인 대북정책이라 할 수 있다.

그런데 2008년 7월에 발생한 금강산 관광객 '박왕자 씨 피살 사건'[27]은 남북관계를 결정적으로 악화시키는 요인이 되었다. 금강산 관광객 피살 사건 이후 우리 정부는 원인규명과 함께 재발방지 대책을 북한 당국에 요구하였고, 이 문제가 해결될 때까지 금강산 관광을 잠정 중단하는 조치를 취하였다.

이에 대해 북한 당국은 2008년 11월 24일부터 군사분계선 통행 제한과 개성관광 중지, 남북 간 열차운행 중단, 남북 육로 통행 제한 등의 조치를 취하겠다고 일방적으로 발표하면서 개성관광과 남북 철도운행을 중단시켜버렸다. 또 2010년 4월 8일에는 북한 '명승지종합개발지도국' 대변인을 통해 "남조선 당국의 자산인 금강산 면회소와 한국관광공사 소유의 문화회관, 온천장, 면세점을 동결하고 그 관리인원을 추방한다"

. . . .

27) 2008년 7월 11일 금강산 관광을 간 고 박왕자 씨가 해가 뜨기 직전인 오전 5시경 해안가를 혼자서 산책하다가 북한군 해안초소의 초병이 쏜 총탄에 맞아 숨진 사건이다.

고 밝혔다.

북한 당국의 이와 같은 일련의 조치들은 그동안 이명박 정부의 대북 정책인 '비핵 · 개방 · 3000'에 대한 '남한 길들이기'에 실패하자 남한 정부를 압박하기 위한 조치에서 나온 것으로 보인다.

북한이 그동안 어려운 식량난과 경제난 속에서도 버틸 수 있었던 것은 남한의 적극적인 지원과 역할이 컸다는 것은 그 누구도 부인할 수 없는 사실이다. 특히 이 중에서도 인도적 지원 명목으로 정부와 민간단체가 북한에 건넨 식량지원은 북한이 식량난을 해결하는 데 절대적인 역할을 하였다.

통일부 자료에 따르면 우리 정부와 민간단체가 남북관계가 경색되기 전인 2010년까지 북한에 지원해준 경제적 규모는 3조 1천억 원에 이르는 것으로 집계되었다.

<표 6-5> 남한의 대북지원 현황

(단위: 억 원)

구 분			'95~99	'00	'01	'02	'03	'04	'05	'06	'07	'08	'09	'10	합계
정부차원	무상지원	당국차원	2,193	944	684	832	811	949	1,221	2,000	1,432	-	0	112	11,178
		민간단체를 통한 지원	-	34	62	65	81	102	120	134	216	241	77	21	1,153
		국제기구를 통한 지원	418	-	229	243	205	262	19	139	335	197	217	-	2,264
		계	2,611	978	975	1,140	1,097	1,313	1,360	2,273	1,983	438	294	133	14,595
	식량차관		-	1,057	-	1,510	1,510	1,359	1,787	-	1,505	-	-	-	8,728
	계		2,611	2,035	975	2,650	2,607	2,672	3,147	2,273	3,488	438	294	133	23,323
민간차원(무상)			694	387	782	576	766	1,558	779	709	909	725	377	200	8,462
총 액			3,305	2,422	1,757	3,226	3,373	4,230	3,926	2,982	4,397	1,163	671	332	31,784

출처: http://www.unikorea.go.kr(검색일: 2011년 8월 21일).

하지만 이것은 공식적으로 발표된 지원 금액이고 정부와 민간 기구에서 방북 대가로 넘겨준 '뒷돈'[28]까지 고려하면 실제로 북한에 넘어간 돈은 이보다 훨씬 많을 것으로 추산된다.

이와 같이 남한은 북한의 어려운 경제난과 식량난을 해결해주기 위해 다방면에 걸쳐 상업·비상업적 거래를 실시해 왔다. 그러나 북한은 남한으로부터 현금과 현물을 포함해 많은 지원을 받았음에도 불구하고 이것을 받아 어떻게 사용했는지 그 사용처에 대해 명확히 밝힌바가 없어 일부에서는 이 돈이 핵과 미사일을 개발하는 데 사용한 것으로 추측 판단하기도 하고 있다.

남북교역은 1차 핵실험과 금강산 관광객 피살 사건을 계기로 2007년부터 감소하기 시작하여, 2009년 5월 2차 핵실험 이후에는 마이너스 현상을 보여주고 있다. 이는 북한의 핵실험에 대한 국제사회의 북한제재에 우리가 동참한 결과로 보여 진다.

〈표 6-6〉 남북교역 현황

(단위: 백만 달러, %)

구 분	2006년	2007년	2008년	2009년	2010년
반출(남→북)	830	1,033(24.5)	888(-16.3)	745(-19.2)	868(16.5)
반입(남←북)	520	765(47.1)	932(21.8)	934(0.2)	1,044(11.8)
교역수지	310	268	-44	-189	-176
교역총액	1,350(28.0)	1,798(33.2)	1,820(1.2)	1,679(-8.4)	1,912(13.9)

* ( ) : 전년 동기 대비 증가율.
출처: http://www.unikorea.go.kr(검색일 20011년 8월 22일).

● ● ● ● ● ● ● ● ● ● ● ● ●

28) 여기에는 금강산 관광 사업 대가와 친북 또는 좌파 성향의 세력들이 북한을 찾아가 '면담 대가' 등으로 넘겨준 돈을 말한다. 정부와 민간에서 방북 대가로 넘겨준 '뒷돈'은 정부 추산으로 약 10억 달러에 달할 것으로 보고 있다. 민간단체가 북한을 방문하여 면담의 대가로 지불하는 비용은 지위에 따라 차이는 있지만 적개는 수십만 달러에서, 많게는 100만 달러에 이르는 것으로 보고 있다.

남한은 중국에 이은 북한의 두 번째 교역 상대국으로 남북교역 차단 시 북한은 연간 최대 38%(GDP의 13%)에 달하는 대외교역에 직접적인 영향을 받게 된다. 북한은 남북교역이 중단되면 대외무역의 대부분을 중국에 의존하게 될 것이다. 결국 남북관계의 경색은 북한으로는 남한으로부터 경화유입이 차단되어 대중국과의 무역에서 결재수단이 부족하여 대중수입능력이 약화될 것이고, 이는 곧 북·중 무역 정체로 이어져 전체교역이 침체되는 악순환의 현상으로 나타날 수 있다. 따라서 남북교역 중단은 북한경제를 회복시키는 데 전혀 도움이 되지 않는다. 특히 2015년 DMZ 목함지뢰 사건은 북한의 유일한 자금줄이었던 개성공단 가동을 중단시킴으로써 북한 경제에 더욱 악영향을 미치고 있다.

결국 북한의 무모한 대남군사도발과 위협은 남북관계 경색은 물론 남북교역의 차단으로 이어지면서 북한 경제에 악영향을 미쳤고, 이는 곧 북한 대외무역의 중국의존도를 심화시키는 결과로 이어졌다.

〈표 6-7〉 1990년대 이후 북한무역 비중 추이

(단위: %)

구분	1995년	2000년	2005년	2009년	2011년	2014년	2016년
중국	23.5	20.4	38.9	52.6	88.6	90.2	92.5
한국	12.3	17.8	26.0	33.0	n.a	n.a	n.a
일본	25.4	19.4	5.7	n.a	n.a	n.a	n.a
기타	38.8	42.5	29.4	n.a	11.4	9.8	7.5
전체	100	100	100	100	100	100	100

출처: KOTRA, 『북한의 대외무역동향』, 각 연도 참조.

2. 북한 대외관계와 동북아 평화

가. 북한의 국제관계

북한은 1999년 6월 16일자 로동신문과 근로자 공동논설 '우리 당의 선군정치는 필승불패이다'를 통해서 국제사회와의 외교전략 기본 방침을 다음과 같이 제시하였다.

> 제국주의자들이 우리나라를 압살하기 위하여 갖은 책동을 다하고 있는 조건에서 군사를 중시하고 나라의 방위력을 강화하지 않으면 우리 인민이 또다시 제국주의자들의 노예로 될 수 있다. 우리당의 선군정치는 제국주의와의 정치외교적 대결에서 결정적 승리를 담보하는 힘 있는 정치이다. 외교전은 단순히 말과 말, 두뇌와 두뇌의 싸움이 아니다. 능란한 외교의 배경에는 정치군사경제적 힘이 놓여 있다. 혁명하는 당과 인민이 제국주의와의 정치적의 외교적 대결에서 언제나 견지하여야 할 립장은 추호의 양보도 없이 혁명의 근본리익을 고수하는 강경한 자세이다. …(중략)… 치렬한 외교전에서 위력을 발휘하는 마지막 패장은 언제나 자기의 튼튼한 정치군사적 잠재력이며 여기에서 우러나오는 필승의 신념이다. 오늘 우리당의 선군정치는 적들과의 외교전에서 필승의 담보로 되고 있다. …(중략)… 우리는 그 어떤 위협공갈에도 끄떡없이 할 소리를 다하면서 제국주의와 강경하게 맞서나갈 것이다.[29]

다시 말해 강력한 외교력을 발휘하기 위해서는 무엇보다도 강한 정치·군사력이 뒷받침되어야 가능하다는 것이다. 또 군사력이 약하면 제국주의자들의 노예가 될 수 있다고 전제하고, 군사력 강화를 바탕으로

. . . .
[29] 『로동신문』, 1999년 6월 16일.

제국주의와의 정치·외교적 대결에서 추호의 양보도 없이 혁명의 근본
이익을 고수하는 강경한 자세를 취해야 한다고 주장하고 있다.

북한은 유럽 및 서방국가들과의 관계개선을 위해 1998년 12월 북한
외무성 대표단과 유럽연합 대표 간의 정치대화를 시작으로 유럽연합 의
회대표단의 북한 방문, 1999년 1월 유럽연합위원회 대표단의 북한 방문
등 적극적인 외교활동을 전개하였다. 2000년 남북정상회담 이후에는 유
럽연합 국가들에 대한 접근을 보다 가속하기 시작하여 15개 유럽연합회
원국 가운데 13개국과 외교관계를 체결하는 등 괄목할만한 성과를 이루
었다.

이처럼 북한이 유럽 및 서방외교를 강화하려 했던 이유는 유럽연합과
미국의 갈등 가능성에 주목하여 유럽연합과의 관계 강화를 통해 미국
주도의 세계질서에 대응하는 전략과 함께 외교적 고립에서 탈피하여 경
제난 극복을 위한 경제협력 기반을 확대하려 했던 의도로 보인다.

현재 북한이 보유하고 있는 가장 유용한 대외 협상수단은 핵과 미사
일, 화생무기 등 대량살상무기인 군사적 수단밖에 없다. 북한은 대량살
상무기 보유를 통해 대외적으로 자신들의 위세를 보여줌으로써 북한을
얕잡아 보지 못하게 한다고 믿고 있다. 또 군부를 등에 업고 협상을 실
시함으로써 식량 등 경제적 이득을 더 많이 얻어낼 수 있다고 생각하고
있다.

북한은 선군정치가 군사적 위협을 통한 협상력, 즉 외교에서의 '벼랑
끝전술' 능력을 크게 강화하는 요인으로 작용할 것으로 기대하고 있다.
북한이 그동안 실시한 6번의 핵실험과 수십 회의 탄도미사일 발사는 자
신들이 군사강국이라는 이미지를 대외적으로 표출함으로써 외교협상에
서 유리한 입장을 차지하려는 의도로 해석할 수 있다.

국제사회는 북한의 핵문제가 대두된 이후 평화적으로 이 문제를 해결

하기 위해 많은 노력을 기울여 왔다. 이 중에서도 '6자회담'[30]은 국제사회가 북핵문제를 해결하기 위해 구성한 전문기구로서 북한은 이 기구를 통해 식량과 에너지 지원 등 국제사회로부터 많은 경제적 이득을 취해 왔다. 하지만 북한의 불참으로 2007년 6차 회담을 마지막으로 현재 중단된 상태에 있다.

〈표 6-8〉 국제사회 북한 식량지원 현황

(단위 : 만 톤)

연 도	1995	1996	1997	1998	1999	2000	2001
지원량	54.4	49.9	85.7	76.4	98.1	119.3	147.0
연 도	2002	2003	2004	2005	2006	2007	2008
지원량	109.5	91.4	82.2	115.4	35.4	75.5	27.0

출처: 김영훈, 「미국과 국제사회의 대북 식량지원」, 『KREI 북한 농업동향』 제12권 제2호, 서울: 한국농촌경제연구원, 2010, 17쪽.

북한은 6자회담이 가동되는 기간에도 뒤로는 핵프로그램을 계속 진행시켜 왔고, 핵개발에 성공하자 이제는 핵보유국으로서 그 지위를 인정해 달라고 하고 있다.

결국 북한이 그동안 6자회담에 참가했던 이유는 바로 핵 개발을 담보로 자신들의 경제적 실리를 추구하면서 핵을 개발할 수 있는 시간을 확보하기 위했던 것으로 보인다.

국제사회는 북한이 2006년 10월 9일 1차 핵실험을 실시하자 10월 18일 '유엔안전보장이사회 결의 1718호'를 채택하고 북한의 핵실험 비난과 함

30) 북한의 핵문제를 해결하고 한반도의 비핵화를 실현하기 위해 한국·북한·미국·중국·러시아·일본 등 6개국이 참가하는 다자회담 기구로서 2003년 8월 27일 중국 베이징에서 1차 회담을 시작으로 2007년 6차 회의를 마지막으로 현재 중단된 상태이다.

께 추가 핵실험 및 탄도미사일 발사 중지를 요구하는 포괄적인 대북제재를 실시하였다.

'유엔제재 1718호'에 포함된 주요 내용으로는 ① 지상군 용품, 핵, 미사일, WMD계획 등에 기여하는 물자 및 사치품 등 수출 금지, ② WMD계획 지원과 관련된 개인 및 단체의 해외 소유·관리하는 금융자산 동결, 유엔 회원국의 법률, 국제법에 따라 필요시 북한 선박에 대한 검문 실시(PSI 참여), ③ 북한의 행동에 대하여 지속적 점검 실시와 추가 조치 필요시 추가적 결정 요구 등으로 안보리 회원국 전체가 만장일치로 채택하였다.

이에 대해 북한은 2006년 10월 17일 외무성 성명 발표를 통해 "유엔결의안은 미국 각본에 따른 것이며 북한에 대한 선전포고이며, 향후 미국의 동향을 주시하면서 그에 상응한 조치를 취할 것"이라고 하면서 "그 누구든지 유엔안보리의 결의를 내들고 우리의 자주권과 생존권을 털끝만큼이라도 침해하려 든다면 가차 없이 무자비한 타격을 가할 것"이라고 공식반응을 발표하였다.

또 2009년 5월 북한이 2차 핵실험과 장거리 미사일을 발사하자 유엔은 6월 12일 '유엔안전보장이사회 결의 1874호'를 채택하고 북한에 대한 보다 강력한 제재조치를 취하였다. '유엔제재 1874호'는 1차 핵실험 이후 채택했던 '1718호'에 추가하여 채택한 것으로 주요 내용은 ① 불법무기와 관련해서는 북한으로부터 모든 무기 및 관련된 금융거래·기술교육·자문·지원·서비스 구매를 금지하며, 모든 무기 및 금융거래·기술교육·자문·서비스·지원에 대한 대북 공급·판매·이전을 방지하며 소형무기는 북한에 판매 전 5일 이내에 제재위원회에 보고토록 한다. ② 금융제재에 있어서는 WMD 관련 금융서비스·이전 금지와 자산동결을 요청하고, 회원국 및 국제금융기구의 북한에 대한 교부·금융지원·

융자 금지를 요청하며(단 인도적 지원·개발목적·비핵화 진전에 관련된 요청은 예외), WMD 프로그램에 기여할 수 있는 북한과의 교역에 재정지원 금지를 요청한다. ③ 화물검색에 있어서는 정당한 이유가 있을 경우 자국 국내법·국제법에 부합되게 북한 화물검색을 요청하고, 정당한 이유가 있을 경우 기국(旗國) 동의하에 공해상에서 선박검색을 요청하며, 인도적 목적을 제외하고는 의심선박에 대한 연료, 물자, 선박 제공 등의 지원 행위를 금지한다고 규정하고 있다.

유엔안보리는 2013년 북한이 3차 핵실험을 실시하자 같은 해 3월 7일 '유엔제재 2094호'를 채택하고 모든 회원국은 북한에게 핵이나 탄도미사일 개발에 기여할 가능성 있다고 판단되면 현금 등 금융자산의 이동이나 금융서비스 제공을 금지하고, 또한 북한을 출입하는 선박이나 금수물품을 적재했다는 정보가 있을 경우에는 화물검사를 의무적으로 시행하도록 하는 등 권고가 아닌 강력한 의무사항으로 결의하였다.

국제사회는 북한이 4차 핵실험을 실시하자 2016년 3월 2일 유엔안전보장이사회를 열어 ① 북한으로 수·출입되는 모든 항공기, 선박, 육로 운송 수단에 대한 검색 의무화, ② 적재 의심 항공기, 선박 등의 유엔회원국 통행금지와 모든 무기 수·출입 금지, 핵·미사일 개발 전용 가능 물자 확대 및 기술 차단, ③ 로켓·항공연료, 금, 티타늄, 광석, 바나듐, 광석 및 희토류, 석탄, 철, 철광석 수출 금지 ④ 불법 은행 거래 및 불법행위 연루 북 외교관 및 관련자를 추방하고 북한과 유엔회원국의 금융 거래 제한 확대, 고급 시계, 수상 레크리에이션 장비, 스노모빌, 납 크리스털, 레크리에이션 스포츠장비 등 5개 품목의 북한 수입 금지 등의 '대북제재 결의안 2270호'를 채택하였다. '유엔제재 2270호는 기존에는 대량살상무기(WMD) 개발을 지원하는 해외 자산만 동결할 수 있었지만, 이번에는 WMD와 관련된 북한 정권과 노동당 소속 단체의 자산 동결까지 명시하였다. 또 기존의 촉구(call upon) 수준의 권고사항을 캐지올(catch-all)로 의무화하였고, 과거에는 금지물품이라고 의심할 만한 합리적인 근거가 있을 때만 검색할 수 있었지만 이번에는 북한을 오가는 모든 화물은 무조건 검색을 하도록 육·해·공을 봉쇄하였다. 유엔제재 2270호는 유엔 70년 역사상 비군사적 수단으로는 가장 강력한 제재조치로 평가 받고 있다.

이어 국제사회는 북한이 5차 핵실험을 실시하자 2016년 11월 30일 유엔안전보장이사회를 열어 ① 북한의 주요 수출품인 석탄 수출에 상한선을 설정하고 동·니켈도 금수품목에 추가, ② 북한 소유 어선의 선적 박탈, ③ 북한이 타국에서 소유·임대 중인 부동산 이용의 원칙적 금지, ④ 북한 외교관이 개설할 수 있는 은행계좌 수 제한 등의 '유엔제재 2321호'를 채택하였으며, 북한의 6차 핵실험 후에는 2017년 9월 12일 '대북 결의안 2375호'를 만장일치로 채택하고 북한의 핵·미사일 프로그램의 완전한 폐기와 추가도발 중단을 촉구하였다.

'유엔제재 2375호'는 ① 군사정책 및 국방산업 책임자 제재 대상 추가(당 노동당 중앙위원회, 당 조직지도부, 당 선전선동부, 박영식 인민무력상), ② 대북 유류 공급 제한(정유제품 '17년 4분기 50만 배럴에서 '18년부터 연간 200만 배럴로 제한, LNG·콘덴세이트의 대북 수출 전면 금지), ③ 북한 노동자 고용 및 섬유제품 수출 금지(해외 북한 노동자 신규 허가 금지, 북한 모든 직물 및 의류완제품 수출 금지), ④ 공해상 금수품목 이전 및 합작투자 사업 금지(유엔회원국은 금수품목 의심 선박에 대한 기국 통의 하 검색 가능, 선박 간 환적 금지, 북한과의 합작투자 사업체 설립·유지·운영 금지) 등으로 5차 핵실험 제재에 추가하여 더욱 강화된 대북제재를 가하였다.

〈표 6-9〉 유엔안보리 대북제재 결의안 채택 현황

일 자	결의안	내 용	제재 대상
'93. 5. 11.	825호	북 NPT 탈퇴 선언 제고 및 의무 이해 재확인	IAEA 안전조치협정 준수 촉구
'06. 7. 15.	1695호	대포동 2호 미사일 발사에 따른 제재	미사일 · WMD 물품 및 기술 구매 금지
'06. 10. 14.	1718호	1차 핵실험에 따른 제재	무기 수출 금지
'09. 6. 12.	1874호	2차 핵실험에 따른 제재	단체 5개, 개인 4명
'13. 1. 23.	2087호	장거리미사일 발사에 따른 재제	단체 6개, 개인 4명
'13. 3. 8.	2094호	3차 핵실험에 따른 재제	사치품 수출 금지, 단체 2개, 개인 3명
'16. 3. 2.	2270호	4차 핵실험에 따른 재제	수출입 화물 검색, 단체 12개, 개인 16명
'16. 11. 30.	2321호	5차 핵실험에 따른 재제	단체 10개, 개인 11명
'17. 6. 1.	2356호	중거리 미사일 발사에 따른 재제	단체 4개, 개인 14명
'17. 8. 6.	2371호	화성14형 발사에 따른 재제	단체 4개, 개인 9명
'17. 9. 12.	2375호	6차 핵실험에 따른 재제	단체 3개, 개인 1명

이와 더불어 국제사회는 유엔 대북결의안 외에 북한의 핵 · 미사일 개발에 반대하며 독자적인 제재에도 나섰다.

미국은 2005년 조선륭봉총회사 외 2개 회사에 대해 WMD 지원기업으로 지정하였고(2005년 6월 29일), 조선광성무역 외 7개 회사에 대해 자산 동결(2005년 10월 21일)을 실시하였다. 또 북한의 주요 외환 거래 은행인 방코 델타 아시아은행(Banco Delta Asia)에 대해서는 '돈 세탁 우려 (primary money laundering concern)' 대상으로 지정(2005년 9월 16일)하는 등 북한에 대한 금융제재를 강화하였다. 그리고 2010년 '천안함 사태' 이후에는 추가적인 대북제재 조치로 '행정명령 13551호'를 발표(2010년 8월 30일)하고, 여기에 3개 기관(정찰총국, 청송연합, 노동당 39호실)과 1명 (김영철 정찰총국장)의 개인을 제재리스트에 추가하였다. 또 2016년 북한이 4차 핵실험을 실시하자 그 제재 대상을 추가하였는데, 그 추가 대상은 국방과학원, 청천강해운, 대동신용은행, 원자력공업성, 국가우주개발국, 군수공업부, 39호실, 정찰총국, 원자력공업성, 우주 개발국 등 개인 16명과 단체 12곳 등이다.

2006년 2월 미국 국방부가 발표한 '국방검토보고서(QDR)'에 의하면, 미국은 동맹국들과 PSI를 강화시켜 나갈 예정이며 대량살상무기의 확산 저지뿐만 아니라 사이버 공간의 보호까지도 추구할 것임을 밝히고 모든 PSI 회원국들은 이 협약에 의해 북한의 대량살상무기의 확산방지에 동참할 것을 요구하였다. 또 미국은 2010년 4월 6일 '핵태세 검토보고서(NPR)'에서 "NPT에 가입한 비핵국가들이 미국에 생·화학무기로 공격하는 경우에도 핵무기로 보복 공격을 하지 않겠다"는 내용을 발표하였다. 이는 버락 오바마 미국 대통령의 '핵무기 없는 세상'을 구현하기 위한 가시적인 조치로써 핵무기의 역할을 줄여 나가겠다는 의도로 풀이된다. 그러나 미국은 이 보고서에서 NPT에서 탈퇴한 상태로 핵확산 의무까지 지키지 않고 있는 북한에 대해서는 새 정책의 적용대상에서 제외한다고 밝혔다. 즉 북한에 대해서는 미국의 핵무기 사용 가능성을 열어놓은 것이다.

이에 대해 북한 외무성 대변인은 2010년 4월 9일 조선중앙통신을 통해 "미국의 핵위협이 계속되는 한 우리는 앞으로도 억제력으로서의 각종 핵무기를 필요한 만큼 더 늘리고 현대화할 것"이라며 미국이 북한을 핵 선제공격대상에 남겨둔 것에 대해 강하게 반발하였다.

미국은 북한에 대해 완전한 핵폐기(CVID)[31]와 북한 인권법안, PSI 등

---

31) CVID(Complete, Verifiable, Irreversible, Dismantlement): 완전하고, 검증가능하며, 불가역적인, 핵폐기를 의미하는 미국 부시 대통령의 북핵 사태해결의 원칙으로, 북한은 이에 대해 CVID라는 용어는 "패전국에나 강요하는 굴욕적인 것"이라며 강하게 반발해 왔다.

국제협약기구를 통해 북한에 대한 압박수위를 높여 가고 있다. 특히 트럼프 행정부 출범 이후에는 북핵 문제 해결에 외교적 압박은 물론 군사적 옵션까지 테이블 위에 올려져 있다고 밝힘에 따라 미국의 대북 압박은 더욱 강화될 것으로 보인다.

트럼프 행정부는 2017년 9월 21일 북한과 거래하는 모든 국가의 개인·기관을 제재할 수 있도록 하는 '세컨더리 보이콧'[32] 행정명령에 서명하고 조선중앙은행과 조선무역은행, 농업개발은행, 제일신용은행, 하나은행, 국제산업개발은행, 진영합영은행, 진성합영은행, 고려상업은행, 류경산업은행 등 북한 은행 10곳을 제재대상으로 지정하고, 이 북한 은행들과 거래하는 제3국의 금융기관들에 대해서는 미국의 국제 금융망에 접근할 수 없도록 하였다.

지금까지는 미국의 대북한 제재가 인도적 지원 차원이나 비영리적 사업 분야에서 제한적으로 이루어져 왔지만, 미국은 앞으로 필요에 따라 북한에 대한 압박 수단을 더 강화하여 대북제재를 가할 수도 있다. 즉, 경제활동에 직접적인 영향을 줄 수 있는 수출입 통제범위를 확대하고 직접적인 군사행동을 통해 그 압박의 수위를 높일 수도 있다는 것이다.

중국은 2009년 7월 24일 단둥(丹東)을 통해 북한에 밀반입되려던 전략적 금속인 바나듐(vanadium)[33]을 압수하였고, 8월에는 방사능 기준치를 초과한 북한산 광물의 통관을 제지하는 등 북한의 핵실험 이후 대북 군수물자 수출입을 엄격하게 통제하고 있다.

---

[32] '세컨더리 보이콧(secondary boycott)'은 제재국가의 정상적인 경제활동과 관련해 거래를 하는 제3국의 기업과 은행, 정부 등에 대해서도 제재를 가하는 것을 말한다.
[33] 바나듐(vanadium)은 무르고 연성이 있는 희귀 금속으로, 마모·열·부식에 대한 저항이 강해 비행기나 미사일 부품 제조 등에 쓰이는 필수적인 첨가 물질이다. 중국이 압수한 바나듐 양은 70kg으로 시가 20만 위안(3,600여만 원)에 이르는 것으로 확인됐다.

일본은 북한의 2006년 7월 미사일 발사와 10월 9일 핵실험에 대한 보복으로 북한선박의 일본에 전면 입항금지, 북한산 상품 전면 수입금지, 인적 왕래 제한 등 강력한 제재조치를 취한 바 있다.

태국은 2009년 12월 12일 북한제 무기를 싣고 가던 화물기(IL-76)를 자국 공항에서 압류하는 조치를 취한 바 있다. 억류된 화물기에는 로켓용 추진 폭탄과 견착식 미사일(RPG-7), 다양한 로켓, 무기부품 등이 적재돼 있었고 압류된 무기의 가치는 1,800만 달러에 달하는 것으로 알려졌다.

한편, 북한은 핵실험 이후 국제사회의 대북 경제제재로 인해 악화된 외환조달 사정을 해소하기 위해 외자유치를 위한 노력을 강화하고 있다. 북한은 최근 외국인 투자유치를 확대하기 위한 전담 조직을 신설하고 외국기업에 개성공단보다 싼 임금을 제시하는 등 각종 혜택을 내걸고 투자유치에 나서고 있다. 또 해외자본을 유치하기 위해 외무성과 무역성을 중심으로 유럽과 러시아, 중국 등에 파견한 대외무역 관계자 수도 100명이 넘는 것으로 알려지고 있다. 하지만 이와 같은 노력도 불구하고 국제사회의 각종 대북제재 조치가 가동되고 있는 상황에서는 북한의 경제활동은 결코 자유로울 수 없을 것으로 보인다.

2016년 6월 한국무역협회가 발표한 북·중 교역통계자료에 따르면 중국의 5월 대북 수입액은 1억 7,600만 달러로 2015년 같은 기간보다 12.6%, 중국의 대북 수출액은 2억 3,900만 달러로 5.9% 감소한 것으로 나타났다. 또 스위스는 북한에 대한 자산을 동결하고 은행계좌를 폐쇄하였으며, 우간다는 북한과 오랜 기간 지속되던 안보·군사관계를 중단하고 북한에서 우간다로 보낸 군사고문단 40명에 대해서도 본국으로 철수할 것을 요청하였다.

〈표 6-10〉 국제사회 북한 제재

구분	대사 추방	경제 제재	외교 제재
국가	멕시코 페루 스페인 쿠웨이트 이탈리아	중국: 북한 합작기업 설립 금지 필리핀: 무역중단 태국: 경제관계 축소 말레이시아: 외교·경제관계 축소 파키스탄: 고려항공 취항 금지 몽골: 북한 선박 등록 취소 피지: 북한 선박 등록 취소 독일: 북한 대사관 임대사업 중단 폴란드: 북한 노동자 허가 취소	베트남: 북한 비자 연장 거부 스리랑카: 북한 비자 발급 제한 불가리아: 북한 외교관 감축 남아공: 북한 외교관 감축 이집트: 북한 제재 대상 외교관 강제 출국 앙골라: 주시 대상 북한 외교관 신상 공개

국제사회의 이와 같은 강한 제재와 압박은 북한에 외자유치는 물론 모든 대외활동을 차단함으로써 북한을 더욱 고립의 길로 몰아넣고 있고, 전통적 우방 국가들과의 관계마저 단절시키는 결과를 낳았다. 따라서 북한이 핵문제를 포함한 대량살상무기에 대해 전폭적인 해결의지를 보이지 않는 한 국제사회의 압박과 제재는 앞으로도 지속될 것이며 이로 인한 피해는 북한 주민이 고스란히 받을 수밖에 없다.

북한의 혹독한 인권상황도 문제다. 유엔인권조사위원회(COI)는 2015년 2월에 발표한 보고서를 통해 북한에서 반(反) 인도적 범죄가 자행되고 있다고 보고하고 이에 따른 조치로 대북 인권 결의안을 채택하고 북한 김정은 국방위원회 제1위원장을 인권탄압 등의 이유로 국제형사재판소에 재소하였다.

또 미 국무부가 2016년 7월 6일 미 의회에 제출한 '북한 인권보고서'에 의하면 김정은 정권 아래에서 수백만 북한 주민이 재판도 받지 않고 처형되거나 강제노동, 고문, 실종 등 견딜 수 없는 잔혹함과 고난을 겪고

있고, 어린이를 포함한 8만~12만 명이 정치범 수용소에 수용돼 인권유
린을 당하고 있다고 밝히면서 김정은을 제재대상 리스트에 포함하였다.

이에 대해 북한은 7월 8일 외무성 성명을 통해 "자신들에 대한 선전포
고라고 주장하면서 이제부터 미국과의 제기되는 모든 문제들은 우리공
화국 전시법에 따라 처리되게 될 것"[34]이라고 하면서 강하게 반발하였다.

북한이 이와 같이 국제사회의 인권문제에 대해 과민한 반응을 보이는
것은 가뜩이나 고립돼 있는 북한을 더욱 코너로 몰아세울 것이라는 우
려 때문인 것으로 보인다.

북한은 지금 핵문제로 미국과 갈등을 야기하고 있고, 이를 협상수단
으로 활용하여 미국으로부터 체제보장 확보와 경제·외교적 지원 도출
을 도모하는 '갈등적 편승전략[35]'을 전개하고 있다. 또 북한은 중국이라
는 후원자가 있음을 과시하는 한편, 러시아와는 2002년 2월 체결한 '조·
러친선협조조약'에 따라 안보위협 발생 시 제한적 군사협력 여지를 확
보함으로써 미국의 압력에 대처하고자 하고 있다.

하지만 중국과 러시아도 국제사회의 일원으로써 국제협약에 가입하
여 활동을 하고 있고, 여기에서 결정된 사안을 무시할 수만은 없다. 특
히 이들 국가들도 자신들의 국익에 우선한 정책을 취하고 있어 북한의
영원한 우방국으로서 역할을 언제까지 계속해 줄지는 의문시 된다.

한편, 북한 핵문제가 진전 없이 정체를 보이는 것은 북핵문제의 핵심
해당국가인 미국과 북한이 핵문제를 처리하는 데 있어 '정체와 진전'이
라는 협상과정에서 자신들의 이익 극대화를 추구하고 있기 때문으로 분

34) 『조선중앙통신』, 2016년 7월 8일.
35) '편승전략'이란 약소국이 강대국에 정책적으로 동조하여 생존을 모색하는 것이며,
갈등적 편승전략이란 안보위협에 직면한 약소국이 갈등을 야기함으로써 강대국에
편승하는 전략을 말한다.

석된다. 다시 말해 미국은 북한에 대해 북핵문제 이외에도 불법무기수출, 인권 문제 등의 북한 문제를 다층적으로 동원하여 이른바 '맞춤형 봉쇄'를 취하고 있고, 반면 북한은 원하는 것을 얻지 못할 경우 협상을 보이콧하면서 정체와 협상이 되지 않는 '정체 상황'의 책임이 미국에게 있음을 6자회담 당사국들에게 강력하게 호소함으로써 미국에 대한 직·간접적인 '압박'을 가하고 있기 때문이라는 것이다. 이를 통해 북한은 자신들에게 우호적인 환경을 설정하면서 미국이 협상에 재차 임하도록 하여 원하는 것을 얻을 수 있는 '진전'의 방식을 채택하고 있으나 이러한 북한의 전략은 오래가지 못할 것으로 보인다.

나. 동북아지역 평화안정

동북아지역은 미·일·중·러 등이 전 세계 군사비의 절반 이상을 차지할 정도로 군사력이 집중된 곳이다. 이 중에서도 미국이 절대적 군사적 우위를 유지하고 있는 가운데 중국과 일본은 경쟁적으로 해·공군력을 증강시키고 있다. 이와 같이 최근 들어 동북아 국가들은 자국의 안보를 강화시킨다는 명목으로 국방부문의 예산을 증가시키고 있다.

미국은 아시아·태평양 지역에서 자국의 군사적 프레젠스 유지와 대중국 견제라는 전략적 목표를 실현하기 위해 재균형 정책을 전개해 오고 있다. 그 일환으로 2020년까지 60%의 미 해군 전력을 아시아·태평양 지역에 배치한다는 계획을 발표한 바 있다. 미국은 아시아·태평양 지역에서의 군사적 우위를 유지하기 위해 전력 증강을 추진하고 있으며 앞으로도 미국은 이 지역에서 중국의 공세적 군사행동을 견제하기 위해 군사대비태세를 지속적으로 강화해 나갈 계획을 가지고 있다.

중국은 고도의 경제성장을 바탕으로 국방비를 지속적으로 증액하면서

〈표 6-11〉 한반도 주변 군사력

구 분	미 국	일 본	중 국	러 시 아
병 력	1,348천여 명	247천여 명	2,035천여 명	900천여 명
주 요 무 기	항공모함 11척, 잠수함 68척, 전투기 2,184대	수상전투함 47척, 잠수함 19척, 전투기 332대	항공모함 1척 잠수함 62척, 전투기 1,999대	항공모함 1척, 잠수함 62척, 전투기 1,220대
국방비	7,170억 달러	460억 달러	1,505억 달러	456억 달러
전 력 증 강	핵전력 증강·현대화, 장거리 전략폭격기 개발, 미사일방어·사이버·우주전력 강화	F-35, 신형조기경보기, 글로벌호크, 이지스함 및 잠수함 추가도입 등 전력증강	신형 전략미사일, 스텔스전투기, 항공모함, 사이버전력·우주전력 강화	핵전력 증강, 스텔스전투기 개발, 신형미사일 개발, 재래식무기 현대화

출처: *The Military Balance 2018*, London: International Institute for Strategic Studies, 2018.

군현대화를 추진하고 있다. 중국은 경제성장을 바탕으로 국제적 영향력을 뒷받침하기 위해 첨단 군사역량을 구축하는 데 많은 재원과 노력을 투자하고 있다. 중국은 2008년 1월 신형 장갑차 VN-3을 개발하였고, 같은 해 공격용 헬기 Z-10을 실전배치했다. 해군은 원거리 투사 능력을 강화하기 위해 1995년부터 2007년 사이 소브레에나급 구축함(7,900t) 4척과 킬로급 잠수함(3,000t) 12척을 러시아로부터 도입하였고, 2007년에는 중국형 이지스급 구축함(6,500t) 2척을 작전 배치하였다. 2008년에는 사정거리 8,000km 이상인 JL-Ⅱ 탄도미사일을 탑재한 신형 진(jin)급 전략핵잠수함 2척을 추가로 전력화하였고, 2014년에는 7,500톤급의 방공구축함 052D 4척을 남중국해를 관할하는 남해함대에 배치하였다. 중국은 앞으로도 해상 전력투사 능력제고를 위해 항공모함을 추가로 전설한다는 계획을 가지고 있다. 공군은 원거리 작전능력을 강화하기 위해 자체 개발한 J-10 전투기를 2007년 작전 배치하였고, 2010년에는 J-20 전투기를 개발하였으며, 2016년에는 자체개발한 전략수송기인 원-20을 실전배치하는 등 전력증강에 힘을 쏟고 있다.

일본은 북한의 핵실험과 미사일 시험 발사 후 국가방위정책을 '전수방위'에서 '적극방위'로, '방어 및 억제중심'에서 '위협대응형'으로 전환하였다. 이러한 일본의 정책 변화는 북한의 핵과 미사일개발에 따른 대응책으로 분석된다.

기존의 일본 방위대강은 외부세력이 일본 열도를 침략할 가능성이 낮기 때문에 장비와 요원을 감축해야 한다고 보는 것이었다. 그러나 최근 들어 일본 방위성은 이지스함용 능력향상형 요격미사일 개발 등 탄도미사일 대처에 역점을 두는 한편, 육상자위대 정원을 늘리는 등의 구체적인 군사력 확대계획을 추진하고 있다. 또 방위대강의 핵심내용이 될 『가쯔마타 보고서』에 따르면 핵·재래식 무기에 의한 공격에 대해 보복적 억지가 유효하게 작용할 수 있도록 미·일 동맹관계를 발전시킴과 동시에, 실제로 이러한 보복능력을 실행할 수 있는 체계를 구축해야 한다고 주장하고 있다. 그리고 이러한 보복적 억지개념을 미·일 동맹 차원뿐만 아니라 일본의 독자적인 보복억지능력 향상을 위해 적기지 공격능력을 보유할 수 있도록 방위력을 정비해야 한다고 주장하고 있다. 이는 일본이 북한의 핵실험과 미사일개발에 맞서 군사적 대응조치를 강화하기 위한 조치로 보인다.

일본은 북한이 2006년에 탄도미사일을 시험 발사하고 1차 핵실험을 실시하자 MD(Missile Defence: 미사일 방어체계)체계의 조기 구축에 착수하였다. 이에 따라 일본은 2007년 3월부터 2010년 4월까지 항공자위대 방공기지와 교육부대 등 16개소에 PAC-3 요격미사일을 배치하였다. 또 2007년부터 2009년까지 매년 1척씩 이지스함 3척에 요격미사일(SM-3)을 장착하였고, 탄도미사일 감시와 추적을 위한 FPS-5 레이더를 설치하였다.

이와 함께 일본 정부는 경제재정운용 기본계획인 '골태(骨太)방침 2009'(신방위계획대강, 2010~2014년) 최종안에 방위비 예산과 관련하여 북한의 핵과 미사일개발에 맞서 장비와 요원의 감축 방침을 전환할 필요가 있다고 보고 방위비를 증액함으로써 북한의 군사위협에 본격적으로 대비하고 있다. 일본이 심각한 경기불황과 세수부족으로 2003년부터 삭감해 오던 방위비를 다시 증액하고, 그중에서도 MD 체제 도입부문에 2010년까지 총 1조 엔을 투입한 것은 일본이 북한의 핵과 미사일위협을 그 정도로 심각하게 받아들이고 있다는 것이다.

일본은 다수의 최첨단 구축함을 보유하고 있고 여기에 탄도미사일방어 체계인 PAC-3과 함께 이지스구축함에 SM-3 미사일을 장착함으로써 전반적으로 매우 높은 수준의 탄도미사일 방어능력을 구비한 것으로 평가받고 있다.

일본의 이러한 군사력 증강은 북한과 중국의 군사적 위협에 맞서기 위한 것이라고 하고 있지만, 결국 한국을 포함한 동북아 국가들로 하여금 군사적 긴장을 고조시키는 결과로 이어질 수 있다.

이와 더불어 일본은 핵 재처리시설도 갖추고 있어 핵무기 개발에도 어려움이 없는 것으로 알려지고 있다. 현재 일본은 핵무기 6000개를 만들 수 있는 플루토늄(47.8t)[36]을 보유하고 있어 핵무기를 제조하고자 마음만 먹으면 6개월 내에 핵무기 개발이 가능한 것으로 보고 있다. 일본의 핵무기 제조 능력은 비핵 국가 중에서는 최대 규모이고 기술력도 최고 수준인 것으로 알려져 있다. 따라서 북한의 핵개발은 일본으로 하여금 핵무기 개발을 부추기는 결정적인 원인을 제공해 주고 있는 것이다.

러시아는 2008년부터 미래 안보위협에 신속하게 대응할 수 있는 새로운 군을 목표로 국방개혁을 강력하게 추진하고 있다. 이를 위해 매년 9~10%의 장비를 교체하여 2020년까지 70%가량의 장비를 현대화한다는

. . . .

36) 『조선일보』, 2017년 10월 2일.

계획을 추진하고 있다. 또 북한의 미사일 발사와 핵실험에 대해서는 우려를 나타내고 있다. 러시아는 북한의 핵실험으로 인한 사고 가능성에 대비해 극동지역(북한 국경 인근)에 S-400사단과 최신 방공망을 배치하였다. 러시아군의 전력은 냉전 시절과 비교해 큰 폭으로 삭감된 것은 사실이나, 여전히 핵전력을 비롯해 상당규모의 전력을 유지하고 있는 것으로 알려져 있다.

대만은 미국으로부터 사정거리 105km인 중거리 공대공 AIM-120C AMRAAM 미사일 218기와 사거리 27km인 단거리 공대지 AGM-65 매버릭 미사일 235기 등을 도입하여 공군력을 한층 강화하였다. 2009년 10월 1일에는 자체 제작한 중거리(사거리 3,000～5,000km) 지대지 순항미사일 '슝펑 2E', 초음속 대함 미사일 '슝펑-3', 지대공 미사일 '톈궁 3'을 시험 발사했다. 대만 정부는 매년 GDP의 3%를 국방예산으로 투입하여 첨단무기 구매와 군사과학기술 연구개발에 집중하는 등 국방력 강화에 힘을 기울이고 있다.

이와 같이 아시아·태평양 지역의 안보환경은 갈수록 불안정한 양상을 보이고 있다. 특히 북한의 핵실험 강행으로 촉발된 한반도의 위기상황은 '한·미·일 vs. 북·중·러'라는 역학 구도의 출현을 초래하였다.

북한과 지리적으로 인접하고 있는 나라들은 북한의 핵위협으로부터 자유로울 수 없다. 이는 곧 자국의 안보와 직결되는 중요한 문제로 작용하기 때문이다. 일본은 군사대국화를 외치면서 핵개발을 정당화할 것이고, 여기에 대만도 좌시하지만은 않을 것이어서 동북아지역에 핵개발 도미노현상은 조기에 현실로 나타날 수 있다.

한반도를 둘러싼 주변 국가들이 북한 핵개발로부터 받는 위협 정도를 판단해 보면 〈표 6-12〉와 같다.

〈표 6-12〉 한반도 주변 북핵 위협 정도

(○: 높음, △: 중간)

구분	한 국	북 한	북핵위협
미국	21세기 전략 동맹	적대 관계	○
일본	미래 지향적 성숙한 동반자 관계	잠재 적국	○
중국	전략적 협력 동반자	전략적 동반자	△
러시아	전략적 협력 동반자	전략적 동반자	△

* 중국과 러시아를 북핵 위협으로 보는 이유는 군사적 사용이 아닌 핵개발 과정에서 안전사고나 핵시설 파괴 시 이로 인한 피해를 고려한 것임.

결국 북한의 핵과 미사일은 동북아시아 국가들에게 군비경쟁을 부추기고 군사력을 증강하도록 하는 좋은 명분을 제공해 주고 있는 것이다.

제2절 선군군사전략의 전망

1. 북한 군사도발 요인

가. 북한 위기상황 평가

세계는 지난 1980년대 말부터 일기 시작한 사회주의국가의 몰락에 이어 지금은 독재정권에 맞선 시민저항운동이 확산되어 가고 있다. 이러한 여파는 강한 독재정권을 유지해 오고 있는 북한으로 하여금 불안과 위기의식을 더욱더 느끼게 하고 있다. 즉 소련의 붕괴와 중국의 개혁·개방은 북한의 절대적 안보후원국을 의심하게 하였고, 2011년 발생한 이집트와 리비아 등 중동지역에서의 '자스민혁명'은 북한과 같은 독재정권에게는 심각한 위기의식을 다시 한번 인식시켜 주었다.

여기에 2011년 12월 김정일의 갑작스런 사망은 북한 지도층에게 불안감을 더해주었다. 하지만 북한은 김정일의 아들 김정은에게로 3대 세습을 통해 김일성 가계의 왕조국가체계를 구축하고 있다.

북한이 현재 처해 있는 위기를 바탕으로 발생 가능한 상황을 도출해 보면 〈표 6-13〉과 같다.

〈표 6-13〉 북한 위기지표

구 분	위기 내용	행동 유발
대내적 위기	· 김정은 정권 불안 · 식량난·경제난	· 지도층 권력 장악 투쟁 · 사상해이에 따른 주민일탈
대외적 위기	· 북핵문제 악화 · 대미·대남관계 악화 · 공산권·독재정권 붕괴	· 군사적 무력시위 · 남북 교류차단, 대남군사도발 · 내부통제 강화

먼저 대내적 위기인 김정은 정권의 불안정성은 언제라도 정권 장악을 둘러싼 내부 투쟁으로 이어질 수 있고, 계속되는 식량난은 사회주의 체제에 대한 불만으로 이어지면서 주민들의 사상적 해이와 함께 주민일탈 현상으로 이어질 수 있다.

대외적 위기인 북핵문제는 국제사회와의 관계 악화로 북한의 대외관계를 차단시킴으로써 북한경제를 더욱 어렵게 만들고 있고, 서해상과 휴전선 인근에서의 군사도발로 인한 대남관계 악화는 남북한 교류차단은 물론 재발시 군사적 충돌을 가져올 수 있다. 그리고 공산권 및 독재정권들의 시민운동에 의한 붕괴는 북한과 같이 3대 세습을 하고 있는 상황에서는 언제라도 발생 가능한 상황이기 때문에 김정은은 외부 정보유입 차단을 위한 내부단속을 더욱 강화할 것으로 보인다.

북한 위기지표에 따른 군사행동 정도는 〈표 6-14〉와 같다.

〈표 6-14〉 북한 위기지표에 따른 군사행동 정도

구분	대내위기 고조	대내위기 저조
대외위기 고조	높음	중간
대외위기 저조	높음	낮음

북한은 대내·대외적 위기가 고조될수록 체제유지를 위한 군사행동 유발 정도는 높은 반면, 대내·대외적 위기 정도가 낮을수록 군사행동 보다는 체제안정을 위한 대내결속에 집중할 것으로 보인다. 다시 말해 대내·대외적 위기가 높을수록 강력한 군사행동을 통해 내부통제는 물론 외부의 압박에 대항하고 자신들의 체제를 유지하려 할 것이며, 반면에 대내·대외적 위기가 낮을수록 군의 경제활동 투입을 통해 어려운 경제난을 해결하려 할 것이다. 또 대외위기는 높으나 대내위기가 낮을 때는 가시적인 군사행동을 통해 대내결속을 유도하면서 외부의 위협에 대응하려 할 것이며, 대외위기는 낮으나 대내위기가 높을 경우에는 군대를 이용한 주민통제와 체제안정을 기하려 할 것으로 보인다.

북한이 김정은 정권 들어 핵실험과 탄도미사일을 시험 발사하고 각종 훈련을 강화하고 있는 것은 김정은이 정치적 상황에 따라 언제라도 한반도에서 군사행동을 실행하기 위한 준비차원이라 할 수 있다.

나. 북한의 전쟁도발 요인

북한은 김일성 사후 대내·대외적으로 불어 닥친 위기상황을 선군정치라는 새로운 정치이데올로기를 통해 자신들의 정권생존은 물론 사회

주의 체제를 유지하고자 하였다. 그러나 북핵문제로 인한 국제사회의
제재와 압박은 더욱 가중되고 있고 자력갱생의 기치는 내걸었지만 경제
난과 식량난은 더욱 심화되고 있다.

북한은 이러한 위기상황이 지속되어 체제유지가 어렵다고 판단되면
이를 극복하기 위한 최후의 수단으로 전쟁이라는 극단적인 카드를 선택
할 수도 있다.

북한은 어려운 경제상황하에서도 핵과 미사일 등 대량살상무기를 개
발하였다. 또 재래식 전력도 양적 확대와 성능 개량을 통해 그 기능을
향상시켰다. 북한은 지금 핵과 미사일 등 전략무기 보유와 함께 재래식
전력의 양적 증가를 통해 그 어느 때보다도 강력한 군사력을 보유하고
있는 것으로 평가받고 있다.

북한 정권이 한반도에서 마지막 카드인 전쟁을 선택한다면 그 도발요
인은 다음과 같이 4가지로 상정해 볼 수 있다.

첫째, 북한 정권의 지휘구조에 대한 변화 발생이다. 이는 김정은 체제
가 권력공고화에 성공하지 못하고 권력투쟁이 발생할 경우 가능한 상황
이다. 지금과 같이 김정은의 공포통치가 지속되고 내부 불만이 가중될
경우 특정집단이 정권을 쟁취한 다음 민심동요를 방지하고 자신들의 반
대세력을 제거하기 위해 선택할 수 있다.

둘째, 북한 정권에 심각한 위협이 초래되는 경우이다. 이는 ① 김정은
이 통치능력을 가지고 있는 상태에서 북핵문제에 대해 미국과의 협상에
서 타결을 보지 못하고 미국 주도의 선제공격의 위협을 느낄 때, ② 김
정은이 후계승계는 했지만 계속되는 경제난과 식량문제 등으로 더 이상
북한을 통치할 수단이 없다고 판단될 때, ③ 중국의 북한 지원이 중단되
어 생존권에 위협을 느낄 때 가능한 상황이다. 이러한 상황에서는 대규
모 재래식 전력과 비대칭전력을 이용해 한미동맹에 대비한 선제타격을

실시하여 전쟁 상황을 조성함으로써 전쟁승리를 이유로 인민들의 결집을 유도하고 불안정한 체제를 정비할 수 있기 때문이다.

셋째, 상대적 능력에 대한 오판이다. 이는 ① 자신들이 가지고 있는 핵무기와 미사일 등 비대칭전력에 대한 능력을 과대평가하거나, ② 미군의 전시작전권 전환에 따른 한국군 능력에 대한 오판 또는 과소평가(독자적인 전쟁지휘능력 부족, 미군철수로 인한 전투장비의 열세), ③ 미군의 한반도에 대한 증원 또는 한국군의 병력동원 등 한미동맹에 변화가 포착되었을 때 이를 자신들에 대한 위협으로 판단하고 전쟁을 일으킬 수 있다.

넷째, 북한의 호기 인식이다. 이는 ① 남한 내 반미감정이 고조되고 좌파세력이 득세하여 한·미 동맹 관계에 균열 또는 위기상황이 발생하거나, ② 남한 내 대규모 반정부 시위 및 정치권의 분열로 국론이 양분되고 국민 불안이 가중되는 등 국가적 위기가 발생했을 때, ③ 타 지역 분쟁으로 인해 한국 내 미군이 다른 지역으로 이동하여 한국 내에 잔류한 미군이 없거나 그 수가 소수이어서 전투력을 발휘할 수 없다고 판단될 때, ④ 북한이 남한을 상대로 군사행동을 일으켰을 때 중국과 러시아가 1950년 6·25전쟁 때와 같이 북한에 적극적인 지원을 약속했을 때, ⑤ 미국과 중국의 갈등이 심화되어 미국이 한반도 문제에 개입할 여력이 없거나, 또는 중국이 정치적 목적[37]을 달성하기 위해 북한을 적극적으로 지원을 할 수밖에 없는 상황일 때이다.

---

[37] 중국은 한반도에 전쟁발생 시 북한이 한미동맹군에 의해 점령당하는 것을 결코 허락하지 않을 것이다. 그 이유는 북한지역이 한미동맹군에 의해 통일이 되면 북한은 남한의 통제에 놓이게 되고 중국과 통일한국의 국경선에는 미국의 지원을 받는 한국군이 담당하게 된다. 이는 중국으로서는 미국과의 대치상황으로 볼 수 있다. 따라서 중국은 한반도에서 미국과 직접 대치하는 것보다는 북한이 중간에서 완충적인 역할을 해주길 바라고 있기 때문이다.

이상에서 제시한 4가지 요인 중 가장 가능성 있는 상황은 두 번째 북한 정권에 심각한 위협이 초래되는 경우이다. 이는 김정은이 지금과 같이 북핵문제로 국제사회의 북한제재가 강화되고 심각한 경제난을 겪고 있는 상황에서는 가장 가능성 있는 요인이라 할 수 있다.

2. 북한 군사행동 전망

가. 군사행동 유형

북한이 대량살상무기를 기반으로 한반도에서 군사행동을 한다면 그 행동유형은 북한의 위기지수 정도에 따라 결정될 것으로 보인다.

북한이 선택 가능한 군사행동을 북한 위기지수와 연계하여 전망해 보면 【그림 6-1】과 같이 4가지 유형으로 생각해 볼 수 있다.

【그림 6-1】 북한 위기상황별 군사행동 유형

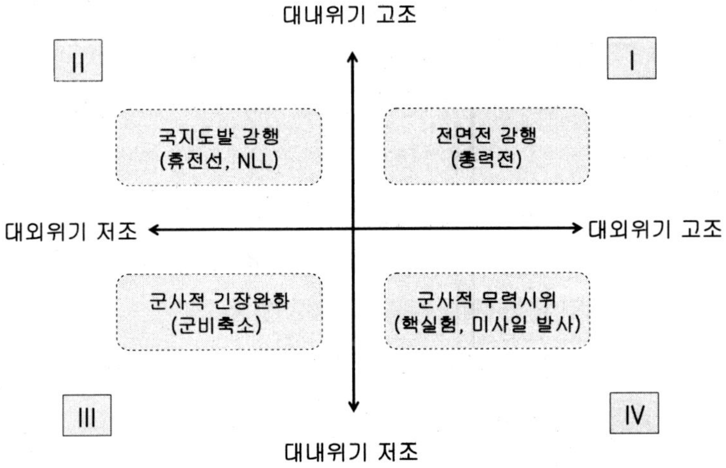

'유형Ⅰ'은 한반도에서 전면전을 감행하는 것이다. 이러한 상황은 북한이 대내적·대외적으로 상황이 최악에 달해 더 이상 다른 방법이 없을 때 선택가능한 상황이다. 다시 말해 김정은 정권이 내부 권력투쟁과 식량난 등으로 극심한 혼란이 조성되어 북한 체제가 붕괴될 위기에 처해 있거나, 또는 북핵문제로 미국과 관계가 악화되어 더 이상 버틸 여력이 없을 때 최후의 방법으로 전면전이라는 극단적인 방법을 선택할 수 있다는 것이다. 이때 북한은 전략무기인 핵과 미사일을 이용하여 남한과 미국을 위협하면서 남한에 대해서는 재래식 전력을 이용하여 전격전을 감행할 것으로 보인다. 하지만 북한이 전면전을 감행하기 위해서는 중국과 러시아의 사전 승인과 적극적인 지원을 받아야 하는 부담을 안고 있다.

'유형Ⅱ'는 한반도에서 대남국지도발을 감행하는 것이다. 이러한 상황은 북한이 대내적·대외적 위기는 있으나 대외적인 위기가 심각하지 않을 때 가능한 상황이다. 이는 김정은 정권이 핵문제 등으로 대외적 압박은 받고 있으나 진전 없이 정체되어 있는 상황에서 공포통치와 식량난으로 주민들의 불만이 가중되고, 내부적으로는 권력다툼이 일어날 기미가 보일 때 휴전선과 NLL 일대에서 군사도발을 감행함으로써 북한 주민들에게 결집을 강요한다는 것이다. 다시 말해 김정은이 NLL 또는 휴전선 인근에서 의도된 대남군사도발 등을 통해 외부적 위기를 조성하고, 이를 이유로 주민들에게 결집을 유도하면서 정치적 안정을 꽤한다는 것이다. 김정은이 2013년 3월에 취했던 전시상황 선포, 2014년 10월 경기도 연천 민가지역에 고사총 발사 사건, 2015년 8월 4일 DMZ 남측지역에 목함지뢰 사건 등은 김정은이 집권 초기 자신의 정권 공고화를 목적으로 취한 대표적인 대남군사도발이라 할 수 있다.

'유형Ⅲ'은 군사적 완화 조치를 하는 것이다. 이러한 상황은 북한이 대내적·대외적 위기가 심각하지 않고 안정적일 때 가능한 상황이다. 다시 말해 대외적으로는 북핵문제가 자신들이 의도하는 대로 잘 진행되어 경제문제가 어느 정도 해소되고, 대내적으로는 김정은이 권력공고화에 성공하여 내부 분란이 없이 모든 일이 순조롭게 이루어지고 있을 때 중국과 같은 개혁·개방노선을 추진하면서 대남·대미관계의 새로운 관계 정립을 위한 시도 차원에서 군비축소 등 군사적 완화 조치를 취할 수 있다는 것이다. 하지만 이 경우 김정은은 개방에 따른 체제 위협요소를 감수해야 되는 부담을 안게 된다.

'유형Ⅳ'는 군사적 무력시위를 감행하는 것이다. 이러한 상황은 북한이 대외적 위기는 높은 반면, 대내적 위기는 낮은 경우에 가능한 상황이다. 이는 김정은이 내부적으로 식량난의 어려움은 있으나 내부통제가 가능한 반면, 대외적으로 핵문제, 불법무기 수출, 인권문제 등으로 인해 국제사회의 압박과 제재가 가중되고 자신들의 우호세력인 중국과 러시아도 지원을 중단 또는 외면했을 때 추가적인 핵실험과 미사일 시험 발사를 통해 정치적 협상을 시도한다는 것이다. 다시 말해 군사적 무력시위를 통해 적절한 군사적 긴장상태를 조성하고, 이를 이용 국제사회에서 협상력을 높여 경제적 실리를 추구한다는 것이다. 김정은이 권력 승계 이후 국제사회의 반대에도 불구하고 핵실험을 강행하고 탄도미사일을 시험 발사한 것 등은 바로 이러한 의도에서 실시한 것이라 할 수 있다.

상기 4가지 유형 중에서 가장 가능성 있는 행동은 '유형Ⅱ'로 한반도에서 국지도발을 감행하는 것이다. 지금과 같이 남북관계가 경색되어 있고 김정은의 공포통치와 식량난 등으로 내부 상황이 불안정할 때는 주민들의 불만을 잠식시키기 위해 대남군사도발은 가장 가능성 있는 방책이라 할 수 있다. 특히 북한 내부에 권력 다툼이 일어날 경우, 또는 김정은이 권력 장악에 성공했더라도 정치적으로 강한 도전을 받게 된다면 김정은은 이에 대응해 자신의 리더십을 보여주고 반대세력을 제거하기 위해 대남 군사도발을 감행할 수도 있다.

이 경우 북한이 선택할 수 있는 도발 방법으로는 ① 서해 또는 동해 해상에서 잠수함을 이용한 공격, ② 서해 5도 불시 점령 또는 포격, ③ 휴전선상에서의 군사충돌, ④ 남한사회 혼란 목적의 테러 등을 들 수 있다. 실제로 북한은 2017년 8월 26일 조선중앙통신을 통해 "김정은이 현지지도를 하는 가운데 북한군 특수부대원들이 백령도와 대연평도를 점령하기 위한 가상훈련을 진행하였으며, 대상물 타격 경기는 강력한 비행대, 포병 화력 타격에 이어 수상·수중·공중으로 침투한 전투원들이 대상물들을 습격, 파괴하며 백령도, 대연평도를 가상한 섬들을 단숨에 점령하는 방법으로 진행됐다"고 전했다. 이는 바로 김정은이 자신의 명령만 하달되면 언제든지 대남군사도발을 감행할 수 있음을 보여주는 부분이라 할 수 있다.

반면에 가장 가능성이 낮은 행동은 '유형 I'로 전면전을 감행하는 것이다. 북한이 전면전을 선택한다는 것은 곧 한미연합전력에 맞서 싸운다는 것을 의미한다. 하지만 북한의 전투력 수준은 한미연합전력에는 절대 약세이다. 따라서 북한이 전면전을 감행하기 위해서는 중국과 러시아로부터 적극적인 지원을 받지 않으면 안 된다. 하지만 중국과 러시아가 제2의 한반도전쟁에 쉽게 개입할 수만은 없는 상황이다. 러시아는 구소련 붕괴 이후 그 힘을 잃어 북한을 지원할 수 있는 여력이 충분치 않고, 중국은 북한과 혈맹관계에 있기는 하나 등소평 정권 등장 이후 개혁·개방을 추진하면서 경제성장에 힘을 기울이고 있다. 이러한 상황에서 중국이 한반도 전쟁에 개입해 미국과 불편한 관계가 되는 것은 원치 않을 것이기 때문이다.

이외에도 북한이 전면전을 감행하기 어려운 이유로는 북한 지도부의 전쟁지도능력과 북한 주민의 호응도 문제이다. 1950년 6·25전쟁은 김일성이 항일운동 경험과 구소련에서의 군사지식 습득 등을 통해 나름대로 전투에 대한 개념을 가지고 있었다. 이에 비해 김정은을 비롯한 현 북한 지도부는 전투경험이 전혀 없어 전쟁을 주도할 만한 인물이 없다는 것이다. 또 북한은 전쟁을 도발한다면 총력전 개념의 전쟁수행을 강조하고 있다. 즉 군인은 물론 모든 인민들까지도 전쟁에 동참하여 전쟁에서 승리를 달성한다는 것이다. 하지만 현재 북한 주민들은 어려운 식량난으로 인해 아사자가 발생하고 있고, 각종 노력동원으로 피로가 누적되어 있다. 또 인권문제에 있어서도 인간존중, 사람중심의 주체철학의 신념과는 동떨어진 공포정치를 자행하고 있어 북한 체제에 대한 불만이 날로 확산되어 가고 있다. 이러한 상황에서는 인민들에게 전쟁참여를 독려할 만한 이유와 명분을 찾을 수 없다는 것도 북한이 쉽게 전면전을 일으킬 수 없는 이유 중의 하나라 할 수 있다.

나. 전쟁 전개양상

북한은 앞으로의 전쟁 양상에 대해 "오늘날의 전쟁은 지난날과의 전쟁과는 다르고 현대전에는 최첨단 과학기술이 도입된 타격력이 강하고 타격거리가 긴 전쟁수단들이 많이 이용되어 현대전은 립체전이고 전선과 후방이 따로 없다"[38]고 강조하고 있다. 또 "이 땅에 전쟁이 일어나면 조선전쟁 때와는 비교도 안 되는 엄청난 핵 참화가 민족의 머리 위에 덮어 씌어지게 된다"[39]고 위협한 바 있다.

김정일은 "세계전쟁사는 아무리 강대국이라고 해도 적의 불의적인 침

38) 『로동신문』, 2009년 5월 29일.
39) http://www.uriminzokkiri.com(검색일: 2011년 7월 20).

공을 받으면 혼란에 빠져 멸망하거나 일정한 기간 어려운 시련을 겪으면서 전선을 수습하고 력량을 마련한 다음에야 비로소 공격으로 넘어갈 수 있다는 것을 보여 주었다"[40]고 말한 바 있다. 따라서 북한이 또다시 한반도에서 전쟁을 일으킨다면 그 시작은 1950년 6·25전쟁과 유사한 '기습'에 의한 방법으로 시작할 것으로 보이나 그 전개과정은 판이하게 다를 것으로 보인다.

북한은 전쟁도발 이전에는 각종 회담 제안을 통해 평화적·우호적 자세를 취하면서 국제사회로부터 이목을 끌고, 다른 한편으로는 휴전선 및 서해 NLL지역에서 소규모 국지전을 통해 군사적 긴장을 조성하다 계획된 상황에 도달하게 되면 이를 계기로 전면전으로 확산시키고 그 책임을 남한에 떠넘길 것으로 보인다.

북한은 공격을 개시하게 되면 전투력의 대부분을 중·서부전선에 집중할 것으로 보인다. 이는 수도 서울을 조기에 확보하기 위해서는 중·서부전선 축선이 지형 및 거리상으로 가장 유리하기 때문이다. 이를 위해 북한은 완만한 지형과 도로망이 잘 형성되어 있는 서부에는 차량화 기동부대를, 도로와 산악이 어우러져 있는 중부에는 차량화 부대와 산악부대를, 그리고 산악지형으로 형성되어 있는 동부에는 산악부대 위주로 편성해 놓고 있다. 따라서 주요 전투력은 수도권 조기 확보를 위해 상대적으로 기동로가 양호한 중·서부전선에 집중하면서 동부전선은 중·서부전선의 전투를 보조하는 개념으로 운용할 것으로 보인다.

전쟁이 시작되면 먼저 포병과 장거리 유도무기인 미사일, 특수전부대 등을 이용하여 남한의 국가 및 군사 주요시설에 타격을 가해 우리의 중

---

40) 「조국해방전쟁을 빛나는 승리에로 이끄신 경애하는 수령님의 불멸의 업적에 대하여」, 『학습제강』(간부, 당원, 근로자), 평양: 조선인민군출판사, 2003, 17쪽.

심을 흔들어 놓음으로써 초기대응을 불가하게 하고 기선을 제압하려 할 것이다.

한국군의 중심을 무너뜨린 다음에는 기갑 및 기계화부대 등을 이용한 속도전을 전개하면서 현 휴전선을 무력화시키고 계속적인 공격을 실시하여 전략적 가치가 높은 수도 '서울'을 조기에 확보하고자 할 것이다.

서울을 확보하는 방법은 병력과 시간을 절약하기 위해 직접적인 공격보다는 서울을 우회하여 고립시키는 방법을 사용할 것으로 보인다. 수도 서울은 남한의 정치·경제·사회 및 문화의 중심지로 서울을 확보한다는 것은 남한의 중심을 파괴하는 것과 같다 할 수 있다.

서울이 확보된 이후에는 국제사회의 시선과 전황을 살펴가면서 전쟁의 수위를 조절할 것으로 보인다. 즉 전세가 자신들에게 유리할 때는 계속적인 공격을 실시하여 남한 전체를 석권하려 할 것이며, 반대로 국제사회의 여론이 자신들에게 불리하게 작용하거나, 제3세력이 가담할 상황이 포착되면 전쟁을 더 이상 확산시키지 않고 현 상황에서 서울을 볼모로 협상을 시도할 것이다. 이때 사용할 수 있는 협상수단으로는 핵무기가 이용될 것으로 보인다.

북한은 핵무기를 개전 초에 사용하여 전쟁을 조기에 종결하려 할 수도 있지만 이렇게 하기 에는 상당한 부담이 따르기 때문에 핵무기는 최후의 수단으로 이용할 것으로 보인다. 이는 북한이 개전 초부터 핵무기를 사용 시 국제적인 지탄으로 인해 전세가 자신들에게 불리하게 작용할 수 있고, 또 북한이 핵을 먼저 사용 시 이에 대응하기 위한 미군의 핵이 자동 개입할 수밖에 없기 때문이다. 따라서 북한이 핵을 사용할 수 있는 시점은 위기국면 시 국면전환을 위한 최후의 수단으로 사용할 가능성이 높을 것으로 보인다.

병력과 장비의 비대칭을 통해서는 한국군의 기선을 제압하고, 정규전

부대와 유격전의 배합을 통해서는 전선의 비대칭을 형성하여 전 지역을 동시 전장화시키고 한국군의 전력을 분산토록 유도할 것이다. 또 인민 무력 간의 배합을 통해서는 전민이 전장에 투입되는 '총력전'[41] 개념의 속도전을 전개할 것이다.

이와 함께 대규모의 북한군 특수전부대는 정규전 부대의 작전 여건조 성에 운용될 것으로 보인다. 전면전 시 북한군 특수전부대의 역할로 생 각해 볼 수 있는 것은 첫째, C4ISR+PGMs(지휘통제시설 및 정밀유도무 기)[42] 마비전을 수행하는 것이다. 이는 한국군의 지휘통제시설과 북한 의 핵심시설을 공격할 수 있는 정밀유도무기 기지를 타격함으로써 전면 공격을 위한 여건을 조성해 주는 것이다. 이를 위해 북한은 개전 직전 은밀 또는 기습침투를 통해 한국군의 지휘통제시설, 미사일기지, 비행 장, 항만시설 등에 타격을 가할 것으로 보인다. 전 북한군 간부이자 노 동당 공작원 출신의 탈북자 증언에 따르면 "북한은 남한을 침공하기에 앞서 각 600명으로 편성된 특수공작원을 동원해 한국과 일본의 미군기 지와 원전 등 주요시설을 자폭테러로 동시 폭파하는 작전계획이 포함되 어 있다"[43]고 밝힌 바 있다. 이는 북한이 전면전 개시에 앞서 특수전부대

----

[41] '총력전'이란 용어는 제1차 세계대전 당시 독일군의 동부전선 참모장이었던 루덴도 르프(Erich Ledendorff) 장군이 1935년 『국가총력전』이라는 저서를 통해 사용하였 다. 총력전은 전쟁수행에 국가의 정치·경제·군사·사회·심리 등 모든 분야의 힘을 동원하기 위해 전 국토를 전장화하며 국가 전체를 병영화하여 운영해 나가는 것을 의미한다. 루덴도르프가 저서를 통해 밝힌 내용은 ① 총력전을 수행하기 위 해서는 군대만이 아닌 전국민이 참여한다는 것, ② 모든 국민이 전쟁에 참여하는 관계로 선전을 강화해야 한다는 것, ③ 총력전 준비는 평시에 진행되어야 한다는 것 등이다. Erich Ledendorff, *Der totale krieg*, Munchen: 미상, 1935 : 최석 역, 『국가 총력전』, 서울: 대한민국재향군인회, 1972, 20~21쪽.

[42] C4ISR(Command, Control, Communications, Computers, Intelligence, Surveillance, and Reconnaissance) + PGM(Precision-Guided Munition).

[43] 『산케이일보』, 2012년 5월 30일.

를 이용하여 한국과 미군의 주요 시설을 사전에 타격함으로써 초기 전투준비를 방해하고 남한 내부에 패닉 현상을 일으켜 자신들에게 유리한 전장상황을 조성하겠다는 것이다. 또 김정은이 2013년 3월 23일 대남 특수전부대인 1973부대를 방문하여 서울 시내 모형사판 앞에서 청와대 쪽을 가리키는 것이나, 2014년 7월 4일 동해안에서 실시한 도서상륙훈련 때 백령도·연평도에 배치된 우리 군의 스파이크 미사일 기지를 타격목표에 포함시킨 것 등은 이를 증명하는 것이라 할 수 있다.

둘째, 기동부대와의 배합전이다. 이는 북한군 특수전부대가 전선 전방에서 산악침투방법을 이용하여 도로망을 확보하거나 애로지역을 선점함으로써 기동부대가 이동하는 데 제한이 없도록 해주는 것이다. 이를 위해 기동 축선상 주요 애로·요점 지역을 사전에 확보하고, 기계화부대가 종심기동 간 후속하면서 뒤를 자르려는 한국군을 소멸하거나 잔적을 소탕하려 할 것이다.

셋째, 도시유격전을 전개하는 것이다. 이는 남한 국민을 인질로 하여 정부·군대와 국민 간 불신을 초래하고 도시지역에 아군전력을 흡수 또는 전선지역으로의 압력을 약화시킴으로써 제1전선 부대들이 공격을 원활히 할 수 있도록 여건을 조성해 주는 것이다. 즉 남한 도시 주민을 인질화하여 아군의 진압작전을 무력화시키고 아군의 주요 전투근무지원시설을 파괴, 또는 무력화 하거나 아군의 동원 및 증원을 방해함으로써 전선지역으로의 전투력 투입을 방해하는 것이다. 이와 더불어 북한은 남한의 주요 도시에 내부 동조자 및 불만세력을 규합하여 아 국민의 자발적 폭동에 의한 내전으로 선전함으로써 국제사회의 개입 명분을 차단하고 '해방구'[44]화로 지지세력의 확산을 유도하려 할 것이다. 이를 위해

----

44) 특정지역에 대한 해당국가의 통제권이 상실되고 해당국가에 적대적인 정권 또는

북한은 경보병부대를 대대급 단위로 주요 도시지역을 점령하여 유격전을 전개하거나 교통·전력·통신·금융 등 국민편의시설을 습격 파괴하고 혼란을 조성하고자 할 것이다. 또 방송시설 장악, 불온전단 살포, 내부 동조자 등을 이용하여 유언비어를 유포함으로써 도시기능을 마비시키고 남한 국민들에게 정부에 대한 불신을 조장하고자 할 것이다.

넷째, 산악유격전을 전개하는 것이다. 이는 상황 불리시 산악에 유격근거지를 구축하고 지속적인 후방교란으로 아군의 전쟁수행을 방해하는 것이다. 이를 위해 북한군 특수전부대 요원을 대대급 단위로 산악 은거지를 구축하고 지령에 따라 행동하게 하거나 장기간 생존 및 활동이 가능한 산악지역 내 거점을 구축하여 지역단위로 분란전을 수행하게 할 것이다. 즉 공공시설 습격·파괴, 민간인 테러, 독극물·생화학작용제 살포 등으로 전쟁공포심을 조성하고 아군의 동원 및 전선지역으로의 전투력 투입을 방해하는 등 도시 유격전부대와 연계된 'Hit & Run'식 교란활동을 통해 한국군의 작전활동을 방해하는 것이다.

이와 더불어 사이버공격을 통해서는 각종 정보를 획득하여 활용하거나 자료사용을 거부시켜 효과적인 대응을 하지 못하도록 하고, 또한 우리국민에게는 유언비어 유포 등을 통한 사이버상 심리전을 적극 전개하여 군사작전을 방해하려 할 것으로 보인다.

한편, 북한은 한반도에 전쟁도발 시 외부 개입세력에 대해서는 적극 차단하려 할 것이다. 다시 말해 자신들의 목적 달성 이전에 제3국이 전쟁에 개입하려는 행동을 보일 때는 그 나라의 본토에 대해 대량살상무기를 이용한 테러위협을 가하거나, 또는 민간 항공기나 선박 등과 같은 비군사적 목표에 테러를 감행하는 비인도적 행위를 가함으로써 내부혼

국가가 지배권을 장악한 지역을 말한다.

란을 조성하고 한국에 대한 군사지원을 차단시키려 할 것이다. 그리고 그 지원 병력에 대해서는 장거리 유도무기를 이용하여 원거리에서부터 타격을 실시함으로써 한반도 도착 이전에 소멸 또는 무력화시키고, 한 반도에 도착한 증원 병력에 대해서는 살상효과가 큰 핵 및 화생무기 등 을 이용하여 대규모 인적 피해를 가함으로써 반전 여론을 조성하여 추 가적인 전력 투입을 방해하려 할 것이다.

북한군이 2000년대 들어 인민군 총참모부 미사일지도국 산하에 사거 리 3,000km 이상의 신형 IRBM사단을 별도로 창설한 것은 유사시 한반도 에 전개되는 미 증원전력을 비롯한 태평양지역에서 활동하는 미7함대 전력 등을 타격하기 위해 창설한 것이라 할 수 있다.

북한의 전쟁수행 개념은 경제난으로 심화된 남북한의 국력 차이, 외 부의 북한 지원 여건, 한미연합군 대비 상대적 우세 미비, 미국 주도의 공격위협 등을 고려해 볼 때 지구전은 불리하다고 판단하고 있다. 따라 서 북한은 속도전에 중점을 둔 전쟁을 진행할 것으로 판단된다.

이외에도 북한이 속도전에 중점을 두고 있는 이유로는 북한의 전쟁지 속능력과 현대전의 양상이다. 현재 북한의 전쟁지속능력은 식량은 5개 월, 탄약은 3개월, 유류는 2개월 정도 분을 비축시켜 놓은 것으로 추정 하고 있다. 이 중 식량은 최근 식량난으로 인해 군량미를 일반 주민에게 일부 방출했다는 내용이 있어 이것이 사실이라면 식량 역시 그 기간이 더 단축될 것으로 보아야 할 것이다. 그리고 최근 국지전인 걸프전, 아 프간전, 이라크전의 양상을 분석해 볼 때 모두가 단기속결전의 전쟁양 상을 보이고 있기 때문이다. 특히 북한은 미 증원 전력의 개입을 막기 위한 기습에 의한 속도전은 전쟁의 승패에 결정적인 영향을 미친다고 보고 있기 때문에 이 부분에 역량을 집중할 것으로 보인다.

북한은 평시에는 비대칭전력인 핵과 미사일, 화생무기 등을 이용하여

남한을 수시로 위협하면서 남북관계의 주도권을 장악하고 자신들의 의
도대로 남북문제를 해결해 나가려 할 것으로 보인다. 즉, 남한에 대해 대
량살상무기를 이용한 군사적 위협을 가함으로써 남한에 안보위협을 고
조시키고, 이를 이용하여 자신들의 정치적 목적을 달성한다는 것이다.

북한이 선군군사전략을 이용하여 전·평시 적용 가능한 상황을 상정
해 보면 〈표 6-15〉와 같다.

〈표 6-15〉 선군군사전략 적용

군사전략	전 시	평 시
대량보복전략	· 병력, 인구밀집지역 공격 · 한국 지원국 군사위협	· 대남 군사위협 및 협박 · 국제사회 대북제재 보복 위협
속전속결전략	· 현 휴전선 조기붕괴 시도 · 도로망 이용 속도전 전개 · 특수전부대 국가 및 군사 시설 타격	· 서해·휴전선 인근 기습타격 · 특수전부대 대도시 및 정부 기관 테러
공세적 사이버전략	· 한미연합군 네트워크 공격 · 대남 사이버 심리전 전개	· 정부 주요기관 해킹 · 주요기관 DDoS 공격

한편, 대미관계 면에 있어서는 북한은 대량살상무기를 이용한 '벼랑
끝전술(brinkmanship)'을 구사하면서 미국과의 관계개선을 시도하고자
할 것으로 보인다.

북한은 미국과 적대적 관계를 유지하고 있지만 관계개선을 통해 자신
들의 체제를 보장받고자 하고 있다. 다시 말해 미국이 국제사회에서 군
사패권국으로 지위를 유지하고 있는 한 미국과의 불편한 관계는 곧 자
신들의 체제유지에 직접적인 위협으로 작용할 수밖에 없다고 보고 있기
때문에 북한은 어떻게든 미국과 직접적인 대화를 통해 관계를 개선하고
자신들의 체제를 인정받으려 하고 있다. 그러나 미국과의 관계가 자신

들이 의도하는 대로 풀리지 않을 때는 미국 본토나 제3국에 있는 미국인 및 미국시설에 대해 직접적인 테러를 가하거나, 또는 미국과 적대관계에 있는 나라에 대량살상무기를 확산시킴으로써 간접위협을 병행하는 '양면전술'을 구사할 수도 있다.

북한 외무성은 2018년 7월 초 방북한 마이크 폼페이오 미국 국무장관에게 '비핵화는 깡패 같은 요구'라면서 거부한 체 종전선언을 요구했고, 7월 27일에는 우리민족끼리의 개인 필명의 논평을 통해 "계단을 오르는 것도 순서가 있는 법"이라며 "조선반도에서 정전 상태가 지속되는 한 긴장 격화의 악순환이 되풀이 되지 않는다는 실질적 담보가 없으며 정세가 전쟁 접경으로 치닫지 않는다고 그 누구도 장담할 수 없다. 조·미(북·미)가 하루빨리 낡은 정전협정을 폐기하고 종전을 선언해야 한다"고 하면서 '종전선언'을 주장했다. 또 같은 해 8월 18일에는 로동신문에 '종전선언은 한갓 정치적 선언'에 불과할 뿐이라면서 합의 간청에 이어, 21일에도 4·27 판문점선언을 철저히 이행하는 데서 종전선언의 채택은 더 이상 미룰 수 없는 과제라고 하면서 종전선언의 필요성을 거듭 주장하고 나섰다. 또 우리에게는 "종전선언 문제를 결코 수수방관해서는 안 된다"고 하면서 미국과 북한사이에 중재자 역할을 해줄 것을 주장했다.

이는 북한이 1953년 7월 27일 미국·북한·중국 사이에 맺은 6·25전쟁 휴전협정을 이제는 전쟁의 종결을 의미하는 '종전선언'으로 바꾸자는 것이다. 다시 말해 미국과 북한이 더 이상 적대적 관계를 종결하고 우호적 관계를 유지할 수 있는 평화체제로 전환하자는 것이다.

북한이 이와 같이 '정전협정'을 폐지하고 '종전선언'을 하자고 미국을 압박하고 있는 것은 첫째, 국제사회에서 추진하고 있는 대북제재를 무력화시키기 위한 의도이다. 북한은 지금 북핵문제로 국제사회의 강력한 제재를 받고 있다. 이러한 국제사회의 대북제재는 북한의 모든 대외 활동을 차단함으로써 북한경제에 악영향을 미치고 있다. 따라서 북한은 어떻게든 미국과의 적대적 관계를 우호적 관계로 전환함으로써 국제사회의 대북제재를 완화시키고 미국주도의 세계경제활동에 동참하기를 바라고 있다. 북한은 이를 위해서는 미국과의 적대적 관계를 종결하고 우호적 관계로 전환할 수 있는 종전선언은 필수적인 전재조건인 것으로 보고 있는 것이다.

둘째, 비핵화의 장기화 의도이다. 북한 김정은 국무위원장은 2018년 4월 27일 '판문점선언'과 6월 12일 '싱가포르선언'을 통해 우리와 미국에 대해 비핵화를 약속했다. 그러나 미국과 우리가 요구하는 수준의 가시적이고 실질적인 비핵화는 아직까지 보여주지 못하고 있다. 물론 2018년 5월 24일 북한이 국제기자단을 초청한 가운데 풍계리 핵실험장을 폭파하고, 미사일 관련 시설을 해체하는 등의 일부 가시적인 행동은 보여주었으나 이는 북한이 대량살상무기 프로그램을 완전히 포기하고 국제사회와 협력하겠다는 것이 아니라, 그동안 핵실험과 탄도미사일 시험 발사를 통해 핵무력이 완성되었기 때문에 추가적인 핵실험이나 미사일 발사가 필요 없음에 따라 취해진 조치로 보인다. 만약 미국이 북한에 비핵화 이전에 종전선언을 한다면 미국의 대북 군사옵션은 제한을 받게 될 것이고, 북한은 이를 빌미로 비핵화를 질질 끌면서 국제사회의 제재 완화만을 노릴 것이다. 따라서 북한은 비핵화 이행을 위한 전재조건으로 종전선언을 주장하면서 자신들의 실리를 하나하나 추구하고자 하는 것이다.

셋째, 한미동맹관계를 완화시키고 주한미군을 철수시키기 위한 의도이다. 한국과 미국은 1953년 10월 1일 맺은 '한미상호방위조약'에 따라 한반도는 물론 동북아지역에 평화와 안정을 유지하는 데 크게 기여하고 있다. 또 남한에 주둔하고 있는 2만 8천여 명의 주한 미군은 막강한 전쟁능력을 갖추고 있을 뿐 아니라 한반도에서 전쟁억지력과 동북아의 안

정에 지대한 영향력을 행사하고 있다. 이러한 상황에서 미국의 종전선언
은 한미동맹은 물론 주한미군의 주둔에 대해 변화를 가져올 수 있다. 즉
미국이 북한에 종전선언과 함께 정전협정을 파기하게 되면 한반도에 군
사충돌 위험이 해소됨에 따라 주한미군이 더 이상 주둔할 명분을 잃게
된다, 따라서 미군철수는 물론 한미연합사도 자연스럽게 해체의 수순을
밟게 될 것이다. 만약에 종전선언 이후에도 주한미군이 철수하지 않고 계
속해서 주둔하게 된다면 북한은 한미연합사령부와 주한미군의 존재에
대해 문제를 삼을 것이고, 그렇게 되면 결국 한미동맹에 급격한 변화와
혼란이 초래될 수 있다. 북한은 바로 이러한 점을 노리고 있는 것이다.

결국 북한이 종전선언을 주장하는 것은 미국과 6·25전쟁의 종결 공
식화를 통해 미국주도의 국제사회의 대북제재를 완화시키고 주한미군
과 한미연합 대비태세의 명분을 약화시키기 위한 의도라 할 수 있다.

북한은 2009년 3월 17일 발생한 미국의 두 여기자 억류 사건도 결국
클린턴 전 미국대통령을 북한으로 불러들여 직접대화를 통해 해결함으
로써 미국과의 관계를 개선하고자 하는 의지를 엿볼 수 있었다.

북한은 클린턴 방북 결과에 대해 다음과 같이 보도하면서 자신들의
체제를 선전하였다.

> 위대한 령도자 김정일 동지께 클린턴은 미국 기자 2명이 우리나라에 불
> 법 입국하여 반공화국 적대행위를 한 데 대하여 심심한 사과의 뜻을 표하고
> 그들을 인도주의적 견지에서 관대하게 용서하여 돌려보내줄 데 대한 미국
> 정부의 간절한 요청을 정중히 전달하였다. …(중략)… 클린턴 일행의 우리
> 나라 방문은 조선과 미국 사이의 리해를 깊이하고 신뢰를 조성하는데 기여
> 하게 될 것이다.[45]

⦁ ⦁ ⦁ ⦁ ⦁ ⦁ ⦁ ⦁ ⦁ ⦁ ⦁ ⦁ ⦁

45) 『조선중앙통신』, 2009년 8월 5일.

북한은 미국 여기자 억류 사건을 통해 대외적으로는 국제사회에 자신들의 위신을 세우고, 대내적으로는 그들의 체제결속과 김정일의 위상을 높이는데 최대의 정치적 효과를 거두었다고 볼 수 있다.

제3절 선군군사전략에 대한 대응책

우리는 지금까지 북한이 군사적으로 사용할 수 있는 핵문제를 해결하는 데 있어 군사적 측면보다는 정치적 측면에 포커스를 맞추어 온 경향이 농후하다. 따라서 북한의 핵무기를 군사적 측면에서 접근하는 데는 상대적으로 소홀하게 다루어져 왔다.

지금까지 북핵문제의 전개는 북한이 도발하면 우리와 국제사회가 보상을 통해 달래주는 일방적이고 불평등한 양상이 반복되어 왔다. 한마디로 현재까지의 북핵문제는 '당근'만 주었지 '채찍'에 대해서는 심도 있게 생각해 보지 않았다는 것이다. 그 결과 북한에게 핵을 포기하는 것보다 끝까지 가지고 있는 것이 자신의 생존에 필요한 더 많은 것을 얻을 수 있다는 확신을 갖도록 해 주었다.

이러한 국제사회와 우리의 대처는 김정일·김정은에게 핵을 이용한 '벼랑끝전술'을 구사하게 만들었고, 이를 통해 북한은 자신의 정치적 목적을 극대화시켜 왔다. 따라서 앞으로 북한이 핵을 포기하도록 하기 위해서는 북한으로 하여금 핵보유가 '이익'이 아닌 '손해' 내지는 '체제생존의 위협요소'임을 분명히 인식하도록 보다 강도 높은 조치가 취해져야 할 것으로 보인다.

우리는 북한의 군사적 도발을 가장 큰 위협으로 간주하면서도 핵위협에 대해서는 미국의 핵우산으로, 그리고 재래식 전력의 위협에 대해서는 '국방개혁 2.0'[46]에 기초한 정예강군과 한미연합전력에 중점을 두고 대비하고 있다. 특히, 북한의 핵무기를 비롯한 대량살상무기에 대한 대응수단이 한미연합자산에 기초하고 있다는 점에서 볼 때, 우리는 북한에 비해 강대국 편승을 통해 외부의 위협에 대처하고 있다고 볼 수 있다. 다시 말해 우리는 북한의 이러한 핵무장을 비롯한 대량살상무기 위협에 대해 독자적인 대응방안보다는 외부에 의존한 해결책 마련에 치중해 왔다는 것이다.

북한은 인민군에게 정치상학 시간을 통해 "우리나라에서 평화통일이란 있을 수 없으며 조국통일의 유일한 방도는 물리적인 힘으로, 무력으로 남반부를 통일하는 것이며, 그 수단은 총대로 하여야 한다."[47] "우리가 조국을 통일하기 위하여서는 무력으로 적들을 소멸하고 남조선을 단숨에 깔고 앉는 길밖에 다른 방도가 없다"[48]고 교육하고 있다. 북한의 이러한 교육은 한반도 통일이 총대에 의한 무력통일관에 있음을 분명히 하고 있는 것이라 할 수 있다.

이와 같이 우리는 북한의 군사위협으로부터 항상 노출되어 있는 동시에 안보위협을 받고 있는 직접적인 대상자로서 이에 대한 대비는 무엇보다 중요하다 하겠다.

우리가 북한의 군사위협에 대비하기 위한 대응책으로는 다음과 같이 직접적인 대응방법과 간접적인 대응방법으로 구분하여 생각해 볼 수 있다.

---

[46] '국방개혁 2.0'은 문제인정부의 국방개혁안이다. '국방개혁 2.0'은 참여정부시절인 2005년에 만들었던 '국방개혁 2020'을 보완한 것으로 주요 내용은 ① 전방위 안보위협에 대응, ② 첨단 과학기술 군의 건설, ③ 선진국에 걸맞은 군대육성을 목표로 하고 있다.

[47] 2010년 2월 탈북자 ○○○의 증언.

[48] 『계급교양참고자료』, 평양: 조선인민군출판사, 2001, 110쪽.

1. 직접전략

'직접전략(Direct Strategy)'은 국가전략의 능동적인 측면으로서 군사력의 사용을 우선하는 전략이다. 이는 군사력을 주로 사용하여 상대의 행동에 상대가 느낄 수 있도록 직접적인 제재를 가함으로써 상대의 행동을 중지 또는 다른 방향으로 전환토록 유도하는 데 목적이 있다. 한마디로 북한의 군사도발행위에 대해 직접 맞서 싸울 수 있는 군사적 대응능력을 갖추는 것이다.

이러한 직접전략방법은 상대에게 직접적인 충격의 효과를 줄 수 있어 조기에 성과를 얻을 수 있으나 잘못 접근하거나 과도한 제재 시 군사적 충돌을 일으킬 수 있는 위험성을 내포하고 있다. 따라서 직접전략을 구사하기 위해서는 무엇보다도 상대의 무력행동에 대응할 수 있는 강력한 군사력이 뒷받침되어 있지 않으면 안 된다.

북한은 남한을 자신들의 정치적·군사적 목적을 달성하기 위한 하나의 목표이자 직접적인 공격의 대상으로 생각하고 있다. 또한 미국과는 6·25전쟁 시 정전협상의 직접대상자로서 그동안 적대적 관계를 유지하면서 서로의 이해타산에 따라 접촉을 유지하고 있다. 따라서 남한에 주둔하고 있는 주한미군 역시 자신들에게 위협을 주는 적으로서 직접적인 공격의 대상으로 삼고 있다.

우리가 북한의 군사도발에 직접적으로 대응하기 위해서는 북한군과 맞대응할 수 있는 대북억제전력을 보유하는 것과 이를 뒷받침할 수 있는 법적장치를 강구하는 것을 생각해볼 수 있다.

가. 대북 억제전력 보유

우리가 북한의 군사위협에 대응하기 위해서는 무엇보다도 북한 군사
도발에 직접 맞대응할 수 있는 자체적인 능력을 갖추는 것이다. 이것은
가장 확실한 대북억제력을 보장하는 것이라 할 수 있다.

이를 위해서는 첫째, 우리도 이제는 북한과 맞설 수 있는 '비대칭전력'
분야에 관심을 가져야 한다. 즉 북한이 군사적 모험을 감행할 수 없도록
충분한 억제력을 갖추기 위해서는 북한과 맞서 싸울 수 있는 대칭적인
군사능력을 보유하고 있어야 한다는 것이다.

북한은 이미 6회에 걸친 핵실험과 수십 회의 탄도미사일 시험 발사를
통해 국제사회에 그 능력을 과시하였다. 특히 북한의 핵은 남한과 전력
비교 시 절대적인 요소로 작용하고 있어 우리가 아무리 최첨단의 무기를
많이 보유한다 하더라도 북한의 핵무기 앞에서는 상대가 될 수 없다.

북한이 개발한 핵과 미사일 등 대량살상무기는 우리의 안보딜레마를
확실하게 각인시켜 주었다. 북한이 국제사회의 비핵화 질서를 일탈해
대량살상무기를 개발하는 상황에서, 그리고 우리가 동일한 방식으로 대
응할 수 없는 상황에서 북한만의 핵보유는 우리의 안보를 인질상태로
전락시키는 것이나 마찬가지이다. 물론 북한의 핵보유가 곧바로 핵사용
가능성을 의미하는 것은 아니지만 우리로서는 비대칭전력 위협으로부
터 국민의 생명과 재산을 보호하기 위한 조치들을 강구하지 않으면 안
된다.

북한이 2016년 실시한 6차 핵실험을 바탕으로 그 피해를 산정해 보면
50kt급 핵폭탄이 서울 용산 지표면에 떨어지면 시민 200만 명 이상이 순
식간에 사망하고 경제적 피해도 극심한 것으로 나타났다.

북한이 핵 탑재 탄도미사일을 이용하여 남한을 공격할 경우 3~7분이

면 남한 전역에 도달할 수 있어 우리로서는 대응을 위한 시간적 · 공간적 여유가 절대적으로 부족한 상태에 있다. 따라서 우리 군의 독자적인 대응 방법인 Kill Chain(선제타격)[49]과 KAMD(한국형미사일방어)[50] 체계도 보강되어야 하겠다. 북한의 미사일 보유 수량이 1,000여 발을 넘는다는 점과, 언제 어디서나 미사일 발사가 가능한 TEL을 200여 대 이상 보유하고 있다는 점, SLBM의 위협이 증대되고 있다는 점 등을 고려했을 때 한계가 따르는 것으로 분석되고 있다. 따라서 보다 실효성 있는 대책이 강구되어야 할 것으로 보인다.

또 특수전부대에 의한 해상 및 육상을 통해 핵무기를 반입해 테러방식으로 사용할 경우 남한 전체를 순식간에 공포 분위기로 몰아넣을 수 있어 이에 대한 대비책도 강구되어야 하겠다.

우리는 북한의 화생무기 공격에도 취약하다. 화생무기는 개발비가 저렴하고 사용이 간단하다는 이점이 있어 군사적으로 선호하는 무기체계이다. 하지만 일단 사용되면 무서운 살상력을 가진다. 테러방식으로 화생무기를 사용하는 경우 탐지와 진단이 어려울 뿐만 아니라 임상적 증후가 나타나기 전에 테러리스트들이 도주하기 때문에 대응 역시 어렵다. 따라서 유사시를 대비하여 북한의 핵을 포함한 대량살상무기 시설을 정밀 타격할 수 있는 전술미사일(순항미사일), 정밀타격무기, 폭격기 등과 같은 전략무기의 개발이 필요하다.

우리는 북한의 대량살상무기, 특히 핵공격위협에 대한 대비책은 미국의 핵우산정책 외에는 특별한 대책이 없다. 이러한 외부로부터의 보호

* * * * * * * * * * * * * * * *

[49] 선제타격(Kill Chain)은 북한이 핵무기를 사용할 명확한 징후가 있을 경우, 자위권 차원에서 선제타격을 하겠다는 의지의 표명으로 핵억제력을 위해 도입하였다.

[50] 한국형미사일방어(KAMD: Korea Air Missile Defense)는 한국군이 주도적으로 운용하는 방공 · 미사일 방어체계로서 북한에서 발사되어 우리에게 날아오는 미사일을 목표물에 도달하기 전에 요격할 수 있는 체계를 말한다.

대책은 보호를 제공해주는 그 나라의 정치적 목적과 정책방향에 따라 항상 변화될 수 있어 완전히 신뢰하기란 너무나 위험스런 대책이라 할 수 있다. 다시 말해 우리는 북한의 핵위협에 대해 미국의 핵우산정책에 의해 보호받는 것으로 되어 있어 미국의 정책 변화에 따라 그 대응방법이 얼마든지 달라질 수 있다는 것이다.

통상 핵보유국이 상대로부터 자국이 핵공격을 받을 때 핵으로 반격하는 것은 당연하다. 그러나 동맹국이 핵공격을 받는 상황에서 과연 자신들의 핵을 이용하여 상대에게 응징을 가할 것인지에 대해서는 불확실하다. 다시 말해 북한이 핵무기를 이용하여 미국 본토를 공격한다고 위협하는 상황에서 미국이 이를 감수하고 동맹국인 우리를 끝까지 북한의 핵 공격으로부터 보호해 줄 것인가에 대해 깊이 고민해봐야 한다는 것이다. 핵이 등장한 이래 아직까지 동맹국이 제공한 확대억지가 더 잘 된다, 혹은 잘되지 않는다는 증거는 발견되지 않았다. 그리고 NPT 5대 강국이 자기 우방에 대한 공격에 핵으로 대응한 역사적 사례도 실제 없었다.

미국이 한국에 제공하는 핵우산정책은 '확장억지의 지속'이라 할 수 있다. '확장억지'는 한국이 북한으로부터 공격을 받으면 이는 곧 미국에 대한 공격으로 간주하고 모든 수단을 동원하여 막겠다는 것으로 모든 종류의 군사적 위협에 대해 핵 보복으로 동맹국을 보호한다는 개념이다. 하지만 최악의 경우 북한의 대포동 미사일이 미 본토를 공격할 수 있는 상황에서 과연 미국이 한국을 위해 핵전쟁을 대신 수행할 수 있겠는가 하는 문제에 직면할 경우 이를 회피하려 할 가능성도 배제할 수 없다.

이와 같이 미국의 핵우산정책은 선언적 성격이 강한 반면, 실제 이를 실행한다는 차원에서는 구체적인 계획도 미비하고 평시부터 의회, 행정부, 대통령 사이에 공감대가 형성되어 있지 않으면 이의 실행은 보장하기 어려운 것이다. 따라서 경험적 사례에 비추어 볼 때 핵전략의 가장 중요한 문제는 핵우산 제공에 대한 신뢰성 여부에 관심이 집중된다. 즉, 미국이 오바마 대통령과 같이 비핵화 정책을 추진하는 행정부가 들어섰을 때처럼 북한의 핵위협에 대해 적극적으로 대처해 줄 것인가에 대해 의문점이 생기지 않을 수 없다는 것이다. 또 현재 핵우산정책의 내용도 미국 정부에서 분명하게 제시하지 않고 있어 그 실효성에도 의문점이 제기되고 있다. 즉 적국의 핵공격이나 혹은 화생방 공격이 있을 때에 동일한 무기로 응징하겠다는 것이 아니라 "최대한 강력하게 모든 수단을 동원해서 하겠다"라는 것이 기본 방침이기 때문에 우리가 북한으로부터 핵공격을 받더라도 꼭 핵으로 대응하는 것이 아니라 그때의 정치상황에 따라 대응 수단이 달라질 수 있을 뿐만 아니라 상황에 따라서는 군사적 대응조치를 취하지 않을 수도 있다는 것이다.

이와 함께 대체적 억제수단으로 북한의 핵위협에 대응할 수 있는 자체능력을 보유하기 전까지는 미군의 전술핵무기의 재배치도 신중히 검토해 볼 필요가 있다. 미군이 한반도에 배치했던 전술핵무기는 1991년 남북기본합의서의 '한반도 비핵화' 추진 협약에 따라 모두 철수한 상태이다. 따라서 현재 한반도에는 미군의 전술핵무기가 전혀 없는 상태여서 북한이 핵무기로 남한을 위협 시 이에 대한 대응수단이 미흡한 상태이다.

우리가 북한의 핵위협에 노출된 상태에서 능동적 억제력을 보유하기 위해서는 그것과 맞대응할 수 있는 상대적 능력을 보유하는 것은 매우 중요한 문제이다. 남한에 미군의 전술핵 재배치 문제는 이러한 부분을 보완해 줄 수 있을 뿐 아니라 전술핵 재배치를 통해 중국을 자극함으로써 중국으로 하여금 북핵문제 해결에 보다 적극적인 행동을 유도해 낼 수 있기 때문이다.

국제사회에서 북핵문제 해결에 가장 영향력을 가지고 있는 나라는 중국이다. 하지만 중국은 정치적·지정학적 계산하에 소극적 자세를 취하고 있어 북핵문제가 진전 없이 소강상태를 보이고 있다. 따라서 중국을 북핵문제 해결에 적극적으로 뛰어들게 하기 위해서는 중국을 자극시킬 수 있는 행동이 필요하다. 다시 말해 남한이 북핵 위협에 대응하기 위한 독자적인 핵개발에 착수한다든지, 또는 남한에 미군의 전술핵 재배치 등을 거론함으로써 중국으로 하여금 북핵문제 해결에 적극성을 가질 수 있도록 해야 한다는 것이다. 이는 2017년 한국에 미군의 샤드(THAD) 배치 시 중국이 우리에게 취했던 행동을 고려해 본다면 보다 적극적인 북핵 대응책을 통해 중국을 자극시킬 수 있도록 하는 것도 필요하다 하겠다.

우리가 전략무기를 개발해야 하는 이유는 1차적으로는 북한의 핵무기와 탄도미사일의 위협으로부터 대비하는 것이라 할 수 있지만, 비록 통일이 되어 북한의 핵무기와 탄도미사일의 위협이 제거된다 하더라도 한반도를 둘러싼 주변 강국들의 핵무기 및 미사일 위협에 대비하기 위해서는 실질적인 '거부적 억제효과'를 달성할 수 있는 군사력 건설이 필요하기 때문이다.

"핵은 오직 핵으로서만 대응할 수 있다"는 원칙을 생각해 볼 때 우리도 이제는 이러한 분야에 대해 관심을 가져야 할 때가 왔다고 생각된다.

프랑스의 드골 대통령은 미국과의 핵협력을 포기하고 "프랑스는 프랑스의 국가이익을 위해 독자적 핵 타격력이 필요하다. 독자적으로 핵전력을 갖추지 못하면 더 이상 주권국일 수도 없고 통합된 위성국에 지나지 않게 된다"고 공개적으로 표명하면서 1960년 2월 사하라 사막에서 핵실험을 실시하여 성공하였다.

인도는 1960년대 중국 핵실험에 자극을 받은 이후 인도의 안전보장을 우려하였고 결코 소련의 인도에 대한 핵우산 제공 약속에 대해 신뢰하지 못해 서방의 각종 제재에도 불구하고 핵개발을 강행했다.

그리고 인도의 핵실험 성공에 자극 받은 파키스탄의 부토 대통령 역시 "풀을 먹고 살더라도 핵폭탄을 만들겠다"고 다짐한 후 이를 강행하여 마침내 핵개발에 성공했다.

우리는 1969년 미국이 '닉슨 독트린'을 발표하고 주한미군을 철수하자 '한미상호방위조약'에도 불구하고 안전보장에 불안을 느껴 비밀리에 핵개발을 착수하였었다. 그러나 미국은 프랑스에게 핵재처리 시설을 한국에 이관하지 못하게 압박함으로써 한국은 핵개발에 실패하고 말았다.

또 미사일 부문에 있어서도 사거리와 탄두중량이 보다 신장된 미사일 개발이 필요하다. 한·미 미사일 지침은 최초 1979년에 작성되었다. 이때 미국은 당시 남북관계와 우리의 미사일개발 능력을 고려하여 사정거리 180km 이상의 미사일은 개발 및 보유를 하지 못하도록 규제하였다. 이후 2001년 1월 17일 체결한 한·미 미사일협정과 그해 3월 26일 정식 가입한 '미사일기술통제체계(MTCR)'에 따라 탄도미사일의 경우 사정거리 300km 이하, 탄두중량 500kg 이하에 한해 개발 및 보유를 허용하고 300km 이상은 연구개발은 가능하되 시험 발사 및 생산 배치는 할 수 없도록 규제하였다.

이러한 미사일 통제규정은 2012년 10월 미국과 다시 재협상을 통해 탄두중량은 그대로 둔 채 사거리만 800km 신장하는 것으로 타결하였다. 그러다 북한이 2017년 6차 핵실험을 강행하자 한·미정상은 미사일 탄두 중량을 500kg에서 무제한으로 푸는 것으로 협상함으로써 실질적인 대북억제력을 발휘할 수 있도록 하였다. 하지만 북한이 남한 전 지역을 넘어 미국 본토까지 도달할 수 있는 미사일 보유 능력을 고려해 볼 때 탄두 중량뿐만 아니라 우리도 북한 전역을 사정권에 넣을 수 있는 사거리가 보다 신장된 실질적인 탄도미사일 개발이 필요하다.

<표 6-16> 한 · 미 미사일지침 변천

구 분	사거리	탄두 중량
1979년 한 · 미 미사일지침 합의	180km	500kg
2001년 1차 개정	300km	500kg
2012년 2차 개정	800km	500kg
2017년 3차 개정	800km	무제한

둘째, 무기체계의 개발이다. 지상군의 경우에는 작전단위 부대의 경량화와 기동화는 물론, 기갑전력을 주축으로 전력화해야 한다. 특히 육군 항공전력의 확장과 공정 및 강습전력화, 공병의 전투능력 향상, 특전전력의 다양화 등에 초점을 맞추어야 한다. 해군의 경우에는 자주적 해상기동전 수행이 가능한 기동함대의 편성 · 운용과 다양한 해상전술의 확보에 역점을 두어야 하고, 공군은 주변국 공군력 수준에 상응하는 고성능 전술기 확보와 현대 항공기 성능에 상응하는 방공능력 확보 등 공군의 기본전력 고성능화와 전략타격 및 종심타격 능력을 갖춘 공격 편대군 편성 운용에 역점을 두어야 하겠다.

이뿐만 아니라 우리에게 제일 큰 위협으로 대두되고 있는 북한의 핵위협을 감시하기 위한 감시장비를 확보하는 것도 중요한 문제이다. 이를 위해서는 중 · 장기적으로 군사정찰 위성, 공중조기경보통제시스템(AWACS), 고고도 UAV, 이지스함 등과 같은 감시 · 정보자산 전력 증강을 통해 우리 스스로 북한을 감시할 수 있도록 해야 한다. 특히 군사위성 보유에 대해 적극인 검토가 필요하다. 한반도 주변의 국가는 하나같이 우주전력에 박차를 가하고 있다. 미국, 러시아, 중국, 일본이 모두 우주 강국이다. 심지어는 북한마저도 궁핍한 처지에서 우주개발에 역량을 쏟아 붓고 있다.

미국과 러시아는 제2차 세계대전이 끝나고 군사용 목적의 로켓 개발,

즉 대륙간 탄도미사일 개발에 총력을 기울여 지금은 지구를 넘나들 수 있는 로켓을 보유하고 있다. 일본은 북한의 미사일 위협 등을 이유로 이미 정찰위성 시스템을 운용하고 있고, 2009년에 확정된 '우주개발계획'에서는 앞으로 감시 체제를 강화하기 위해 정찰위성을 추가 배치하는 등 경계위성 도입을 추진하고 있다.

중국은 세계 3번째로 유인 우주선을 운영하고 있고 2007년에는 KT-2 미사일을 사용하여 지상에서 자국의 기상위성을 요격하는 실험에 성공하는 등 우주군사전력 양성에 힘을 기울이고 있다. 중국은 자체적인 위성항법시스템인 북두(GPS)를 운용할 정도로 우주기술이 미국과 어깨를 겨누는 수준이 되었다.

이에 비해 우리는 다목적 실용위성인 '아리랑 2호'와 통신위성인 '무궁화 5호'를 운용하고 있지만 우주 군사정보의 대부분은 미국의 정보당국에 의존하고 있다. 따라서 우리도 독자적으로 군사정보를 수집할 수 있는 군사위성 확보에 힘을 기울여야 한다.

셋째, 적극적인 해외 전투병력 파병이다. 미국이 지금까지 세계 군사 강국으로서 패권을 유지할 수 있었던 것은 지속적인 전쟁을 통해 새로운 전략전술과 무기체계를 개발하여 사용하고 있기 때문이다. 하지만 우리는 1950년 6 · 25전쟁 이후 1960년대 월남전 파병을 제외하면 실질적인 전투경험이 없는 상태이다. 물론 현대전의 표본으로 불리는 걸프전, 아프간전, 이라크전 등에 파병을 실시한 적이 있으나 〈표 6-17〉에서 보는바와 같이 모두가 인도적 지원의 비전투병력으로서 실질적인 전투경험을 쌓은 것이라고는 볼 수 없다. 따라서 우리도 실질적인 전투경험을 쌓고 연합작전의 능력을 높이기 위해서는 적극적인 해외파병을 통해 현장학습의 기회를 강화해 나가야 한다.

세계의 변화되는 전쟁양상을 보다 빨리 파악하고 이에 대비하기 위해

서는 직접 전투에 참여하여 실전적인 경험을 쌓는 것보다 더 좋은 방법은
없다. 특히 우리의 작전개념이 한미연합작전에 중점을 두고 있다는 점을
고려한다면 미국이 참전하는 세계 국지전에 적극적으로 참여하여 여기에
서 미군과의 합동작전 능력을 배양하는 것은 좋은 대비책이라 할 수 있다.

〈표 6-17〉 한국군 해외파병 현황

(2014년 11월 기준)

구 분		인원(명)	지 역	파병일
UN PKO	레바논 동명부대	359	티르	'07. 7.
	아이티 단비부대	240	레오간	'10. 2.
	인도·파키스탄 정전감시단(UNMMOGIP)	8	라왈핀디	'94. 11.
	라이베리아 임무단(UNOMIL)	2	몬로비아	'03. 10.
	아비에이 평화유지군(UNISFA)	1	아이에이	'11. 7.
	남수단임무단(UNMIS)	6	주바	'05. 1.
	수단 다푸르 임무단(UNAMID)	2	다푸르	'09. 6.
	레바논 평화유지군(UNFIL)	10	나쿠라, 티브닌	'07. 1
	코트디부아르 임무단(UNOCI)	2	아비장	'09. 7.
	서부사하라 선거감시단(MINURSO)	4	라운	'09. 7.
	아이티 안정화임무단(MINUSTAH)	2	포로토 프랭스	'09. 11.
다국적군 평화활동	소말리아 해역 청해부대	304	아덴만 해역	'09. 3.
	아프가니스탄 오쉬노부대	350	차리카	'10. 6.
	바레인 연합해군 사령부	5	마나마	'08. 1.
	CJTF-HOA	4	지부티	'03. 2.
	아프가니스탄	4	카불	'09. 6.
	미 중부사령부	3	플로리다	'01. 11.
국방협력	UAE 아크부대	147	알아인	'10. 12.
계		1,453	18개	

출처: 『2014 국방백서』 참조.

넷째, 사이버전에 대한 대비이다. 사이버전에 대해서도 우리는 지금까지 수세적이고 방어위주의 사이버전 개념을 적용해왔다. 하지만 앞으로는 이러한 소극적 방법에서 탈피하여 보다 적극적인 사이버전을 구사함으로써 적의 사이버 공격을 효과적으로 방어할 수 있도록 해야 하겠다. 이를 위해서 사이버 조직을 강화할 수 있는 사이버 무기 개발과 함께 사이버 전문요원을 양성하는 데 관심을 가져야 할 것이다. 우리 군은 2010년 1월 1일부로 국방정보본부 예하에 '사이버사령부'를 창설하고 사이버 작전계획·시행·부대훈련 및 연구개발 등을 담당하도록 하고 있다. 그러나 북한의 사이버전 능력에 대비해 볼 때 우리의 대응수준은 아직 초보적인 수준이라 할 수 있다.

다섯째, 군사교리의 발전이다. 최근에 발발했던 국지전에서의 사례를 보면 합동성·동시성·통합성에 기초한 새로운 전쟁수행개념의 효용성이 입증되고 있다. 걸프전은 공지전투개념을 적용한 신속기동전을, 아프간전은 특수전부대와 장거리 정밀타격전력을 결합한 정보전 개념을 입증하였다. 이라크전에서는 네트워크중심의 작전환경 속에서 대규모 공중정밀타격과 지상전을 병행함으로써 최단 시간 내 전쟁목적을 달성할 수 있었다. 이러한 현대전의 양상을 고려해 볼 때 북한도 과거와 같이 지구전이 아닌 효과중심작전에 기반을 둔 단기속결전으로 전쟁을 실시할 것으로 보인다. 즉, 비대칭전력을 이용한 공세적인 기습공격과 정밀유도무기를 이용하여 중심타격전을 실시함으로써 조기에 전쟁의 주도권을 장악하고, 정규전과 비정규전부대, 대부대와 소부대, 군종 간(육·해·공군), 병종 간(병과 간), 인민무력과의 배합을 통한 총력전 개념에 의한 속도전으로 전쟁을 몰고 간다는 것이다. 따라서 우리도 각 군의 전력을 유기적으로 통합 운용할 수 있는 합동성과 협동성에 대한 군사교리와 기술을 발전시켜나가야 하겠다.

 이와 더불어 북한군 특수전부대에 대한 대응책도 요구된다. 우리 군은 북한군 특수전부대 위협에 맞서 다양한 침투 및 도발유형을 상정해 놓고 여기에 대응하기 위한 훈련을 주기적으로 실시하면서 그 위협에 대비하고 있다. 그러나 북한은 우리의 이러한 대비책에도 불구하고 지속적으로 침투 및 도발방법을 강구할 것으로 보임에 따라 여기에 대한 추가적인 대비책이 요구된다. 특히 밖으로 노출되지 않으면서 지속적으로 병력을 이동시킬 수 있는 땅굴에 대해서는 보다 심층적인 대비책이 강구되어야 할 것으로 보인다. 땅굴탐지 전문가에 따르면 북한은 기존에 발견된 4개의 땅굴 외에 휴전선 인근에 20여 개의 땅굴이 더 있는 것으로 추정하고 있다.[51] 하지만 이를 탐지하기 위한 시추장비는 절반 이상이 도입한지 20년이 지난 노후기종이며 땅굴탐지를 위한 전문가 역시 부족한 실정이다. 따라서 아직 발견하지 못한 땅굴을 찾기 위해서는 시추장비를 현대화하고 민간자문기관과 연계한 탐사기술을 개발하는 등의 보다 적극적인 탐지활동을 전개해 나가야 할 것으로 보인다.

 또 후방지역에 집중 침투할 것으로 판단되는 11군단 예하 4만 5천여 명의 특수전부대에 대해서도 그 보완책이 요구된다. 우리 군은 후방에 침투하는 북한군 특수전부대에 대해서는 지역방위사단장이 책임을 지고 작전을 전개하도록 하고 있다. 하지만 지역방위사단은 예비군을 동원하여 임무를 수행함에 따라 작전반응 시간이 느리고 예비군 수준 또한 이들과 맞서 싸우기에는 한계가 따른다. 따라서 후방지역에 북한 특수전부대가 침투했을 때 이를 초기에 신속히 제압할 수 있는 지역방위사단 단위의 정예화된 특공부대 신설이 요구된다. 현재 후방에 북한군 특수전부대가 침투 시 초기에 신속하게 대응할 수 있는 병력은 지역방

---

51) 『뉴 데일리』, 2010년 7월 30일.

위사단 예하에 편성된 기동대대와 2작전사 예하의 2개의 특공여단이 전부이다. 따라서 전시 한국군 후방에 동시다발적으로 침투하는 북한군 특수전부대에 대응하기 위해서는 지역방위사단 단위의 정예화 된 특공부대 보유가 필요하다.

이와 더불어 북한 특수전부대의 타격목표가 될 것으로 판단되는 국가 주요시설에 대해서도 그 방호대책이 보강되어야 할 것으로 판단된다. 현재 국가 주요시설에 대한 방호는 1차적으로 자체 경비요원이 전담하도록 하고 있다. 이는 북한 특수전부대가 기습침투 시 초기 대응능력 부족으로 대량피해를 입을 수 있다. 따라서 기습침투 시 초기 대응이 가능하도록 주요시설 단위로 전투장비를 보급하고 유사시 이를 즉각 사용할 수 있도록 하는 등의 실질적인 조치가 뒤따라야 할 것으로 보인다.

나. 법규 및 제도 보완

북한 군사위협에 대응하기 위한 법적 장치 마련은 국제사회에 우리의 대응조치를 정당화시켜 줄 뿐 아니라 국제사회로부터 지지를 얻을 수 있는 중요한 요건 중의 하나이다.

우리는 1991년 '남북기본합의서'에 의한 한반도 비핵화선언 이후 주한 미군의 전술핵무기가 완전히 철수함으로써 비핵지대로 되어 있다. 따라서 한반도에서 핵전쟁 시 우리는 미국의 핵우산정책 외에는 다른 대응 수단이 없다.

현재 한반도에 대한 미국의 핵우산은 '작계 5027'에 일부 개념이 포함되어 있으나 이는 북한의 핵실험 이전에 재래식 전력을 염두에 두고 작성되었기 때문에 핵전에 대비한 계획은 명시하지 않고 있다. 따라서 북한의 핵사용 위협-징후-실제 사용 등 단계적 위협에 따라 어떤 핵무기로 대응해야 하는지 적시될 필요가 있다. 또 일부 전문가들은 연합사 (CFC)가 해체되고 전시작전통제권이 분리되어 '작계 5027'도 폐기될 것이므로 수정할 필요가 없다는 입장을 취하는 사람도 있지만 "안보에는 어떠한 허점도 허용되어서는 안 된다"라고 하는 고전적 진리를 상기해 본다면 '작계 5027'은 대체되는 순간까지 북핵 대처방안을 포함한 모든 상황을 상정하여 대비하고 있어야 한다.

그리고 과거 연합사는 주로 북한의 재래전 위협에만 대비해왔기 때문에 실제 핵전 대비계획은 발전시키지 않았다. 따라서 보다 구체적인 북한 핵공격에 대한 대비책 마련이 필요하다.

또 우리 헌법 제4조에 "대한민국은 통일을 지향하며, 자유민주주의적 기본질서에 입각한 평화적 통일정책을 수립하고 이를 추진한다"고 명시하고 있고, 헌법 제5조 1항에는 "대한민국은 국제평화의 유지에 노력하고 침략적 전쟁을 부인한다"고 명시하고 있다. 따라서 우리의 작전개념은 공격이 아닌 방어위주로 수립되어 있어 '선제공격(Preemptive strike)'에 대한 부분은 언급하지 않고 있다.

선제공격은 적의 군대가 막 공격을 개시하려 하거나 막 공격을 시작한 것을 탐지한 국가에 의해서 개시되는 공격을 말한다. 이 부분에 대해서 UN헌장 제2조 4항에서는 "모든 회원국은 그 국제관계에 있어서 다른 국가의 영토보전이나 정치적 독립에 대하여, 또는 국제연합의 목적과 양립하지 아니하는 어떠한 기타 방식으로도 무력의 위협이나 무력행사를 삼간다"라고 규정하고 있다. 따라서 전쟁을 포함한 일체의 무력행사 및 무력적 위협을 포괄적으로 금지하고 있다. 그러나 이는 일체의 전쟁을 금지하는 것이 아니고 '정전'이론에 입각하여 침략적 전쟁만을 부인하고 있으므로 자위권 발동 차원에서 전쟁까지 금지하는 것은 아니라고 볼 수 있다.

국제사회는 선제공격의 적법성을 갖추기 위해서 다음과 같은 8가지 조건을 내세우고 있다.[52] ① '목적성'으로 선제적 자위권의 발동 목적은 현상유지 및 예방에 국한되어야 하며 응징을 위한 자위권 행사는 불가하다. ② '급박성'으로 일반적으로 국가안전보장과 관련된 필수불가결한 권리의 보호를 위해 급박한 무력공격에 대응하는 것이어야 한다. ③ '적시성'으로 대응은 적시에, 즉 상대의 공격에 매우 근접한 시점에 행하여져야 한다는 것이다. ④ '최후 수단성'으로 선제적 자위권은 모든 평화적인 분쟁 해결 수단을 강구한 후에 최후의 수단으로 사용되어야 한다. ⑤ '필요성'으로 적의 도발에 대하여 조속한 반격을 하지 않을 수 없는 급박한 상황이 존재하여야 한다. ⑥ '비례성'으로 피해와 자위권의 목적을 달성하기 위하여 행사된 무력 사이에 비례성이 인정되어야 한다는 것으로 과잉방위를 제한하고 있다. ⑦ '절차성'으로 선제적 자위권을 발동한 국가는 해당 조치사항을 UN헌장 제51조에 따라 UN안전보장이사회에 보고해야 한다. ⑧ '한시성(보조성)'으로 선제적 자위권은 안전보장이사회가 UN헌장 제51조에 따라 사태 해결을 위한 효과적인 조치를 취할 때까지 한시적으로 허용된다는 것이다.

이와 같은 8가지 조건을 갖춘 상태에서의 선제공격은 적법한 것으로 해석하고 있다. 따라서 우리도 이러한 상황에서는 선제공격을 고려해 보아야 한다.

하카비는 그의 저서 『핵전쟁과 핵평화』에서 먼저 행동하려는 충동, 즉 '선제(preempt)'하려는 경쟁은 어느 일방의 침략적 성향이나 흡혈귀적 성향의 결과가 아니라 그것은 생존과 밀접하게 관련되어 있는 것으로, '기습공격(surprise attack)'을 먼저 개시하는 행동에 달려 있는 그러한 불

---

[52] 국방부, 『전쟁법 해설서』, 서울: 대한민국 국방부 법무관리관실, 2003, 82~83쪽.

행한 상황 속에의 불안전성 그 자체에 내재하는 하나의 방어적 행위라고 주장하였다. 이는 자위적 차원에서의 선제공격은 그 정당성을 인정해야 한다는 논리로 받아들일 수 있다.

또 미국 부시 대통령은 2002년 6월 미 육사 졸업식 연설에서 "과거 미국의 방어는 억지와 봉쇄라는 냉전 독트린에 의존하여 왔고 일부는 지금도 유효하다. 그러나 대테러전이라는 새로운 위협에는 새로운 사고가 필요하며 방어만으로는 이길 수 없기 때문에 적의 위협이 떠오르기 전에 선제공격이 필요하다"고 하며 선제공격의 타당성을 주장하였다.

그리고 우리의 김태영 전 합참의장도 2008년 8월 26일 국회 인사청문회에서 '북한이 소형 핵무기를 개발해 남한을 공격할 경우 어떻게 대체할 것이냐'라는 질문에 "제일 중요한 것은 적(북한)이 핵을 가지고 있을 만한 장소를 확인해 타격하는 것"이라고 답변함으로써 선제공격의 가능성을 시사했다.

한반도와 같이 전장종심이 얕고 전략적 중심도시인 서울이 북한과 근접하고 있는 상황에서 선제공격을 허용한다면 이는 대량피해와 함께 전략적 중심지를 조기에 상실하는 것은 물론 수도 서울이 적으로부터 순식간에 점령당할 수 있어 초기 전투력 발휘에 치명적인 영향을 받을 수 있다. 따라서 초기 대량피해를 예방하고 전쟁의 주도권을 장악할 수 있는 자위적 차원의 선제타격은 심도 있게 고려해 보아야 할 사안이라 할 수 있다.

북한은 핵실험 이후 이는 남한을 향하는 것이 아니고 남한에 사용할 의사도 없다고 밝힌 바 있다. 그러나 경제난과 북핵 문제로 체제가 불안정하고 미국을 비롯한 주변 강국의 압박이 가중될 경우 북한은 이를 극복하기 위한 방법으로 국지도발이나 전면전을 감행할 수 있는 가능성은 얼마든지 가지고 있다. 이때 북한이 핵무기를 전혀 사용하지 않을 것이라고는 그 누구도 장담할 수 없다. 따라서 우리는 이에 대한 대비책을 강구하여야 할 것이며, 이에 대한 대안으로 생각할 수 있는 것이 바로 북한 핵시설에 대한 선별적인 선제타격이다.

우리가 북한에 대해 선제타격을 고려해볼 수 있는 상황으로는 북한이 전면전 도발과 관련된 결정적인 징후들[53] 즉, 병력동원과 부대이동 증가, 미사일 발사 준비, 화학무기의 전방이동, 심지어 핵무기의 사용 징후까지 포착된 상황이라면 우리는 이에 대한 자위권적 방어조치의 일환으로 '선제적 자위권'을 행사할 수 있어야 한다.

지금과 같이 북한이 대량살상무기를 보유하고 있는 상황에서 수세적 작전개념을 적용한다면 초기 인적·물적 피해는 이루 말할 수 없으며 더욱 우려되는 것은 초기 대량피해로 인해 반격작전의 능력을 상실할 수도 있다는 것이다. 따라서 현재 방어위주 개념에서 탈피하여 북한의 공격 징후가 확실시 될 때는 선제공격을 통해 우리의 피해를 최소화하고 전쟁의 주도권을 장악할 수 있는 작전개념으로 수정 보완되어야 할 것이다.

2. 간접전략

'간접전략(Indirect Strategy)'은 국가전략의 한 형태로서 핵 억제력 또는 정치적 억제력에 의해서 무력행사가 제한되어 있는 경우에 군사력은 제2차적으로 사용하고 주로 정치·외교·경제·심리 등의 비군사적 방법

[53] 북한이 기습전에 유리하도록 부대를 전방에 추진 배치시켜 놓고 있지만 전쟁을 하기 위해서는 최소한의 부대활동(동원령 선포, 전투물자 지급, 장비이동, 부대이동 등)이 필요하다. 현재 북한군의 배치상태를 고려해 볼 때 예비병력(교도대, 노농적위군 등)을 동원하지 않고 기습 공격을 감행할 경우 그 준비기간은 최소 3일이, 병력동원까지 완벽하게 갖춘 상태에서 전쟁을 시작할 경우에는 최소 2주 정도가 소요되는 것으로 판단하고 있다.

을 사용하여 소기의 정치적 목적을 달성하려는 국가전략이다. 이는 최
소한의 힘으로 적의 심리에 결정적인 영향을 줄 수 있으나 결과의 구체
화가 느리고 상당한 책략이 필요하다. 따라서 간접전략은 힘이 약하거
나 상대와 직접적인 무력충돌을 회피하고자 할 때 사용되는 전략이라
할 수 있다.

우리가 북한의 군사적 위협에 대응하기 위한 간접전략 방법으로는
북핵 위협 해소를 위한 국제공조 활동과 한반도 긴장해소를 위한 남북
관계 개선 등을 고려해 볼 수 있다.

가. 국제공조 강화

우리가 국제공조를 통해 북한의 핵위협을 제거하기 위해서는 첫째,
한미동맹관계를 더욱 강화하고 동북아시아의 다자간 안보 틀을 구성하
는 것이다.

국가가 자신의 국가이익에 따른 주권을 행사하기 위해서는 자주전력
에 의해 안보위기를 해소하는 것이 가장 바람직한 방법이다. 하지만 한
국가의 경제적 능력이나 발휘할 수 있는 군사력의 크기는 제한되어 있
어 이를 실현하기란 사실상 어려움이 많다. 따라서 지구상의 대부분의
국가들은 안보에 대해 이해를 같이하는 국가들과 동맹관계를 맺고 이를
통해 안보위기 해소는 물론 막대한 국방비를 절감하고 있다. 이러한 점
을 고려한다면 우리도 미국과의 굳건한 군사동맹을 유지하는 것은 물론
중국, 일본과도 전략적 동맹을 강화하는 등 동북아시아권의 국가들 간
에도 다자간의 안보동맹을 결성함으로써 북한으로 하여금 오판하지 못
하도록 하여야 한다.

또 북한이 폐쇄적 국가운영을 버리고 국제사회의 일원으로 동참할 수

있도록 유도함으로써 북한 스스로 사고를 전환할 수 있도록 해야 한다. 특히 한미동맹은 북한이 제일 부담스럽게 생각하는 부분이며 우리의 국방비를 절감시켜 주고 있다는 점을 고려한다면 이 부문에 대해 결코 소홀히 해서는 안 된다.

우리가 한미동맹 없이 자주국방을 실현하기 위해서는 현재 GDP 대비 약 3%의 국방예산을 몇십 배 이상으로 수십 년간 투입해도 핵을 보유하고 있는 북한을 상대로 독자적인 전쟁을 수행한다는 것은 현실적으로 어려움이 많다. 이러한 시각에서 볼 때 한미전시작전권 환수문제도 다시 한 번 조심스럽게 제고해볼 여지가 있다.[54]

전작권이 한미 합의에 따라 한국군에 전환된다면 유사시 미군 지원형태가 지금보다 더욱 해·공군 위주로 바뀌게 될 것이다. 지금까지는 북한에 의해 전면전이 일어나면 한강 이북 의정부, 동두천 등에 배치돼 있는 미 2사단을 자동적으로 끌어들이는 '인계철선(trip-wire)' 역할을 했지만 전시작전권이 전환되면 더 이상 주한 미 지상군은 그런 역할을 하지 않게 된다.

여기에 대해서는 월터 샤프 주한미군사령관 등 미군 고위 관계자들도 "전작권이 한국군에 전환되면 주한미군은 해·공군 위주의 지원 체제로 전환될 것"이라고 여러 차례 공식적으로 언급한 바 있다. 이러한 발언은 전시작전권이 이양됐을 때 무력충돌의 위험성이 높은 휴전선에서 북한

----

54) 전시작전권은 참여정부시절인 2007년 2월에 2012년 4월까지 한국군으로 이양하기로 한·미 양국 간 합의하였다. 그러나 이명박 정부 들어 2009년 5월 북한의 2차 핵실험과 2010년 '천안함 사태'가 발생하자 전환시점이 연기되어야 한다는 필요성이 대두되면서 양국 간 합의에 의해 2015년 12월 1일로 3년 7개월 연기하기로 합의하였다. 그러다 2014년 박근혜 정부 들어서는 북한의 핵·미사일 위협이 상존하고 있고 전시작전권을 환수하기 위한 조건이 미성숙 되었다며 전환시점을 무기한 연기하였다. 하지만 2017년 문재인 정부 들어서는 다시 전시작전권을 조기에 환수하는 것으로 재추진하고 있다.

군과의 직접적인 충돌을 방지하고 후방에서 작전지원위주로 주한미군을 운용하겠다는 의도로 풀이된다. 주한 미 2사단이 한강이남 평택기지로 이동한 것도 바로 이런 맥락에서 이다. 따라서 우리는 전작권 전환 이후 이러한 미군의 역할부분을 어떻게 보완해야 할 것인지에 대해 사전 대비책을 강구하지 않으면 안 된다.

둘째, 국제적 대북 핵 억제력을 보유하는 것이다. 우리가 북한의 핵위협에 대비해 생각할 수 있는 것은 선제공격인데 이는 사용징후가 명확해 보일 때 먼저 공격하는 것으로 실제로 발사될 것인지를 확신하지 못하는 상황에서 전면전의 위험을 무릅쓰고 선제공격을 시도한다는 것은 상정하기 어렵다. 이와 같은 상황에서 우리의 대응은 당연히 '억제'에 초점이 맞추어져야 하며 현재로서는 그것이 북핵 위협으로부터 국민을 보호하고 핵 인질 상태로부터 자유로워지기 위한 최적의 대책이라 할 수 있다.

북핵을 억제함에 있어서는 '자주적 억제'와 '국제적 억제'의 방법을 들 수 있다. 자주적 억제란 우리가 독자적으로 재래무기의 범주 내에서 억제에 효과적인 군사력을 갖추는 것을 의미한다. 이를 위해서는 많은 예산과 시간이 필요하며 사회적·정치적 합의가 전제되어야 한다. 이에 비해 국제적 억제란 동맹·핵우산·유엔·핵외교 등을 통해 북한의 핵사용 가능성을 거부하고 핵이 발휘하는 정치 외교적 위력을 무력화시키는 것을 의미한다. 이 방법은 효과가 즉시적이고 강력할 뿐 아니라 예산을 필요로 하지 않는다. 따라서 단기적 과제로 국제적 억제책을 강구하면서 중장기적 과제로 자주적 억제력을 모색해 나가는 것이 가장 합리적인 선택일 것이다.

셋째, 북한의 대량살상무기 보유 방지를 위한 국제사회활동에 적극 동참하는 것이다. 우리 정부가 현재 군축 및 비확산 국제기구에 참가하고 있는 분야는 〈표 6-18〉와 같다.

〈표 6-18〉 국제 군축 및 비확산 협약 및 기구

구 분		가입국	남·북한 가입현황	주 요 내 용
유엔 관련 기구	UN총회 제1위원회	193개국 (1945.10.)	한국(1991.9) 북한(1991.9)	군축 및 국제안보 관련 의제 토의
	유엔 군축위원회	193개국 (1952.1)	한국(1991.9) 북한(1991.9)	주요 이슈에 대한 국제 사회의 합의와 방향, 원칙 등 도출
	군축회의	65개국 (1962.3.)	한국(1996.6) 북한(1996.6)	국제사회에서 유일한 다자 군축 협상기구
핵 무 기	핵확산금지조약	191개국 (1970.3.)	한국(1975.4) 북한(1985.12, 2003.1. 탈퇴)	핵무기 확산을 방지하고 원자력의 평화적 이용 증진
	국제원자력기구	168개국 (1957.7.)	한국(1957.8) 북한(1974.6, 1994.6. 탈퇴)	원자력의 평화적 이용을 촉진하고 군사적 목적으로 전용 방지
	포괄적 핵실험 금지조약	183개국 (미발효)	한국(1999.9)	핵무기 확산방지를 위해 모든 지역에서 핵실험 금지
미 사 일	탄도미사일 확산 방지를 위한 헤이그 행동규약	138개국 (2002.11.)	한국(2002.11)	탄도미사일 확산 방지를 위한 자발적 성격의 국제 규범
생물 화학 무기	생물무기금지 협약	175개국 (1975.3.)	한국(1987.6) 북한(1987.3)	생물무기의 개발, 생산, 비축 금지

출처: 『2016 국방백서』, 264쪽.

우리가 북한을 상대하여 대량살상무기에 대해 직접 제재를 가한다는 것은 그 능력 면이나 지금까지 북한의 행태를 고려해 볼 때 그 가능성이 희박할 뿐만 아니라 오히려 남북관계를 더욱 악화시킬 수 있는 요인으로 작용할 수 있다. 따라서 국제사회의 일원으로서 군축 및 비확산 활동에 적극 동참함으로써 북한에 직접적인 감정을 건드리지 않으면서 북한이 대량살상무기를 포기할 수 있도록 하는 간접접근방법이 효과적이라 할 수 있다. 즉 국제공조를 통해 북한이 핵을 포함한 대량살상무기를 포기할 수 있도록 다각적인 방면에서 활동을 강화시켜 나가야 한다는 것이다. 이러한 측면에서 볼 때 우리 정부가 2009년 5월 26일에 PSI에 전면 참여를 선언한 것은 적절한 조치였다고 평가할 수 있다.

북한의 핵위협에 대비하기 위해서는 미국은 물론 중국과의 관계개선에도 더욱 노력을 가해야 한다. 중국은 북한 대외무역의 90% 이상을 차지하고 있고, 식량, 유류 등 북한에게 절대적인 영향력을 가지고 있는 나라이다. 북한의 대중국 무역의존도는 2003년 42.8%, 2004년 48.5%, 2005년 52.6%, 2006년 56.7%, 2007년 67.1%, 2008년 73%, 2009년 78.5%를 차지하다가 2014년부터는 90%대를 넘어 2016년에는 92.5%를 유지하는 등 해가 거듭할수록 그 의존도가 높아져 가고 있다. 이러한 현상은 유엔의 대북제재가 지속될수록 더욱 심화될 것으로 보인다. 따라서 중국을 활용하여 북한을 움직일 수 있도록 하는 것이 가장 효과적인 방법일 것이다. 중국은 북한이 붕괴되는 것도, 대량살상무기를 보유하는 것도 원치 않고 있다. 지리적으로 인접한 북한이 대량살상무기인 핵무기와 미사일을 보유한다는 것은 북한의 영향력을 키워줄 뿐만 아니라 유사시에 자신들에게 어떻게 작용할지 모르기 때문이다. 그리고 북한의 불법행위에 대한 국제사회의 대북제재 압력이 고조될 경우 이를 혼자서 감당하기에는 부담을 느낄 수 있기 때문이다.

북한 핵문제와 관련하여 우리는 기존 핵무기의 폐기라는 완전한 비핵화를 목표로 설정하여 6자회담 틀에서 원만한 국제공조를 추구하는 동시에 북한 핵에 대한 현실적 억지책인 미국의 핵우산 확보를 공고히 해 나가야 할 것이다.

나. 남북관계 개선

남북관계는 2000년 1차 남북정상회담 이후 우리의 적극적인 대북정책으로 다방면에 걸쳐 남북 간 교류와 협력이 활발히 이루어져 왔다. 하지만 이명박 정부의 대북정책인 '비핵·개방·3000'에 대한 북한의 반발과 2008년 금강산 관광객 피살 사건, 2010년 천안함사태, 연평도 포격도발 사건 등을 계기로 남북관계가 위기를 맞았었다. 이러한 남북관계는 문재인 정부 들어 2018년 3번의 남북정상회담을 실시하면서 다시 회복의 기미를 보이고 있다.

북한은 금강산 관광객 피살 사건 이후 우리정부의 재발방지대책 요구에 반발하면서 금강산의 남한 정부 소유 부동산 압류와 금강산 내의 민간투자시설의 자산동결 등을 통해 실질적인 남북관계를 차단시켜 버렸다. 천안함사태 이후에는 우리정부의 대북제재 조치로 대부분의 교류와 협력이 차단되었고, 특히 2015년 DMZ 북한군 목함지뢰 사건은 개성공단의 가동마저 멈추게 만들었다.

그동안 북한은 남북협력사업을 통해 많은 경제적 이득을 취해 왔다. 반면에 우리는 이러한 교류를 통해 북한 주민의 의식을 전환시키는 데 영향을 주었다.

북한은 오랜 시간 동안 주체사상으로 신념화되어 있어 단시간에 북한을 변화시킨다는 것은 무리수이고 부작용이 따를 수 있다. 따라서 물리적 힘을 이용한 직접적인 방법보다는 현재 개방된 지역에 적극적인 자본주의 바람을 불어 넣어 북한 스스로가 개혁·개방의 필요성을 느낄 수 있는 분위기를 만들어 주는 것이 중요하다. 이러한 측면을 고려해 볼 때 현재 고착상태에 빠져있는 금강산 관광사업을 포함하여 개성지구 등에 더 많은 교류와 협력 사업을 전개해 나가는 것이 필요하다. 특히 남북교류의 상징이라 할 수 있는 개성공단의 중단은 북한은 물론 우리에게도 미치는 영향을 고려해 볼 때 하루속히 재가동될 수 있도록 노력해야 하겠다.

이와 더불어 우리 국민들의 안보의식 고취를 위한 교육과 군비축소 부문에도 관심을 가져야 하겠다. 우리 사회는 그동안 '대북화해정책'의 추진으로 인해 북한 군사위협에 대한 심각성을 잊고 있었다. 2009년 행정안전부가 '리서치앤리서치'에 의뢰해 실시한 설문조사에 의하면 6·25전쟁 발발연도를 직접 물어본 결과 36.9%가 모르고 있었고, 전쟁의 성격에 대한 질문에는 66.0%가 북한의 남침이라고 응답했지만 23.4%는 미국과 소련을 대신한 전쟁으로 답했다. 또 20대 계층에서는 6·25전쟁에 대해 56.5%가 모른다고 답하고 있어 젊은 층에 대한 안보교육이 시급한 것으로 나타나고 있다. 이처럼 우리 국민들의 안보의식이 낮아진 이유로는 개인주의 팽배, 전쟁경험세대 감소, 안보교육 부족, 평화에 대한 감상적 인식 확산 등이 그 원인이 되고 있는 것으로 분석하고 있다.

국가안보를 지키는데 있어서 많은 예산을 들여 현대식 무기로 치장하는 것도 중요하지만 그보다 더 중요한 것은 국민들의 안보의식이다. 월남이 미국으로부터 엄청난 전쟁물자와 병력을 지원받고도 전쟁에서 질 수밖에 없었던 이유가 바로 국민들의 안보의식이 해이해져 있었기 때문으로 분석하고 있다. 따라서 우리도 국민들의 안보의식 고취를 위한 학교교육은 물론 각종 기회교육을 강화해 나가야 하겠다.

그리고 군비축소 부문은 한반도에 군사적 긴장을 해소하고 남북관계 개선을 고려한다면 최우선적으로 해결해야 될 부문이다. 남북 당국 간 합의에 의한 군비축소가 이루진다면 한반도 긴장해소는 물론 기타 부문에서도 남북 교류와 협력이 활성화될 것으로 보인다.

제7장 나오며

북한은 1994년 북한의 절대 권력자였던 김일성이 사망하면서 김정일, 김정은으로 이어지는 3대 세습을 거치면서 많은 부문에 있어 변화가 있었다. 그중에서도 북한의 핵개발은 우리를 포함한 국제사회의 최대 관심사로 떠올랐다. 핵은 군사적으로 사용 시 그 피해가 너무 크기 때문에 절대적인 전력으로 평가한다.

북한의 핵개발은 1965년 영변에 소련제 원자로를 들여오면서부터 시작되었으나 북한이 1990년대 들어 핵개발을 가속화하게 된 배경에는 1980년 말부터 일기 시작한 사회주의국가의 붕괴, 김일성의 사망, 경제난과 식량난, 국제사회의 개방 압력 등을 받으면서 이를 극복하고 자신들의 체제를 유지하기 위한 수단을 확보하기 위한 것으로 보인다.

국제사회는 북한의 핵문제가 불거지자 이를 저지하기 위해 그동안 많은 노력을 기울여 왔다. 하지만 북한은 2006년 1차 핵실험을 시작으로 지금까지 6번의 핵실험을 강행함으로써 자신들의 핵보유 능력을 국제사회에 공포하였고, 지금은 대남위협을 위한 유력한 수단으로 사용하고 있다.

그동안 북한 핵문제에 대해서는 두 가지 견해로 양분되어 서로 팽팽히 맞서왔다. 하나는 북한이 핵을 포기할 것이라고 주장하는 '북핵 포기론'이다. 이는 북한이 국제사회의 체제안전보장과 경제적 보상이 충분히 이루어질 경우 핵무기를 포기할 것이라고 보는 주장이다.

다른 하나는 북한은 절대 핵을 포기하지 않을 것이라고 주장하는 '북핵 보유론'이다. 이는 북한이 공산권 붕괴 이후 안보불안이 가중되자 이를 보완할 목적으로 적극적인 핵무장의 길을 걸어왔고, 또 한국으로 흡수통일의 가능성과 재래식 군사력도 뒤지는 상황에서 체제유지의 마지막 보루인 핵을 절대로 포기하지 않을 것이라고 보는 주장이다. 그리고 과거 핵을 개발한 나라들이 쉽게 포기한 적이 없고, 또 한 번 폐기하게 되면 다시 개발하기 위해서는 많은 시간과 어려움을 겪어야하기 때문이다.

이와 같이 양분된 주장은 이라크사태를 거치면서 북한의 '핵 보유론'이 더 설득력을 얻고 있다. 북한은 미국이 이라크를 침공한 것은 이라크가 핵무기 개발을 포기했기 때문이라고 보고 있다. 따라서 자신들도 이라크와 같이 핵무기를 포기하게 되면 결정적인 방호수단이 없어 결국 자신들의 체제가 무너지고 만다는 것이다. 따라서 현 상황에서 북한이 핵을 포기할 가능성은 매우 희박하다고 볼 수 있다. 이는 곧 한반도에 핵전쟁의 위험이 상존하고 있음을 의미하는 것이다.

선군정치의 결실이라 할 수 있는 북한의 핵개발은 한반도에 핵전쟁의 위험과 함께 국제사회의 강도 높은 대북제재로 이어지면서 북한을 더욱 위기상황으로 몰아넣고 있다.

북한은 지금 핵과 미사일 등의 전략무기 보유와 함께 재래식 전력의 양적 증가를 통해 그 어느 때보다 강력한 군사력을 보유하고 있는 것으로 평가받고 있다.

북한이 어려운 경제난과 식량난 속에서도 이와 같이 군사력의 질적·양적 증강을 도모한 것은 북한의 전쟁수행 기법의 변화를 보여주는 것이라 할 수 있다. 즉 북한이 새로운 전쟁준비를 하고 있음을 의미하는 것이다.

우리는 지금까지 북한의 전쟁수행 방법을 김일성 시대에 기초한 선제기습전략, 속전속결, 배합전략을 상정해 놓고 여기에 대한 대비책을 준비해왔다. 하지만 현 시점에서 북한 상황을 고려해 볼 때 북한에 김일성이 사망한지가 20여 년이 지났고, 최근에 현대전(걸프전, 아프간전, 이라크전)을 통해 보여준 전쟁의 모습은 과학과 무기체계의 발달로 인해 판이하게 바꿔 놓았다. 그리고 무엇보다 중요한 것은 북한의 무기체계의 변화이다. 북한은 그동안 핵실험과 미사일 시험 발사를 통해 전략무기를 다수 보유하고 있는 것으로 평가받고 있다. 따라서 이러한 점들을 고려해 볼 때 북한의 전쟁수행 방법은 김일성 시대를 벗어나 김정일·김정은 시대를 거치면서 현대전에 부합된 새로운 전략이 수립되었다고 보아야 할 것이다.

북한이 현대전에 부합된 새로운 전쟁수행 방법으로 상정해 볼 수 있는 전략으로는 대량보복전략, 속전속결전략, 공세적 사이버전략으로 소위 '선군군사전략'이라 할 수 있다. 선군군사전략은 북한이 핵개발 이후에 수립된 전략으로 판단된다.

'대량보복전략은 북한이 유사시 전승보장을 위한 차원에서 수립된 전략이라 할 수 있다. 북한은 1994년 1차 북핵 위기를 거치면서 미국의 '북한 핵시설 피폭 위협'으로부터 최대의 위기를 맞았었다. 이러한 위기는 김정일로 하여금 억제적 차원의 전략을 수립토록 하는 데 결정적인 역할을 하였다. 따라서 대량보복전략은 북한이 핵무기를 바탕으로 자신들의 위협세력에 대해 적극 대처하기 위해 사용할 것으로 보인다.

'속전속결전략'은 김일성의 전략을 수용한 것으로 북한은 속도전에 유리한 항공, 기갑 및 기계화부대 등을 다량 보유하고 있고, 부대편성 또한 기동 위주로 편성되어 있다는 점 등을 고려해 볼 때 앞으로도 지속 유지할 것으로 보인다. 북한은 한반도에서 전쟁도발 시 미국의 개입은 전쟁승리를 장담할 수 없다고 판단하고 있기 때문에 미 증원전력이 한반도에 도착하기 이전에 전쟁을 종결하기 위해 총력전 개념의 속도전을 전개할 것으로 보인다. 김정은이 집권 직후인 2012년 8월에 새롭게 수립했다는 '7일 전쟁계획'은 북한이 속도전을 염두에 두고 있음을 시사하는 것이라 할 수 있다.

'공세적 사이버전략'은 북한이 전문해커 요원을 다수 보유하고 있고, 미국과 한국 등 선진국의 전쟁수행 개념이 고도의 컴퓨터에 의존하고 있다는 점 등을 고려할 때 사용 가능한 전략이다. 북한은 사이버전력을 평시에는 우리 정부기관에 대한 정보수집에 이용하고, 전시에는 상대 네트워크에 대한 공격과 심리전에 적극 이용할 것으로 보인다.

북한이 '선군군사전략'을 선택하게 된 가장 큰 이유는 현대전의 양상 변화에 있다고 할 수 있다. 최근 국지전 사례에서 보여주었듯 현대전은 무기체계의 발달로 목표의 파괴성과 장거리 정밀타격 능력을 획기적으로 증대시킴으로써 전장양상을 단기집중 정밀타격전으로 변화시키고 있다. 이러한 현대전의 양상변화는 김정일·김정은으로 하여금 재래식 전력에 치중한 싸움준비에 한계를 느끼도록 하였고, 따라서 새로운 전쟁수행 방법을 강구하지 않으면 안 되게 만들었다. 선군군사전략은 북한이 재래식 전력의 한계를 극복하고 현대전을 수행하기 위해 필요했던 것이다.

'선군군사전략'은 기존 김일성의 공세적 공격개념의 전략에 김정일·김정은이 방어적 개념의 전략을 가미한 것이 그 특징이라 할 수 있다.

다시 말해 자신들의 체제유지에 방해가 되는 집단이나 세력에 대해서는 핵과 미사일 등 대량살상무기를 이용 무자비한 보복을 가함으로써 자신들을 얕잡아 보지 못하게 하고 자신들의 체제를 유지한다는 것이다.

그동안 김정일·김정은은 인민군에게 하달되는 각종 교시를 통해 "현대전은 고도로 확대된 립체전, 정보전, 비대칭전, 비접촉전, 정밀타격전, 단기속결전으로 특징지어지는 새로운 형태의 싸움이다"고 하면서 현대전에 부합된 새로운 싸움준비를 강조하였다. 즉 과거의 재래식 전법에서 탈피하여 현대전의 양상에 부합된 새로운 전법을 주문한 것이다. 따라서 북한의 선군군사전략은 이러한 김정일·김정은의 군사관을 반영한 전쟁수행 방법이라 할 수 있다.

북한은 한반도에서 또다시 전쟁을 도발한다면 그 시작은 1950년 6·25전쟁과 유사한 '기습'의 방법이 될 것이며, 그 전개 양상은 개전과 동시에 포병과 장거리 미사일을 이용하여 남한의 중심을 타격함으로써 초기대응을 불가능하게 하고, 기갑 및 기계화부대를 이용해서는 속도전을 전개함으로써 수도 서울을 조기에 확보하려 할 것이다.

또 대규모의 병력과 장비의 비대칭을 통한 공세적 전투를 진행함으로써 한국군의 기선을 제압하고, 전선의 비대칭을 통해서는 전후방 동시 전장화를 조성하여 한국군의 전력을 분산토록 유도할 것이다.

인민무력과의 배합을 통해서는 총력전을 전개하고 사이버공격을 통해서는 한미연합전력의 네트워크를 마비시키고 유언비어 확산 등의 심리전을 전개할 것으로 보인다.

핵은 처음부터 사용할 수도 있지만 위기 시 국면전환을 위한 수단으로 활용할 가능성이 높다. 즉 전세가 자신들에게 불리하게 조성되고 있을 때 핵무기를 사용 전세를 반전시키거나, 또는 전쟁을 종결하기 위한 협상의 수단으로 이용할 수 있다는 것이다.

북한이 개발한 핵은 강성대국 건설에 있어 군사강국 진입에는 어느 정도 기여한 것으로 평가할 수 있다. 하지만 사상과 경제강국 진입에는 성공하지 못한 것으로 평가된다. 특히 북한의 어려운 식량난은 사회주의의 근본체계인 배급주의를 포기하게 함으로써 주민들에게 사상적 해이 현상을 불러일으키고 있다. 또 기업의 설비 노후와 만성적인 원자재 공급부족은 북한경제를 회생시키지 못하고 있고, 여기에 북핵문제는 국제사회의 강도 높은 북한제재로 이어지면서 북한의 대외관계를 차단시킴으로써 경제활동을 더욱 위축시키고 있다. 특히 2016년 4차 핵실험 이후 유엔안보리에서 채택한 '유엔제재 2270호'는 유엔 70년 역사상 비군사적 수단으로는 가장 강력한 제재조치로 평가받고 있어 북한경제에 미치는 영향은 매우 크다 할 수 있다.

북한이 최근 들어 미국에게 지속적으로 종전선언을 하자고 압박한 것은 어떻게든 미국과의 적대적 관계를 우호적 관계로 전환함으로써 미국 주도의 국제사회 대북제재를 완화시키고 세계경제활동에 동참하기 위한 의도라 할 수 있다.

김정은 정권이 앞으로 취할 수 있는 군사행동은 북한의 대외·대내적 위기상황 정도에 따라 그 행동유형이 결정될 것으로 보인다. 북한은 대내·대외적 위기가 고조될수록 이를 극복하기 위해 한반도에서 전면전을 포함한 군사행동을 감행할 수 있으며, 반면에 대내·대외적 위기가 낮을수록 체제안정을 위한 내부결속에 치중할 것으로 보인다. 지금과 같이 김정은 정권이 북핵 문제로 대외관계가 불안정하고 남북관계가 경색되어 있는 상황에서는 체제안정을 위한 대남 국지도발을 감행할 가능성은 매우 높다할 수 있다. 이는 불안정한 내부 상황을 다른 곳으로 돌릴 수 있을 뿐 아니라 그 성과를 자신에게 돌림으로써 정권안정을 꾀할 수 있기 때문이다. 또 대외위기가 높아질 경우에는 추가적인 핵실험이나 장거리미사일 시험 발사 등 군사적 무력시위를 통해 국제사회와 정치적 협상을 시도하려 할 수도 있다.

우리가 북한의 군사위협에 대처하기 위한 가장 바람직한 방법은 우리 스스로가 자주국방의 능력을 갖추는 것이다. 그런데 이와 같은 방법은 경제적·시간적 면에 있어 많은 제한사항이 따른다. 따라서 현재 한반도 상황에서 북한의 군사위협에 대처하기 위한 가장 바람직한 방안은 한미가 공동으로 대처하는 것이다. 이를 위해서는 무엇보다도 현재의 한미동맹 관계를 보다 더 창조적인 관계로 발전시켜 나가는 것이 중요하다. 한미연합전력으로 북한에 대한 억제를 충분히 유지하고 있다가 북한의 위협 증가로 이러한 억제가 깨어졌을 때는 북한이 선제공격을 하기 전에 먼저 공격하는 방안도 고려해 보아야 할 것이다. 즉 자위권 방위 차원에서의 선별적 선제공격을 고려해 보아야 한다는 것이다. 그리고 미군의 전술핵무기의 재배치와 탄도미사일 문제도 북한의 핵과 미사일 위협을 고려해 볼 때 미국과 신중한 협의를 통하여 재검토해야 할 것으로 판단된다.

이와 함께 비군사적 방법으로는 현재 고착상태에 빠져 있는 남북관계를 다시 활성화시켜 교류와 협력이 이루어질 수 있도록 해야 할 것이며, 또 국가차원의 전방위적인 외교역량을 발휘하여 국제사회와의 공조를 통한 북핵문제 해결에도 노력을 기울여야 하겠다.

우리는 그동안 북한의 핵개발 저지를 위해 많은 노력을 기울여 왔다. 그러나 우리가 북한을 직접 움직인다는 것은 한계가 있음을 재확인할 수 있었다. 북한은 우리의 유화정책이나 강경정책과는 무관하게 핵개발을 추진해 왔고, 앞으로도 우리의 대북 정책이 북한의 핵 행보에 중요 변수가 될 소지는 그렇게 크지 않을 것으로 보인다.

북한은 2018년 4월 20일 노동당 중앙위원회 제7기 제3차 전원회의를 통해 경제발전과 핵무력 병진노선의 종결을 선언하고 '핵무기 없는 세계'에 대한 비전과 함께 '전당·전국이 사회주의 경제 건설에 총력을 집중하는 것'을 새로운 전략적 노선으로 제시하면서 전략변화를 꾀하고 있다. 그리고 북한은 2018년 5월 24일 국제기자단을 초청한 가운데 풍계리 핵실험장을 폭파하고 미사일 관련 시설을 해체하는 등의 일부 가시적인 행동을 보여주었다. 하지만 이는 김정은이 대량살상무기 프로그램을 완전히 포기하고 국제사회와 협력하겠다는 것이 아니라 그동안 핵실험과 탄도미사일 시험 발사를 통해 핵무력이 완성되었기 때문에 추가적인 핵실험이나 미사일발사가 필요 없음에 따라 이제부터는 경제회복에 그 역량을 집중하겠다는 의도로 풀이된다.

북한이 국제사회의 강력한 반대와 제재에도 불구하고 3대에 걸쳐 고난의 행군기까지 감수하면서 손에 쥔 대량살상무기인 핵과 미사일을 미국의 압박이나 남한의 대북지원을 믿고 포기할 것이라고 기대하는 것은 어려울 것으로 보인다.

강대국에서도 그러하지만, 특히 북한과 같은 약소국에게 있어 대량살상무기가 가져오는 장점은 무엇과도 비교할 수 없다. 대량상상무기는 외세의 개입에 저항할 수 있는 확실한 담보이자 사인주의 독재정권의 국내정치적 생존전략에 완벽히 부합하는 정권안보 수단이기 때문이다.

따라서 김정은 정권은 앞으로도 대외위협에 대처하고 국내정치적 기반 확립을 위해 핵과 미사일 등 대량살상무기를 앞세운 군사력 강화에 역량을 집중할 것으로 예상된다. 또 대량살상무기에 대한 통제 권한을 본인에게 집중시킴으로써 국가 통제력도 강화할 것으로 보인다.

북한은 앞으로 핵과 미사일분야에 있어 획기적으로 개선된 핵탄두를 장착한 대륙간 탄도미사일을 개발하여 실전 배치하고 핵무기의 대량생산체제를 확립함으로써 군사강국으로서 그 지위를 확고히 하고자 할 것

으로 보인다. 또 핵을 기반으로 미국에게는 한국에 대한 군사개입을 철
회하도록 압박하고, 한국에게는 핵전쟁 공포를 유발시켜 그들이 주도하
는 평화협정을 받아들이도록 유도하려 할 것이다.

이와 함께 김정은은 대내결속을 위한 '김일성·김정일 애국주의'를 내
세우면서 주민들의 사상재무장과 함께 가시적인 성과를 내기 위한 노력
도 병행할 것으로 보인다. 이를 위한 방법으로는 추가적인 핵실험과 장
거리 미사일 시험 발사, NLL과 휴전선 인근에서의 대남군사도발 등은
김정은이 채택할 수 있는 가능성 있는 방책들이다.

김정은은 앞으로 자신의 체제가 불안하고 국제사회의 압박이 가중되
면 될수록 한반도에서 군사적 모험을 통해 이를 해결하려 할 것으로 보
인다. 따라서 우리는 북한이 언제 도발할지 모를 군사행동에 대비해 완
벽하고도 철저한 대비태세를 갖추고 있어야 함은 물론, 북한의 대량살
상무기위협에 대응하기 위한 보다 실질적이고 구체적인 대비책 마련을
서둘러야 할 것이다.

북한 핵 및 미사일 개발 일지*

1955. 3 : 과학원 제2차 총회에서 '원자 및 핵물리학연구소' 설치 결정

1956. 2. 28 : 소련과 '연합 핵 연구소 조직에 관한 협정' 체결(모스크바), 소련
　　　　　　드브나 핵연구소 북 과학자 파견, 방사화학연구소 설립

1956. 3 : 소련과 '조·소 간 원자력의 평화적 이용에 관한 협정' 체결

1962. 11. 2 : 영변 원자력 연구소 설립

1963. 6 : 소련서 연구용 원자로(IRT-2000, 2MWe) 도입

1965 : 연구용 원자로 준공

1967 : 연구용 원자로 가동

1968 : 소련서 소형 임계시설 도입(영변)

1974. 9 : 국제원자력협력기구(IAEA) 가입

1977. 9 : IAEA와 연구용 원자로에 대한 '부분 안전조치협정' 체결

1977. 10 : 최초의 핵사찰 수행

1980. 7 : 영변 5MW 실험용 원자로(흑연감속로) 착공

1982. 11 : 박천 우라늄 정련 및 변환시설 가동

1983. 11 : 고성능 폭발실험 실시

1984. 4 : 스커드 미사일(B형) 시험 발사 성공

1985. 11. 5 : 영변 50MW 마그녹스 원자로 착공('95년 완공 목표)

1985. 11 : 평산 우라늄 정련 및 변환시설 착공('90년 완공 목표)

1985. 11 : 재처리시설(방사화학실험실) 착공('89년 가동)

1985. 12. 12 : 핵확산금지조약(NPT) 가입

* * * * * * * * * * * * * *

* 통일연구원, 『북핵일지』 Online Series CO 09-51, 2009 참조.

1986. 1 : 영변 5MW 원자로 가동 개시(년 6kg 플루토늄 생산 가능)

1985. 5 : 스커드 미사일(C형) 시험 발사 성공

1985. 12 : 정무원 산하 원자력공업부 신설

1989. 9 : 프랑스 위성 스팟 2호(SPOT) 영변 핵시설 촬영 및 공개

1989. 11 : 200MWe 원자로 착공(태천)

1989 : 영변 5MWe 원자로에서 폐연료봉(약 8,000개) 인출

1990 : 청산 우라늄 정련 및 변환시설 가동

1990. 3. 6 : IAEA 이사회, 북한에 전면안전조치협정 체결 권고

1991. 4 : 북, IAEA 핵안전조치협정 비준

1991. 6. 11 : 북, "핵안전협정 문제에 관해 미국과 조건부 합의" 발표

1991. 7. 30 : 북 외무성 '한반도 비핵지대화 공동선언' 제안

1991. 9. 12 : IAEA 이사회, 북한에 핵안전협정 조인 촉구 결의안 채택

1991. 9. 21 : IAEA 총회, '북한 핵안전협정 이행결의안' 채택

1991. 9. 28 : 부시 미 대통령, '해외 전술핵무기 폐기 선언'

1991. 10. 28 : 한-미 주한미군 전술 핵무기 전면 철수 합의

1991. 12. 11 : 한국, 북에 '한반도 비핵화 공동선언문' 제의

1991. 12. 13 : 남-북 '불가침 교류 협력 합의서' 서명

1991. 12. 18 : 노태우 대통령, "남한 내 핵 부재" 선언

1991. 12. 22 : 북 외무성 "핵안전협정 서명 및 사찰 수락" 성명 발표

1991. 12. 31 : '한반도의 비핵화에 관한 공동선언' 채택(92. 2. 19 발효)

1992. 1. 1 : 김일성 신년사를 통해 공정성 보장 시 핵사찰 수락용의 피력

1992. 1. 7 : 북, '안전조치 협정' 서명 및 IAEA 사찰 수용 발표

1992. 1. 30 : IAEA 핵안전조치협정 체결(92. 4. 10 발효)

1992. 3. 19 : 남북핵통제공동위원회(JNCC) 설립

1992. 4. 10 : 북 최고인민회의-IAEA 안전조치협정서 비준

1992. 5. 4 : IAEA에 최초보고서 제출(7개 핵시설과 플루토늄 보유)

1992. 5. 25~1993. 2. 6 : IAEA 북한 임시 핵사찰 실시

　　① 1차: 92. 5. 25~6. 5

② 2차: 92. 7. 8~18

③ 3차: 92. 9. 19~11

④ 4차: 92. 11. 2~13

⑤ 5차: 92. 12. 14~19

⑥ 6차: 93. 1. 26~2. 6

* 중대한 불일치(Significant Discrepancy) 발견

1992. 7. 2 : 미 국방부, 한국 내 핵무기 철수 완료 발표

1993. 2. 9 : IAEA, 북의 미신고시설 2개 '특별사찰' 수용 촉구(북 거부, 2. 24)

1993. 2. 21 : 북한 로동신문, '특별사찰 강요하면 전쟁초래' 경고

1993. 2. 25 : IAEA 정기이사회, 북의 특별사찰 결의안 채택

1993. 3. 12 : NPT 탈퇴 서한 유엔 안전보장이사회 제출

1993. 4. 1 : IAEA 이사회, '대북 결의안' 발표

1993. 4. 8 : 유엔 안보리, 북핵문제 관련 '의장성명' 채택

1993. 5. 11 : 유엔 안전보장이사회, 북한의 핵사찰 수용과 NPT탈퇴 철회 촉구 결의안(825호) 채택

1993. 5. 29 : 동해에서 노동 1호(화성) 중거리 탄도 미사일 시험 발사

1993. 5. 29~30 : 북한, 노동 1호 미사일 시험 발사

1993. 6. 2~11 : 1차 북미 고위급회담(갈루치-강석주, 뉴욕), 북, NPT탈퇴 잠정 유보(11일)

1993. 8. 31~9. 4 : IAEA 사찰단 방북

1993. 11. 1 : 유엔 총회, 즉각적 협조를 요구하는 대북 핵 결의안 채택

1993. 11. 11 : 강석주 외교부 부부장(북 핵협상 대표단장) 미국에 일괄 타결 안 제의

1993. 11. 14 : 북한 '남북 핵통제 공동위원회' 중단

1993. 12. 29 : 북-미 뉴욕 실무접촉서 핵사찰 수용 합의 발표

1994. 2. 15 : IAEA, 북한 핵사찰 수용 발표

1994. 2. 25 : 북-미 핵사찰 합의 내용('93. 12. 29일자) 공개

① 팀스피리트훈련 중단

② 남북회담 재개

③ IAEA 사찰 개시(3. 3~12)

1994. 3. 3~14 : IAEA, 북한의 핵 의심 시설 7곳에 대한 사찰을 실시, 북의 사료 체취 거부로 재처리시설 추가건설 사실만을 확인

1994. 3. 21 : IAEA 특별이사회, 북핵문제 안보리 회부 결정

1994. 3. 24 : IAEA 사무총장, 북핵사찰 결과 안보리에 보고

1994. 3. 31 : 유엔 안보리, 북한 추가사찰 수락을 촉구하는 유엔 안보리 의장 성명 채택

1994. 4. 10 : 영변 5MWe 흑연감속로 가동 중단

1994. 4. 28 : 북, '정전협정 무효화, 군사정전위원회 탈퇴' 선언

1994. 5. 4 : 영변 5MWe 흑연감속로에서 연료봉 인출
(6월 15일까지 약 50톤 8천여 개 인출)

1994. 5. 17~24 : IAEA 추가 및 후속사찰 실시, 북한 5MW 원자로 폐연료봉의 임의 인출 감행

1994. 6. 10 : IAEA이사회, 대북 제재 결의안 채택
(연 60만 달러의 기술원조 중단 및 대북 지원금 대폭 삭감)

1994. 6. 13 : 조선중앙통신 통해 'IAEA 탈퇴'를 공식 선언

1994. 6. 14 : 미 장관급 회의 중 '대북 공격(Osirak Option)' 검토

1994. 6. 15~18 : 지미 카터(Jimmy Carter) 전 미 대통령 방북 협의

① 북, 핵활동 동결 및 핵 투명성 보장용의

② IAEA 사찰관 잔류 허용

③ 경수로 지원시 구형 원자로 폐기

④ 미군 유해발굴 허용

⑤ 남북 정상회담 제의

1994. 7. 4 : 김일성 사망

1994. 7. 8~10 : 3차 북미 고위급회담(제네바)

1994. 10. 21 : 제네바합의문 체결
- 북한 : 흑연감속로 및 관련 핵시설 동결, 경수로 완공 시 핵시설 해체

- 미국 : 2003년까지 1,000KWe급 경수로 2기 제공, 이전까지 매년 연
  간 중유 50만 톤 공급
1994. 11. 1 : 북한 합의틀에 따른 핵 활동 동결 선언
  (5MWe 원자로 재장전 계획 취소와 50MW, 200MW 원자로 건설 중단 발표)
1995. 1. 15 : 미, 대북 중유제공 개시
1995. 6. 17~24 : 미 기술진 방북 5MW 원자로 폐연료봉 8,000여 개 처리 확인
1995. 12. 15 : KEDO와 경수로 공급협정 체결
1996. 1. 30 : IAEA 대변인 북 주요 핵시설 사찰 거부 언급
1996. 2. 22 : 북, 대미 평화협정 제의
1996. 4. 20~21 : 북미 1차 미사일 회담(베를린)
1996. 4. 27 : 폐연료봉 8,000여 개 밀봉작업 개시
1996. 5. 1 : 미 국무부, 북의 핵연료봉 봉인 착수 발표
1996. 9. 10 : UN 총회 포괄적 핵실험금지 조약(CTBT) 채택
1996. 9. 20 : IAEA, 북의 과거 핵 운용 공개 촉구
1996. 10. 29 : 유엔 총회 IAEA 안전조치협정 이행촉구 대북결의 채택
1997. 2. 11 : 유엔 북에 포괄적 핵실험 금지조약(CTBT) 서명 촉구
1997. 8. 19 : 신포 금호지구 경수로 부지공사 착공
1997. 10. 31 미, 5MW 원자료 폐연료봉 8,000개 밀봉 완료 발표
1998. 8. 17 : 뉴욕 타임즈, 북 금창리 지하 핵시설 의혹 제기
1998. 8. 21~9. 5 : 북－미 고위급 회담
  * 지하 핵 의혹시설, 핵 연료봉 처리, 미사일회담 재개 등 합의
1998. 8. 31 : 북, 대포동 1호(광명성 1호) 발사
1998. 10. 1~2 : 북－미 3차 미사일 협상(뉴욕)
1998. 11. 16~18 : 북－미 금창리 지하 핵시설 의혹 관련 1차 협상(평양)
1999. 3. 16 : 북－미, 금창리 지하시설 사찰 타결
1999. 3. 29~30 : 북미 4차 미사일 회담(평양)
1999. 5. 18~24 : 미, 금창리 방문단 1차 현장 조사
  * 핵과 무관한 시설로 판명(거대한 복합터널)

1999. 9. 7~11 : 북-미 고위급 미사일회담(베를린)

      * 미사일 발사 유보와 경제제재 해제 및 식량지원 교환

1999. 9. 15 : 페리, 대북정책권고안 의회보고

1999. 9. 17 : 미, 대북 경제제재 완화 조치 발표

1999. 9. 24 : 미사일 시험 발사 모라토리엄(유예) 선언

1999. 10. 1 : IAEA, 대북 핵안전협정 이행촉구결의안 채택

1999. 10. 23 : 러, 북한행 열차서 방사능 검출

      * 북-러 핵 밀거래 의혹 증폭

2000. 2. 2 : 경수로 지연 이유로 제네바 합의서 파기 경고

2000. 2. 15 : 경수로 본공사 착공

2000. 5. 24~25 : 미, 금창리 2차 사찰

      * 1차 사찰 결과와 상이점 미 발견

2000. 6. 13~15 : 제1차 남북정상회담(평양)

2000. 11. 1~3 : 제6차 미북 전문가 미사일 회담(쿠알라룸푸르)

2001. 2. 21 : 북 외무성 대변인, 부시 행정부의 대북 강경책에 핵·미사일 합의 파기 경고

2001. 6. 6 : 조지 부시 미국 대통령, '북한과의 대화 재개' 공식 선언

2001. 9. 25 : IAEA, 핵안전협정 준수 촉구 대북결의안 채택

2001. 12. 14 : 유엔 총회서 대북 핵사찰 수용을 촉구하는 결의안 채택

2002. 1. 29 : 부시, 연두교서에서 '악의 축(Axis of Evil)' 발언

2002. 3. 9 : 미 국방부 '핵 태세 검토보고서(NPR)'에서 핵 선제사용 가능 대상 7개국(중국, 러시아, 이라크, 이란, 북한, 리비아, 시리아)에 북한을 포함하여 파장

2002. 5. 21 : 미 국무부, 북 테러 지원국 지정

2002. 8. 13 : 북, 미국의 핵사찰 수용 요구 거부

2002. 9. 16 : 럼스펠드 미 국방장관, '북 이미 핵무기 보유' 주장

2002. 10. 16 : 켈리 특사, '북 고농축우라늄(HEU)을 이용한 비밀 핵개발 계획의 추진 시인' 발표

2002. 11. 21 : 미 CIA 보고서 공개

　* '북은 이미 1~2개의 핵무기를 보유하고 있으며, 추가 제조에 필요한 플루토늄을 확보하고 있어서, 2003년까지 7~8개의 핵무기 보유도 가능하다'고 추정

2002. 11. 28 : IAEA 이사회, 북의 핵 개발 포기 요구 성명 채택

2002. 12. 12 : 북, 핵 활동 동결 해제 선언

2002. 12. 13 : IAEA에 핵 동결 시설 봉인·감시 카메라 제거 요구

2002. 12. 22 : 핵 동결 해제 조치 개시

　* 5MW 원자로, 핵연료 제조 공장, 영변 8000여 개의 사용 후 핵연료봉 저장시설 등에서 봉인·감시 카메라 제거한, 봉인 해제 원상 복구 촉구

2002. 12. 23 : 방사화학실험실(재처리시설) 감시 장치 제거

2002. 12. 24 : 핵시설 봉인 제거 완료해 감시 체제 무력화

2002. 12. 27 : IAEA 사찰단원 3명 추방 통보

2002. 12. 29 : 미, 대북 '맞춤형 봉쇄' 정책 돌입(정치·경제 제재)

2002. 12. 29 : 북, NPT 탈퇴 가능성 시사

2002. 12. 31 : IAEA 북핵 감시 사찰단 2명 북 추방 통보에 따라 철수

2003. 1. 6 : IAEA 특별이사회, HEU 핵개발계획에 대한 해명 및 핵 동결 원상 회복 촉구 결의안 만장일치 채택

2003. 1. 10 : NPT 탈퇴 선언, 제2차 북핵위기 시발

2003. 2. 5 : 북 외무성, 동결되었던 핵 시설들 가동 재개 및 운영 정상화 공표

2003. 2. 25 : 북, 지대함 미사일 발사(함경남도)

2003. 3. 10 : 동해상에서 지대함 미사일 2차 시험 발사

2003. 4. 23~25 : 북-미-중, 북핵 3자회담 개최(베이징)

2003. 4. 30 : 미, 북을 테러지원국 재지정

2003. 5. 31 : 부시 대통령, 대량살상무기 확산방지구상(PSI) 추진 선언

2003. 6. 17 : 미, 대북 식량 지원 유보

2003. 6. 30 : 북, 재처리 플루토늄의 무기화 언급

2003. 8. 27~29 : 제 1차 6자회담 개최(베이징)

2003. 10. 2 : 북 외무성 대변인 담화
　　* 폐연료봉 재처리 완료
2003. 11. 21 : KEDO, 경수로 한시 공사 중단 공식 발표(뉴욕)
2004. 2. 25~28 : 제2차 6자회담(베이징)
2004. 6. 23~26 : 제3차 6자회담(베이징)
2004. 9. 27 : 북 외무성 최수헌 부상, 유엔 총회 기조연설에서 "미국의 공격을
　　억제하기 위해 8,000개의 폐연료봉 재처리해 무기화" 주장
2005. 2. 10 : '핵무기 보유' 선언(외무성 성명)
2005. 5. 11 : 북 외무성, "영변 원자력 발전소에서 폐연료봉 8,000개 인출 작
　　업 완료"
2005.6. 18 : 북, 영변 5MWe 원자로 재가동
2005. 6. 29 : 부시 대통령, "대량살상무기(WMD) 확산 혐의로 북한 기업의 미
　　국 내 활동 · 자산 동결"(조선광업개발무역회사, 단천상업은행, 조선연
　　봉총회사)
2005. 7. 26~8. 7 : 1단계 제4차 6자회담 개최(베이징)
2005. 9. 13~19 : 2단계 제4차 6자회담 개최(베이징)
　　* 미국 : "핵 프로그램 폐기", 북한 : "핵 무기만 포기"
2005. 9. 19 : 2단계 제4차 6자회담에서 9 · 19 공동성명 채택
　　① 북한의 모든 핵무기와 현존하는 핵계획 포기
　　② NPT, IAEA 안전조치 복귀
　　③ 경수로 제공문제 논의
　　④ 한반도 평화체제 협상
2005. 10. 21 : 미국, 해성무역 · 조선광성무역 · 조선부강무역 등 북 8개 기업
　　대량살상무기 확산 개입 의혹으로 자산 동결
2005. 11. 9~11 : 1단계 제5차 6자회담(베이징)
　　* 북, 미국의 마카오 은행에 대한 대북거래 금지 조치 반발
2006. 2. 16 : 방코델타아시아 은행, 대북거래 중단 선언
2006. 2. 28 : 백남순 북 외무상, 대북제재가 계속되는 한 6자회담 재개는 불

가능 주장

2006. 5. 31 : KEDO, 경수로 사업 공식 종료

2006. 7. 5 : 미사일 발사 실험(미 독립기념일, 현지 4일)

　　　 * 대포동 2호 7분간 비행 후 공중폭발

2006. 7. 15 : 유엔 안보리, 안보리 결의 제1695호 만장일치 채택

2006. 10. 3 : 핵실험 계획 발표

2006. 10. 6 : 유엔 안보리의장 성명서 채택, 북 핵실험 계획 발표에 강력 경고 및 철회 촉구

2006. 10. 9 : 1차 지하 핵실험(풍계리)

　　　 * 북 조선중앙통신사, "과학연구부문에서는 지하핵시험을 안전하게 성공적으로 진행하였다."

2006. 10. 14 : 유엔 안보리, 안보리 결의 제1718호 만장일치 채택

　　① 핵무기·미사일 관련 물자 제품 교역 금지

　　② 북한 자산동결 및 금융 중단

　　③ 무기 제조 관련자 여행 금지

　　④ 북한 화물 검색 협력, 이행 조치 보고, 제재위원회 설치

2006. 10. 19 : 유엔 안보리 대북 제재 위원회 가동

2006. 12. 18 : 제5차 2단계 6자회담 개최(베이징)

2006. 12. 22 : 제5차 2단계 6자회담 휴회

2007. 2. 8 : 제5차 6자회담 3단계 회의 재개

2007. 2. 13 : '9·19 공동성명 이행을 위한 초기 조치'(2·13합의) 발표

2007. 3. 19~22 : 1단계 제6차 6자회담 개최

2007. 7. 18 : IAEA, 영변 5개(5MWe 원자로, 방사화학실험실, 핵연료봉 제조 공장, 50MWe 원자로, 200MWe 원자로) 핵시설 폐쇄 확인

2007. 7. 18~20 : 제6차 6자회담 수석대표 회의(베이징)

2007. 9. 28~10. 3 : 제6차 6자회담 2단계 회의에서 '9·19 공동성명 이행을 위한 제2단계조치'(10·3합의)

2007. 10. 2~4 : 제2차 남북정상회담(평양)

      * 핵문제 해결 위해 9·19 공동성명, 2·13합의 이행 노력 명시

2007. 11. 1~5 : 미 불능화팀 방북, 불능화 조치 착수

2008. 3. 28 : 북, 서해 단거리 함대함 미사일 3차례 발사

2008. 6. 26 : 핵 신고서 제출

2008. 6. 27 : 영변 원자로 냉각탑 폭파

2008. 8. 11 : 미, 북 테러지원국 해제 연기

2008. 8. 14 : 북, 영변 핵시설 불능화 조치 중단(26일 발표)

2008. 9. 22 : 북, 영변 핵 봉인 제거 요청

2008. 10. 7 : 북, 서해에서 단거리 미사일 2발 발사

2008. 10. 11 : 미, 북 테러지원국 해제

2008. 10. 12 : 북, 핵 불능화 작업 재개

2008. 12. 8~11 : 제6차 6자회담 3차 수석대표회의(베이징)

2009. 4. 5 : 장거리 로켓(광명성 2호) 발사

2009. 4. 14 : 북의 로켓 발사를 비난하는 안보리 의장성명 채택

      * 북 : 6자회담 불참, 기존 합의 파기, 핵시설 불능화 원상복구 선언

2009. 4. 25 : 북 외무성 대변인 "폐연료봉 재처리 시작"

2009. 5. 25 : 2차 핵실험(함북 길주군 풍계리)

2009. 5. 26 : 한, PSI 전면참여 선언 북, 지대함 단거리 미사일 발사

2009. 6. 12 : 유엔 안전보장이사회 대북 결의 1874호 만장일치 채택

2009. 9. 4 : 유엔주재 북 상임대표 안보리 의장에 편지

      * "폐연료봉의 재처리가 마감단계에서 마무리되고 있으며 추출된 플루
토늄이 무기화되고 있다.", "우라늄 농축시험이 성공적으로 진행돼 결
속단계에 들어섰다."

2009. 9. 21 : 이명박 대통령, 그랜드 바겐(Grand Bargain) 제안

2009. 11. 3 : 북 조선중앙통신, "8,000대의 폐연료봉재처리를 8월말까지 성과
적으로 끝냈다."

2009. 11. 20 : 미 핵과학자회보, "올해 말 현재 핵보유국은 북한을 포함해 미
국, 러시아, 중국, 영국, 프랑스, 인도, 파키스탄, 이스라엘 9개국"

2011. 12. 17 : 김정일 사망

2012. 3. 16 : 북한 조선우주공간기술위원회, 광명성 3호(대포동 3호) 발사계획 발표

2012. 4. 13 : 광명성 3호 발사(대포동 3호)

    * 북한 측 위성발사 주장

2012. 12월 장거리로켓(개량형 대포동 3호) 발사

2013. 2. 12 : 북한 제3차 핵실험 실시

2013. 4. 2 : 영변 원자로 제가동 발표

2015. 4월~10월 : 무수단 미사일 6회 8발 발사

2015. 5. 8 : 동해 해상에서 SLBM 1발 발사

2016. 1. 6 : 북한 제4차 핵실험 실시

2016. 1. 8 : 동해 해상에서 SLBM 1발 발사

2016. 2. 7 : 장거리 미사일 발사(북한 광명성 위성발사 주장)

2016. 4. 24 : 동해 해상에서 SLBM 1발 발사

2016. 8. 25 : 동해 해상에서 SLBM 1발 발사

2016. 9. 9 : 북한 제5차 핵실험 실시

2017. 2월 : SLBM 시험 발사

2017. 5월 : SLBM 시험 발사

2017. 7. 23 : 화성 14호 발사

2017. 9. 4 : 북한 제6차 핵실험 실시

2017. 11. 29 : 화성 15호 발사

2018. 4. 27 : 3차 남북정상회담(판문점 선언)

    * 한반도 비핵화 합의

2018. 5. 24 : 풍계리 핵시험장 폭파

2018. 5. 26 : 4차 남북정상회담

    * 한반도의 비핵화 재확인

2018. 6. 12 : 싱가포르 북미정상회담

    * 북한 완전한 비핵화 합의

2018. 9. 19 : 5차 남북정상회담(평양선언)
  * 핵무기와 핵위협 없는 평화의 터전 조성 합의

참고문헌

1. 북한문헌

가. 단행본

『광명백과사전』, 평양: 백과사전출판사, 2009.

『선군사상에 대하여』, 평양: 사회과학출판사, 2013.

『정치사전』, 평양: 사회과학출판사, 1973.

『조선대백과사전』, 평양: 백과사전출판사, 2000.

『조선말사전』, 평양: 사회과학원출판사, 1985.

『조선중앙년감』, 평양: 조선중앙통신사, 1968.

_____, 평양: 조선중앙통신사, 1969.

『친애하는 김정일동지 문헌집』, 평양: 조선로동당출판사, 1992.

김봉호,『선군으로 위력 떨치는 강국』, 평양: 평양출판사, 2005.

김인옥,『김정일장군 선군정치리론』, 평양: 평양출판사, 2003.

김재호,『김정일의 강성대국전략』, 평양: 평양출판사, 2000.

김철우,『김정일 장군의 선군정치』, 평양: 평양출판사, 2000.

김현환,『김정일 장군의 정치방식 연구』, 평양: 평양출판사, 2002.

리 철,『위대한 령도자 김일성동지께서 밝히신 선군혁명령도에 관한 독창적 사상』, 평양: 사회과학출판사, 2002.

사회과학원 역사연구소,『조선전사』제24권, 평양: 과학백과사전출판사, 1981.

_____,『조선전사』제25권, 평양: 과학백과사전출판사, 1981.

조선로동당 중앙위원회 직속 당력사연구소,『조선로동당 력사교재』, 평양: 조선로동당출판사, 1964.

조선로동당중앙위원회,『김일성저작선집』제6권, 평양: 조선로동당출판사, 1974.

_____,『김일성저작집』제6권, 평양: 조선로동당출판사, 1980.

_____,『김일성저작집』제9권, 평양: 조선로동당출판사, 1980.

_____,『김일성저작집』제25권, 평양: 조선로동당출판사, 1983.

_____,『김정일선집』제14권, 평양: 조선로동당출판사, 2000.

조선인민군,『군사상식』, 평양: 조선인민군군사출판사, 1982.

_____,『계급교양참고자료』, 평양: 조선인민군출판사, 2001.

철학연구소,『사회주의 강성대국 건설사상』, 평양: 사회과학출판사, 2000.

한윤도 외,『군사지식』, 평양: 과학백과사전출판사, 1983.

나. 논문 및 기타 자료

고상진,「위대한 령도자 김정일동지의 선군정치의 근본 특징」,『철학연구』1호, 평양: 과학백과사전 통합출판사, 1999.

김명철,「사회주의 위업수행에서 혁명군대의 역할에 대한 새로운 해명」,『김일성종합대학학보: 철학 경제학』제53권 3호, 2007.

김성숙,「인민군대는 혁명성과 조직성이 가장 강한 집단」,『김일성종합대학학보: 철학 경제학』제54권 2호, 2008.

김일성,「인민군당 제4기 4차 전원회의에서 한 결론연설」,『김일성 군사노선』, 중앙정보부, 1979.

_____,「조선인민군은 항일무장투쟁의 계승자이다」,『김일성저작집』제12권, 평양: 조선로동당출판사, 1981.

_____,「우리의 인민군대는 로동계급의 군대, 혁명의 군대이다. 계급적 정치교양사업을 계속 강화하여야 한다」,『김일성저작집』제17권, 평양: 조선로동당출판사, 1984.

_____,「우리 인민군대를 혁명군대로 만들며 국방에서 자위의 방침을 철저히 관철하자」,『김일성전집』제32권, 평양: 조선로동당출판사, 2000.

김정일,「사회주의 건설에서 군의 위치와 역할」,『근로자』1985년 3호.

_____,「사회주의는 과학이다」,『김정일 주요 문헌집』, 통일원, 1997.

_____,「자강도의 모범을 따라 경제사업과 인민생활에서 새로운 전환을 일으키자」,『김정일 선집』제14권, 평양: 조선로동당 출판사, 2000.

_____,「당이 제시한 선군시대의 경제노선을 철저히 관철하자」,『김정일 선집』제15권, 평양: 조선로동당 출판사, 2003.

김철만,「현대전의 특성과 그 승리의 요인」,『근로자』1976년 8월호.

박광수,「총대 중시는 국사 중의 제일 국사」,『철학연구』제2호, 평양: 과학백과사전 통합출판사, 2000.

조선로동당 중앙군사위원회지시 제1002호,『전시세칙』(2004년 4월 7일).

조선인민군,「만전쟁의 경험과 교훈에 기초하여 부대의 싸움준비에서 취하여야 할 대책」,『인민군』1991년 5월호, 평양: 조선인민군군사출판사, 1991.

_____,「조국해방전쟁을 빛나는 승리에로 이끄신 경애하는 수령님의 불멸의 업적에 대하여」,『학습제강』(간부, 당원, 근로자), 평양: 조선인민군군사출판사, 2003.

_____,「선군사상은 시대와 혁명의 요구를 가장 정확히 반영한 과학적인 혁명사상이라는데 대하여」,『학습제강』(군관, 장령용), 평양: 조선인민군군사출판사, 2004.

_____,「우리 당 선군정치의 빛나는 력사에 대하여」,『학습제강』(병사, 사관, 군관, 장령용), 평양: 조선인민군군사출판사, 2005.

_____,「선군혁명영도로 인민군대를 사상과 신념의 강군으로 키우신 불멸의 업적」,『조선인민군』, 평양: 조선인민군군사출판사, 2005.

_____,「조성된 정세의 요구에 맞게 자기 부문의 싸움준비를 빈틈없이 완성할 데 대하여」,『학습제강』(군관, 장령용), 평양: 조선인민군군사출판사, 2006.

_____,「인민군대는 날강도 미제와 남조선괴뢰들의 전쟁도발책동을 선군의 총대로 무자비하게 짓뭉게 벌리 것이다」,『조선인민군』, 평양:

조선인민군군사출판사, 2007.

최순옥, 「선군정치는 우리 당의 위대한 혁명방식」, 『철학연구』 제3호, 평양: 과학백과사전 통합출판사, 2001.

「승리의 신심 드높이 선군조선의 일대 전성기를 열어 나가자」, 『로동신문』, 2007년 신년사설.

「올해에 다시한번 경공업에 박차를 가하여 인민생활향상과 강성대국건설에서 결정적 전환을 일으키자」, 『로동신문』, 2011년 신년사설.

「위대한 김정일동지의 유훈을 받들어 2012년 강성부흥의 전성기가 펼쳐지는 자랑찬 승리의 해로 빛내이자」, 『로동신문』, 2012년 신년사설.

군당 제4기 4차 전원회의에서 김일성 교시, 1969년 1월 6일.

노동당 제5차대회에서 한 중앙위원회 사업총화 김일성 보고, 「전 인민적·전 국가적 방위체계의 수립」, 1970년 11월 2일.

북한노동당 선전부 부부장 2006년 하반기 평양고위간부 대상 강연 자료.

『경제연구』, 평양: 과학백과사전출판사, 1999.

『근로자』 1990년 제1호.

『로동신문』.

『조선신보』.

『조선인민군』.

『조선중앙통신』.

『조선중앙TV』.

탈북자 ○○○면담, 1998년 귀순, 인민군 대위 출신.

탈북자 ○○○면담, 1998년 귀순, 인민군 상위 출신.

탈북자 ○○○면담, 2010년 귀순, 인민군 하전사 출신.

2. 국내문헌

가. 단행본

경남대학교 북한대학원, 『북한군사문제의 재조명』, 한울 아카데미, 2006.

고유환, 『로동신문을 통해 본 북한 변화』, 선인, 2006.

국방대학, 『군사전략의 이론과 실제』, 국방대학, 2007.

국방부, 『전쟁법 해설서』, 국방부 법무관리관실 법제과, 2003.

_____, 『대량살상무기에 대한 이해』, 대한민국 국방부, 2007.

권양주, 『정치와 전쟁: 20세기의 주요 전쟁을 중심으로』, 21세기 군사연구소,
       1995.

_____, 『북한군사의 이해』, 한국국방연구원, 2010.

_____, 『북한군사의 이해』(증보판), 한국국방연구원, 2014.

김경동 · 이온죽, 『사회조사연구방법』, 박영사, 1998.

김광운, 『북한 정치사 연구 I』, 선인, 2003.

김광석, 『용병술어 연구』, 병학사, 1993.

김부기 · 김유남, 『소련 공산당의 몰락』, 평민사, 1991.

김영호, 『한국전쟁의 기원과 전개과정』, 두레, 1998.

김점곤, 『한국전쟁과 노동당 전략』, 박영사, 1973.

김태우 · 김재두, 『미국의 핵전략 우리도 알아야 한다』, 살림출판사, 2003.

바실 리델 하트, 주은식 역, 『전략론』, 책세상, 1999.

박관용 외, 『북한의 급변사태와 우리의 대응』, 한울아카데미, 2006.

박영규, 『김정일정권의 외교전략』, 통일연구원, 2002.

박용환, 『김정은체제의 북한 전쟁 전략』, 선인, 2012.

박승수, 『다큐멘터리 한국전쟁』, 금강서원, 1990.

박태서 외, 『북한 군사정책론』, 경남대학교극동문제연구소, 1983.

박휘락, 『전쟁 · 전략 · 군사입문』, 법문사, 2005.

백영준, 『군사전략의 이론과 실제』, 국방대학교, 2007.

버어질 네이 · 모택동, 『유격전의 원칙과 실제』, 사계절출판사, 1986.

북한연구학회,『북한의 군사』, 경인문화사, 2006.

_____,『북한의 정치』, 경인문화사, 2006.

서대숙 지음, 서주석 옮김,『북한 지도자 김일성』, 청계연구소, 1989.

서대숙,『현대 북한 지도자: 김일성과 김정일』, 을유문화사, 2000.

서동만,『북조선 사회주의체제 성립사: 1945~1961』, 선인, 2005.

서병일 외,『서울시 화생방 방호체계 구축 기술조사』, 서울특별시, 2001.

서재진,『또 하나의 북한사회』, 나남출판사, 1995.

_____,『북한의 7 · 1 경제관리개선 조치가 주민생활에 미칠 영향』, 통일연구
           원, 2002.

손인식,『북한의 군사정책 및 전략』, 국방대학교, 2004.

신성택,『신성택의 북핵 리포트』, 뉴스한국, 2009.

안찬일 외,『10년 후의 북한』, 인간사랑, 2006.

엘리 아벨, 이근달 역,『동구의 붕괴』, 국제언론문화사, 1991.

와다 하루끼, 이종석 역,『김일성과 만주항일전쟁』, 창작과 비평사, 1992.

_____, 고세현 역,『역사로서의 사회주의』, 창작과 비평사, 1994.

육군교육사령부,『생물학전 방어』, 육군교육사령부, 2000.

육군대학,『군사전략』, 육군인쇄창, 2009.

_____,『주변국 군사전략』, 육군인쇄창, 2009.

_____,『전쟁사』, 육군인쇄창, 2009.

육군본부,『군사용어사전』, 육군인쇄창, 2006.

육군사관학교,『북한학』, 도서출판 황금알, 2006.

윤형호,『전략론』, 도서출판한원, 1994.

이교덕,『김정일 현지지도의 특성』, 통일연구원, 2002.

이민룡,『김정일 체제의 북한군대 해부』, 황금알, 2004.

이상우,『북한정치: 신정체제의 진화와 작동원리』, 나남, 2008.

이서항,『일본의 방위태세 강화와 중국의 군사력 증강에 따른 우리의 대응방
           안』, 외교안보연구원, 2003.

이 석,『대북 경제제재의 효과: 남북교역, 북중무역으로 대체 가능한가』, 한

국개발연구원, 2010.

이영민,『군사전략』, 송산출판사, 1991.

이종석,『조선로동당연구』, 역사비평사, 1997.

_____,『새로 쓴 현대 북한의 이해』, 역사비평사, 2000.

이종학,『군사전략론』, 박영사, 1987.

_____,『전략론이란 무엇인가: 손자병법과 전쟁론을 중심으로』, 서라벌군사
　　　연구소, 2002.

임강택,『북한의 개혁·개방정책 추진 전망: 대북 경제협력정책에 대한 시사
　　　점』, 통일연구원, 2001.

_____,『2009년 북한경제 종합평가 및 2010년 전망』, 통일연구원, 2010.

_____,『2010년 북한경제 종합평가 및 2011년 전망』, 통일연구원, 2011.

장명순,『북한 군사연구』, 팔복원, 1999.

장준익,『북한 인민군대사』, 서문당, 1991.

_____,『북한 핵·미사일 전쟁』, 서문당, 1999.

_____,『북핵을 알아야 우리가 산다』, 서문당, 2006.

전경만 외 3명,『북한 핵과 DIME 구상』, 삼성경제연구소, 2010.

전사편찬위원회,『한국전쟁사 제1권(개정판)』, 국방부, 1977.

전성훈,『북한의 WMD 위협 평가와 우리의 대응』, 한국전략문제 연구소,
　　　2009.

전쟁기념사업회,『한국전쟁사』, 행림출판사, 1992.

전태국,『국가사회주의 몰락: 독일통일과 동구 변혁』, 한울아카데미, 1998.

정규섭,『북한외교의 어제와 오늘』, 일신사, 1997.

정보사령부,『중국군 지상군전술』, 국군인쇄창, 1996.

_____,『북한군 화생방 운용』, 국군인쇄창, 2005.

_____,『북한 연보』, 국군인쇄창, 2006.

_____,『북한군 군사사상』, 국군인쇄창, 2007.

_____,『북한 연보』, 국군인쇄창, 2009.

_____,『북한 군사용어집』, 국군인쇄창, 2010.

_____,『북한 집단군·사(여)단』, 국군인쇄창, 2017.

_____,『특수전부대 운용』, 국군인쇄창, 2017.

정영철,『김정일의 리더십 연구』, 선인, 2005.

정영태,『김정일 정권하 정치 군사체제 특성과 변화 전망』, 통일연구원, 2004.

_____,『북한군대의 대내외 정세 인식형성과 군대변화』, 통일연구원, 2007.

통일연구원,『김정일 시대 북한의 정치체제』, 통일연구원, 2004.

한국전략문제연구소,『북한의 비대칭전 능력 분석』, 2010.

함형필,『대량살상무기 100문100답』, 대한민국 국방부, 2004.

_____,『김정일체제의 핵전략 딜레마』, 한국국방연구원, 2009.

합동참모본부,『합동·연합작전 군사용어사전』, 합동참모본부, 2006.

현성일,『북한의 국가전략과 파워엘리트』, 선인, 2007.

황일도,『김정일, 공포를 쏘아 올리다』, 플래닛미디어, 2009.

Y. 하비키, 유재갑·이제현 역,『핵전쟁과 핵평화』, 국방대학교, 2008.

Karl Von Clausewitz, 강창구 역,『전략론·상』, 병학사, 1991.

_____,『전략론·하』, 병학사, 1991.

나. 논문

고유환,「사회주의의 위기와 북한의 우리식 사회주의」,『통일문제연구』7권
　　　1호, 1995.

_____,「북한 사회주의체제의 구조적 위기와 김정일 정권의 진로」,『한국정
　　　치학회보』30집 2호, 1996.

_____,「주체사상과 통치담론」, 강성윤 엮음,『김정일과 북한의 정치』, 선인,
　　　2010.

고유환·김용현,「북한의 선군정치와 군사국가화 연구」,『서울 평양학회회보』
　　　창간호, 2002.

구본창,「소련의 군사전략·전술이 북한의 군사전략에 미친 영향」, 경희대학
　　　교 석사학위논문, 1984.

국방부홍보관리소, 「북한의 군사정책과 전략」, 『국방저널』 제320호, 국방부, 2000.

권양주, 「남북한 군사통합의 유형과 접근전략 연구」, 동국대학교 박사학위논문, 2009.

권혁철, 「북한 핵위협에 대비한 군사전략 방안」, 『합동군사연구』 제18호, 국방대학교 합동참모대학, 2008.

김갑식, 「김정일의 선군정치: 당·군관계의 변화와 지속」, 『현대북한연구』 4권 3호, 경남대 북한대학원, 2001.

김광수, 「조선인민군의 창설과 발전: 1945~1990」, 『북한군사문제의 재조명』, 한울, 2006.

김근식, 「북한의 체제이데올로기」, 『새로운 북한읽기를 위하여』, 법문사, 2004.

김동욱, 「주한 유엔군사령부의 법적 지위와 전시작전통제권 전환」, 『군사』 제71호, 국방부 군사편찬연구소, 2009.

김병욱, 「북한의 민방위무력 중심 지역방위체계 연구」, 동국대학교 박사학위논문, 2011.

김수경, 「북한의 화생무기: 위협과 능력」, *The Korea Journal of Defense Analisys* Vol.16, No.1, 2002.

김영훈, 「국제사회의 대북 식량지원」, 『KREI 북한 농업동향』 제12권 제2호, 한국농촌경제연구원, 2010.

_____, 「북한농업과 식량난 상황」, 『KDI 북한경제리뷰』 8월호, 한국개발연구원, 2011.

김용현, 「북한 군사국가화에 관한 연구」, 동국대학교 박사학위논문, 2001.

김제한, 「핵과 초강대국의 평화」, 『현대국제정치학』, 나남, 2001.

김태우, 「북핵억제는 시급하고 당연한 일」, 『국방저널』 통권 제433호, 국방홍보원, 2010.

김호삼, 「이라크전의 교훈과 미래전 전망」, 『군사연구』 제119호, 육군본부, 2003.

문광건·이준호, 「이라크 전쟁에서의 미·영 연합군의 승인 분석」, 『주간 국방논단』 제945호, 2003.

박갑수, 「북한의 군사전략과 군사력」, 『통일로』 통권 190호, 안보문제연구원, 2004.

박성화, 「한반도 평화체제 구축에 관한 연구」, 동국대학교 박사학위논문, 2006.

박순성, 「김정일시대(1994-2004) 북한경제정책의 변화와 전망」, 『북한연구학회보』 8권 1호, 2004.

박승두, 「컴퓨터 네트워크 작전에 관한 연구」, 『군사평론』 제403호, 육군대학, 2010.

박양우, 「북한 핵위협에 따른 우리 군의 대비책」, 『군사평론』 제385호, 육군대학, 2007.

박용환, 「남북한 군대 병영문화 비교(상)」, 『북한』 통권429호, 북한연구소, 2007.

_____, 「남북한 군대 병영문화 비교(하)」, 『북한』 통권430호, 북한연구소, 2007.

_____, 「북한군 군사사상 연구」, 육군교육사령부, 2008.

_____, 「북한 군사전략에 관한 연구」, 『북한학연구』 제6권 1호, 동국대학교, 2010.

_____, 「북한 군사전략 변화 고찰」, 『군사평론』 제409호, 육군대학, 2011.

_____, 「북한의 선군시대 군사전략에 관한 연구: 선군군사전략의 형성」, 『국방정책연구』 제28권 제1호·2012년 봄(통권 제95호), 한국국방연구원, 2012.

_____, 「북한 선군군사전략에 관한 연구」, 동국대학교 박사학위논문, 2012.

_____, 「김정은 체제의 북한 강성국가건설」, 『북한학연구』 제9권 2호, 동국대학교, 2013.

_____, 「김정은 정권의 군사·안보전략」, 『통일로』, 2015.

_____, 「북한 특수전부대 위협 평가」, 『국방연구』 제58권 제2호, 국방대학교, 2015.

_____, 「선군정치 3대 혁명 역량에 관한 연구」, 『군사논단』 제82호 2015년 여름, 서울: 한국군사학회, 2015.

_____, 「김정은 통치술이 북한 군사정책에 미친 영향」, 『국방정책연구』 제32권

제3호 · 2012년 가을, 한국국방연구원, 2016.

_____, 「김정은 시대 북한 군사지휘체계 연구」' 『군사논단』 제92호 2017년 겨울, 서울: 한국군사학회, 2017.

_____, 「북한 WMD위협 평가 및 전망」, 『군사논단』 제96호 2018년 겨울, 서울: 한국군사학회, 2018.

박창권 · 권태영, 「우리군의 비대칭전략: 대안과 선택방향」, 『전략연구』 통권 제39호, 2007.

박창희, 「중국군 현대화와 대한반도 군사작전능력 분석」, 『동북아 군사안보 협력과 한국의 국방』 제8집 2호, 국방대학교 안보문제 연구소, 2007.

박헌욱, 「김정일 정권의 국가전략과 군사정책」, 『군사논단』 제38호, 한국군사 학회, 2004.

박현옥, 「북한 선군정치와 군사전략」, 『북한』 2001년 4월호, 북한연구소, 2001.

박휘락, 「미국의 대아프가니스탄 전쟁에서 나타난 교훈」, 『군사연구』 제118호, 육군본부, 2002.

_____, 「현대 군사작전 수행개념의 종합적 분석과 비교」, 『군사평론』 제393호, 육군대학, 2008.

방정배, 「북한 선군정치하의 당 · 군 관계」, 영남대학교 박사학위논문, 2004.

서문길, 「조선반도 평화 안정을 위한 중국의 역할과 전망」, 『북한학보』 2010년 35집 1호, 북한연구소 · 북한학회, 2006.

서옥식, 「김정일 체제의 지배이데올로기 연구」, 경기대학교 박사학위논문, 2005.

서유석, 「북한 선군담론에 관한 연구」, 동국대학교 박사학위논문, 2008.

서주석, 「북한의 군 중시체제와 군사정책」, 『국방정책연구』 겨울호, 2001.

세종연구소, 「북한 식량난 실태와 해결방안」, 『정세와 정책』 통권 146호, 2008.

손무현, 「김정일시 대 선군군사전략에 관한 연구」, 동국대학교 석사학위논문, 2008.

손병헌, 「북한의 군사정책 변천과정과 군사력 건설에 관한 연구」, 경희대학교 석사학위논문, 2002.

신광민, 「북한의 정치사회화 과정에서의 군의 역할」, 동국대학교 박사학위논문, 2003.

신기철, 「한반도 미래전 양상판단과 대비방향 연구」, 『군사평론』 제401호, 육
　　군대학, 2009.

신정현, 「북한의 군사정책 변천과정과 군사력 건설에 관한 고찰」, 경희대학
　　교 석사학위논문, 2002.

신종대 · 황재준 · 김시황, 「북한개발의 조건과 전망」, 『수은북한경제』 2006년
　　봄호, 2006.

신 진, 「북한 군사전략에 대응하는 다자간 안보협력체제의 필요성」, 『한세정
　　책』 제5권 3호, 한세정책연구원, 1998.

안보문제연구원, 「북한군의 성격과 군사전략」, 『통일로』 제140호, 2000.

오일환, 「김정일 시대 북한의 군사화 경향에 관한 연구」, 『국제정치논총』 제
　　41집 3호, 국제정치학회, 2001.

_____, 「6 · 15 공동선언과 북한의 선군정치」, 『북한연구학회 춘계학술세미
　　나 발표논문』, 2005. 4. 15.

오항균, 「김정일시대 북한 군사지휘체계 연구」, 북한대학원 박사학위논문,
　　2012.

유호열, 「북한의 대남정책과 남북관계의 변화」, 『새로운 북한읽기를 위하여』,
　　법문사, 2004.

육군본부, 「소련군사」, 『각국육군사총서』 제3집, 1976.

윤 황, 「북한의 핵실험 강행 배경」, 『북한학보』 제31집, 2006.

_____, 「김정일의 선군영도체계 구축에 따른 선군정치의 기능분석: 『로동신
　　문』의 담론을 중심으로」, 『한국동북아논총』 제57호, 2010.

이광우 외, 「북한군 사단의 다양한 공격양상 연구」, 『군사평론』 제401호, 육군
　　대학, 2009.

이계성, 「북한 미디어분석을 통한 김정일 현지지도 연구」, 경기대학교 정치
　　전문대학원 박사학위논문, 2008.

이교덕, 「김정일의 선군정치 배경과 그 대내외적 영향」, 『정신전력학술논문
　　집』 제3집, 국방대학교 안보문제연소, 2001.

_____, 「북한의 정치」, 『북한정세』, 국방대학교, 2008.

이권헌, 「북한의 WMD 위협에 대한 자위적 선제공격 적용방안」, 국방대학교 안보과정 연구논문, 국방대학교, 2004.

이민룡, 「남북한 군사전략과 통일 한국군」, 『한국군사』 제5호, 한국군사문제 연구원, 1997.

_____, 「북한 군사전략의 역동적 실체와 김정일체제의 군사동향」, 『북한의 군사』, 경인문화사, 2006.

이병국, 「북한의 군사정책 및 전략연구: 김정일 체제를 중심으로」, 경기대학 교 정치전문대학원 석사학위논문, 2008.

이상목, 「북한의 경제」, 『북한정세』, 국방대학교, 2008.

이상현, 「대북제재와 미국의 대북정책」, 『KDI 북한 경제리뷰』 제12권 제6호, 한국개발연구원, 2010.

이윤수, 「군사작전의 원칙에 관한 연구」, 『합동군사연구』 제18호, 국방대학교 합동참모대학, 2008.

이정철, 「북핵의 진실 게임과 사즉생의 선군정치」, 『북한연구의 성찰』, 한울 아카데미, 2005.

이종학, 「용병술과 군사사」, 『군사학 개론』, 충남대학교, 2009.

이호령, 「북한 핵개발과 북한군의 위상 및 역할 변화」, 『북한의 핵개발과 북 한군』, 한국국방연구원, 2008.

임강택, 「남북교역 중단으로 인한 경제적 파급효과」, 통일연구원, 2010.

장승한, 「사이버전 위협과 대책」, 『THE ARMY』 2009년 5월호, 2009.

장영호, 「군사적 비대칭 접근사례 연구」, 『군사평론』 제406호, 육군대학, 2010.

전미영, 「선군담론의 기능과 특징」, 강성윤 엮음, 『김정일과 북한의 정치』, 선 인, 2010.

전종순, 「제4세대 전쟁과 대비 방향」, 『합동군사연구』 제18호, 국방대학교 합 동참모대학, 2008.

전호원, 「북한 핵무기 보유시 군사전략의 변화 가능성과 전망」, 『군사논단』 제52호, 한국군사학회, 2007.

_____, 「미국의 대한(對韓) 핵우산 공약에 대한 역사적 조명」, 『국방정책연구』 24권 2호 · 2008년 여름호, 한국국방연구원, 2008.

정규섭, 「성공과 좌절의 기로에 선 외교」, 『화해 · 협력과 평화 번영, 그리고 통일』, 한울아카데미, 2005.

정병호, 「북한의 군사」, 『북한정세』, 국방대학교, 2008.

정성장, 「김정일의 선군정치: 논리와 정책적 함의」, 『현대북한 연구』 4권 2호, 경남대 북한대학원, 2001.

_____, 「북한군 총정치국의 위상 및 역할과 권령승계 문제」, 『세종정책연구』, 세종연구소, 2013.

정영태, 「북한 강성대국론의 군사적 의미: 김정일의 군사정책을 중심으로」, 『통일연구총론』 제7권 2호, 통일연구원, 1998.

_____, 「북한 핵개발과 북한군의 위상 및 역할 변화」, 『북한의 핵개발과 북한군』, 한국국방연구원, 2008.

정한구, 「고르바초프의 개혁과 소련의 붕괴」, 『소련공산당의 몰락』, 평민사, 1992.

조상제, 「선제공격전략의 이론적 고찰: 선제공격의 정당성 및 합법성 중심으로」, 『군사연구』 제122호, 육군본부, 2006.

조성렬, 「북한의 핵 군사전략과 선택방안」, 『국제문제연구』 제6권 1호, 국제문제연구소, 2006.

지효근, 「북한의 군사전략과 무기체계 변화」, 『동서연구』, 2006.

진희관, 「북한에서 '선군'의 등장과 선군사상이 갖는 함의에 관한 연구」, 『국제정치논총』 제48집 1호, 2008.

최병조, 「한반도 주변 안보정세와 우리군의 역할 및 자세」, 『군사연구』 제120호, 육군본부, 2004.

최선만, 「북한의 비대칭 군사전략 연구」, 경기대학교 박사학위논문, 2006.

최완규, 「북한연구방법론 논쟁에 대한 성찰적 접근」, 『북한연구 방법론』, 도서출판 한울, 2003.

최용성 · 이연호, 「탈 냉전기 이후 북한의 군사전략에 관한 연구」, 『3사교 논문집』 제68집, 2009.

최재근, 「네트워크 중심전(NCW)의 이해와 발전제언」, 『군사평론』 제392호, 육군대학, 2008.

최종철, 「한국 국방외교 역량 강화 방안」, 『동북아 군사안보협력과 한국의 국방』 제8집 2호, 국방대학교 안보문제연구소, 2007.

하요한, 「선군정치론의 형성과 발전에 관한 연구」, 관동대학교 대학원 석사학위논문, 2004.

하태경, 『탈북자 2만명 시대의 정책과제』, 자유기업원, 2010.

한용섭, 「북한의 대량살상무기 정책」, 『북한군사문제의 재조명』, 한울 아카데미, 2006.

황성칠, 「북한군의 한국전쟁수행 전략에 관한 연구: 클라우제비츠의 마찰이론을 중심으로」, 고려대학교 박사학위논문, 2008.

황주호 · 문주현, 「북한의 핵능력 증대 전망과 대책」, 『국방정책연구』 제24권 2호, 한국국방연구원, 2008.

함택영, 「북한의 군사정책과 군사력」, 『새로운 북한읽기를 위하여』, 법문사, 2004.

_____, 「북한군사 연구 서설: 국가안보와 조선인민군」, 『북한군대의 재조명』, 경남대학교, 2006.

함택영 외, 「북한의 사회주의 건설과 국방건설」, 『남북한 군비경쟁과 군축』, 경남대학교 극동문제연구소, 1992.

함택영 · 서재정, 「제5장 북한의 군사력 및 남북한 군사력 균형」, 경남대 북한대학원, 『북한 군사문제의 재조명』, 한울아카데미, 2006.

허 만, 「북한의 군사전략에 관한 고찰: 김일성 군사사상적 기초」, 『국제정치논총』 제24호, 한국국제정치학회, 1984.

홍성표, 「북한군의 전쟁수행능력과 우리의 대응전략: 북한의 핵전략 가능성과 우리의 대비책 2004」, 『북한』 342호, 북한연구소, 2000.

다. 정부간행물 및 기타 자료

공산권문제연구소,『북한총람』, 1968.

국가안보전략연구소,『북한 정책자료』, 2009.

국방군사연구소,『중국연구』제2집, 1994.

국방대학교,『북한정세』, 2010.

국방부,『21세기 선진 정예 국방을 위한 국방개혁 2020』, 2005.

_____,『1998 국방백서』~『2018 국방백서』, 대한민국 국방부, 1998~2018.

_____,『국방개혁 기본개혁』, 2009.

국방정보본부,『세계군사동향: 2010~2011』, 국방부, 2011.

국방홍보원,『국방저널』통권 제433호, 2010.

대한민국 국방부,『천안함 피격사건』, 명진출판, 2008.

정보사령부,『북한연보』, 국군인쇄창, 2009.

_____,『2009 세계의 군사력』, 2009.

통일교육원,『북한이해』, 양동문화사, 2000.

_____,『2009년 북한경제 종합평가 및 2010년 전망』, 2010.

통계청,『통계로 본 남북한의 모습』, 2005.

_____,『남북경제 사회상 비교』, 2010.

통일정책연구소,『북한정책자료』, 1999.

한국국방연구원,『2009 동북아 군사력과 전략동향』, 2010.

한국은행,『2009년 북한 경제성장률 추정 결과』, 2010.

KOTRA,『북한의 대외무역동향』, 2010.

좋은 벗들,『오늘의 북한소식』제278호, 2009.

박용환,「북한 김정은 정권의 안정성 정도」,『국방일보』, 2012.4.18.

_____,「김정은 체제의 지금 북한은」,『국방일보』, 2012.5.22.

_____,「북한의 강성국가 건설 평가와 전망」,『국방일보』, 2012.7.20~7.25.

_____,「김정은은 왜 공포통치를 하는가」,『국방일보』, 2016.5.19.

_____,「북한의 종전선언 의도」,『국가안보전략지』, 2018.9월.

_____, 「북한의 핵위협 대비」, 『국가안보전략지』, 2019.1월.

http://www.nkchosun.com(검색일: 2011년 1월 27일).

http://www.rfa.org(검색일: 2011년 8월 20일).

htt://www.unikorea.go.kr(검색일 20011년 3월 22일).

http://www.uriminzokkiri.com(검색일: 2011년 6월 13일).

http://www.un.org(검색일: 2011년 8월 13일).

htt://blog.hani.co.kr/007nis/12482(검색일: 2010년 12월 23일).

htt://blog.naver.com/tenyears13(검색일: 2011년 2월 16일).

htt://bbongpd.tistory.com/976(검색일: 2011년 2월 15일).

http://cafe.naver.com/pup21/9805(검색일: 2010년 10월 4일).

http://kin.naver.com(검색일: 2011년 2월 14일).

http://ko.wikipedia.org(검색일: 2009년 9월 12일).

『연합뉴스』.

『아시아경제』.

『조선일보』.

『중앙일보』.

『통일뉴스』.

『한국일보』.

3. 외국문헌

Erich Ledendorff, *Der totale krieg*, Munchen: 미상, 1935 : 최석 역, 『국가총력전』, 대한민국재향군인회, 1972.

Gunther Blumentrit. *Strategie and Taktik*. Akademische Verlage-sellschaft. Athenaion. Konstanz, 1960.

JCS Pub., *I: Dictionary of Military and Associated Terms*, Washington: U.S. Department of Defense, 1979.

Office of Force Transformation, *The Implementation of Network-Centric Warfare, Atomic Age: Explore the Era That Changed the World Cambridge*, MA: Softkey, 1994.

Samuel S. Kim, *Research on Korean Communism: Promise versus Performance World Politics*, Vol. 32, 1980.

The Military Balance 2018, London: International Institute for Strategic Studies, 2018.

Washington Post.

『産經新聞』.

찾아보기

박용환(朴龍煥)

ROTC 23기 임관
동국대학교 북한학 박사
북한연구학회 정회원
한국군사학회 회원
현재 육군종합행정학교 교수

주요저서 및 논문

- 북한 WMD 위협 평가 및 전망
- 김정은 시대 북한 군사지휘체계 연구
- 김정은 통치술이 북한 군사정책에 미친 영향
- 선군정치 3대 혁명역량에 관한 연구
- 북한군 특수전부대 위협 평가
- 김정은 정권의 군사·안보전략
- 김정은 체제의 북한 강성국가 건설
- 김정은 체제의 북한 전쟁전략
- 북한의 선군시대 군사전략에 관한 연구
- 북한의 강성대국 건설 평가와 전망
- 북한 군사전략 변화 고찰
- 북한 군사전략에 관한 연구
- 북한군 군사사상 연구
- 남북한 군대 병영문화 비교 연구